Le naturaliste divertissant de Mme Loudon

Mme Loudon

(Editeur : WS Dallas)

Writat

Cette édition parue en 2024

ISBN : 9789359946214

Publié par
Writat
email : info@writat.com

Contenu

PRÉFACE.

C‌HEZ M‌ME L‌OUDON *Entertaining Naturalist* a connu un succès si mérité que les éditeurs, en préparant une nouvelle édition, se sont efforcés de le rendre encore plus digne de la réputation qu'il s'est acquis. A cet effet, il a été très minutieusement révisé et agrandi par MWS Dallas, membre de la Société zoologique et conservateur du Musée d'histoire naturelle de York, et plusieurs illustrations ont été ajoutées.

Dans sa forme actuelle, il s'agit non seulement d'une histoire naturelle populaire complète et divertissante, avec une illustration de presque tous les animaux mentionnés, mais ses introductions instructives sur la classification des animaux l'adaptent bien pour être utilisée comme manuel élémentaire d'histoire naturelle. du Règne Animal à l'usage des Jeunes.

INTRODUCTION.

LA ZOOLOGIE est la branche de l'histoire naturelle qui traite des animaux et embrasse non seulement leur structure et leurs fonctions, leurs habitudes, leurs instincts et leur utilité, mais aussi leurs noms et leur disposition systématique.

Divers systèmes ont été proposés par différents naturalistes pour l'arrangement scientifique du règne animal, mais celui de Cuvier, avec quelques modifications, est maintenant considéré comme le meilleur, et on en trouvera une esquisse sous la rubrique du système moderne dans cette introduction. . Cependant, comme le système de Linné était autrefois d'un usage général et qu'on y fait encore souvent référence, il a été jugé opportun d'en donner d'abord une esquisse ; afin que le lecteur soit conscient de la différence entre l'ancien système et le nouveau.

SYSTÈME LINNÆAN.

Selon le système de Linné, les objets compris dans le règne animal étaient divisés en six classes : les mammifères ou animaux mammifères, les oiseaux, les amphibiens ou animaux amphibies, les poissons, les insectes et les vers, qui étaient ainsi distingués :

DES CLASSES.

Corps				
Avec vertèbres	Sang chaud	Vivipare		JE. MAMMIFÈRES.
		Ovipare		II. DES OISEAUX.
	Sang rouge froid	Avec des poumons		III. AMPHIBIENS.
		Avec des branchies		IV. DES POISSONS.
Sans vertèbres	Sang blanc et froid	Avoir des antennes		V. INSECTES.
		Avoir des tentacules		VI. VERS.

ORDRES DE MAMMIFÈRES.

La première classe, ou Mammalia, comprend les animaux qui produisent une progéniture vivante et nourrissent leurs petits avec le lait fourni par leur propre corps ; et il comprend à la fois les quadrupèdes et les cétacés.

Cette classe a été divisée par Linné en sept Ordres : à savoir. *les primates* , *les bruta* , *les feræ* , *les glires* , *les pecora* , *les belluæ* et *les cétacés* (cet ordre était appelé Cete par Linnæus) ou baleines. Les caractéristiques de celles-ci étaient fondées, pour la plupart, sur le nombre et la disposition des dents ; et sur la forme et la construction des pieds, ou de ces parties des phoques, des manati et des cétacés, qui remplacent les pieds :

I. PRIMATES. — Ayant les dents de devant supérieures, généralement au nombre de quatre, en forme de coin et parallèles ; et deux tétines situées sur la poitrine, comme chez les singes et les singes.

II. BRUTE. —N'ayant aucune dent de devant dans aucune des mâchoires ; et les pieds armés de clous solides en forme de sabots, comme l'éléphant.

III. FERÆ. — Ayant en général six dents de devant dans chaque mâchoire ; une seule canine de chaque côté dans les deux mâchoires ; et les broyeurs à saillies coniques, comme les chiens et les chats.

IV. GLIRES. — Ayant dans chaque mâchoire deux longues dents de devant saillantes, rapprochées l'une de l'autre ; et pas de canines dans les deux mâchoires, comme chez les rats et les souris.

V. PECORA. — N'ayant pas de dents de devant dans la mâchoire supérieure ; six ou huit dans la mâchoire inférieure, située à une distance considérable des broyeurs ; et les pieds avec des sabots, comme ceux du bétail et des moutons.

VI. BELLUÆ. —Avoir des dents de devant émoussées en forme de coin dans les deux mâchoires ; et les pieds avec des sabots, comme des chevaux.

VII. CÉTACÉS. — Avoir des stigmates ou des trous de respiration sur la tête ; des nageoires au lieu des pieds antérieurs ; et une queue aplatie horizontalement, à la place des pattes postérieures. Cet ordre comprend les narvals, les baleines, les cachalots et les dauphins.

ORDRES D'OISEAUX.

La deuxième classe, ou oiseaux, comprend tous les animaux dont le corps est recouvert de plumes. Leurs mâchoires sont allongées et recouvertes extérieurement d'une substance cornée, appelée bec ou bec, qui est divisée en deux parties appelées mandibules. Leurs yeux sont munis d'une membrane mince, blanchâtre et un peu transparente, qu'on peut à volonté étendre sur toute la surface extérieure comme un rideau. Leurs organes de mouvement sont deux ailes et deux pattes ; et ils sont dépourvus d'oreilles externes, de lèvres et de nombreuses autres parties importantes pour les quadrupèdes. La partie de la zoologie qui traite des oiseaux s'appelle l'ornithologie.

Linné a divisé cette classe en six Ordres :

1. *Oiseaux terrestres.*

I. OISEAUX RAPACES (*Accipitres*). — Ayant la mandibule supérieure accrochée et une projection angulaire de chaque côté près de la pointe, comme les aigles, les faucons et les hiboux.

II. TARTES (*Picæ*). — Ayant leur bec pointu sur le bord, quelque peu comprimé sur les côtés et convexe sur le dessus, comme celui du corbeau.

III. PASSEREAUX (*Passeres*). — Ayant le bec conique et pointu, et les narines ovales, ouvertes et nues, comme le moineau et le linnet.

IV. OISEAUX GALLINACÉS (*Gallinæ*). — Ayant la mandibule supérieure arquée et recouvrant la mandibule inférieure au bord, et les narines arquées surmontées d'une membrane cartilagineuse, comme la volaille commune.

2. *Oiseaux aquatiques.*

V. ÉCHASSIERS (*Grallæ*). — Ayant un bec arrondi, une langue charnue et les pattes nues au-dessus des genoux, comme les hérons, les pluviers et les bécassines.

VI. NAGEURS (*Anseres*). — Ayant le bec large au sommet et recouvert d'une peau douce, et les pattes palmées, comme les canards et les oies.

ORDRES D'AMPHIBIA.

Sous la troisième classe, ou Amphibia, Linné classait les animaux qui ont un corps enrhumé et généralement nu, une couleur sinistre et une odeur nauséabonde. Ils respirent principalement par les poumons, mais ils ont le pouvoir de suspendre la respiration pendant longtemps. Ils sont extrêmement tenaces dans la vie, et peuvent réparer certaines parties de leur corps qui ont été perdues. Ils sont également capables de supporter la faim, parfois même pendant des mois, sans se blesser.

Le corps de certains d'entre eux, comme les tortues et les tortues terrestres, est protégé par un bouclier ou une couverture dure et cornée ; ceux des autres sont revêtus d'écailles, comme les serpents et certains lézards ; tandis que d'autres, comme les grenouilles, les crapauds et la plupart des lézards d'eau, sont entièrement nus ou ont la peau couverte de verrues. De nombreuses espèces perdent leur peau à certaines périodes de l'année. Plusieurs d'entre eux sont munis d'un poison qu'ils jettent dans les blessures faites par leurs dents. Ils vivent principalement dans des endroits retirés, aquatiques et marécageux ; et, pour la plupart, se nourrissent d'autres animaux, bien que certains d'entre eux mangent des plantes aquatiques et que beaucoup se nourrissent d'ordures et d'immondices. Aucune de ces espèces ne mâche sa nourriture ; ils l'avalent en entier et le digèrent très lentement.

La progéniture de tous ces animaux est produite à partir d'œufs qui, après avoir été déposés par les animaux parents dans un endroit approprié, sont éclos par la chaleur du soleil. Les œufs de certaines espèces sont recouverts d'une coquille ; ceux des autres ont une peau ou un revêtement doux et dur, un peu différent du parchemin humide ; et les œufs de plusieurs sont parfaitement gélatineux. Chez les rares qui produisent leur progéniture vivante, comme les vipères et quelques autres serpents, les œufs se forment régulièrement, mais éclosent dans le corps des femelles.

Cette classe Linné divisée en trois Ordres :

I. Reptiles. — Ayant quatre pattes et marchant à un rythme rampant, comme les tortues, les crapauds et les lézards.

II. Serpents. —N'ayant pas de jambes, mais rampant sur le corps.

III. Nantes. — Vivant dans l'eau, munis de nageoires et respirant au moyen de branchies. Ce sont de vrais poissons, principalement du groupe appelé *Chondropterygii* ou poissons cartilagineux, par Cuvier.

COMMANDES DE POISSONS.

Les poissons constituaient la quatrième classe d'animaux de Linné. Ce sont tous des habitants de l'eau, dans laquelle ils se déplacent grâce à certains organes appelés nageoires. Celles situées sur le dos sont appelées nageoires dorsales ; celles sur les côtés, derrière les branchies, les nageoires pectorales ; ceux situés sous le corps, près de la tête, sont ventraux ; ceux derrière l'évent sont anaux ; et ce qui forme la queue s'appelle la nageoire caudale. Les poissons respirent par des branchies qui, chez la plupart des espèces, sont situées sur les côtés de la tête. Les poissons montent et descendent dans l'eau, généralement par une sorte de vessie située à l'intérieur du corps, appelée vessie à air. Quelques-uns d'entre eux ne possèdent pas cet organe, et par conséquent ne se trouvent rarement qu'au fond de la mer, d'où ils ne peuvent s'élever que par un effort. Le corps de ces animaux est généralement couvert d'écailles qui les empêchent de se blesser au contact de l'eau.

Les poissons étaient divisés par Linné en quatre ordres :

I. Apodal. —N'ayant pas de nageoires ventrales, comme l'anguille.

II. Jugulaire. — Ayant les nageoires ventrales situées en avant des nageoires pectorales, comme la morue, l'églefin et le merlan.

III. Thoracique. — Ayant les nageoires ventrales situées directement sous les nageoires pectorales, comme la perche et le maquereau.

IV. Abdominal. — Ayant les nageoires ventrales sur la partie inférieure du corps, au-dessous des nageoires pectorales, comme le saumon, le hareng et la carpe.

ORDRES D'INSECTES.

La cinquième classe de Linné comprenait les Insectes ; et la branche de la zoologie qui en traite s'appelle l'entomologie. Presque tous les insectes subissent certains grands changements à différentes périodes de leur existence. De l'œuf naît la larve, qui est un ver ou une chenille, dépourvue d'ailes ; celle-ci se change ensuite en une chrysalide, ou chrysalide, entièrement recouverte d'une coquille dure ou d'une peau solide, d'où surgit l'insecte parfait ou ailé. Les araignées et leurs alliées, que Linné a incluses dans les insectes, sortent de l'œuf dans un état presque parfait.

Linné a divisé sa classe d'insectes en sept ordres :

I. COLÉOPTÈRE. — Ayant des élytres ou des étuis crustacés recouvrant les ailes ; et qui, une fois fermés, se rejoignent en ligne droite le long du milieu du dos, comme le hanneton.

II. HÉMIPTÈRE. — Ayant quatre ailes, les supérieures en partie crustacées et en partie membraneuses ; non pas divisés directement au milieu du dos, mais croisés ou incombant les uns aux autres, comme le cafard.

III. LÉPIDOPTÈRE. — Ayant quatre ailes couvertes d'écailles fines presque comme de la poudre, comme les papillons et les mites.

IV. NEUROPTÈRE. — Ayant quatre ailes membraneuses et semi-transparentes, veinées en réseau ; et la queue sans aiguillon, comme la libellule et les éphémères.

V. HYMÉNOPTÈRE. — Ayant quatre ailes membraneuses et semi-transparentes, veinées en réseau ; et la queue armée d'un dard, comme la guêpe et l'abeille.

VI. DIPTÈRE. — N'ayant que deux ailes, comme les mouches domestiques communes.

VII. APTÉREUX. —N'ayant pas d'ailes, comme les araignées.

ORDRES DE VERMES, OU VERS.

La sixième et dernière classe linnéenne était composée de Worms ou Vermes. Ceux-ci se déplacent lentement et ont un corps mou et charnu. Certains d'entre eux ont des parties internes dures et d'autres des revêtements crustacés. Chez certaines espèces, les yeux et les oreilles sont très perceptibles, tandis que d'autres semblent n'apprécier que les sens du goût et du toucher. Beaucoup n'ont pas de tête distincte et la plupart sont dépourvus de pieds. Ils sont, en général, si tenaces dans la vie, que les parties qui ont été détruites seront reproduites. Ces animaux se distinguent principalement de ceux des autres classes par leurs tentacules ou palpeurs, et sont divisés par Linné en cinq ordres :

I. INTESTIN. — Sont simples et nus, sans membres ; quelques-uns vivent au sein d'autres animaux, comme les ascarides et les ténias ; d'autres dans l'eau, comme les sangsues ; et quelques-uns dans la terre, comme le ver de terre.

II. MOLLUSQUE. — Sont des animaux simples, sans coquilles et munis de membres, comme la seiche, la méduse, l'étoile de mer et l'oursin.

III. TESTACÉE. — Sont des animaux semblables aux derniers, mais couverts de coquilles, comme les huîtres, les coques, les escargots et les patelles.

IV. LITHOPHYTE. — Sont des polypes composites, habitant des cellules d'une base calcaire qu'ils produisent, comme les coraux et les madrépores.

V. ZOOPHYTE. —Sont généralement des animaux composites, mais ne résident pas dans des cellules pierreuses. Le corail, l'éponge et les polypes sont des exemples de cet ordre, qui comprend également les Animalcules Infusoriales.

SYSTÈME MODERNE.

On découvrira en lisant l'esquisse suivante du système moderne que le plus grand changement s'est produit dans les deux dernières classes. Les autres restent à peu près les mêmes en effet, quoique leurs distinctions soient différentes et que les classes ne soient pas disposées dans le même ordre.

D'après Cuvier, tous les animaux sont rangés en quatre grandes divisions, qui se subdivisent en classes et en ordres, comme suit :

Divisions	Des classes	Nombre de commandes
	1. Mammifères	Neuf.
I. VERTÉBRÉS. Quatre classes. Vingt-sept commandes.	2. Aves	Six.
	3. Reptilien	Quatre.
	4. Poissons	Huit.
	1. Céphalopodes	Un.
II. MOLLUSQUE.	2. Ptéropodes	Un.
	3. Gastéropodes	Neuf.
Six cours. Quinze commandes.	4. Acéphale	Deux.
	5. Brachiopodes	Un.

	6. Cirrhopodes	Un.
	1. Annélides	Trois.
III. ARTICULÉ.	2. Crustacés	Sept.
Quatre classes. Vingt-quatre commandes.	3. Arachnide	Deux.
	4. Insectes	Douze.
	1. Échinodermes	Deux.
IV. RADIÉE.	2. Entozoaires	Deux.
	3. Acalephes	Deux.
Cinq classes. Onze commandes.	4. Polypes	Trois.
	5. Infusoires	Deux.

LES ANIMAUX VERTÉBRÉS

Avoir une colonne vertébrale divisée en vertèbres ou articulations, d'où elles tirent leur nom. Ils ont également des sens distincts pour l'ouïe, la vue, le goût, l'odorat et le ressenti ; une tête distincte, avec une bouche s'ouvrant par deux mâchoires horizontales ; un cœur musclé et du sang rouge. Les quatre classes de vertébrés et leurs ordres sont les suivants : -

I. LES MAMMALIA sont toutes munies de mammæ, ou tétines, par lesquelles elles donnent du lait à leurs petits, qu'elles mettent au monde vivants. Ils ont du sang chaud, qui circule du cœur à travers les poumons et retourne au cœur avant de traverser le corps. Leur peau est nue ou couverte de laine ou de poils, et leur bouche est généralement garnie de dents. Il y a onze ordres qui se distinguent ainsi :

SECTION I. — *Animaux non guiculés ou mammifères ayant des ongles ou des griffes.*

I. *Bimana* , ou à deux mains. Cet ordre ne contient que l'espèce humaine.

II. *Quadrumana* , ou à quatre mains. Cet ordre comprend les singes, les babouins et les singes, ainsi que les lémuriens.

III. *Cheiroptera* , la famille des chauves-souris.

IV. *Carnivora* , ou bêtes de proie. Cet ordre est divisé en trois tribus suivantes : -

1. *Les Insectivores* , composés des animaux qui vivent d'insectes, comme le hérisson, la musaraigne et la taupe.

2. *Les Carnivores proprement dits* , composés principalement de la famille des chats, comprenant les lions, les tigres et leurs alliés ; la famille des ours, comprenant le blaireau, le coati-mondi, le raton laveur, etc. ; la famille des chiens, dont le loup et le renard ; la famille des belettes ; les civettes-chats ; et la hyène.

3. *Les amphibiens* , composés des phoques et d'autres animaux alliés.

V. *Marsupialia* , incluant les opossums et les kangourous.

VI. *Monothrema* , contenant l'Échidné et l'Ornithorhynchus d'Australie.

VII. *Rodentia* , ou animaux rongeurs. Les principaux sont la famille des écureuils, des souris et des rats, des lièvres et des lapins, du castor, du porc-épic et du cobaye.

VIII. *Édentés* , ou animaux édentés, c'est-à-dire sans dents de devant. Les principaux d'entre eux sont les paresseux, les tatous et les fourmiliers.

SECTION II. — *Mammifères ongulés ou ongulés.*

IX. *Pachydermes* , ou animaux à peau épaisse. Les principaux sont l'éléphant, l'hippopotame, le rhinocéros ; la famille des chevaux, comprenant l'âne, le mulet, le zèbre et le quagga ; la famille des sangliers et le tapir.

X. *Ruminants* , ou animaux ruminants, dont les principaux sont la famille des chameaux, la famille des cerfs, la famille des girafes, la famille des antilopes, la famille des chèvres, la famille des moutons et la famille des bœufs.

SECTION III. — *Mammifères aquatiques, n'ayant pas de membres postérieurs, et les membres antérieurs convertis en nageoires.*

XI. *Cétacés* , ou mammifères marins, dont les principaux sont la famille des baleines, la famille des dauphins, les manati, la famille des marsouins et le narval ou licorne de mer.

LES AVES, OU OISEAUX,

Ils pondent des œufs à partir desquels leurs petits éclosent par ce qu'on appelle l'incubation. Leur peau est couverte de plumes ; et leurs mâchoires sont cornées, sans dents. Leur sang est chaud et circule comme celui des mammifères. Les six ordres d'Aves sont les suivants : -

1. *Raptores* , ou oiseaux de proie. Ces oiseaux se distinguent par un bec très fort et pointu, plus ou moins recourbé, mais toujours crochu à l'extrémité de la mandibule supérieure, qui est recouverte à la base d'une sorte de peau

appelée la cire. Les narines sont généralement ouvertes. Les pattes sont très fortes, les pieds sont grands et les orteils, au nombre de quatre, sont armés de griffes très fortes, acérées et recourbées. Les principaux oiseaux rapaces sont les vautours, dont le condor ; la famille des faucons, comprenant les aigles, les faucons, les milans et les buses ; et les hiboux.

2. *Insessores*, ou oiseaux percheurs. Ces oiseaux ont tous les pieds formés pour se percher, le doigt postérieur sortant du même endroit que les autres doigts, ce qui leur confère un grand pouvoir de préhension. Leurs pattes sont de longueur modérée et leurs griffes ne sont pas fortement courbées. Cet ordre comprend les grives, les rossignols et tous les plus beaux chanteurs de nos bosquets, avec le rouge-gorge, le moineau et autres oiseaux vus autour des habitations, les hirondelles, les alouettes, la famille des corbeaux, les martins-pêcheurs, les oiseaux de paradis. , et les colibris.

3. *Scansores*, ou grimpeurs. Ces oiseaux ont deux doigts devant et deux derrière. Cette construction leur confère une telle puissance d'escalade qu'ils peuvent gravir le tronc perpendiculaire d'un arbre. Les principaux oiseaux de cet ordre sont les perroquets, les coucous et les pics.

4. *Rasores*, ou oiseaux gallinacés. Ces oiseaux ont la tête petite par rapport au corps. Le bec est généralement court, avec la mandibule supérieure quelque peu courbée. Les narines ont généralement une membrane charnue protectrice. Le tarse, ou partie inférieure de la jambe, est long et nu, et il y a quatre orteils, ceux de devant étant unis par une légère membrane, tandis que celui de derrière est généralement plus haut sur la jambe et plus petit que les autres. Cet ordre comprend la plupart des oiseaux utilisés comme nourriture et comprend le paon, la dinde, le coq et la poule communs, la perdrix, le faisan et la famille des pigeons.

5. *Grallatores*, ou Waders. Ces oiseaux se caractérisent par leurs pattes longues et fines et par leurs cuisses plus ou moins nues. Il y a trois orteils antérieurs, plus ou moins réunis à la base par une membrane, ou toile rudimentaire. Le doigt postérieur fait défaut chez certains membres de l'ordre. Cet ordre comprend la famille des autruches, des outardes et des pluviers ; les grues, les hérons et les cigognes ; et les bécassines et les bécasses.

6. *Palmipèdes* ou oiseaux palmés. Ces oiseaux ont les pattes et les pieds courts et placés en arrière, avec leurs doigts antérieurs unis par une membrane épaisse et solide. Le cou est beaucoup plus long que les pattes et leur corps est recouvert d'une épaisse couche de duvet sous le plumage extérieur, serré et imprégné d'un fluide huileux qui repousse l'eau. Les principaux oiseaux de cet ordre sont les grèbes, les pingouins et les manchots, les pétrels, les pélicans et les cormorans, ainsi que les cygnes, les canards et les oies.

De nombreux ornithologues considèrent que les pigeons et les autruches forment des ordres distincts, appelés respectivement *Columbæ* et *Cursores* .

LES REPTILES,

Les Reptiles n'ont ni poils, ni laine, ni plumes, et leur corps est soit nu, soit couvert d'écailles. Certains pondent des œufs et d'autres mettent bas leurs petits vivants. Certains ont des branchies, d'autres des poumons, mais ces derniers ne sont traversés que par une partie du sang ; et ainsi le sang des reptiles est froid, puisque c'est la respiration qui donne la chaleur au sang. Les sens des reptiles sont émoussés et leurs mouvements sont lents ou laborieux. Voici les quatre ordres dans lesquels cette classe est divisée : -

1. *Reptiles chéloniens.* Ces animaux ont quatre pattes. Le corps est enfermé dans un bouclier supérieur, appelé carapace, et un bouclier inférieur, appelé plastron. Ils ont des poumons très dilatés ; mais ils n'ont pas de dents, bien qu'ils aient des mâchoires dures et cornées. Les femelles pondent des œufs recouverts d'une coquille dure. Les principaux animaux appartenant à cette division sont les tortues terrestres ou les eaux douces, et les tortues marines.

2. *Les reptiles sauriens.* Ces animaux ont également des poumons dilatés, et généralement quatre pattes, mais certains n'en ont que deux. Leurs corps sont couverts d'écailles et leur bouche remplie de dents. Cet ordre comprend tous les crocodiles et lézards. Les crocodiles ont une langue large et plate, attachée partout aux mâchoires, et les lézards ont une langue longue et étroite, que beaucoup d'entre eux peuvent étendre à une grande distance de la bouche.

3. *Les reptiles ophidiens* sont les serpents et les serpents. Le corps est couvert d'écailles, mais il est dépourvu de pieds. Les poumons sont généralement bien développés, seulement d'un côté. Les serpents sont fréquemment munis de sacs à poison à la base de certaines de leurs dents.

4. *Les reptiles batraciens* comprennent les grenouilles et les crapauds. Le corps est nu. La plupart de ces reptiles subissent une transition d'un têtard ressemblant à un poisson, doté de branchies, à un animal à quatre pattes doté de poumons. D'autres ne perdent jamais leurs branchies, bien qu'ils acquièrent des poumons, et de cette espèce sont la sirène et le protée.

LES POISSONS,

Ou Poissons, sont définis par Cuvier comme des animaux vertébrés à sang rouge, respirant au milieu de l'eau au moyen de leurs branchies ou branchies. A cette définition on peut ajouter que les poissons n'ont pas de cou, et que le corps se rétrécit généralement de la tête à la queue ; que la plupart des espèces sont munies de vessies aériennes qui leur permettent de nager ; et que leurs corps sont généralement couverts d'écailles. Le cœur n'a qu'une seule oreillette et le sang est froid. Les branchies doivent rester humides pour permettre au poisson de respirer, et dès qu'elles deviennent sèches, le poisson meurt. Ainsi, les poissons dotés de grandes ouvertures branchiales meurent presque aussitôt qu'ils sont sortis de l'eau ; tandis que ceux qui ont de très petites ouvertures, comme l'anguille, vivent longtemps. Les poissons n'ont pas de pattes, mais sont munis de nageoires. La connaissance scientifique des poissons s'appelle l'ichtyologie. Les poissons sont d'abord divisés en deux grandes séries, à savoir. les poissons osseux et les poissons cartilagineux, et ceux-ci sont encore subdivisés en neuf ordres, comme suit : -

POISSONS OSSEUX OU OSSEUX.

1. *Acanthoptérygii* , ou poissons aux nageoires dures.

2. *Malacopterygii abdominales* , ou poissons à nageoires molles, avec les nageoires ventrales sur l'abdomen derrière les pectoraux.

3. *Malacopterygii sub-brachiati* , ou poissons à nageoires molles, avec les nageoires ventrales sous les branchies.

4. *Malacopterygii apodes* , ou poissons à nageoires molles, sans nageoires ventrales.

5. *Lophobranchii* , ou poissons aux branchies touffues.

6. *Plectognathii* , ou poissons à mâchoire supérieure fixe.

CHONDROPTERYGII, OU POISSONS CARTILAGINEUX.

7. *Cyclostomi* , ou poissons à mâchoires fixées dans un anneau immobile, et à trous pour les branchies.

8. *Selachii* , ou poissons avec des mâchoires mobiles et des trous pour les branchies.

9. *Sturiones* , avec les branchies sous la forme habituelle.

Parmi les poissons osseux, les *Acanthoptérygii* , ou poissons à nageoires dures et épineuses, sont divisés en quinze familles, dont les principales sont la famille des perches, les poissons à joues maillées, comprenant les grondins, les poissons volants de Méditerranée et les épinoches, ou bantiques jack; la famille du maquereau, dont le thon, la bonite et l'espadon ; le poisson-pilote, le dauphin de la Méditerranée, si célèbre pour la beauté de ses teintes mourantes, et le Saint-Pierre. Parmi les *Malacopterygii abdominales* , ou poissons à nageoires molles, dont les nageoires ventrales sont suspendues à l'abdomen, les plus intéressantes sont la famille des carpes, la famille des brochets, les poissons volants de l'océan, la famille des saumons et la famille des harengs, y compris le sprat, le sardin et l'anchois.

Les Malacopterygii sub-brachiati sont des poissons à nageoires molles, avec les nageoires ventrales sous les pectorales ; dont les principales sont la famille de la morue, comprenant l'aiglefin, le merlan et la lingue ; la famille des poissons plats, comprenant les soles, les turbots, la plie et les plies ; et les meuniers ou lompes.

Les apodes Malacopterygii sont confinés à la famille des anguilles.

Les Lophobranchii comprennent le poisson-pipe et d'autres poissons de forme similaire.

Les Plectognathi comprennent les formes très singulières du poisson-ballon, du poisson-lune et d'autres poissons similaires.

Les Chondropterygii, ou poissons cartilagineux, sont divisés en trois ordres, à savoir. *les Sturiones*, ou famille des esturgeons ; *les Selachi*, ou requins et raies, y compris la torpille ; et *la famille des Cyclostomi*, ou lamproie. Les deux dernières commandes furent réunies par Cuvier en une seule.

LES ANIMAUX MOLLUSQUES

N'ont pas d'os sauf leurs coquilles. Leur sens des sentiments paraît très aigu, mais les organes des autres sens sont soit manquants, soit très imparfaits. Le sang est froid et blanc, et le cœur n'est souvent constitué que d'un seul ventricule ; quelques-uns d'entre eux ont des poumons imparfaits, mais la plupart respirent par des branchies. Ils ont tout le pouvoir de rester longtemps en état de repos, et leurs mouvements sont soit lents, soit violemment laborieux. Certains d'entre eux semblent incapables de se déplacer. Ils produisent leurs petits à partir d'œufs, mais certains pondent leurs œufs sur une partie de leur propre corps, là où les petits éclosent. Voici les six classes de Cuvier : -

1. *Céphalopodes ou mollusques à pieds têtes.* Ces animaux sont munis de longs bras ou pieds charnus, partant de la tête, qui n'est pas distincte du corps, et sur lesquels ils rampent. Il n'y a qu'un seul ordre, qui comprend les seiches, les nautiles et les bélemnites.

2. *Ptéropodes ou mollusques à pattes ailées.* Ces animaux ont deux pieds ou bras membraneux, comme des ailes, partant du cou. Il n'y a qu'un seul ordre, qui contient six genres, dont le plus connu est celui des Hyalées, dont la coquille est communément appelée le char de Vénus.

3. *Gastéropodes ou mollusques à pattes corporelles.* Tous ces animaux rampent avec la partie plate du corps, qui agit comme une sorte de ventouse. Il y a neuf commandes dans le système de Cuvier. L'escargot commun donnera une idée des habitudes de la classe.

4. *Acephala, ou mollusque sans tête.* Ces animaux n'ont pas de tête apparente et respirent au moyen de branchies généralement en forme de ruban. La plupart d'entre eux sont enfermés dans une coquille bivalve, mais certains sont nus ;

les premiers sont les *Testacea* de Cuvier et les *Conchifera* de Lamarck ; ces derniers sont les *Tunicata* de Lamarck. Ils forment deux ordres.

5. *Brachiopoda, ou mollusque à pattes.* Ces animaux ont également une coquille bivalve ; mais ils n'ont pas de véritables branchies, et leur respiration s'effectue par l'intermédiaire du manteau. Ils ont deux bras en spirale.

6. *Cirrhopoda, ou mollusque aux pieds recourbés.* Ceux-ci sont généralement attachés et enfermés dans une coque de plusieurs pièces ; ils sont munis d'une bouche armée de mâchoires et de plusieurs paires d'organes articulés et frangés, appelés cirres, par la saillie et la rétraction desquels ils capturent leurs proies. Des exemples de cette classe sont les coquilles Barnacles et Acorn. Ces animaux ont depuis longtemps cessé d'être considérés comme des mollusques, les recherches des naturalistes modernes ayant prouvé qu'ils étaient de véritables animaux articulés très proches des crustacés.

LES ANIMAUX ARTICULÉS

Je n'ai pas de colonne vertébrale. L'enveloppe du corps est tantôt dure, tantôt molle, mais elle est toujours divisée en segments par un certain nombre d'incisions transversales. Les membres, lorsque le corps en est pourvu, sont articulés ; et ils peuvent être séparés du corps sans que l'animal ne subisse aucune blessure grave, de nouveaux membres étant peu après formés pour les remplacer. Les sens du goût et de la vue sont plus parfaits que ceux du Mollusque, bien que celui du toucher semble beaucoup moins aigu. À d'autres égards, les quatre classes diffèrent considérablement les unes des autres.

[*Les Entozoaires, ou Vers Intestinaux* , placés par Cuvier et d'autres parmi les Radiata, sont maintenant classés parmi les formes les plus basses d'animaux articulés, tout comme les animalcules connus sous le nom de *Rotifères* .]

I. *Les Annélides, ou Vers à Sang Rouge* , n'ont pas de cœur proprement dit, mais ont quelquefois un ou plusieurs ventricules charnus. Ils respirent par les branchies. Leur corps est mou et plus ou moins allongé, divisé en de nombreux anneaux ou segments. La tête, qui est à une extrémité du corps, ne peut guère se distinguer de la queue, sinon par la présence d'une bouche. Ces animaux n'ont pas de pattes proprement dites, mais ils sont munis de petites saillies charnues, portant des touffes de poils ou de soies, qui leur permettent de se mouvoir. Ils ont généralement des habitudes carnivores. Ils pondent des œufs, mais les petits éclosent souvent avant l'exclusion, c'est pourquoi on dit que ces créatures sont ovovivipares. Leur étude s'appelle Helminthologie. Comme exemples des trois ordres de cette classe, on peut citer les serpulæ ou animaux ressemblant à des vers, que l'on trouve souvent sur des coquilles, le ver de terre commun et la famille des sangsues.

II. *Les crustacés* comprennent les coquillages communément appelés crabes, homards, crevettes et crevettes. Ils ont une tête distincte, munie d'antennes, d'yeux et de bouche ; et leurs corps sont recouverts d'une croûte ou coquille, divisée en segments par des incisions transversales, les segments étant unis par une forte membrane. Une fois par an, les plus grandes espèces de ces animaux muent, se débarrassant de leur ancienne croûte ou coquille et en formant une nouvelle, l'animal restant nu et très affaibli pendant le temps intermédiaire. Beaucoup de crustacés nagent avec une grande aisance, mais sur terre, leurs mouvements sont généralement restreints et maladroits ; et ils se limitent à ramper ou à sauter au moyen de la queue. Lorsqu'un membre est blessé, ils possèdent le pouvoir extraordinaire de le rejeter et d'en former un nouveau. Les crustacés pondent des œufs et les jeunes de certaines espèces subissent une transformation avant d'atteindre leur pleine taille. Les Crustacés ont été divisés en deux sections et sept ordres par Latreille, qui sont les suivants :

SECTION I. *Malacostraca.*

Coquille solide, pattes dix ou quatorze, pieds-mâchoires six ou dix, mandibules deux, maxillæ quatre ; bouche avec un labrum.

Sous-section I. *Podophtalmie* , yeux sur les pédoncules.

COMMANDE 1. *Décapode* , dix pattes.

Sous-ordre 1. *Brachyura* , les crabes.

Sous-ordre 2. *Macroura* , les homards.

COMMANDE 2. *Stomapoda* , pattes plus de dix.

Sous-section II. *Edriophthalma* , les yeux ne sont pas sur les pédoncules.

COMMANDE 3. *Amphipodes* , corps comprimé ; mandibules palpigères.

COMMANDE 4. *Læmodipoda* , abdomen rudimentaire, avec seulement les rudiments d'une ou deux paires d'appendices.

COMMANDE 5. *Isopodes* , corps déprimé ; appendices abdominaux plats; mandibules non palpigères.

SECTION II. *Entomostracé.*

Coque pas solide ; pattes en nombre variable ; bouche variable.

COMMANDE 6. *Branchiopodes.* Téguments cornés, branchies plumeuses, faisant partie des pieds.

C'est à cette division des Crustacés que se réfèrent désormais les Cirrhopoda.

COMMANDE 7. *Pæcilopoda* , bouche suctrice.

Sous-ordre 1. *Xiphosura* , ou crabes royaux.

Sous-ordre 2. *Siphonostoma* , ou parasites des poissons.

III. *Les arachnides* sont définies par Lamarck comme des animaux ovipares, pourvus de six pattes articulées ou plus, non sujets à métamorphose et n'acquérant jamais de nouveaux types d'organes. On sait cependant maintenant que certains acariens subissent une sorte de métamorphose, n'ayant que six pattes à l'éclosion et passant par un stade tranquille de pupe avant d'acquérir leur forme parfaite. Leur respiration se fait soit au moyen de sacs à air qui servent de poumons, soit d'une sorte de tube à ouvertures circulaires pour l'admission de l'air. Il existe un cœur et une circulation rudimentaires chez la plupart des espèces. Il y a deux commandes ; ceux qui ont des poumons et ceux qui n'en ont pas.

ORDONNE I. *Pulmonaires.* Les arachnides comprises dans cette division ont des sacs à air qui servent de poumons, un cœur à vaisseaux distincts et six à huit yeux simples. Il existe deux familles distinctes : à savoir. *Araneides* , comprenant toutes les araignées et fileuses ; et Pedipalpi, comprenant la tarentule et les scorpions.

ORDONNANCE II. *Trachéaires.* Ces arachnides se distinguent par leurs organes respiratoires, constitués de trachées radiées ou ramifiées, recevant l'air par deux ouvertures circulaires. Leurs yeux varient de deux à quatre. Les principaux animaux appartenant à cette division sont les araignées à longues pattes (*Phalangium*) et les acariens (*Acarus*), dont le ravageur du jardinier, la petite araignée rouge (*Acarus telarius*), l'acarien du fromage (*Acarus Siro*) et la punaise des récoltes. (*Acarus* ou *Leptus Autumnalis*).

IV. *Les Insecta* forment la quatrième et dernière classe d'animaux articulés, et ils tirent leur nom du mot latin *insectum* , qui signifie « coupé en », en allusion aux divisions distinctes de la tête, du thorax et de l'abdomen chez les vrais insectes : et en contrairement aux Annélides, dont les corps ne présentent pas de telles divisions. Les vrais insectes sont définis comme des animaux sans vertèbres, possédant six pieds, une tête distincte, munie d'antennes, et respirant par des ouvertures stigmatiques qui conduisent aux trachées intérieures. Les Myriapodes ont cependant plus de pieds. Voici les douze ordres dans lesquels cette classe est divisée.

SECTION I. *Insectes en métamorphose.*

1. *Coléoptères* (de deux mots grecs signifiant ailes gainées). Ce sont les coléoptères, qui sont tous munis d'ailes membraneuses avec lesquelles ils volent, et qui sont protégés par des ailes supérieures cornées, ou élytres, appelées élytres. Ce sont tous des masticateurs, et sont tous pourvus de mandibules ou mâchoires saillantes et de maxillaires.

2. *Orthoptères* ou insectes à ailes droites. Cet ordre comprend les grillons, les sauterelles, les criquets et autres insectes similaires. Ils ont les ailes supérieures de la consistance du parchemin, et ont des mandibules et des maxillaires.

3. *Les hémiptères* , ou insectes à moitié ailés, ont souvent la moitié de l'aile supérieure membraneuse, comme celle du dessous, tandis que l'autre moitié est coriace. A cette division appartiennent les punaises, les scorpions d'eau, les cigales ou cicadelles et les pucerons. Ces insectes n'ont ni mandibules ni maxillaires, mais ont à leur place une gaine et une ventouse.

4. *Les neuroptères* , ou insectes à ailes nerveuses, comme les libellules, ont les deux paires d'ailes membraneuses, nues et finement réticulées. La bouche est adaptée à la mastication et meublée de mandibules et de maxillaires.

5. *Hyménoptères* , insectes ailés membraneux, tels que les abeilles, les guêpes, les mouches ichneumons, etc. Les quatre ailes sont membraneuses, mais elles ont moins de nervures et ne sont pas réticulées comme celles de l'ordre précédent. La bouche est garnie de mandibules et de maxillaires, et l'abdomen se termine soit par un ovipositeur, soit par un dard.

6. *Lépidoptères* ou insectes aux ailes écailleuses. Ce sont les papillons et les papillons de nuit, qui se caractérisent par l'aspect farineux ou écailleux de leurs ailes et par l'extension tubulaire ou filiforme des parties de la bouche.

7. *Strepsiptera* ou *Rhipiptera* , aux ailes torsadées. Ces créatures ressemblent à l'ichneumon en pondant leurs œufs dans le corps d'autres insectes, bien qu'elles attaquent généralement les guêpes et les abeilles. Les principaux genres sont Xenos et Stylops. Ils sont généralement considérés comme étroitement alliés aux coléoptères.

8. *Diptères* , ou insectes à deux ailes, y compris les mouches. La bouche est munie d'une trompe et il y a deux petites ailes appelées *licols* placées derrière les vraies ailes, qui servent d'équilibreurs.

9. *Suctoria* , ou insectes suceurs, comme la puce, qui n'ont pas d'ailes, mais qui sont munis d'un appareil pour sucer le sang.

SECTION II. *Insectes ne subissant pas de métamorphose.*

10. *Thysanoura* , ou insectes à queue printanière. Ces créatures sont de petite taille et sans ailes ; on les trouve dans les crevasses des boiseries ou sous les pierres. Les principaux genres sont Lepisma et Podura.

11. *Parasita* , ou insectes parasites, comme le pou. Ils sont également dépourvus d'ailes.

12. *Myriapodes*. Beaucoup de naturalistes font de cet ordre une classe à part, car les créatures qu'il contient se distinguent des véritables insectes par le grand nombre de leurs pattes ; par le manque de divisions distinctes en thorax et en abdomen ; et par le grand nombre de segments en lesquels le corps est divisé. Les principaux insectes de cet ordre sont inclus dans les genres linnéens *Julus* et *Scolopendra* , communément appelés mille-pattes.

Le terme larve s'applique aux jeunes de tous les insectes, inclus dans les neuf premiers ordres, lors de leur première éclosion. Les différentes espèces portent cependant d'autres noms ; c'est-à-dire que la larve d'un papillon, ou papillon de nuit, est appelée chenille ; celui d'un coléoptère, d'un ver ; et celui d'une mouche, un asticot. La larve change plusieurs fois de peau, et passe enfin à l'état de pupe, où on l'appelle chrysalide, aurélie ou nymphe. Parfois, la chrysalide est enveloppée dans une enveloppe extérieure lâche appelée cocon. De la chrysalide, avec le temps, surgit l'imago ou l'insecte parfait. Les Aptéres, ou vrais insectes sans ailes, et les Myriapodes, également dépourvus d'ailes, ne subissent aucune métamorphose.

LES ANIMAUX RAYONNÉS

Sont ainsi appelés parce que leurs organes de locomotion, et même leurs viscères internes, sont généralement disposés en cercle autour d'un centre, de manière à donner un aspect rayonné à l'ensemble du corps. Les animaux inclus dans cette classe sont les plus bas de l'échelle ; ils n'ont presque pas de sens extérieurs ; leurs mouvements sont lents et presque leur seul signe de vie est une envie de nourriture. Certains d'entre eux ont cependant une bouche et un tube digestif distincts, avec un orifice anal ; d'autres ont un estomac en forme de sac, avec une sorte de bouche, par laquelle ils prennent à la fois leur nourriture et rejettent leurs excréments ; tandis que d'autres n'ont pas de bouche et semblent absorber la nourriture uniquement par les pores. De la même manière, bien que certaines soient ovipares, d'autres peuvent se propager par division en plantes. Parmi eux, Cuvier fait cinq classes :

I. *Échinodermes* , ou oursins. Ces animaux ont une peau ou une coquille coriace ou crustacée, généralement recouverte de nombreux tubercules. La bouche est généralement au centre de l'animal et est souvent armée de cinq morceaux d'os ou plus, qui servent de dents ; l'estomac est un sac lâche ; les organes de respiration sont vasculaires ; et les animaux sont ovipares. Ils sont munis de tubes tentaculaires, qui leur servent de bras ou de pieds, et qu'ils peuvent pousser et retirer à leur gré ; et ils ont du sang jaunâtre ou orange , qui semble circuler. Cuvier divise cette classe en ceux qui ont des pieds et ceux qui n'en ont pas ; mais Lamarck, dont la disposition a été plus généralement suivie, les divise en trois ordres ; à savoir :

1. *Les Fistuloides* , ou *Holothurida* , qui ont un corps cylindrique, une peau coriace et une bouche entourée de tentacules. Ces créatures vivent dans la

mer ou dans les sables du bord de la mer ; le trépang, ou ver comestible des Chinois, en est un.

2. *Les Échinides*. Ce sont les oursins proprement dits, et les coquilles, lorsque les animaux en sont sortis, sont appelées œufs de mer. Les Échinides vivent dans la mer. Ils pondent des œufs, et les œufs, ou œufs imparfaits, occupent une grande partie de l'espace à l'intérieur de la coquille lorsque l'animal est encore en vie.

3. *Les Stellerides* , ou *Asterias* , sont les étoiles de mer. La bouche de ces créatures se trouve au milieu de la face inférieure et possède une lèvre membraneuse, capable d'une grande dilatation, mais munie de projections angulaires pour capturer ses proies. La peau est douce, mais coriace, et elle est couverte sur le dos de tubercules spongieux ou d'écailles. Les raies sont creuses en dessous et garnies de tentacules, à l'aide desquelles l'étoile de mer parvient à ramper en arrière, en avant ou de côté, selon le cas, l'une des raies lui servant de guide. Ces animaux se trouvent au bord de la mer, formant de grands bancs qui sont emportés par la mer. *Les Crinoidea* , ou lys de pierre, dont on a trouvé de si curieux spécimens fossiles, sont presque alliées aux étoiles de mer.

II. *L'Intestin* , ou *Entozoa* . Les vers intestinaux ont été divisés en deux sortes par Cuvier, à savoir. les *Cavitaires* , y compris les vers d'enfants, et autres vers cylindriques ; et les *Parenchymateux* , ou vers plats ; comme la douve chez le mouton et le ténia chez l'être humain. Les Entozoaires sont désormais universellement considérés comme appartenant à la division Articulée ou Annuleuse du règne animal.

III. *Acalephæ* , ou *Gelées de Mer* . Ces créatures sont constituées d'une substance molle et gélatineuse, avec une peau fine et une bouche non armée. Les Médusides sont très nombreuses et produisent cette belle lumière phosphorescente remarquée par les voyageurs dans les mers australiennes. Le plus intéressant des Acalephes est le navire de guerre portugais, ou Physalia.

IV. *Les polypes* , ou *Anthozoaires* , selon Cuvier, étaient divisés en trois ordres ; à savoir:

1. *Polypes charnus* (anémones de mer) ;

2. *Polypes gélatineux* (*Hydre*) ; et

3. *Polypes avec Polyparies* , ces dernières comprenant tous les divers zoophytes composés, avec les Éponges. Parmi ceux-ci, les *Flustræ* , ou *tapis marins* , et de nombreuses espèces alliées, ont depuis été reconnus comme appartenant plutôt aux Mollusques, et les Éponges à un groupe d'animaux distinct et inférieur à celui des Radiata ; le reste a généralement été divisé dans les trois ordres suivants : -

1. *Hélianthoida.* Cet ordre comprend les actinia, ou anémone de mer ; et les madrépores, champignons marins et cerveaux, qui vivent en communautés et possèdent le pouvoir de sécréter des matières calcaires qu'ils émettent pour former ces substances pierreuses.

2. *Astéroïde.* Certains des animaux appartenant à cette division sont appelés plumes de mer, et d'autres forment certaines des différentes espèces de coraux, particulièrement ceux utilisés pour les colliers, etc.

3. *Hydroïde.* Cet ordre comprend les polypes d'eau douce qui, comme on le sait, par les expériences tentées, peuvent être coupés en morceaux et même retournés sans détruire la vie. Il faut remarquer que le contenu de ce groupe dans le système de Cuvier était constitué de toutes les formes d'animaux qu'il ne pouvait, conformément aux connaissances qu'il possédait à son époque, placer commodément ailleurs. Cependant, depuis quelques années, de grands progrès ont été réalisés dans la disposition des animaux placés dans ce groupe par Cuvier. L'un des changements les plus importants a été l'établissement d'un cinquième groupe d'animaux pour les Infusoires et les Éponges, ainsi que certaines autres créatures de très faible organisation. C'est à eux que le nom de PROTOZOAIRES a été donné. Les *Entozoaires* ont été supprimés parmi les animaux articulés, et l'on est de plus en plus convaincu que les *Échinodermes* devront être transférés dans la même section. Restent donc les *Acalephæ* et *les Polypes* de Cuvier, qui forment un groupe caractérisé par leur texture molle et généralement gélatineuse ; par l'existence de cellules particulières, appelées cellules filiformes, dans la peau ; et par leur possession d'une cavité alimentaire ne comportant qu'un seul orifice. C'est à eux qu'on a donné le nom de CŒLENTERATA . Ils sont divisés en deux classes : I. Les ANTHOZOAIRES , ou Polypes, comprenant les ordres *Helianthoida* et *Asteroida* ; et II. Les HYDROZOAIRES , composés des Polypes Hydroïdes et des Acalephæ, dont la connexion, comme l'indique le texte (p. 609), est très intime.

V. *Les Infusoria* , ou *Animalcula* , sont si petites qu'elles sont invisibles à l'œil nu, et elles habitent toutes des liquides. Cuvier les classa en deux ordres, dont l'un qu'il appela *Les Rotifères* , et l'autre *Les Infusories homogènes* , mais la première de ces divisions est maintenant comprise parmi les Articulata. Le reste des Infusoires de Cuvier, à l'exception de certains qui sont maintenant connus pour être de nature végétale, sont rangés, avec les Éponges et quelques autres animaux, dans une division distincte, appelée Protozoaires, dont la classification est encore dans une état quelque peu incertain. Les trois classes principales sont celles des *Infusoires* , des *Éponges* et des *Rhizopodes* ; mais il existe d'autres formes qui ne peuvent être classées sous aucune de ces dénominations. Presque tous les protozoaires sont microscopiques, sauf lorsque, comme dans le cas des éponges, ils forment une agrégation d'individus. Ils sont très nombreux et, quoique extrêmement simples dans leur structure, leur histoire présente souvent beaucoup d'intérêt.

EXPLICATION DES
TERMES UTILISÉS EN HISTOIRE NATURELLE.

Abdomen.	Partie du corps contenant les organes de digestion.
Abdominal.	Qui concerne l'abdomen.
Amphibie.	Capable de vivre aussi bien sur terre que dans l'eau.
Animalcules.	Petits animaux, visibles uniquement à l'aide du microscope.
Annulé.	Marqué d'anneaux.
Antennes.	Les cornes ou antennes des insectes.
Sommet.	Le sommet ou le sommet de quoi que ce soit.
Apical.	Situé au sommet ou appartenant à celui-ci.
Apode.	Sans pied.
Aptéreux.	Sans ailes.
Aquatique.	Vivre ou grandir dans l'eau.
Prémolaire.	Avoir deux points.
Bifide.	Divisé en deux parties.
Bifurqué.	Divisé en deux volets.
Bisulque.	Ongulés.
Bivalve.	Avec deux coquilles.
Branchies.	Branchies ou organes de respiration aquatique.
Buccal.	Qui concerne la bouche.
Byssus.	Une touffe de filaments soyeux produite par certains Mollusques.
Callosité.	Une bosse dure, une excroissance.
Campanuler.	En forme de cloche.
Canin.	Du genre chien.
Cariné.	Caréné.
Carnivore.	Se nourrissant de chair.

Caudal.	Concernant la queue.
Cire.	Une peau sur la base du bec des oiseaux.
Cervical.	Appartenant au cou.
Cétacés.	Du genre baleine.
Cils.	Filaments microscopiques qui, par leur vibration constante, soit provoquent des courants dans l'eau, soit déplacent les animaux qui les possèdent.
Cinéreux.	De la couleur des cendres.
Clavate.	Clubbé.
Cordiforme.	En forme de coeur.
Coriace.	Coriace.
Corné.	Corné.
Crustacé.	Recouvert d'une coquille ou d'une croûte; comme les homards, les crabes, etc.
Denté.	Denté comme une scie.
Dorsal.	Appartenant à l'arrière.
Élytres.	Les ailes des insectes de la tribu des coléoptères.
Émarginer.	Encoché.
Entomologie.	Une description des insectes.
Exsanguin.	Sans sang rouge, comme les vers.
Félin.	Appartenant au genre chat.
Ferrugineux.	De couleur fer ou rouille.
Filiforme.	En forme de fil.
Foliacé.	Comme la feuille.
Frugivore.	Se nourrir de fruits.
Furqué.	À bifurcation.
Fusiforme.	En forme de fuseau.
Gallinacé.	Appartenant au genre poule.

Gélatineux.   Comme de la gelée.

Gemmipare.   Capable de se propager par bourgeons.

Géniculé.   Plié comme un genou.

Gestation.   Le temps de partir avec les jeunes.

Granivore.   Se nourrir de céréales.

Grégaire.   S'associer ensemble.

Hastate.   Formé comme une pointe de flèche.

Haustellé.   Insectes dotés d'une bouche adaptée à l'aspiration.

Herbivore.   Se nourrir d'herbe.

Hexapode.   Avoir six pattes.

Hyalin.   Vitreux.

Ichtyologie.   Une description des poissons.

Imbriqué.   Carrelées ou superposées.

Incubation.   L'action de faire couver des œufs.

Insectivore.   Se nourrir d'insectes.

Intestinal.   Relatif aux organes digestifs.

Feuilleté.   Couvert ou divisé en plaques ou écailles.

Larve.   Les petits des insectes.

Latéral.   Appartenant au côté, placé sur le côté.

Loriqué.   Couvert d'écailles dures ou de plaques comme une armure.

Lunaire.   En forme de croissant.

Mandibules.   Supérieure et inférieure, les deux divisions du bec d'un oiseau, ou les mâchoires saillantes d'un insecte.

Migratoire.   Aller et venir à certaines saisons.

Multivalve.   Avec de nombreuses coquilles ou ouvertures.

Nacré.   Ressemble à de la nacre.

Nictitant.	Clin d'œil ; appliqué sur une membrane avec laquelle les oiseaux se couvrent les yeux à volonté.
Olfactif.	Relatif à l'odorat.
Opercule.	Un bouclier ou une couverture.
Ornithologie.	Une description des oiseaux.
Ovipare.	Cela pond des œufs.
Palmé.	Palmé.
Parasite.	Attaché et dépendant d'un autre corps vivant.
Parturition.	L'acte de donner naissance à des jeunes.
Passereau.	Appartenant à la tribu des moineaux.
Pectiné.	Ressemblant à un peigne.
Pectoral.	Appartenant au sein.
Pendant.	Pendu.
Piscivore.	Se nourrir de poissons.
Pliez.	Plié.
Prédateur.	Formé pour poursuivre des proies.
Préhensile.	Capable de saisir.
Quadrifide.	Divisé en quatre parties.
Quadrupède.	À quatre pattes.
Ramosé.	Branchement.
Reptiles.	Animaux de la tribu des serpents, avec pattes.
Rudimentaire.	Petit; imparfaitement développé.
Ruminer.	Ruminer.
Scabreux.	Rugueux.
Scapulaires.	Épaules.
Semi-lunaire.	En forme de demi-lune.
Cranté.	Cranté comme une scie.

Sessile.	Attaché sans l'intervention d'une tige.
Sétacé.	Avoir des poils ou des poils forts.
Spirale.	S'enroule comme une vis.
Squameux.	Squameux.
Strié.	Rayé ou rayé.
Subulé.	Formé comme un poinçon.
Sulcaté.	Sillonné.
Suture.	La ligne de jonction de deux parties postérieures.
Tentacules.	Les palpeurs d'escargots et autres mollusques.
Testacé.	Couvert d'une coquille, comme les huîtres.
Trifurqué.	Trois fourchus.
Tronqué.	Apparaissant comme coupé.
Tubiculaire.	Habiter un tube.
Mollusque univalve.	Avec une coque ou une ouverture.
Ventral.	Appartenant au ventre.
Vertébré.	Avoir une colonne vertébrale articulée.
Viscères.	Les organes contenus dans les cavités du corps.
Vivipare.	Faire naître les jeunes vivants.
Palmé.	Reliés par une membrane, comme les orteils des oiseaux aquatiques.
Xylophage.	Mangeur de bois.
Zoologistes.	Écrivains sur la nature animée.
Zoologie.	L'histoire de la nature animée.

Livre I.
I. QUADRUPÈDES OU BÊTES À QUATRE PIEDS.

§ I. *Animaux carnivores ou carnivores.*

LE LION. (*Félis Léon.*)

LE LION est appelé le roi des bêtes, non seulement à cause de son aspect grave et majestueux, mais à cause de sa force prodigieuse. Les zoologistes le décrivent comme un animal du genre félin, se distinguant des autres espèces du genre par l'uniformité de sa couleur, la crinière qui orne le mâle et une touffe de poils au bout de la queue qui cache un petit piquant. ou une griffe.

Les lions se trouvaient autrefois dans toutes les régions tempérées chaudes et plus chaudes du monde entier ; mais ils sont désormais confinés à l'Afrique et à certaines régions de l'Asie. Le lion d'Afrique mesure quatre ou cinq pieds de haut et son corps mesure de sept à neuf pieds de long. La crinière est épaisse et quelque peu bouclée ; et la couleur varie selon les différentes parties de l'Afrique, mais elle est généralement d'un brun foncé clair, allant dans certains cas presque jusqu'au noir. Les lions d'Asie sont plus petits que ceux d'Afrique et leur couleur est plus pâle. Le lion du Bengale est d'un brun clair, avec une longue crinière fluide ; le lion persan est d'une sorte de couleur crème, avec une crinière courte et épaisse ; et le Lion de Guzerat est d'un brun rougeâtre, sans crinière. Ces variétés ont été considérées comme des espèces distinctes par certains naturalistes.

Toutes les variétés s'accordent dans leurs habitudes ; ils se cachent dans les jungles, dans les hautes herbes, et lorsqu'ils sont réveillés, soit ils s'éloignent tranquillement et majestueusement, soit ils se retournent et regardent fixement leurs poursuivants. Leur rugissement est terrible : et à l'état sauvage, l'animal rugit généralement avec la gueule près du sol, ce qui produit un grondement sourd, comme celui d'un tremblement de terre. L'effet est décrit par ceux qui l'ont entendu comme faisant trembler le cœur le plus vaillant ; et les animaux les plus faibles, lorsqu'ils l'entendent, s'enfuient avec consternation, souvent dans leur terreur, tombant sur le chemin de leur ennemi, au lieu de l'éviter. Les serpents et certains des plus gros animaux combattront cependant les lions et les tueront occasionnellement ; et les lions, lorsqu'ils sont poursuivis par l'homme, sont parfois chassés avec des chiens, mais sont plus souvent abattus ou transpercés. Ceux qui sont exposés dans les ménageries ont généralement été capturés dans des fosses. La fosse est creusée là où ont été découvertes des traces du chemin d'un Lion ; et il est ensuite recouvert de bâtons et de gazon. Il est trompé par l'apparence de solidité que présente le gazon et tente de marcher dessus ; mais au moment où il pose le pied sur la couverture du piège, celle-ci se brise sous son poids, et il tombe dans la fosse. Il est ensuite tenu sans nourriture pendant plusieurs jours, secouant le sol de ses rugissements et se fatiguant en tentant vainement de s'échapper ; jusqu'à ce qu'à la fin il devienne épuisé et si apprivoisé qu'il permette à ses ravisseurs de mettre des cordes autour de lui et de le traîner dehors. Il est ensuite mis dans une cage et emmené dans une sorte de chariot, partout où ses ravisseurs voudront l'emmener.

La générosité du Lion a été beaucoup vantée ; mais les récits qui en sont rapportés semblent n'avoir eu d'autre fondement que le fait que, comme beaucoup d'autres bêtes, lorsqu'il est gorgé de nourriture, il n'attaque pas un homme. On lui a aussi si généralement attribué un grand courage que l'expression « aussi courageux qu'un lion » est devenue proverbiale, et il a été considéré comme une sorte de symbole de cette qualité. Pour ce caractère respectable, le Lion doit sans doute principalement à sa crinière et à l'audace de l'apparence produite par le fait qu'il porte la tête surélevée ; car à tous autres égards, c'est un véritable chat, avec ni plus ni moins de courage que celui des chats en général. Comme le Lion appartient à la tribu des chats, ses yeux sont incapables de supporter une forte lumière ; c'est donc généralement la nuit qu'il rôde à la recherche de proies, et lorsque le soleil lui brille au visage, il devient confus et presque aveuglé. Les chasseurs de lions en sont conscients. Pendant la journée, ils se considèrent toujours en sécurité, à condition d'avoir le soleil sur le dos. La nuit, un incendie a à peu près le même effet ; et les voyageurs en Afrique et dans les déserts d'Arabie peuvent généralement se protéger des lions et des tigres en faisant un grand feu près de leur lieu de couchage. La force de l'espèce africaine est si grande qu'on l'a vu emporter une jeune génisse et sauter un fossé avec elle dans la gueule. Le pouvoir que l'homme peut acquérir sur cet animal a été souvent montré dans les expositions de Van Amburgh, Carter et autres ; mais l'attachement que les Lions éprouvent parfois pour leurs gardiens n'a jamais été plus fortement illustré que dans l'anecdote suivante.

M. Félix, gardien des animaux à Paris, a amené, il y a quelques années, deux Lions, un mâle et une femelle, à la ménagerie nationale. Vers le début du mois de juin suivant, il tomba malade et ne put plus les assister ; et une autre personne était dans la nécessité d'accomplir ce devoir. Le mâle, triste et solitaire, resta à partir de ce moment constamment assis au fond de sa cage, et refusa de prendre de la nourriture à l'étranger, dont la présence lui était odieuse, et qu'il menaçait souvent en beuglant. La compagnie même de la femme semblait maintenant lui déplaire, et il ne lui prêtait aucune attention. L'inquiétude de l'animal faisait croire qu'il était réellement malade ; mais personne n'osait l'approcher. Enfin Félix se remit, et, avec l'intention de surprendre le Lion, rampa doucement jusqu'à la cage, et montra sa tête entre les barreaux : le Lion, en un instant, fit un bond, sauta contre les barreaux, le tapota avec ses pattes. , se lécha les mains et le visage et trembla de plaisir. La femelle courut aussi vers lui ; mais le Lion la repoussa et parut en colère et craignant qu'elle n'arrache aucune faveur à Félix ; une dispute était sur le point d'avoir lieu, mais Félix entra dans la cage pour les apaiser. Il les caressait tour à tour ; et on le vit ensuite fréquemment entre eux. Il avait un si grand commandement sur ces animaux, que, chaque fois qu'il voulait qu'ils se séparent et se retiraient dans leurs cages, il n'avait qu'à donner l'ordre : quand il voulait qu'ils se couchent et montrent aux étrangers leurs pattes ou leur gorge, ils le faisaient. se jettent sur le dos au moindre signe, lèvent les pattes l'une après l'autre, ouvrent la gueule et, en récompense, obtiennent la faveur de lui lécher la main.

Le Lion, comme tous les animaux de l'espèce féline, ne dévore pas sa proie dès qu'il s'en est emparé. Lorsque les personnes en cage sont nourries, elles cachent généralement leur nourriture sous elles pendant une minute ou deux avant de la manger. On connaît ainsi l'exemple d'un homme qui fut frappé par un lion, ayant le temps de dégainer son couteau de chasse et de poignarder au cœur la bête féroce qui grognait sur lui, avant qu'elle ne le blesse gravement. Le Lion ressemble aussi à un chat dans sa façon de voler après et de surveiller sa proie longtemps avant de s'en emparer.

Le Dr Sparrman mentionne à cet égard un exemple singulier des habitudes de l'animal. Un Hottentot s'apercevant qu'il était suivi d'un lion, et concluant que l'animal n'attendait que l'approche de la nuit pour en faire sa proie, commença à réfléchir quel était le meilleur moyen de pourvoir à sa sécurité, et adopta enfin ce qui suit : Apercevant un terrain accidenté avec une descente précipitée d'un côté, il s'assit au bord ; et il constata, à sa grande joie, que le Lion s'arrêtait aussi et se tenait à distance derrière lui. Dès que la nuit tomba, l'homme, glissant doucement en avant, descendit un peu au-dessous du bord de la pente, et leva son manteau et son chapeau sur son bâton, tout en les faisant doucement avancer et reculer. Le Lion, après un moment, s'approcha de l'objet en rampant ; et prenant le manteau pour l'homme lui-même, il s'élança dessus et tomba tête baissée dans le précipice.

De nombreuses anecdotes intéressantes sur les Lions et leur chasse peuvent être trouvées dans les récits de leurs voyages publiés par Gordon Cumming, Andersson et le Dr Livingstone. De ce dernier, nous pouvons extraire le récit suivant d'une évasion littéralement des mâchoires mêmes de la mort : « Étant à environ trente mètres de moi, dit le médecin, j'ai bien visé son corps à travers la brousse et j'ai tiré avec les deux canons. dans ça. Les hommes ont alors crié : « Il est abattu, il est abattu ! D'autres criaient : « Il a également été abattu par un autre homme ; allons vers lui ! Je n'ai vu personne d'autre lui tirer dessus, mais j'ai vu la queue du lion dressée en colère derrière le buisson, et se tournant vers les gens, il a dit : « Arrêtez-vous un peu jusqu'à ce que je charge à nouveau. Alors que j'étais en train d'abattre les balles, j'ai entendu un cri. En sursautant et en regardant à demi-tour, j'aperçus le Lion en train de se jeter sur moi. J'étais sur une petite hauteur ; il m'a attrapé l'épaule en sautant, et nous sommes tous deux tombés ensemble au sol. Grognant horriblement près de mon oreille, il me secoua comme un chien-terrier le fait avec un rat. Le choc produisit une stupeur semblable à celle que semble ressentir une souris après la première secousse du chat. Cela provoquait une sorte de rêve, dans lequel il n'y avait ni sentiment de douleur ni sentiment de terreur, bien que parfaitement conscient de tout ce qui se passait. C'était comme ce que décrivent les patients partiellement sous l'influence du chloroforme, qui voient toute l'opération, mais ne sentent pas le couteau. Cette condition singulière n'était le résultat d'aucun processus mental. La secousse annihilait la peur et ne permettait aucun sentiment d'horreur en regardant la bête autour de lui. Cet état particulier se produit probablement chez tous les animaux tués par les carnivores ; et si tel est le cas, c'est une disposition miséricordieuse de notre Créateur bienveillant pour atténuer la douleur de la mort. En me retournant pour me soulager du poids, comme il avait une patte derrière ma tête, je vis ses yeux dirigés vers Mebalwe, qui essayait de lui tirer dessus à dix ou quinze mètres de distance. Son fusil, un silex, manqua le feu dans les deux canons ; le Lion m'a immédiatement quitté et, attaquant Mebalwe, lui a mordu la cuisse. Un autre homme, dont j'avais déjà sauvé la vie, après avoir été secoué par un buffle, tenta de transpercer le lion alors qu'il mordait Mebalwe. Il quitta Mebalwe et attrapa cet homme par l'épaule ; mais à ce moment les balles qu'il avait reçues firent effet, et il tomba mort. Tout cela a été l'œuvre de quelques instants et a dû être son paroxysme de rage mourante. La nature intéressante de ce récit d'une évasion très éclair doit être notre excuse pour sa longueur.

On a parfois vu des Lions atteindre un grand âge ; ainsi Pompée, un grand lion mâle mort en 1760 dans la Tour de Londres, avait plus de soixante-dix ans. Toutefois, la période habituelle dépasse rarement vingt ans. Le Lion est généralement représenté comme le compagnon de Britannia, comme un symbole national de force, de courage et de générosité. Dans les pierres précieuses, les peintures et la statuaire anciennes, sa peau est l'attribut d'Hercule. Dans les compositions bibliques, il est peint aux côtés de l'évangéliste Saint-Marc ; et occupe la cinquième place parmi les signes du zodiaque, répondant aux mois de juillet et août.

Dans les différents Lions sculptés découverts par M. Layard à Ninive en 1848, la griffe de la queue du Lion est distinctement marquée et est représentée comme étant de grande taille. Il s'agit cependant en réalité d'un très petit aiguillon sombre et corné situé à l'extrémité de la partie charnue de la queue et entièrement caché par les poils.

LA LIONNE ET LES LOUPEAUX.

LA LIONNE est dans toutes ses dimensions environ un tiers plus petite que le mâle et n'a pas de crinière. Elle a généralement de deux à quatre petits à la fois, qui naissent aveugles, comme des chatons, auxquels ils ressemblent beaucoup, quoiqu'ils soient aussi gros qu'un carlin à la naissance. Lorsqu'ils sont très jeunes, ils sont rayés et tachetés, mais ces marques disparaissent bientôt ; ils miaulent aussi d'abord comme un chat, et ne commencent à rugir qu'à l'âge de dix-huit mois environ. À peu près au même moment, la crinière commence à apparaître chez les mâles, et peu après la touffe de poils sur la queue, bien que l'animal ait généralement cinq ou six ans avant d'atteindre sa pleine taille.

La Lionne, quoique naturellement moins forte, moins courageuse et moins espiègle que le Lion, devient terrible dès qu'elle a des petits à nourrir. La férocité de son caractère apparaît alors avec une vigueur décuplée ; et malheur au misérable intrus, qu'il soit homme ou bête, qui s'approcherait imprudemment de l'enceinte de son sanctuaire. Elle fait des incursions pour nourrir ses petits avec encore plus d'intrépidité que le Lion lui-même ; se jette sans discernement parmi les hommes et les autres animaux ; détruit sans distinction ; se charge du butin et le ramène à la maison en puant à ses petits. Elle met habituellement au monde ses petits dans les endroits les plus retirés et les plus inaccessibles ; et lorsqu'elle craint d'être découverte de sa retraite, elle cache souvent sa trace, en courant sur le sol, ou en l'effleurant avec sa queue. Quelquefois aussi, quand ses appréhensions sont grandes, elle transporte ses petits d'un endroit à un autre, comme un chat ; et s'il est obstrué, il les défend avec un courage déterminé et se bat jusqu'au bout.

M. Fennel, dans son *Histoire des quadrupèdes* , raconte une intéressante anecdote d'une lionne gardée à la Tour en 1773. Cette créature était devenue « très attachée à un petit chien, qui était son compagnon constant. Lorsque la lionne était sur le point de mettre bas, le chien fut retiré ; mais peu de temps après que son accouchement eut eu lieu, le chien parvint à entrer dans la tanière et s'approcha de la lionne avec sa tendresse habituelle. Elle, alarmée pour ses petits, s'empara aussitôt de lui et parut sur le point de le tuer ; mais, comme si elle se souvenait soudain de leur ancienne amitié, elle le porta jusqu'à la porte de sa tanière et le laissa s'en sortir indemne. M. Fennel nous dit aussi que la première lionne jamais amenée en Angleterre mourut dans la Tour en 1773, après avoir atteint un grand âge.

Une autre lionne, qui était gardée à la Tour en 1806, devenait extrêmement attachée à un petit chien, et chaque fois qu'il tentait de passer à travers les barreaux de la tanière, elle le tirait en arrière par les parties postérieures et posait doucement sa patte sur son corps. , comme pour le supplier de ne pas la quitter.

LE TIGRE. (*Félis Tigre.*)

BIEN QUE très inférieur au lion en majesté d'apparence et de comportement, cet animal féroce l'égale presque en taille et en force. Le Tigre est une autre espèce féline et peut être comparé à un énorme chat, les moustaches et la queue étant exactement semblables ; et le tigre et le lion ressemblent tous deux au chat par la forme de leurs pattes et par le pouvoir qu'ils possèdent de rentrer leurs griffes. Le Tigre, cependant, présente la plus forte ressemblance et, lorsqu'il est satisfait, ronronne et courbe le dos en se frottant contre l'objet le plus proche. Lorsqu'il est enragé, il grogne plutôt que rugit ; et bondit à une grande hauteur avant de se jeter sur sa proie.

Le Tigre a une tête plus petite et plus ronde que le lion ; il n'a pas de crinière ; sa queue est sans touffe à l'extrémité, et son corps beaucoup plus élancé et flexible. Sa couleur est jaunâtre sur le dos et les côtés, devenant blanche en dessous, avec de nombreuses lignes d'un brun riche très foncé ou d'un noir brillant, descendant du centre du dos vers les côtés et au-dessus de la tête, et se poursuivant le long de la queue. la forme d'anneaux. Les tigres ne se trouvent à l'état sauvage qu'en Asie ; mais ils sont très abondants et très destructeurs dans les Indes orientales, car, grâce à leur force énorme, ils peuvent emporter un bœuf avec la plus grande facilité.

L'attaque d'un de ces animaux contre M. Monro, fils de Sir Hector Monro, eut les conséquences les plus tragiques. « Nous sommes allés, raconte un témoin oculaire, à terre sur l'île Sawgar, chasser des cerfs dont nous avons vu d'innombrables traces, ainsi que des tigres. Nous continuâmes notre diversion jusqu'à environ trois heures, quand nous nous assîmes au bord d'une jungle pour nous rafraîchir, un rugissement semblable à celui du tonnerre se fit entendre, et un immense tigre saisit notre malheureux ami et se précipita de nouveau dans la jungle, l'entraînant à travers. les buissons et les arbres les plus épais, tout cédant la place à sa force monstrueuse. Tout ce que nous pouvions faire, c'était tirer sur le Tigre ; et nos coups firent effet, car en quelques instants notre malheureux ami s'approcha de nous, baigné de sang. Toutes les interventions médicales furent vaines, et il expira au bout de vingt-quatre heures, après avoir reçu des blessures si profondes aux dents et aux griffes de l'animal, qu'elles rendirent sa guérison désespérée. Un grand feu, composé de dix ou douze arbres entiers, brûlait près de nous au moment où cet accident eut lieu ; et dix ou plus d'indigènes étaient avec nous. L'esprit humain ne peut guère se faire une idée de cette scène d'horreur.

La chasse au tigre, bien que très dangereuse, est un sport très apprécié en Inde. Les chasseurs sont montés dans des carrosses appelés howdahs, à dos d'éléphants, bien armés. La première indication est généralement donnée par les éléphants, qui flairent leur ennemi à une certaine distance et, commençant une sorte particulière de reniflement, deviennent très agités. Dès que le mouvement du tigre à travers la jungle est perçu, l'éléphant le plus proche est arrêté et le chasseur tire instantanément. Si le tigre est blessé, il surgit selon toute probabilité avec un rugissement hideux et se précipitera sur l'éléphant le plus proche, la gueule ouverte, la queue dressée ou fouettant les flancs, et toute sa fourrure hérissée. Parfois, cependant, il s'efforce de se faufiler, réduisant astucieusement sa taille en reprenant son souffle et en rampant sur le sol, et souvent avec un tel succès qu'il lui permet de s'échapper vers des ravins où ce serait une folie de tenter sa poursuite.

Le Tigre est cependant un voisin si redoutable que, outre l'excitation de le chasser, les indigènes des pays qu'il habite ont recours à diverses manières de le tuer. En Perse, une grande et solide cage en bois est souvent solidement fixée au sol, à proximité des repaires du Tigre, et dans celle-ci un homme, accompagné d'un chien ou d'une chèvre, pour l'avertir de l'approche du Tigre, prend ses quartiers la nuit. Il est pourvu de quelques lances fortes, et lorsque le Tigre arrive, et qu'en essayant d'atteindre la proie enfermée, il se dresse contre la cage, l'homme profite de l'occasion pour le poignarder dans une partie mortelle. A Oude, les paysans jettent parfois des feuilles enduites de glu sur le chemin du tigre, afin que, lorsque l'animal marche dessus, elles adhèrent à ses pieds ; dans ses efforts pour se dégager de ces encombrements, il s'enduit habituellement le visage et les yeux avec le matériau collant, ou se roule parmi les feuilles traîtres, jusqu'à ce que finalement, devenu aveuglé et très mal à l'aise, il exprime son mécontentement dans les hurlements les plus lugubres, qui amènent rapidement ses ennemis autour de lui, profitant de son état d'impuissance, ils l'abattent sans difficulté. La destruction d'un tigre est généreusement récompensée par les gouvernements indiens, et de nombreuses personnes ont pour habitude de les abattre.

LE LÉOPARD, (*Felis Leopardus* ,)

DIFFÈRE du tigre en étant plus petit et en ayant la peau tachetée au lieu de rayée. Sa longueur du nez à la queue est d'environ quatre pieds, la couleur de son corps est d'un jaune vif et les taches de sa peau sont composées de quatre ou cinq points noirs disposés en cercle et représentant non imparfaitement l'empreinte laissée par l'animal. pied sur le sable. On le trouve dans le sud de l'Asie et presque partout en Afrique. La panthère est une variété du Léopard.

Comme tous les animaux de la tribu des chats, les léopards sont un mélange de férocité et de ruse ; ils s'attaquent aux animaux plus petits, tels que les antilopes, les moutons et les singes ; et sont capables d'obtenir leur nourriture avec beaucoup de succès, grâce à l'extraordinaire flexibilité de leur corps. Kolben nous apprend qu'en 1708, deux de ces animaux, un mâle et une femelle, avec trois petits, s'introduisirent par effraction dans une bergerie au cap de Bonne-Espérance. Ils tuèrent près d'une centaine de moutons et se régalèrent de sang ; après quoi ils déchiraient une carcasse en trois morceaux, dont ils donnaient un à chacun de leurs descendants ; ils prirent alors chacun un mouton entier, et, ainsi chargés, commencèrent à se retirer ; mais ayant été observés, ils furent arrêtés à leur retour, et la femelle et les jeunes tués, tandis que le mâle s'enfuyait. Ils semblent avoir peur de l'homme et ne l'attaquent que s'ils sont poussés par la faim, lorsqu'ils se jettent sur lui par derrière. Le Léopard est parfois appelé Tigre-Arbre en raison de la facilité avec laquelle il grimpe aux arbres.

LA PANTHÈRE. (*Félis pardus.*)

BIEN QUE la Panthère soit généralement sauvage et toujours très incertaine dans son caractère, on connaît des cas où elle fait preuve d'une certaine douceur et même d'un certain enjouement en détention. Ce fut le cas d'un spécimen que Mme Bowditch avait rapporté d'Afrique. Cet animal s'appelait Sai. Un jour, au château de Cape Coast, il trouva le domestique chargé de le surveiller, assis endormi, adossé à une porte ; Sai leva instantanément sa patte et donna au dormeur une tape sur le côté de la joue, ce qui le renversa. Quand l'homme se réveilla, il trouva Sai remuant la queue et semblant apprécier le plaisir. Un autre jour, alors qu'une femme récurait le sol, il lui sauta sur le dos ; et quand la femme cria d'effroi, il sauta et commença à se rouler encore et encore comme un chaton. Lorsqu'il fut mis à bord du navire, il fut d'abord enfermé dans une cage ; et son plus grand plaisir fut lorsque Mme Bowditch lui donna une petite tasse torsadée ou un cornet de papier rigide contenant de l'eau de lavande, et il en fut si ravi qu'il se roulait encore et encore et se frottait la main. pattes contre son visage. Au début, il sortait ses griffes lorsqu'il tentait d'arracher quelque chose ; mais comme Mme Bowditch ne lui donnait jamais d'eau de lavande dans ce cas, il apprit bientôt à garder ses griffes. Cette panthère mourut peu après son arrivée en Angleterre.

L'once. (*Felis Uncia* **)**

L'ONCE est une espèce de chat très voisine du Léopard, avec lequel il s'accorde par la taille et par ses habitudes générales. Il diffère principalement par l'épaisseur de sa fourrure, sa couleur grisâtre, la forme irrégulière des taches et la grande longueur de sa queue, qui, d'être revêtue d'une fourrure longue et épaisse, correspondant à celle du corps, semble être également de grande épaisseur. Ce manteau épais et un peu laineux est rendu nécessaire par la froideur des régions habitées par l'Once, qu'on trouve au Thibet et dans d'autres régions montagneuses de l'Asie.

L'OCELOT. (*Félis pardalis* **)**

CETTE espèce, qu'on appelle souvent *chat-tigre*, est décrite par Buffon comme le plus beau des animaux de sa tribu, et il faut avouer que le grand naturaliste français avait quelque raison d'en parler ainsi. Il mesure environ trois pieds de longueur, sans compter la queue ; la couleur des parties supérieures et des côtés est d'un gris fauve, joliment marquée de stries irrégulières et de taches noires, et toutes les parties inférieures sont presque blanches. L'Ocelot est originaire des forêts d'Amérique tropicale, où il grimpe aux arbres avec une grande agilité à la poursuite des singes et des oiseaux.

LE Guépard, OU LÉOPARD DE CHASSE.

(*Felis jubata.*)

LE LÉOPARD DE CHASSE semble constituer le lien entre les tribus des chats et des chiens ; car il a la longue queue et le corps flexible du chat, avec le nez pointu et les membres allongés du chien. Ses griffes ne sont pas non plus capables d'être aussi complètement rétractées dans les orteils que chez d'autres animaux du genre chat. Le guépard est facile à apprivoiser, et Cuvier en décrit un qui avait l'habitude de se promener en liberté dans un parc et d'être associé aux enfants et aux animaux domestiques, ronronnant comme un chat quand il était content, et miaulant quand il voulait attirer l'attention sur ses besoins. En Orient, le guépard est utilisé pour la chasse et est transporté dans une calèche, ou enchaîné sur un coussin derrière la selle d'un cavalier, avec une cagoule sur les yeux : lorsqu'un troupeau d'antilopes est trouvé, la cagoule est retirée du corps. Le guépard, qui est lâché, et dès qu'il aperçoit les antilopes, se faufile avec précaution jusqu'à ce qu'il arrive à sa portée, où il saute soudainement sur elles ; faisant plusieurs bonds avec la plus grande rapidité, jusqu'à ce qu'il ait tué sa victime, alors qu'il commence instantanément à sucer son sang. Le gardien s'approche alors, et jetant au guépard quelques morceaux de viande crue, parvient à le tromper et à l'enchaîner de nouveau à son coussin derrière la selle, sur lequel il s'accroupit comme un chien. Si le guépard ne parvient pas à attraper une antilope avant que le troupeau ne prenne son envol, il ne la poursuit jamais, mais revient vers son gardien d'un air mécontent et maussade.

LA JAGUAR. (*Félis Onca.*)

LE JAGUAR est originaire du Nouveau Monde et est parfois appelé le Tigre américain. Il est généralement plus grand et plus fort que le léopard, auquel il ressemble par la couleur ; mais les marques noires en forme d'anneaux ont toujours une tache au centre, ce qui n'est pas le cas de celles du léopard. La queue est également plus courte et la tête plus grosse et plus ronde. Le Jaguar a une grande force, il tue un cheval ou une antilope et l'emmène. C'est cependant un animal lâche, qui saute toujours sur sa proie par derrière et s'attaque de préférence à l'arrière du troupeau. Il l'attache au cou, pose une patte sur la tête, qu'il enroule avec l'autre, et le prive ainsi instantanément de la vie. Son principal repaire est l'herbe haute au bord d'une rivière, où il se nourrit souvent de tortues ; les retournant sur le dos, puis insinuant sa patte entre les coquilles de manière à en ôter la chair. Il grimpe aux arbres et nage avec une grande facilité.

LE PUMA. (*Félis concolor.* **)**

LE PUMA , ou Lion américain, est plus petit que le jaguar et émet un cri sifflant aigu, très différent de celui des autres animaux de l'espèce féline. La fourrure est de couleur fauve argentée, presque blanche en dessous, mais devenant noire à la tête ; l'animal n'a pas de crinière et sa queue est sans touffe à l'extrémité. Les petits sont repérés lorsqu'ils sont jeunes. Les habitudes du Puma sont quelque peu particulières ; lorsqu'il est attaqué, il grimpe à l'arbre le plus proche pour se mettre en sécurité, et ses chasseurs lui tirent généralement dessus. Cependant, lorsqu'il est pourchassé avec des chiens et coupé de toute retraite, il se tient à distance et se bat avec fureur. La chair est mangée par les Indiens et on dit qu'ils y sont très prisés. Le Puma vole hors de la vue de l'homme et attaque rarement un animal plus gros qu'un mouton ; mais quand il peut surprendre un troupeau de moutons, il en tue autant qu'il peut, en suçant seulement le sang de chacun. Il ne dévore jamais toute sa proie à la fois, couvrant soigneusement de feuilles ce qu'il ne peut pas manger : mais si celles-ci lui sont retirées, il ne touchera plus à la nourriture. Autrefois, le Puma habitait presque tout le continent américain, du Canada à la Patagonie, mais il a aujourd'hui disparu de nombreuses régions, notamment en Amérique du Nord. On croyait autrefois que le Puma ne pouvait pas être apprivoisé ; mais cela est inexact, car feu Edmund Kean, le tragédien, en avait un qui le suivait partout comme un chien, et il était souvent autorisé à entrer, en parfaite liberté, dans le salon quand il était plein de monde.

LE LYNX COMMUN. (*Félis Lynx.*)

IL existe plusieurs espèces de chats auxquelles le nom commun de Lynx est appliqué ; ils ont des queues courtes et de petites touffes ou crayons de poils au bout des oreilles. Le Lynx commun se trouve dans diverses régions d'Europe ainsi que dans le nord de l'Asie. Il mesure environ trois pieds de long sans la queue, qui mesure six pouces de longueur. La couleur est gris rougeâtre dessus, presque blanche dessous. Une espèce très similaire, le LYNX CANADIEN (*Felis Canadensis*), se retrouve en Amérique du Nord et sa peau est exportée en grande quantité depuis les territoires de la Baie d'Hudson. Les habitudes de ces deux espèces sont très semblables ; ils nagent et grimpent bien, et se nourrissent de petits quadrupèdes, comme les lièvres, et d'oiseaux.

LE CARACAL. (*Félis Caracal.*)

LE CARACAL est généralement considéré comme le lynx des anciens, si célèbre pour la finesse de sa vue. Le nom de Caracal est dérivé de deux mots turcs signifiant oreilles noires, et l'animal est en effet remarquable par la noirceur du bout de ses oreilles. Il est un peu plus grand et plus fort que le renard ; son corps est brun rougeâtre, devenant blanc en dessous, et sa queue plutôt courte, mesurant seulement environ huit ou neuf pouces de longueur. Le Caracal est à la fois irritable et boudeur en détention, et est très rarement apprivoisé ; en effet, à la moindre irritation, il exprime sa colère par une sorte de grognement, comme ce qu'on appelle jurer chez un chat, mais beaucoup plus fort, et se terminant parfois par un cri.

Lorsqu'il est laissé à ses propres ressources pour se nourrir, il se nourrit de lièvres, de lapins et d'oiseaux ; et poursuivra ces derniers, dont il est immodérément friand, avec une activité remarquable, jusqu'à la cime des arbres les plus hauts. Il est originaire d'Asie et d'Afrique.

LE CHAT. (*Félis domestique.*)

"Grimalkin, juré à la vermine domestique,
Un ennemi éternel, avec un œil vigilant
, couve la nuit au-dessus d'une brèche,
tendant ses griffes tombées, aux souris irréfléchies,
une ruine sûre."
JEAN PHILIPS.

ON croyait autrefois que le chat domestique commun n'était rien d'autre que le chat sauvage des bois, apprivoisé par l'éducation. Cette opinion est cependant maintenant mise en doute, parce que la queue du chat sauvage est épaisse et touffue, comme celle du renard, tandis que celle du chat domestique se rétrécit jusqu'à la pointe. Le chat des Égyptiens, dont on a trouvé tant de momies, différait encore plus sous ce rapport, car sa queue était longue et fine, se terminant par une sorte de touffe. Il existe quatre ou cinq variétés distinctes de chat domestique : le chat tigré, l'écaille, la Chartreuse et l'Angora. Parmi ceux-ci, le chat tigré ressemble le plus au chat sauvage, et les chats noirs sont de cette race : on dit que l'écaille de tortue a été importée d'Espagne, les femelles de cette race étant généralement d'une écaille de tortue pure, et le les mâles sont chamoisés, avec des rayures d'une teinte plus foncée. Tous les chats blancs et blanchâtres descendent de la race Chartreuse ; ils ont tous une teinte bleue dans leur pelage et des paupières rougeâtres : les chats sans queue de Cornouailles et de l'île de Man appartiennent à cette race. Les Angoras sont bien distincts et sont bien connus par leurs longs cheveux soyeux. Les chats aiment la chaleur et sont généralement affectés par les changements climatiques. Ils sont très affectueux, ronronnant à la vue de ceux qui sont gentils avec eux ; et ils courberont le dos et se frotteront contre une porte lorsqu'on leur ouvrira, comme pour remercier le bon ami qui leur a rendu ce service, avant d'en profiter. La chatte a généralement cinq ou six chatons à la fois, qu'elle porte dans sa bouche et qu'elle cache lorsqu'elle les croit en danger. Lorsqu'un chat est enragé, ses poils se dressent et sa queue gonfle jusqu'à atteindre une taille énorme. Les chats se battent sauvagement et s'arrachent souvent la peau du cou : quand deux sont sur le point de se battre, ils restent quelque temps à se regarder en grognant, puis se jettent l'un sur l'autre avec la plus grande fureur, en criant de rage.

La plupart des chats sont de bons chasseurs de souris, et certains apportent tout ce qu'ils tuent à leur maître ou maîtresse, exhibant leurs souris et leurs rats avec autant de fierté qu'un sportif le ferait pour son gibier. Ils sont très friands d'herbe à chat et de valériane et se roulent dans une sorte d'extase lorsqu'ils sentent cette dernière plante. Ils sont très propres, souvent assis, se caressant le visage avec leurs pattes, comme s'ils se lavaient.

Dans l'œil du Chat, la pupille est ovale perpendiculairement, s'étendant de haut en bas, et lorsqu'elle est contractée, elle apparaît comme une ligne droite. Cette conformation convient aux habitudes de ces animaux, car ils ne se contentent pas de rôder sur le sol, mais sautent parfois à de grandes hauteurs, la tête dirigée vers le haut et les yeux placés en avant et plus près parallèles. Cette structure des yeux est présente dans toute la tribu des Chats.

LE CHAT SAUVAGE. (*Félis Catus.*)

LE CHAT SAUVAGE est originaire des forêts d'Europe et était autrefois abondant en Grande-Bretagne, mais il est maintenant confiné à certaines des régions les plus sauvages de ce pays. C'est un animal plus gros et plus puissant que le chat domestique, et il est de couleur grisâtre avec des rayures noires, un peu comme un chat tigré ordinaire. C'est une créature féroce et très destructrice pour les oiseaux et les petits quadrupèdes.

LE CHIEN. (*Canis familiaris.*)

À aucun animal de ses services et de son affection qu'au chien. Parmi tous les divers ordres de créatures brutes, aucune n'a jusqu'ici été trouvée aussi entièrement adaptée à notre usage, et même à notre protection, que celui-ci. Il existe de nombreux pays, tant sur l'ancien que sur le nouveau continent, dans lesquels, si l'homme était privé de ce fidèle allié, il résisterait sans succès aux ennemis qui l'entourent, cherchant des occasions d'empiéter sur ses biens, de détruire son travail et d'attaquer son personne. Sa propre vigilance, dans bien des situations, ne pouvait le garantir, d'une part, contre leur rapacité, ni, d'autre part, contre leur rapidité. Le Chien, plus docile que tout autre animal, se conforme aux mouvements et aux habitudes de son maître. Son zèle, son ardeur et son obéissance sont inépuisables ; et son caractère est si amical, que, contrairement à tout autre animal, il semble se souvenir seulement des bienfaits qu'il reçoit : il oublie bientôt nos coups ; et au lieu de découvrir du ressentiment tandis qu'on le châtie, il s'expose à la torture et lèche même la main d'où il procède.

Les chiens, même les plus ennuyeux, recherchent la compagnie des autres animaux ; et par instinct, prendre soin des troupeaux et des troupeaux.

LE CHIEN DE BERGER.

LE CHIEN DE BERGER a été considéré comme la souche primitive, d'où dérivent toutes les autres. Cet animal subsiste encore presque dans son état originel parmi les pauvres des climats tempérés : transporté dans les régions les plus froides, il devient plus petit et se couvre d'un pelage hirsute. Quelles que soient les différences qu'il y ait entre les chiens de ces pays froids, ils ne sont pas très considérables, car ils ont tous les oreilles droites, le poil long et épais, un aspect sauvage, et n'aboient pas aussi souvent ni aussi fort que les chiens des régions plus froides. genre cultivé. Le chien de berger, transporté dans les climats tempérés et chez les peuples entièrement civilisés, comme en Angleterre, en France et en Allemagne, sera dépouillé de son air sauvage, de ses oreilles dressées, de son poil rêche, long et épais ; bien qu'il conserve toujours son grand crâne, son cerveau abondant et sa grande sagacité qui en résulte.

De nombreuses anecdotes intéressantes sont racontées sur le berger ou colley, comme on appelle fréquemment cette espèce de chien, en particulier sur sa sagacité à sauver les moutons des congères. Lorsque des moutons manquent dans une tempête de neige, comme c'est souvent le cas en Écosse et dans le nord de l'Angleterre, le berger s'arme d'une pelle et, surveillant les mouvements de son fidèle chien, creuse la neige partout où le chien commence à gratter. il s'en va, et est ainsi sûr de retrouver sa brebis perdue.

Cette aubaine précieuse pour le berger est la moins vorace de son espèce et supporte patiemment la fatigue et la faim.

[Chasseur et Cuba Bloodhounds.]

LE LIMIER.

« ——— Conscient des récentes taches, son cœur
bat vite ; son nez reniflant, sa queue active,
attestent sa joie : puis avec la bouche profondément ouverte,
qui fait trembler le welkin, il proclame
« le criminel audacieux.

LE BLOODHOUND est plus grand que le vieux chien anglais, plus joliment formé et supérieur à toutes les autres espèces en activité, en vitesse et en sagacité. Il est généralement de couleur rougeâtre ou brune, avec de longues oreilles. Il aboie rarement, sauf lors de la chasse : et ne quitte jamais son gibier avant de l'avoir attrapé et tué.

Les Bloodhounds étaient autrefois utilisés dans certaines régions situées entre l'Angleterre et l'Écosse, qui étaient très infestées de voleurs et de meurtriers ; et un impôt fut imposé aux habitants pour en garder et entretenir un certain nombre. Mais comme le bras de la justice s'étend désormais sur toutes les parties du pays, et qu'il n'y a plus de recoins secrets où la scélératesse puisse se cacher, ces services ne sont plus nécessaires. Autrefois, ces chiens étaient utilisés pour chasser les nègres en fuite et autres dans les Antilles espagnoles, et de nombreuses anecdotes surprenantes sont racontées sur leur merveilleuse sagacité et leur pouvoir odorant.

Dans « History of the Maroons » de Dallas, une anecdote est racontée de cette manière sur l'étendue de leurs réalisations, ce qui semble vraiment merveilleux. Un navire, attaché à une flotte en convoi vers l'Angleterre, était piloté principalement par des marins espagnols qui, en passant devant Cuba, profitèrent de l'occasion pour conduire le navire à terre, lorsqu'ils assassinèrent les officiers et d'autres Anglais à bord, et transportèrent tout le pillage disponible dans les montagnes de l'intérieur. L'endroit était sauvage et peu fréquenté, et ils s'attendaient à échapper à toute poursuite. Mais dès que la nouvelle parvint à La Havane, un détachement de douze chasseurs avec leurs chiens fut envoyé. Le résultat fut qu'en peu de jours tous les meurtriers furent amenés et exécutés, pas un seul homme n'ayant été blessé par les chiens lors de la capture.

Le vieux chien courant anglais, la souche originelle de cette île, et utilisé par les anciens Britanniques pour la chasse, est un chien des plus précieux ; bien que la race ait graduellement décliné et que la taille ait été soigneusement diminuée par un mélange d'autres espèces, afin d'augmenter leur vitesse. Il semble avoir été décrit avec précision par Shakspeare dans les lignes suivantes :

« Mes chiens sont issus de l'espèce spartiate,
si volants, si poncés ; et leurs têtes sont pendues
Avec des oreilles qui balayent la rosée du matin ;
Aux genoux tordus et aux genoux de rosée, comme les taureaux de
Thessalie ;
Lent dans la poursuite ; mais assortis dans la bouche comme des cloches,
chacune sous chacune.

LE RENARD.

CE plus précieux de tous les chiens de chasse est plus petit que le chien de chasse, sa hauteur moyenne étant de vingt à vingt-deux pouces. Aucun pays en Europe ne peut se vanter de posséder des Foxhounds égaux en rapidité, en force et en persévérance à ceux de Grande-Bretagne, où la plus grande attention est accordée à leur élevage, à leur éducation et à leur alimentation. Le climat semble aussi conforme à leur nature, car lorsqu'ils sont emmenés en France ou en Espagne et dans d'autres pays du sud de l'Europe, ils dégénèrent rapidement et perdent toutes les qualités admirables qu'ils possèdent dans ce pays.

Notre prédilection pour la chasse au renard semble descendre de nos ancêtres et avoir continué à croître en ardeur. Certes, aucun autre pays ne peut se vanter d'avoir des établissements aussi splendides pour cette précieuse race : le Duke of Richmond's Kennel à Goodwood, n'a pas coûté moins de 19 000 £.

LE POINTEUR

EST docile dans son caractère et, une fois entraîné, il rend le plus grand service au sportif qui aime tirer. Il est étonnant de voir à quel point ces animaux peuvent être amenés à l'obéissance. Leur vue est également fine que leur odorat, et ils peuvent percevoir de loin le moindre signe de leur maître. Ils ont été si admirablement dressés que leurs penchants acquis semblent aussi inhérents qu'un instinct naturel et semblent se transmettre de parent à progéniture. Lorsqu'ils flairent leur gibier, ils se fixent comme des statues, dans l'attitude même où ils se trouvent en ce moment. Si une de leurs pattes antérieures n'est pas à terre au moment où ils flairent pour la première fois, elle reste suspendue, de peur qu'en la posant à terre, le gibier ne soit trop tôt alarmé par le bruit. Ils restent dans cette position jusqu'à ce que le chasseur s'approche assez près et soit prêt à tirer ; quand il donne le mot, et le chien se met immédiatement au jeu. Cette attitude a souvent été choisie par l'artiste.

LE MÂTIF.

Est le plus grand de toute l'espèce : c'est un animal fort et féroce, avec de courtes oreilles pendantes et une grosse tête, de grandes et épaisses lèvres pendantes de chaque côté, et une physionomie noble ; c'est un gardien fidèle et un puissant défenseur de la maison.

Un curieux récit est donné par Stow, d'un engagement entre trois Dogues et un lion, en présence de Jacques Ier. « L'un des chiens étant mis dans la tanière, fut bientôt mutilé par le lion, qui le prit par la tête et le cou, et le traîna : un autre chien fut alors lâché et servi de la même manière ; mais le troisième, une fois introduit, il saisit aussitôt le lion par la lèvre et le retint pendant un temps considérable ; jusqu'à ce que, gravement déchiré par ses griffes, le chien fut obligé de lâcher prise ; et le lion, très épuisé dans le combat, refusa de renouveler l'engagement ; mais, bondissant brusquement par-dessus les chiens, il s'enfuit dans la partie intérieure de la tanière. Deux des chiens moururent bientôt des suites de leurs blessures ; le dernier survécut et fut pris en charge par le fils du roi, qui dit : « Celui qui avait combattu avec le roi des bêtes ne devrait plus jamais se battre avec aucune créature inférieure. » »

L'anecdote suivante montrera que le Dogue, conscient de sa force supérieure, sait châtier l'impertinence d'un inférieur : — Un gros chien de cette espèce, appartenant à un gentleman près de Newcastle, étant fréquemment molesté par un bâtard, et taquiné par ses aboiements continus, le prit enfin dans sa bouche, par le dos, et, avec beaucoup de sang-froid, le laissa tomber par-dessus le quai dans la rivière, sans faire davantage de mal à un ennemi tellement inférieur.

LE BOULEDOGUE

IL EST bien plus petit que le dogue, mais il est le plus féroce de tous les chiens et est probablement la créature la plus courageuse du monde. Son cou court ajoute à sa force. Ceux de couleur bringée sont considérés comme les meilleurs du genre : ils courent et s'emparent du taureau le plus féroce sans aboyer, lui frappant directement la tête, lui saisissant parfois le nez, le clouant au sol et le faisant rugir. d'une manière des plus terribles, et on ne peut pas non plus les faire abandonner leur emprise sans difficulté. Chaque fois qu'un bouledogue attaque l'une des extrémités du corps, cela est invariablement considéré comme une marque de sa dégénérescence par rapport à la pureté originelle du sang.

Il y a quelques années, lors d'un combat de taureaux dans le nord de l'Angleterre, alors que cette coutume barbare était très courante, un jeune homme, sûr de l'esprit de son chien, fit le pari qu'il couperait, à des moments différents, tous les animaux. pieds de l'animal et qu'il continuerait à attaquer le taureau après chaque amputation. L'expérience fut tentée, et le brutal misérable gagna son pari.

LE TERRIER.

LE TERRIER est une petite variété du Chien, mais il est de grande valeur, en raison de l'obstination et du courage avec lesquels il attaque les rats et autres vermines. Son nom de Terrier lui est évidemment donné à cause de son habitude de creuser la terre, ce qu'il fait avec une grande rapidité lorsqu'il poursuit un animal. Le Terrier anglais est un chien à poil lisse, et les meilleurs sont de couleur noire, avec des pattes de couleur beige et des taches sur les sourcils ; le Scotch Terrier est couvert de poils durs et durs qui, chez les Skye Terriers, deviennent très longs.

L'ÉPANNEAU.

DE cet élégant animal, dit-on d'origine espagnole, il existe plusieurs variétés dans ce pays ; mais il est plus que probable que l'épagneul anglais, la race la plus commune et la plus utile, soit indigène. Il a reçu de la nature un odorat très vif, une bonne intelligence et une docilité peu commune, et est employé dans la chasse aux perdrix, aux faisans, aux cailles, etc. Sa régularité sur le terrain, sa prudence à l'approche du gibier, sa patience à tenir l'oiseau à distance jusqu'à ce que l'oiseleur décharge son morceau, sont des objets dignes d'admiration. De nombreux sportifs le préfèrent au pointeur ; et si l'eau est abondante, il est plus utile, car ses pieds sont bien mieux défendus contre les coupures brusques de la bruyère que ceux du braque, car il a beaucoup de poils qui poussent entre les orteils et autour de la pointe des pieds. dont le pointeur est presque dépourvu. Il se déplace également beaucoup plus rapidement et peut supporter plus de fatigue.

« Quand la chaleur plus douce de l'automne et de l'été réussit,
et que dans le champ fraîchement tondu la perdrix se nourrit,
devant son seigneur l'épagneul prêt bondit ;
Haletant d'espoir, il explore les terrains sillonnés ;
Mais quand les vents corrompus que le gibier trahit,
Couch'd se ferme, il ment et médite sur la proie ;
En sécurité, ils font confiance au champ infidèle qui les assiège,
jusqu'à ce que planant au-dessus d'eux balaie le filet gonflé.
LA FORÊT DE WINDSOR DU PAPE

L'ÉPANNEAU D'EAU

EST excellent pour la chasse aux loutres, aux canards sauvages et autres gibiers dont la retraite est parmi les joncs et les roseaux qui couvrent les berges des rivières, les marais et les étangs. Il est très sagace et peut-être le plus docile et docile de toute la tribu canine.

L' *épagneul d'eau* va chercher et emporter tout ce qu'on lui demande, et plonge souvent au fond des eaux profondes à la recherche d'une pièce d'argent qu'il porte dans sa bouche et qu'il dépose aux pieds de celui qui l'a envoyé. La meilleure race a des cheveux noirs bouclés et de longues oreilles.

La belle race d'épagneuls connue sous le nom de King Charles's est très appréciée pour sa petite taille et la longueur de ses oreilles. On en trouve de toutes les couleurs, mais ceux qui sont noirs, avec les joues et les pattes bronzées, sont considérés comme la race la plus pure.

Ils tirent leur nom du roi Charles II qui, comme nous le dit Evelyn, « prenait un grand plaisir à ce qu'un certain nombre de petits épagneuls le suivent et se couchent dans sa chambre ».

LE CHIEN DE TERRE-NEUVE.

CET animal a été introduit en Europe de Terre-Neuve, d'où il tire son nom, et où il est extrêmement utile aux colons, remplaçant presque le cheval. Il existe plusieurs variétés, légèrement différentes en taille et en apparence, mais la taille réelle est d'environ six pieds et demi du nez au bout de la queue, dont la longueur est de deux pieds. Il est d'apparence noble et couvert de longs cheveux hirsutes de couleur noir et blanc, dans lesquels ces derniers prédominent généralement.

Le chien de Terre-Neuve est affectueux, sagace et docile au-delà de tous les autres ; et avoir les pieds palmés est parfaitement adapté à l'eau ; et il existe d'innombrables exemples de son sauvetage d'un homme d'une tombe aqueuse.

Les anecdotes qui illustrent l'affection et la sagacité de cet animal rempliraient un volume, mais nous en choisirons une relative à l'eau, car cela apparaît comme sa scène d'action la plus noble.

Il y a quelque temps, une jeune femme allaitait un enfant sur un des quais de la Liffey, lorsqu'il jaillit brusquement de ses bras et tomba à l'eau. La nourrice hurlante et les spectateurs anxieux virent l'enfant sombrer, comme ils le croyaient, pour ne plus se relever ; lorsqu'à l'instant même un chien de Terre-Neuve, qui passait par hasard, se précipita sur place, et à la vue de l'enfant, qui reparut à ce moment, se jeta à l'eau. L'enfant a coulé de nouveau, et l'animal fidèle a été vu nageant anxieusement autour de l'endroit. Une fois de plus, l'enfant se releva et le chien, doucement mais fermement, le saisit et le porta à terre. Entre-temps arriva un monsieur qui paraissait s'intéresser beaucoup à l'affaire, et sur la personne qui faisait tourner l'enfant pour le lui montrer, il reconnut les traits bien connus de son propre fils. Une sensation mêlée d'horreur, de joie et de surprise le rendit muet. Lorsqu'il se remit, il prodigua mille caresses au fidèle animal, et offrit pour lui à son maître cinq cents guinées ; mais celui-ci éprouvait trop d'affection pour le noble animal pour s'en séparer sous quelque considération que ce soit. Nous en joignons également un autre tout aussi intéressant.

Un Allemand d'origine passionné de voyages poursuivait sa route à travers la Hollande, accompagné d'un gros chien de Terre-Neuve. Marchant un soir sur une haute berge qui formait l'un des côtés d'une digue ou d'un canal si commun dans ce pays, son pied glissa, et il fut précipité dans l'eau, et étant incapable de nager, il devint bientôt insensé. Lorsqu'il reprit ses esprits, il se retrouva dans une chaumière de l'autre côté de la digue, entouré de paysans qui utilisaient des moyens pour rétablir une animation suspendue. Le récit qu'ils en firent était que l'un d'eux, revenant de son travail, aperçut à une distance considérable un gros chien nageant dans l'eau et traînant le corps d'un homme dans une petite crique du côté opposé à laquelle les hommes étaient.

Le Chien s'étant secoué, commença à lécher assidûment les mains et le visage de son maître, tandis que le rustique se précipitait ; et, après avoir obtenu du secours, le corps fut transporté dans une maison voisine, où les moyens habituels de réanimation lui rendirent bientôt la raison et la mémoire. Deux contusions très considérables, avec des marques de dents, apparurent, l'une sur l'épaule et l'autre sur la nuque ; d'où l'on présumait que l'animal fidèle saisissait d'abord son maître par l'épaule, et nageait ainsi avec lui quelque temps ; mais que sa sagacité l'avait poussé à lâcher prise et à déplacer sa prise vers le cou, grâce auquel il avait pu soutenir la tête hors de l'eau. C'est dans cette dernière position que le paysan a observé le chien qui se dirigeait le long de la digue, ce qu'il semblait avoir fait sur une distance de près d'un quart de mille.

LE LÉVRIER

IL EST bien connu, et était autrefois tenu en telle estime, qu'il était le compagnon spécial d'un gentilhomme qui, dans les temps anciens, se distinguait par son cheval, son faucon et son lévrier, et il était pénal pour toute personne de condition inférieure. rang pour en garder un. Il est le plus rapide de tous les chiens et peut distancer tous les animaux de chasse. Il a un corps long et une forme élégante ; sa tête est nette et nette, avec un œil plein, une bonne bouche, des dents pointues et très blanches ; sa queue est longue et s'enroule au-dessus de sa partie postérieure. Il existe plusieurs variétés ; comme le lévrier italien, le lévrier oriental et le lévrier irlandais, ou chien-loup. Ils sont utilisés pour les cours ; c'est-à-dire chasser à vue plutôt qu'à l'odorat ; et sont principalement employés à chasser les lièvres. Daniel, dans ses *Sports ruraux* , nous dit qu'on a vu deux lévriers parcourir un lièvre pendant quatre milles en douze minutes ; le tournant plusieurs fois, jusqu'à ce que la pauvre créature finisse par tomber complètement morte de fatigue.

LE RENARD. (*Canis Vulpes.*)

CET animal bien connu, présent dans la plupart des pays d'Europe, est de couleur brun rougeâtre, avec le bout de sa queue touffue blanc. Sa demeure est généralement à la lisière d'un bois, le plus près possible d'une cour de ferme, dans un trou dont quelque autre animal a été dépossédé ou qu'il a volontairement abandonné. De là, il sort la nuit, et s'approchant prudemment des volailles, tue tout ce qu'il peut trouver, les transportant un à un vers différentes cachettes, où il se rend lorsqu'il a faim. Il poursuivra ses déprédations jusqu'au lever du jour, ou jusqu'à ce qu'il soit alarmé, dépeuplant souvent une basse-cour entière en une nuit. Cependant, lorsque son aliment de prédilection, le poulet, n'est pas accessible, il dévore la nourriture animale de toutes sortes ; et si son habitation est près de l'eau, il se contentera même de coquillages. En France et en Italie, il fait beaucoup de dégâts aux vignes, étant très friand de raisins et en gâtant beaucoup pour une seule grappe.

Son nom est devenu un proverbe de ruse et de tromperie ; et, contrairement à la tribu canine à laquelle il appartient, il est totalement insensible à tout sentiment de gratitude.

Sa morsure est tenace et dangereuse, car les coups les plus violents ne peuvent le faire lâcher prise ; son œil est très significatif et exprime presque toutes les passions. Il vit généralement douze ou quinze ans.

La femelle ne produit qu'une fois par an et a rarement plus de quatre ou cinq petits par portée. La première année, le jeune s'appelle un Louveteau, la deuxième année un Renard et la troisième année un Vieux Renard. La queue est très touffue et s'appelle la brosse.

Dans ce pays, on le chasse avec des chevaux et des chiens, et aucun animal n'offre une plus grande distraction et une plus grande occupation au chasseur. Lorsqu'il est poursuivi, il se dirige généralement vers son trou ; mais si sa retraite est interrompue, ses stratagèmes et ses tentatives pour s'échapper sont singulièrement aiguisés. Il cherche les régions boisées et inégales du pays, préférant les sentiers les plus embarrassés d'épines et de ronces, et courant en ligne droite devant les chiens, à peu de distance d'eux ; et, lorsqu'il est rattrapé, il se retourne contre ses assaillants et, combattant avec un désespoir obstiné, meurt en silence.

LE RENARD ARCTIQUE, (*Canis lagopus* **,)**

C'EST une espèce plus petite que le renard commun, et il a une fourrure beaucoup plus longue pour l'adapter au froid rigoureux qu'il éprouve nécessairement dans les régions polaires qu'il habite. La couleur de la fourrure est souvent d'un gris plomb bleuâtre, d'où son nom parfois de renard bleu ; certains spécimens sont brunâtres, d'autres presque noirs. La fourrure devient d'un blanc pur en hiver, et dans cet état, le renard arctique est un animal extrêmement joli. Cette espèce est capturée pour le bien de sa peau, les spécimens bleutés étant préférés. Il est généralement pris dans des pièges, dont il n'est pas aussi méfiant que son sournois parent anglais. On dit que la chair des jeunes est très bonne.

LE LOUP, (*Canis Lupus* ,)

LORSQU'IL a faim, c'est un habitant des bois intrépide et très féroce, mais un lâche lorsque l'excitation de l'appétit n'est plus en action. Il aime errer dans les pays montagneux et est un grand ennemi des moutons et des chèvres ; la vigilance des chiens peut difficilement empêcher ses déprédations, et il ose souvent visiter les repaires des hommes, hurlant aux portes des villes et des villages. Sa tête et son cou sont d'une couleur cinérée et le reste d'un brun jaunâtre pâle. Il vit généralement jusqu'à l'âge de quinze ou vingt ans. Il possède le pouvoir le plus exquis de sentir sa proie à grande distance. Les loups se trouvent presque partout, sauf dans les îles britanniques, où cette race nuisible a entièrement disparu. Le roi Edgar a d'abord tenté d'y parvenir en renonçant à la punition de certains crimes liés à la production d'un certain nombre de langues de loups ; et au Pays de Galles, l'impôt sur l'or et l'argent était commué en un tribut annuel de têtes de loups. Sous le règne d'Athelstan, les loups abondaient tellement dans le Yorkshire qu'une retraite fut construite à Flixton pour défendre les passagers de leurs attaques. Ils ont infesté l'Irlande plusieurs siècles après leur extinction en Angleterre : la dernière accusation de meurtre de loups a été faite dans le comté de Cork vers 1710. Ils abondent dans les immenses forêts d'Allemagne, et on les trouve également en nombre considérable dans le sud de l'Irlande. France. Partout où ils sont sauvages, la haine générale envers cette créature destructrice est si grande que tous les autres animaux s'efforcent de l'éviter. Cependant, en captivité, le loup est remarquablement soucieux d'attirer l'attention de l'homme et se frotte contre les barreaux de sa cage lorsqu'il est remarqué. En fait, le loup n'est en aucun cas aussi intraitable qu'on le suppose souvent ; mais son caractère est plutôt incertain et ses habitudes destructrices en font un animal de compagnie dangereux. Un curieux exemple de docilité et de destructivité combinées est rapporté par M. Lloyd, que nous rapportons ici, car il illustre également la ruse de cet animal. M. Lloyd dit : « J'ai eu une fois l'idée sérieuse de dresser une belle louve en ma possession comme pointeuse ; mais elle en fut dissuadée en raison de son *penchant* pour les cochons des voisins. Elle était enchaînée dans un petit enclos, juste en face de ma fenêtre, dans lequel ces animaux, lorsque la porte était laissée ouverte, se faufilaient ordinairement. Les moyens que le Loup employait pour les mettre en son pouvoir étaient très amusants. Lorsqu'elle voyait un cochon à proximité de sa niche, elle, évidemment dans le but de le surprendre, se jetait sur le côté ou sur le dos, remuait la queue avec beaucoup d'amour et paraissait l'innocence personnifiée. Et cette attitude aimable continuerait jusqu'à ce que le grogneur soit séduit dans la longueur de son attache, quand, en un clin d'œil, la proie était agrippée. Le Loup est quelquefois atteint de folie, avec des symptômes et des conséquences exactement semblables à ceux qui affectent le chien ; mais cette maladie, comme elle arrive généralement au plus profond de l'hiver, ne peut être attribuée à la grande chaleur des jours de canicule. Dans les régions septentrionales du monde, on dit que les loups se rendent fréquemment, au printemps, sur les champs de glace adjacents à la mer, dans le but de s'attaquer aux jeunes phoques qu'ils y trouvent endormis ; mais de vastes morceaux de glace se détachant parfois de la masse, ils sont emportés avec eux très loin de la terre, où ils périssent au milieu des hurlements les plus hideux et les plus effroyables. Le langage du poète décrit magnifiquement la fureur insatiable de cette créature :

« Par la famine hivernale s'est réveillée, de toute l'étendue
d'horribles montagnes, que les brillantes Alpes,
et les ondulants Apennins et les Pyrénées,
ramifient, prodigieuses, vers des terres lointaines,
cruelles comme la mort ! et affamé comme la tombe !
Brûlant de sang ! osseux, décharné et sinistre !
Les loups rassemblés, en troupes enragées, descendent ;
Et, se déversant sur le pays, continuez,

vif comme le vent du nord balaie la neige brillante :
tout est leur prix.

LE CHACAL, (*Canis Aureus* ,)

COMMUNÉMENT appelé *pourvoyeur du lion* , il n'est pas beaucoup plus grand
que le renard, auquel il ressemble par l'apparence de la partie antérieure de
son corps. Sa peau est d'une couleur jaunâtre vif. Les chacals s'unissent
souvent pour attaquer leurs proies, et font un bruit des plus hideux, qui, tirant
le roi de la forêt de son sommeil, l'amène au lieu de nourriture et de pillage :
à son arrivée, les petits voleurs, effrayés par le plus grand force de leur
nouveau camarade de mess, se retirent au loin ; d'où l'histoire fabuleuse de
leur fréquentation du lion pour pourvoir à sa nourriture. — Ces animaux sont
toujours vus en grands troupeaux de quarante ou cinquante ; et chassez,
comme des chiens au grand cri, du soir au matin. Faute d'autre nourriture, ils
traînent les morts hors de leurs tombeaux et se nourrissent avidement de
cadavres putrides ; mais, malgré leur férocité naturelle, on dit que, lorsqu'ils
sont pris jeunes, ils peuvent être facilement apprivoisés et, comme les chiens,
ils aiment être caressés, remuent la queue et montrent un degré considérable
d'attachement à leurs maîtres. Ils sont communs dans de nombreuses régions
de l'Est : et comme ils agissent comme des charognards, les gens ne les
dérangent pas lors de leurs visites nocturnes.

LA HYÆNE RAYÉE. (*Hyène striée* .)

CET animal était le plus sauvage et le plus intraitable de tous les quadrupèdes : mais on découvre maintenant qu'il peut être apprivoisé. Il est couvert de poils longs, rêches et rugueux, couleur cendre, marqués de longues rayures noires, de l'arrière vers le bas ; la queue est très poilue. Ses dents et ses mâchoires sont construites de manière à lui permettre d'écraser facilement les plus gros os ; et sa langue est aussi rugueuse qu'une grosse lime. Comme le chacal, il attaque les troupeaux, peu soucieux de la vigilance et de la force des chiens, et, pressé par la faim, il vient hurler aux portes des villes et viole les dépôts des morts, arrachant les corps des tombes et les dévorent. On ne le trouve aujourd'hui à l'état sauvage qu'en Asie et en Afrique, mais on suppose qu'il habitait autrefois l'Europe. Lorsqu'il reçoit sa nourriture, les yeux de cet animal féroce brillent, les poils de son dos se dressent, il sourit craintivement et pousse un grognement hargneux.

LA HYÆNE TACHÉE. (*Hyæna Crocuta.*)

IL s'agit d'une autre espèce commune en Afrique australe ; il est connu parmi les colons du Cap de Bonne-Espérance sous le nom de *Loup-Tigre* . Il n'a pas sur le dos les poils en forme de crinière qui distinguent la hyène rayée, et sa peau est marquée de taches au lieu de rayures. C'est une bête féroce et extrêmement destructrice pour les moutons et le bétail ; et aussi fréquemment attaque et emporte les enfants des huttes des indigènes, les volant parfois même à leurs mères endormies.

OURS NOIR AMÉRICAIN. (*Ursus américain.*)

CET animal habite les régions du nord de l'Amérique, où on le trouve en nombre considérable. Il est un peu plus petit que l'ours brun ou européen ; sa couleur d'un noir uniforme et brillant. Sa nourriture se compose principalement de fruits, de jeunes pousses et de racines de légumes et de céréales. À leur recherche, il émigre occasionnellement des régions du nord vers les régions plus au sud. Leurs retraites, pendant la période de gestation, sont si impénétrables, que, bien qu'un nombre immense d'ours soient tués chaque année en Amérique, on trouve rarement parmi eux une femelle. En automne, lorsqu'ils s'engraissent excessivement en se nourrissant de glands et d'autres aliments similaires, leur chair est extrêmement délicate, les jambons en particulier sont très estimés, et la graisse est remarquablement blanche et sucrée. A cette époque et pendant l'hiver, ils sont chassés et tués en grand nombre par les Indiens d'Amérique.

L'OURS GRISLY, (*Ursus Ferox* ,)

QUI est également un habitant de l'Amérique du Nord, est une créature d'une taille et d'une force énormes ; un spécimen a été mesuré et trouvé mesurant neuf pieds de longueur ; et il est capable de transporter la carcasse d'un bison, pesant probablement environ mille livres. Sa férocité correspond à ses pouvoirs de destruction ; et c'est tout à fait l'un des quadrupèdes les plus redoutables.

L'OURS BRUN EUROPÉEN, (*Ursus Arctos* ,)

EST originaire du nord de l'Europe, ainsi que des régions montagneuses du sud de ce continent. Il est un grand dormeur, et passe tout l'hiver dans sa tanière, sans aucune nourriture particulière : mais si l'on considère qu'il est au repos, perdant peu par la transpiration, et ne se retirant jamais dans ses quartiers d'hiver avant d'être bien engraissé, son abstinence le diminuera. cesser d'être merveilleux. Une fois apprivoisé, cet animal apparaît doux et obéissant à son maître ; on peut lui apprendre à marcher debout, à danser, à saisir une perche avec ses pattes et à exécuter diverses tours pour divertir la multitude, très heureuse de voir les mouvements maladroits de cette créature robuste, qui semble lui convenir. au son d'un instrument, ou à la voix de son chef. La discipline que subissent les ours en leur apprenant à danser est si sévère qu'ils ne l'oublient jamais ; et on raconte une histoire amusante d'un gentilhomme qui était poursuivi par un ours, et qui, désespéré, se retournant et levant son bâton contre son assaillant, fut étonné de voir l'ours se dresser sur ses pattes de derrière et se mettre à danser. Il s'était échappé de captivité et avait appris à danser lorsqu'un bâton était brandi par son gardien. Mais pour donner à l'ours ce genre d'éducation, il faut qu'il soit pris jeune, et habitué de bonne heure à la retenue et à la discipline, car un vieil ours ne souffrira pas de contrainte sans découvrir le ressentiment le plus furieux : ni la voix ni les menaces de son gardien n'ont tout effet sur lui ; il grogne également contre la main qu'on lui tend pour le nourrir, et contre celle qu'on lève pour le corriger. Les ourses femelles mettent bas deux ou trois petits et font très attention à leur progéniture. La graisse de l'ours est réputée très utile dans les affections rhumatismales et pour oindre les cheveux : sa fourrure apporte du réconfort aux habitants des climats froids et des ornements à ceux des climats chauds. On croyait autrefois que le jeune ours, lors de sa première naissance, n'était qu'une masse informe, jusqu'à ce que sa mère le lèche pour lui donner forme ; et c'est pourquoi l'expression « il veut qu'on le lèche pour lui remettre en forme » était fréquemment employée par les vieux dramaturges, lorsqu'ils parlaient d'un homme maladroit et clownesque.

L'ours brun était autrefois commun dans les îles britanniques. « Il y a de nombreuses années, il a été si complètement balayé que nous le trouvons importé pour l'appât, un sport dans lequel notre noblesse, ainsi que le commun des anciens temps, et même la royauté elle-même, se plaisaient. Un appât pour ours était l'une des récréations offertes à Elizabeth à Kenilworth, et dans le livre de maison du comte de Northumberland, nous lisons qu'il y avait vingt shillings pour son ours. À Southwark, il y avait un véritable jardin des ours, qui disputait sa popularité aux théâtres Globe et Swan, du même côté de l'eau. Mais aujourd'hui, les goûts changent tellement (dans ce cas certainement pour le mieux) que ces sports barbares sont bannis de la métropole.

L'ours est un animal aux pieds plats et peut se tenir facilement sur ses larges pattes postérieures, mais il est extrêmement maladroit et lent dans ses mouvements. Il possède cependant la faculté de s'élever à un degré extraordinaire ; et, dans son pays natal, il grimpe fréquemment sur les arbres élevés à la recherche du miel, dont il est excessivement friand. Les ours nagent bien et traversent non seulement de larges rivières, mais parfois même un bras de mer.

L'OURS-SOLEIL MALAIS. (*Ursus Malayanus.*)

CHEZ cet ours, les poils sont courts et noirs, sauf sur la poitrine, où se trouve une grande tache triangulaire ou en forme de cœur, blanche ou fauve. Il s'apprivoise très facilement lorsqu'il est pris jeune et devient un animal de compagnie plutôt amusant. Un individu en possession de Sir Stamford Raffles était si apprivoisé qu'il jouait avec les enfants et pouvait être admis à table lorsqu'il prouvait la solidité de son jugement d'épicurien en refusant de manger des fruits. mais des mangoustans, ou de boire n'importe quel vin sauf du champagne. Le seul moment où il était connu pour être de mauvaise humeur, c'était lorsqu'il n'y avait pas de champagne pour lui. A l'état sauvage, cet ours se nourrit de légumes et de miel. C'est originaire de Malacca et des îles orientales.

LE GRAND OURS POLAIRE OU BLANC

(*Ursus maritimus.*)

L'OURS POLAIRE mesure généralement de six à huit pieds de long. La fourrure est longue et blanche, avec une teinte jaune, qui devient plus foncée à mesure que l'animal avance en âge ; les oreilles sont petites et rondes et la tête longue. Il habite les côtes arctiques des deux hémisphères. Il marche lourdement et est très maladroit dans tous ses mouvements ; ses sens de l'ouïe et de la vue paraissent très ternes, mais son odorat est très aigu ; et il ne semble pas dénué d'un certain degré d'intelligence, ou du moins de ruse. Le capitaine King, qui visita les côtes de l'océan Arctique en 1835, raconte un curieux exemple de la ruse de cet animal : « Un jour, on vit un ours polaire nager prudemment jusqu'à un grand morceau de glace sur lequel se trouvaient deux morses femelles. endormis avec leurs petits. L'ours grimpa quelques buttes derrière eux et, avec ses pattes antérieures, détacha un gros bloc de glace qu'il fit rouler et porter jusqu'à ce qu'il soit immédiatement au-dessus de la tête des dormeurs, à l'aide de son nez et de ses pattes. il tomba sur un des vieux animaux, qui fut tué sur le coup. L'autre morse, avec ses petits, roula dans l'eau, mais le petit de la femelle assassinée resta près de sa mère, et sur cette créature impuissante l'ours se précipita, tuant ainsi deux animaux à la fois.

La férocité de cette espèce d'ours est à la hauteur de sa ruse. Il y a quelques années, l'équipage d'un bateau appartenant à un navire de pêche à la baleine a tiré à courte distance sur un ours et l'a blessé. L'animal poussa aussitôt les cris les plus épouvantables et courut sur la glace vers le bateau. Avant qu'il ne l'atteigne, un deuxième coup de feu fut tiré et l'atteignit. Cela ne fit qu'accroître sa fureur. Il a ensuite nagé jusqu'au bateau ; et en essayant de monter à bord, il plaça son pied avant sur le plat-bord ; mais un des membres de l'équipage, muni d'une hachette, la coupa. L'animal continua cependant à nager après eux jusqu'à ce qu'ils arrivèrent au navire, et plusieurs coups de feu furent tirés sur lui, qui produisirent également leur effet ; mais en arrivant au navire, il monta aussitôt sur le pont, et l'équipage s'étant enfui dans les haubans, il les poursuivait là, lorsqu'un coup de feu tiré par l'un d'eux le jeta mort sur le pont.

LE RATON LAVEUR. (*Procyon lotor.*)

CET animal est originaire d'Amérique, de la tribu des ours : à la Jamaïque, ils sont très nombreux et font des dégâts incroyables aux plantations de canne à sucre et de maïs indien, surtout à ce dernier lorsqu'il est jeune. Le raton laveur est plus petit que le renard et possède un nez pointu. Ses pattes antérieures sont plus courtes que les autres. La couleur de son corps est grise, avec deux larges anneaux noirs autour des yeux et une ligne sombre qui descend au milieu du visage. A l'état sauvage, le raton laveur est sauvage et sanguinaire, commettant de grandes destructions parmi les oiseaux sauvages et domestiques, sans en consommer aucune partie, sauf la tête, ni le sang qui coule de leurs blessures. C'est un bon grimpeur, la forme de ses griffes lui permettant d'adhérer aux branches des arbres avec une grande ténacité. Les ratons laveurs sont facilement domestiqués et deviennent alors des animaux très amusants. Ils sont malicieux comme un singe, rarement en repos et extrêmement sensibles aux mauvais traitements qu'ils ne pardonnent jamais. Ils ont une grande antipathie pour les sons aigus et durs, comme l'aboiement d'un chien et le cri d'un enfant. Ils mangent de tout ce qu'on leur donne et, comme le chat, sont de bons pourvoyeurs, chassant les œufs, les fruits, le maïs, les insectes, les escargots et les vers ; et trempent généralement leur nourriture dans l'eau avant de la dévorer. Une particularité que peu d'autres animaux possèdent, c'est qu'ils boivent aussi bien en lapant comme le chien qu'en suçant comme le cheval. Ces animaux sont chassés pour leur fourrure, qui est utilisée par les chapeliers et qui est considérée comme la deuxième valeur en valeur après celle du castor ; il est également utilisé dans les doublures de vêtements. Les peaux, une fois correctement habillées, sont transformées en gants et en cuirs pour chaussures. Les nègres mangent fréquemment la chair du raton-laveur et en sont très friands, quoiqu'elle ait une odeur très désagréable et fétide. Les chasseurs américains se piquent de leur habileté à tirer sur les ratons laveurs ; ce qui, à cause de l'extraordinaire vigilance et de la ruse des animaux, n'est en aucun cas une tâche facile.

Lorsqu'ils mangent, ils s'appuient sur leurs pattes postérieures et portent leur nourriture à la bouche avec leurs pattes antérieures. Certains d'entre eux sont très friands d'huîtres et d'autres coquillages, et font preuve d'une grande dextérité à maintenir les coquilles ouvertes pendant qu'ils en extraient le contenu. Leur particularité la plus remarquable, cependant, est celle déjà mentionnée, de tremper leur nourriture dans l'eau lorsqu'il y en a à leur portée ; mais quand il n'y en a pas, ils semblent tout à fait satisfaits de le manger sec.

LE Blaireau. (*Mêles Taxus.*)

CET animal habite la plupart des régions d'Europe et d'Asie. La longueur du corps est d'environ deux pieds six pouces depuis le nez jusqu'à l'insertion de la queue, qui est courte et noire comme la gorge, la poitrine et le ventre ; le poil de l'autre partie du corps est long et rugueux, d'un blanc jaunâtre à la racine, noir au milieu et grisâtre à la pointe : les orteils sont très enveloppés dans la peau, et les longues griffes des pieds antérieurs permettre à l'animal de creuser avec beaucoup d'effet : sous la queue il y a un réceptacle dans lequel est sécrétée une substance blanche et fétide, qui s'écoule constamment par l'orifice, et donne ainsi au corps une odeur des plus désagréables. Animal solitaire, il se creuse un trou au fond duquel il reste en parfaite sécurité : il se nourrit de jeunes lapins, d'oiseaux et de leurs œufs et de miel. La femelle a généralement trois ou quatre petits à la fois.

LE COATI-MONDI. (*Nasua Narica.*)

CETTE créature est originaire de l'Amérique du Sud, semblable au raton laveur par la forme générale de son corps, et, comme cet animal, se tient fréquemment debout sur ses pattes postérieures et, dans cette position, avec ses deux pattes, il porte sa nourriture à sa bouche. Même dans un état d'apprivoisement, il poursuivra les volailles et détruira tout être vivant qu'il a la force de conquérir. Lorsqu'il dort, il se roule en boule et reste immobile pendant quinze heures entières. Ses yeux sont petits, mais pleins de vie ; et, une fois domestiqué, il est très ludique et amusant. Une grande particularité de cet animal est la longueur de son museau, qui est mobile dans toutes les directions. Les oreilles sont rondes et semblables à celles d'un rat ; les pieds antérieurs ont chacun cinq orteils. Les poils du dos sont courts et rêches et d'une teinte noirâtre ; la queue marquée d'anneaux noirs, comme celle du chat sauvage ; le reste du corps est un mélange de noir et de rouge. Cet animal est très porté à manger sa propre queue, qui est très longue ; mais cet étrange appétit n'est pas propre aux Coati seuls ; les mococo et quelques singes font de même, et ne semblent ressentir aucune douleur à blesser une partie du corps si éloignée du centre de circulation.

LA CIVET, (*Viverra Civetta* ,)

ON le trouve en Afrique du Nord et en Guinée, et est célèbre pour produire le parfum appelé *civette* . On le garde pour ce parfum, et on le nourrit d'une espèce de soupe à base de mil ou de riz, avec un peu de poisson ou de chair bouillie avec dans l'eau. La civette se trouve dans un grand réceptacle glandulaire double, situé à peu de distance sous la queue. Lorsqu'on lui a laissé un temps suffisant pour la sécrétion, on place un de ces animaux dans une longue cage de bois, si étroite qu'il ne peut se retourner. La cage étant ouverte par une porte en arrière, une petite cuillère est introduite par l'orifice de la pochette, qui est soigneusement grattée ; cela se fait deux ou trois fois par semaine, et on dit que l'animal produit toujours le plus de civettes après avoir été irrité. La civette, quoique originaire des climats les plus chauds, vit pourtant dans les pays tempérés et même froids, pourvu qu'elle soit soigneusement défendue contre les agressions de l'air. A l'état sauvage, la civette se nourrit entièrement d'oiseaux et de petits quadrupèdes ; et à tout moment, on dit qu'une petite quantité de sel l'empoisonne.

LE GENET. (*Viverra Genetta.*)

CET animal a à peu près la taille d'un petit chat. La peau est tachetée et belle, de couleur gris rougeâtre. Les taches sur les côtés sont rondes et distinctes, celles du dos presque rapprochées ; sa queue est longue et marquée de sept ou huit anneaux noirs. D'un orifice situé sous sa queue, il dégage une sorte de parfum qui sent légèrement le musc. Ce petit animal est doux et doux, sauf lorsqu'il est provoqué, et se domestique facilement. A Constantinople, il va de maison en maison comme notre chat, et garde la maison dans laquelle il se trouve parfaitement exempte de souris et de rats, qui ne supportent pas son odeur. On le trouve à l'état sauvage dans diverses régions du sud de l'Europe, ainsi que sur tout le continent africain. Sa fourrure est belle et douce et précieuse comme article de commerce. Les yeux du Genet se contractent lorsqu'ils sont exposés à la lumière, comme ceux du chat ; et il peut rentrer ses griffes à peu près de la même manière.

LA CIVETE ORIENTALE, (*Viverra Zibetha* ,)

EST un habitant du sud de l'Asie et des îles de l'archipel indien. Elle est un peu plus petite que la civette africaine, mais ses habitudes sont très sanguinaires, provoquant une grande destruction de volailles et même d'agneaux et de jeunes cochons. Le parfum fourni par cette espèce est très apprécié des indigènes des pays de l'Est.

L'ICHNEUMON, OU MANGOUSTE ÉGYPTIEN, OU RAT DE PHARAON. (*Herpeste Ichneumon.*)

CET animal ressemble beaucoup à la tribu des belettes, tant par sa forme que par ses habitudes. Du bout du nez à la racine de la queue, il mesure environ dix-huit pouces de longueur. À la base, la queue est très épaisse, s'effilant progressivement vers la pointe légèrement touffue. Il a un corps long et actif, des pattes courtes, des yeux vifs et perçants et un nez pointu ; les cheveux sont rêches et hérissés, d'un gris rougeâtre pâle.

L'Ichneumon est célèbre dans la mythologie de l'Egypte ancienne, où il a longtemps été domestiqué, et où il était classé parmi les divinités, en raison de sa grande utilité pour détruire les serpents, les serpents, les rats, les souris et autres vermines : il est aussi friand d'œufs de crocodiles, qu'il déterre dans le sable où ils ont été déposés. C'est un animal très féroce, quoique petit, qui se bat avec des chiens, des renards et même des chacals avec une grande fureur. Il ne se reproduit pas en confinement, mais peut être facilement apprivoisé lorsqu'il est pris jeune.

Les détails suivants sont rapportés par M. d'Obsonville, dans ses Essais sur la nature de divers animaux étrangers : « J'ai eu un Ichneumon très jeune, que j'ai élevé. Je l'ai nourri d'abord avec du lait, puis avec de la viande cuite au four mélangée à du riz. Il devint bientôt encore plus docile qu'un chat ; car il venait quand on l'appelait et me suivait, quoique en liberté, dans la campagne. Un jour, j'ai amené vivant cet animal, un petit serpent d'eau, désireux de savoir jusqu'où son instinct le mènerait contre un être qu'il ne connaissait pas encore totalement. Sa première émotion parut être un étonnement mêlé de colère, car ses cheveux se dressèrent ; mais en un instant il se glissa derrière le reptile, et avec une rapidité et une agilité remarquables, sauta sur sa tête, le saisit et l'écrasa entre ses dents. Cet essai et cette nouvelle nourriture semblaient avoir éveillé en lui sa voracité innée et destructrice, qui avait jusque-là cédé la place à la douceur qu'il avait acquise par l'éducation. J'avais chez moi plusieurs espèces curieuses de volailles parmi lesquelles il avait été élevé, et que jusqu'alors il avait laissé aller et venir sans être inquiété et sans se soucier : mais quelques jours après, alors qu'il se trouvait seul, il l'étrangla. chacun d'eux, mangea un peu et, semble-t-il, but le sang de deux.

Le MOONGUS (*Herpestes griseus*) et le GARANGAN (*Herpestes Javanicus*) sont des espèces orientales d'Ichneumons ; le premier habite l'Inde et le second l'île de Java. Comme l'Ichneumon égyptien, ils sont de grands ennemis des serpents et autres reptiles, et détruisent également les rats, mais malheureusement ils font souvent de grands ravages parmi les volailles.

La manière dont l'Ichneumon s'empare d'un serpent est ainsi décrite par Lucain dans sa *Pharsale* :

« Ainsi souvent l'Ichneumon, sur les bords du Nil,
envahit par sa ruse l'aspic mortel ;
Tandis que sa fine queue se joue astucieusement,
le serpent s'élance sur l'ombre dansante,
puis se retourne sur l'ennemi avec une surprise rapide,

le traître agile s'envole plein la gorge,
et dans sa poigne le serpent haletant meurt.

LA BEILLE. (*Mustela vulgaris* .)

LES animaux appartenant à ce genre, malgré leur petite taille, sont tous carnivores, et de par leur corps mince et allongé, leurs pattes courtes et leur mouvement très libre dans toutes les directions, permis par les articulations lâches de la colonne vertébrale, sont bien formés pour poursuivre leurs proies dans les recoins les plus profonds. Constitués par nature pour subsister grâce à des animaux, dont beaucoup ont une grande force et un grand courage, ils possèdent une disposition intrépide et féroce. La Belette a un corps long et mince ; sa longueur, avec sa queue, est de dix pouces, et sa hauteur ne dépasse pas un pouce et demi. Dans les régions septentrionales de l'Europe, ils sont très nombreux. Les souris de toutes sortes, les campagnols des champs et les campagnols d'eau, les rats, les taupes et les petits oiseaux, constituent leur nourriture ordinaire, et parfois des lapins et des perdrix. Poussé par la faim, il attaquera hardiment le poulailler. La Belette, lorsqu'elle entre dans un nid de poules, ne se mêle jamais des coqs ni des vieilles poules, mais choisit les poulettes et les jeunes poules ; il les tue d'un seul coup sur la tête et les emporte les uns après les autres. Il suce les œufs avec avidité, en faisant un petit trou à une extrémité par lequel il fait sortir le jaune. En hiver, il réside dans les greniers et les greniers à foin, et en été, il choisit les basses terres autour des moulins et des ruisseaux, où il se cache parmi les buissons et dans les creux des vieux arbres.

On croyait autrefois que la Belette était indomptable ; mais Buffon, dans un volume supplémentaire, corrige cette erreur, et, à partir d'une lettre d'une correspondante, montre qu'il peut être rendu aussi familier qu'un chat ou un chien de poche. Il mangeait fréquemment dans la main de son correspondant et semblait plus friand de lait et de viande fraîche que de tout autre aliment. « Si je présente mes mains, dit cette dame, à une distance de trois pieds, il saute dedans sans jamais manquer. Il fait preuve de beaucoup d'adresse et d'astuce pour arriver à ses fins, et semble désobéir à certains interdits par simple caprice. Durant toutes ses actions, il semble soucieux de se détourner et d'être remarqué, regardant chaque saut et chaque virage pour voir s'il est observé ou non. Si l'on ne fait pas attention à ses gambades, il les cesse immédiatement et s'endort ; et lorsqu'il est réveillé du sommeil le plus profond, il reprend instantanément sa gaieté et s'ébattre d'une manière aussi vive qu'auparavant. Il ne montre jamais de mauvaise humeur, sauf lorsqu'il est confiné ou trop taquiné, auquel cas il exprime son mécontentement par une sorte de murmure bien différent de celui qu'il émet lorsqu'il est content.

Les belettes et les furets sont utilisés par les chasseurs de rats pour chasser les rats de leurs trous ; et ils en tuent un grand nombre, l'habitude de la belette étant de tuer sa proie en mordant la tête, de manière à ce que les dents pénètrent dans le cerveau, puis de jeter le corps de côté ou de le cacher jusqu'à une période ultérieure.

LE FURET, (*Mustela furo* ,)

C'EST un animal petit mais audacieux, et un ennemi de tous les autres sauf ceux de son espèce. Il ressemble beaucoup au putois et est considéré par de nombreux naturalistes comme étant simplement une variété domestiquée de cet animal. Ses yeux sont remarquablement fougueux. Il a l'habitude de chasser les lapins de leurs terriers, et à cet effet il est toujours muselé, car autrement il se régalerait du sang du premier lapin qu'il rencontrerait, puis se coucherait tranquillement dans le terrier pour dormir. C'est un ennemi si invétéré du lapin, que si l'on en présente un mort à un jeune furet, il le mord instantanément avec une apparence de rapacité ; ou bien, s'il est vivant, le furet le saisit par le cou, s'enroule autour de lui et continue à sucer son sang jusqu'à ce qu'il soit rassasié ; en effet, son appétit pour le sang est si fort qu'il est connu pour attaquer et tuer des enfants au berceau. Il est très vite irrité ; et sa morsure est très difficile à guérir.

Notre silhouette est très grande, car la longueur de l'animal est généralement d'environ treize pouces, à l'exclusion de la queue, qui est d'environ cinq.

LE PUNIS. (*Mustela putorius.*)

L' odeur forte et désagréable de cet animal est proverbiale ; sa peau est raide, dure et rugueuse, et lorsqu'elle est bien préparée, elle est très désirable comme vêtement. Il mesure environ dix-sept pouces de longueur, sans compter la queue, qui mesure environ six pouces. La poitrine, la queue et les pattes sont de couleur noirâtre, mais le ventre et les côtés sont jaunâtres. Il se cache quelquefois dans les coins secrets des maisons, et constitue alors un ravageur désastreux pour le poulailler. Ces animaux fréquentent habituellement les bois et détruisent une grande quantité de gibier ; et certains, abandonnant les repaires des hommes, se retirent dans les rochers et les crevasses des falaises au bord de la mer, préférant en toute sécurité un régime maigre et maigre, à la délicatesse de la chair de poule et des œufs, accompagnés de troubles et de peur. Les lapins semblent être leur proie préférée, et un seul putois suffit souvent à détruire tout un terrier ; car avec cette soif insatiable de sang qui est naturelle à toute la tribu des belettes, elle tue bien plus qu'elle ne peut dévorer ; et on a trouvé vingt lapins morts, qu'un putois avait détruits par une blessure à peine perceptible. Le *Putois* est de même avec le *Fitchet* ou *Foumart* , dont les poils sont transformés en pinceaux fins et en crayons à l'usage des peintres. Ce petit animal est féroce et audacieux. Lorsqu'il est attaqué par un chien, il se défend avec beaucoup d'entrain, l'attaque à son tour, s'attachant au nez de son ennemi avec une morsure si vive, que souvent pour l'obliger à renoncer. Lorsqu'il est échauffé ou enragé, l'odeur qu'il dégage est absolument intolérable.

L'HERMINE. (*Mustela erminea.*)

CETTE ESPÈCE , qu'on appelle aussi HERMINE , est une espèce plus petite que le Putois, et est moins commune en Angleterre que ce dernier, bien qu'en Ecosse elle soit assez abondante. Sa couleur en été est brun rougeâtre sur le dos et blanche en dessous ; mais en hiver, toute la fourrure devient d'un blanc pur, sauf la queue, qui est toujours noire, et c'est dans cet état que la fourrure de l'Hermine est si hautement estimée. Dans le nord de l'Europe, en Sibérie et dans les régions les plus septentrionales de l'Amérique, les hermines se trouvent en quantités immenses, et de grandes quantités d'entre elles sont tuées pour le bien de leur peau, dont plusieurs centaines de milliers sont exportées chaque année de ces régions nordiques inclémentes. , pour servir à la parure des vêtements des dames et des robes d'État des pairs et autres hauts dignitaires, dans les pays plus civilisés. La peau d'un blanc pur, ornée des queues noir de jais des petits animaux, est en effet l'une des fourrures les plus élégantes de toutes ; mais à cause des quantités immenses dans lesquelles les peaux sont importées, elles sont devenues si bon marché que l'hermine ne peut plus être considérée comme une fourrure à la mode, et elle est principalement employée aux usages auxquels l'habitude a, en quelque sorte, consacré son usage.

Comme le putois et d'autres de son espèce, l'hermine est une petite créature assoiffée de sang et si audacieuse qu'elle attaque des animaux beaucoup plus gros qu'elle. Il est très destructeur pour la volaille et le gibier, et poursuit même les lièvres avec succès ; ces animaux, quoique si rapides, paraissent si fascinés par l'approche de leur petit ennemi, qu'ils ne se mettent pas à fuir, mais sautent lentement, jusqu'à ce que les crocs du destructeur soient fixés dans la gorge de sa victime, quand tous les efforts pour se débarrasser de lui sont vains. L'hermine est aussi l'un des grands ennemis du rat d'eau, qu'elle suit dans l'eau. L'habitat de l'hermine est un terrier étroit, habituellement au milieu d'un fourré ou d'un buisson d'ajoncs ; il s'installe parfois dans un terrier de lapin. Dans ce pays, la femelle produit quatre ou cinq petits à la naissance ; mais en Amérique du Nord, on dit que la portée se compose de dix ou douze petits.

LA MOUFETTE, (*Mustela* , ou *Mephitis Americana* ,)

QUE L' on trouve dans la plupart des régions d'Amérique du Nord, il est curieusement marqué d'une paire de rayures blanches qui courent sur les côtés du dos. Il se nourrit de souris et autres petits quadrupèdes, ainsi qu'en été de grenouilles. La mouffette est d'une forme robuste et plutôt lourde, et court lentement, de sorte que lorsqu'elle est poursuivie, elle n'aurait qu'une petite chance de s'échapper, sans une disposition singulière dont elle a été dotée par la nature. Il s'agit d'un liquide jaune de l'odeur la plus horrible, contenu dans un petit sac ou une pochette sous la racine de la queue ; que la créature est capable de décharger à une distance de plus de quatre pieds, de sorte que même si la décharge nauséabonde n'atteint pas et n'étouffe pas réellement les poursuivants de l'animal, elle forme entre eux et leur victime prévue une sorte de barrière invisible, que peu de gens peuvent atteindre. les nez sont capables de passer. L'odeur est si forte qu'on sait qu'elle produit des maladies à une distance de cent mètres, et si persistante, que l'endroit où une mouffette a été tuée conserve cette odeur pendant plusieurs jours. La chair de cet animal est cependant considérée comme un excellent aliment par les Indiens.

LE SABLE. (*Mustela* , ou *Martes Zibellina* .)

CET animal est originaire de Sibérie, du Kamtschatka et de la Russie asiatique, et il fréquente les bords des rivières et les parties les plus épaisses des bois. Il vit dans les trous souterrains, et surtout sous les racines des arbres ; mais fait parfois son nid, comme l'écureuil, au creux des arbres. La peau de la zibeline a plus de valeur que celle de tout autre animal de taille égale. Une de ces peaux, large de quatre pouces au plus, a quelquefois été estimée jusqu'à quinze livres ; mais le prix général est de une à dix livres, selon la qualité. La fourrure de la Sable est différente de toutes les autres, sa particularité étant que les poils se tournent avec la même facilité dans les deux sens ; c'est pourquoi les marchands de fourrures soufflent parfois la fourrure de tout article qu'ils vendent, pour montrer qu'il s'agit bien de zibeline. Les queues sont vendues par centaines, entre quatre et huit livres.

La SABLE D'AMÉRIQUE (*M. leucopus*) est considérée comme une espèce distincte.

HÊTRE MARTIN

La martre commune, ou MARTRE DES HÊTRES , (*Mustela Martes* ou *Martes foina*), comme la martre de sable, se vante de l'honneur de parer de sa fourrure les riches et les belles ; en tant que princes, dames et gens opulents de toutes les nations, se targuent de porter son butin. Il est à peu près aussi gros qu'un chat, mais son corps est proportionnellement beaucoup plus long et ses pattes sont plus courtes. Sa peau est d'un brun clair, avec du blanc sous la gorge. La fourrure de la Martre se vend à bon prix et est très utilisée dans les pays européens, quoique très inférieure à celle de la Martre de Sable : la meilleure, que les fourreurs appellent fourrure de Martre de pierre, est importée de Suède et de Russie.

MARTRE À POITRINE JAUNE

Le pin, ou MARTRE À POITRINE JAUNE (*M. Abietum*), est une autre espèce dont la fourrure est à peu près égale à celle de la martre zibeline, quoiqu'elle soit beaucoup moins chère.

LA LOUTRE. (*Lutra vulgaris.*)

"Sortant de sa tanière, la loutre sortit, -
leur tyran savait l'ombre et la truite,
comme il regarde entre le roseau et le carex,
avec un museau rond et féroce et des oreilles aiguisées,
ou, rôdant près du rayon de lune frais,
surveille le ruisseau ou nage dans la piscine."
SCOTT.

COMME la Loutre se nourrit principalement de poissons, la formation de son corps est telle qu'elle lui permet de nager avec la plus grande facilité. Son corps est aplati horizontalement ; sa queue est plate et large ; ses jambes sont courtes et ses orteils palmés. Ses dents sont très fortes et pointues ; et son corps, outre sa fourrure, a une couverture extérieure de poils grossiers et brillants. La Loutre est un parfait épicurien dans sa nourriture ; il mange rarement un poisson entier, mais en commençant par la tête, il mange cela, puis environ la moitié du corps, en rejetant toujours la queue. Lorsque les rivières et les étangs sont gelés et que la loutre ne peut plus pêcher, elle se rend dans les cours des fermes voisines, où elle s'attaque aux volailles, aux cochons de lait et même aux agneaux. Une loutre peut être apprivoisée et apprise à attraper suffisamment de poissons pour subvenir à ses besoins, mais aussi à toute une famille. Goldsmith déclare qu'il a vu une loutre se rendre à l'étang d'un gentleman sur ordre, enfoncer le poisson dans un coin, s'emparer du plus gros du tout, l'enlever et le donner à son maître.

Bewick, dans son Histoire des quadrupèdes, déclare qu'une personne du nom de Collins, qui vivait à Kilmerston, près de Wooler, dans le Northumberland, avait une loutre apprivoisée qui le suivait partout où il allait. Il l'emmenait fréquemment pour pêcher dans la rivière ; et, une fois rassasié, il ne manquait jamais de lui revenir. Un jour, en l'absence de Collins, la loutre, emmenée pêcher par son fils, au lieu de revenir comme d'habitude, refusa de venir à l'appel accoutumé et se perdit. Le père essaya par tous les moyens de récupérer l'animal ; et, après plusieurs jours de recherches, se trouvant près de l'endroit où son fils l'avait perdu et l'appelant par son nom, à sa joie inexprimable, il se remit rampant à ses pieds et montra de nombreuses marques d'affection et d'attachement.

La femelle Loutre met bas quatre ou cinq petits à la naissance, et ceux-ci ont lieu au printemps de l'année. Là où il y avait des étangs près de la maison d'un gentleman, des cas se sont produits de leurs détritus dans les caves ou les égouts. Le mâle ne fait aucun bruit lorsqu'il est capturé, mais les femelles émettent parfois un cri aigu.

Les loutres sont généralement capturées dans des pièges placés près de leurs lieux d'atterrissage et soigneusement cachés dans le sable. Lorsqu'ils sont chassés par les chiens, les vieux se défendent avec une grande obstination. Ils mordent sévèrement et ne lâchent pas facilement leur emprise. La chasse à la loutre est un sport favori dans de nombreuses régions de Grande-Bretagne ; en particulier dans les comtés du Midland en Angleterre et au Pays de Galles.

LA LOUTRE DE MER. (*Lutra* ou *Enhdyralutris* .)

LA Loutre commune prend parfois la mer ; mais, sur les côtes orientales de l'Asie du Nord et sur les rives opposées de l'Amérique du Nord, on rencontre de véritables loutres de mer, principalement autour des nombreuses îles rocheuses qui bordent ces côtes. La loutre de mer, dans ses habitudes, ressemble plus aux phoques qu'aux espèces communes ; il mesure environ trois pieds de long sans la queue et est couvert d'une fourrure épaisse, riche, brun foncé ou presque noire, qui est si prisée qu'on sait que de belles peaux simples se vendent pour une somme équivalente à vingt livres, et les animaux ont, en conséquence, été poursuivis avec une telle avidité, que leur nombre s'est considérablement réduit.

LE SCEAU COMMUN. (*Phoca vitulina.*)

LES animaux amphibies carnivores, bien que presque apparentés à la loutre dans leurs habitudes, sont très différents dans la construction de leur corps. Leurs pattes sont si courtes et si enveloppées de peau, qu'elles ne sont presque d'aucune utilité pour aider l'animal sur la terre ferme ; de sorte que la progression du Sceau sur la terre ferme n'est effectuée que par une sorte de mouvement à moitié culbuté, sautant et traînant, excessivement ridicule pour un spectateur. Cependant, les pattes, munies de fortes griffes, sont utiles pour permettre à l'animal de grimper hors de l'eau sur un rivage rocheux. Pour la baignade, le Phoque est admirablement adapté ; son long corps flexible a la forme de celui d'un poisson, se rétrécissant jusqu'à la queue ; et il est muni de solides toiles entre les orteils, de manière à faire en sorte que les pattes antérieures agissent comme des rames, et les pattes postérieures, que l'animal traîne généralement derrière lui comme une queue, pour lui servir de gouvernail. Le Phoque commun vit généralement dans l'eau et se nourrit entièrement de poissons ; ne venant qu'occasionnellement sur le rivage pour se prélasser sur le sable et s'y coucher pour allaiter ses petits. La longueur habituelle d'un sceau est de quatre ou cinq pieds. La tête est grosse et ronde ; le cou petit et court ; et de chaque côté de la bouche il y a plusieurs poils forts. Des épaules, le corps se rétrécit jusqu'à la queue, qui est très courte. Les yeux sont grands : il n'y a pas d'oreilles externes ; et la langue est fendue ou fourchue à son extrémité. Le corps est couvert de poils courts et épais, qui chez l'espèce commune sont généralement gris, mais parfois bruns ou noirâtres. Il en existe cependant plusieurs espèces ; et l'un d'eux, appelé léopard de mer, a le pelage tacheté de blanc ou de jaune.

Les Groenlandais chassent les phoques pour leur huile, mais aussi pour leur peau, qui sert à confectionner des gilets et d'autres vêtements, et qui est très appréciée des pêcheurs pour leur grande chaleur. L' huile, dont un spécimen adulte donne quatre ou cinq gallons, est très claire et transparente, et dépourvue de l'odeur et du goût désagréables de l'huile de baleine. Lorsqu'ils sont attaqués, ils se battent avec une grande fureur ; mais lorsqu'ils sont pris jeunes, ils sont capables d'être apprivoisés ; ils suivront leur maître comme un chien, et viendront à lui lorsqu'ils seront appelés par le nom qui leur a été donné. Il y a quelques années, un jeune Phoque fut ainsi domestiqué. On le prenait à peu de distance de la mer, et on le gardait généralement dans un vase plein d'eau salée : mais parfois on le laissait ramper autour de la maison, et même s'approcher du feu. Sa nourriture naturelle lui était régulièrement procurée ; et on le portait chaque jour à la mer, et on le jetait d'un bateau. Il nageait après le bateau et se laissait toujours reprendre. Il vécut ainsi plusieurs semaines, et aurait probablement vécu beaucoup plus longtemps, s'il n'avait pas été parfois malmené. Les femelles de ce climat mettent bas en hiver et élèvent leurs petits sur un banc de sable, un rocher ou une île désolée, à quelque distance de la terre ferme. Lorsqu'ils allaitent leurs petits, ils se redressent sur leurs pattes de derrière, tandis que les petits phoques, d'abord blancs, au poil laineux, s'accrochent aux mamelles, qui sont au nombre de quatre. De cette manière, les jeunes restent dans le lieu où ils sont mis au monde pendant douze ou quinze jours ; après quoi le barrage les ramène à l'eau et les habitue à nager et à se nourrir par leur propre industrie.

A Terre-Neuve, la pêche au phoque constitue une source importante de richesse, et de nombreux navires sont envoyés chaque saison dans les glaces à la recherche des phoques. On sait qu'un navire a capturé cinq mille phoques, mais environ la moitié de ce nombre correspond à la quantité habituelle capturée. Dès que le phoque est tué, il est écorché, et la peau, comme on appelle ensemble la peau et la graisse, étant conservée, le corps du phoque est soit mangé par les marins, soit laissé sur la glace pour les ours polaires.

Les habitants aborigènes des régions du nord ont plusieurs superstitions étranges à propos des phoques. Ils croient que les phoques se plaisent dans les orages ; et disent que pendant ces moments-là, ils s'assiéront sur les rochers et contempleront, avec un plaisir et une satisfaction apparents, la convulsion des éléments. Les Islandais, en particulier, croient que ces animaux sont la progéniture de *Pharaon* et de son armée, qui se sont transformés en phoques lorsqu'ils ont été submergés dans la *mer Rouge* .

Plusieurs espèces de phoques se distinguent par de curieux appendices à la tête, tantôt en forme de capuchon, tantôt en forme de saillie du nez. L'un des plus singuliers est l'éléphant de mer (*Morunga proboscidea*), habitant des rivages des nombreuses îles disséminées dans le grand océan Austral. Chez ce curieux animal, qui mesure souvent vingt-quatre pieds de longueur, le nez du mâle forme une trompe longue d'environ un pied et susceptible d'une distension considérable. La femelle ne possède pas un tel appendice. On dit que le jeune de l'éléphant de mer, à sa naissance, est aussi grand qu'un phoque adulte de l'espèce commune. La peau des vieux animaux est très épaisse et constitue un excellent cuir pour le harnais.

LE MORSE, LE MORSE OU LA VACHE DE MER.

(*Trichechus Rosmarus.*)

CET animal très curieux est presque allié au phoque, mais il est de taille beaucoup plus grande, mesurant fréquemment dix-huit pieds de longueur et de dix à douze pieds de circonférence. La tête est ronde, les yeux sont petits et brillants, et la lèvre supérieure, extrêmement épaisse, est couverte de poils pellucides gros comme une paille. Les narines sont très grandes et il n'y a pas d'oreilles externes. La partie la plus remarquable du morse est cependant ses deux grandes défenses dans la mâchoire supérieure ; ils sont inversés, les pointes presque unies, et dépassent parfois vingt-quatre pouces de longueur ! l'usage que l'animal en fait ne s'explique pas facilement, à moins qu'elles ne l'aident à escalader les rochers et les montagnes de glace parmi lesquels il habite, comme le perroquet emploie son bec pour se percher. Les défenses du morse sont supérieures en durabilité et en blancheur à celles de l'éléphant, et, comme elles conservent leur couleur beaucoup plus longtemps, sont préférées par les dentistes à toute autre substance pour fabriquer des dents artificielles.

Le morse est commun dans certaines mers du nord et attaque parfois un bateau rempli d'hommes. Ce sont des animaux grégaires, que l'on trouve généralement en troupeaux de cinquante à cent ou plus, dormant et ronflant sur les rives glacées ; mais lorsqu'ils sont alarmés, ils se précipitent dans l'eau avec beaucoup d'agitation et d'inquiétude, et nagent avec une telle rapidité, qu'il est difficile de les rattraper avec un bateau. L'un d'entre eux veille toujours pendant que les autres dorment. Ils se nourrissent de coquillages et d'algues et produisent une huile égale en qualité à celle de la baleine. L'ours blanc est leur plus grand ennemi. Dans les combats entre ces animaux, le morse passe pour être généralement victorieux, à cause des blessures désespérées qu'il inflige avec ses défenses. Les femelles n'ont qu'un seul petit à la fois qui, à la naissance, ressemble à un cochon de bonne taille.

§ II. *Animaux insectivores ou insectivores.*

LE HÉRISSON. (*Erinaceus Europeaeus.*)

CET animal ressemble un peu à un porc-épic en miniature et est entièrement couvert d'épines ou de piquants forts et pointus, qu'il érige lorsqu'il est irrité. Sa nourriture commune se compose de vers, de limaces et d'escargots ; et ainsi, loin d'être un animal nuisible dans un jardin, il est très utile, car il se nourrit de tous les insectes qu'il peut trouver. Les hérissons habitent la plupart des régions d'Europe. Malgré son apparence redoutable, c'est l'un des animaux les plus inoffensifs au monde. Tandis que les autres créatures se fient à leur force, à leur ruse ou à leur rapidité, ce quadrupède, dépourvu de tout, n'a qu'un seul expédient pour sa sécurité, et c'est par lui seul qu'il trouve généralement une protection. Dès qu'il aperçoit un ennemi, il retire toutes ses parties vulnérables, se roule en boule et ne présente à la vue qu'une masse ronde d'épines, imperméable de tous côtés. Lorsque le hérisson est ainsi enroulé, le chat, la belette, le furet et la martre, après s'être blessés avec les piquants, déclinent promptement le combat ; et le chien lui-même passe généralement son temps en menaces vaines plutôt qu'en efforts efficaces, tandis que le petit animal attend patiemment que son ennemi, en se retirant, lui offre l'occasion de battre en retraite.

La femelle met bas de deux à quatre petits à la naissance. À leur première naissance, ils sont aveugles et leurs épines sont blanches et molles, mais elles deviennent dures au bout de quelques jours. On dit que le hérisson tète le lait des vaches ; mais cela est impossible, car la bouche du hérisson n'admettrait pas le sein de la vache. Cependant, le hérisson détruit parfois les œufs, et on sait qu'il attaque les grenouilles, les souris et même les crapauds lorsqu'il est pressé par la faim ; il mange aussi occasionnellement les racines tubéreuses des plantes, forant sous la racine, de manière à la dévorer, tout en laissant la tige et les feuilles intactes. Le Hérisson se fait un nid de feuilles et de laine douce pour l'hiver, dans le tronc creux d'un vieil arbre, ou dans un trou dans un rocher ou un talus ; et ici, s'étant lové, il passe l'hiver dans un long sommeil ininterrompu. Les hérissons peuvent être facilement apprivoisés et sont parfois gardés dans les cuisines des maisons londoniennes pour détruire les coléoptères noirs. La chair du Hérisson est parfois mangée ; surtout par les gitans, qui semblent le considérer comme un mets délicat. On dit qu'il est bon au goût et qu'il contient une abondance de graisse jaune.

Dans les périodes où la nourriture pour insectes est rare, il se régale également de pommes et de poires tombées des arbres, mais un coup d'œil à la structure de la créature devrait suffire à convaincre quiconque que les accusations souvent portées contre lui de grimper aux arbres détacher le fruit qu'il emportera ensuite par l'ingénieux expédient de se jeter dessus des branches pour l'attacher à ses épines, est totalement dénué de fondement.

LA TAUPE. (*Talpa Europea.*)

LA TAUPE est un animal curieux, de forme bizarre, avec un long museau flexible, de très petits yeux et des pattes antérieures en forme de main, armées de griffes très fortes, avec lesquelles elle se fraye un chemin à travers le sol lorsqu'elle forme le sol souterrain. passages dans lesquels il s'installe. La taupe, bien qu'on suppose qu'elle ne possède pas l'avantage de la vue, possède les sens de l'ouïe et du toucher dans une grande perfection ; et sa fourrure, courte et épaisse, est dressée à partir de sa peau, de manière à ne pas gêner sa marche, qu'elle avance ou qu'elle recule le long de ses parcours. Ces pistes sont très curieusement construites : elles se croisent en différents points, mais toutes conduisent à un nid au centre, dont la taupe fait son château ou lieu de résidence. Les passages sont effectués par la taupe à la recherche des vers de terre et des larves dont elle vit ; et les taupinières sont formées par la terre qu'il gratte de ses courses. Ces taupinières font beaucoup de mal aux prairies, car elles rendent le sol très difficile à tondre ; C'est pour cette raison que des attrape-taupes sont employés pour fixer des pièges dans le sol, de sorte que lorsque la taupe traverse un de ses passages, elle passe par le piège, qui surgit instantanément du sol avec la pauvre taupe dedans. La taupe femelle fait son nid à distance du château du mâle. Elle n'a des petits qu'une fois par an, mais elle en a quatre ou cinq à la fois.

Le fait curieux suivant concernant une taupe est rapporté par M. Bruce. « En visitant le Loch de Clunie, j'y ai observé une petite île, à la distance de cent quatre-vingts mètres de la terre. Sur cette île, Lord Airlie, le propriétaire, possédait un château et un petit bosquet. J'observais fréquemment l'apparition de taupinières fraîches ; mais pendant quelque temps j'ai cru que c'était la souris d'eau, et un jour j'ai demandé au jardinier si c'était bien le cas. Il répondit que c'était la taupe et qu'il en avait attrapé une ou deux récemment ; mais qu'il y a cinq ou six ans, il en avait attrapé deux dans des pièges, et pendant deux ans après, il n'en avait observé aucun. Mais il y a environ quatre ans, débarquant un soir d'été au crépuscule, lui et le majordome de Lord Airlie aperçurent, à une petite distance sur l'eau calme, un animal pagayant vers l'île et non loin de là ; ils se rapprochèrent bientôt du faible passager, et trouvèrent que c'était le Common Mole, poussé par un instinct des plus étonnants depuis le point de terre le plus proche (la colline du château) pour prendre possession de cette île. Elle était à cette époque, pendant environ deux ans, complètement libre de tout habitant souterrain ; mais la Taupe a refait son apparition depuis plus d'un an.

La taupe est très pugnace, et parfois deux des mâles se battent furieusement jusqu'à ce que l'un d'eux soit tué.

LA MÉGARE. (*Sorex araneus.*)

CE curieux petit animal ressemble beaucoup à une souris, sauf par son museau, qui est long et pointu, pour lui permettre de fouiller dans le sol pour se nourrir, qui consiste en vers de terre et en larves de coléoptères. La Mégère, comme la taupe, aime beaucoup se battre ; et quand on en voit deux ensemble, ils sont généralement engagés dans une bataille furieuse. Comme le hérisson, il a été très scandalisé par de fausses nouvelles, comme le montre l'extrait suivant de cet ouvrage des plus amusants et intéressants, *White's Selborne* : « A l'angle sud de la zone, près de l'église, se tenaient environ vingt personnes. il y a des années, un frêne têtard très vieux, grotesque et creux, qui pendant des siècles avait été considéré avec une grande vénération comme une cendre de musaraigne. Or, une musaraigne est un frêne dont les brindilles et les branches, appliquées sur les membres du bétail, soulageront immédiatement les douleurs qu'éprouve une bête à cause du passage d'une musaraigne sur la partie affectée ; car on suppose qu'une musaraigne est d'une nature si funeste et délétère, que chaque fois qu'elle rampe sur une bête, que ce soit un cheval, une vache ou un mouton, l'animal souffrant est affligé d'une cruelle angoisse et menacé de la mort. perte de l'usage du membre. Contre cet accident, auquel ils étaient continuellement exposés, nos ancêtres prévoyants gardaient toujours à portée de main une cendre de musaraigne, qui, une fois médicamentée, conserverait éternellement sa vertu. Une cendre de musaraigne a été fabriquée ainsi : dans le corps de l'arbre, un trou profond a été percé avec une tarière, et une pauvre souris musaraigne dévouée a été enfoncée vivante et branchée. La cruauté de cette pratique, ainsi que de nombreuses autres pratiques de nos ancêtres, devrait nous rendre reconnaissants de vivre à une époque plus éclairée.

Le corps de la musaraigne exhale une odeur âcre et musquée, qui rend l'animal si offensant pour les chats, que même s'ils les tuent volontiers, ils ne mangent pas leur chair. Cette odeur nauséabonde a probablement donné naissance à l'idée que la musaraigne est un animal venimeux et que sa morsure est dangereuse pour le bétail, en particulier pour les chevaux. Il n'est cependant ni venimeux ni capable de mordre, car sa bouche n'est pas suffisamment large pour saisir la double épaisseur de peau, absolument nécessaire pour mordre.

La Musaraigne femelle fait son nid dans un talus, ou si elle est au sol, elle le recouvre par le haut, en entrant toujours par le côté ; et elle a généralement de cinq à sept petits à la fois.

La musaraigne aquatique (*Sorex fodiens*) est une belle petite créature, avec des pattes et une queue de forme quelque peu différente, pour lui permettre de pagayer dans l'eau, dans laquelle elle plonge et nage avec une grande agilité. Lorsqu'il flotte « sur la surface calme d'un ruisseau tranquille », ou qu'il plonge après sa nourriture, son pelage noir et velouté s'argente des innombrables bulles d'air qui le recouvrent lorsqu'il est immergé ; cependant, lorsqu'il remonte, on observe que le pelage est parfaitement sec, repoussant l'eau aussi complètement que les plumes d'un oiseau aquatique.

LA CHAUVE-SOURIS. (*Vespertilio Noctula.*)

LA CHAUVE-SOURIS a le corps d'une souris et les ailes d'un oiseau. Il a une bouche énorme et de grandes oreilles, qui sont constituées d'une sorte de membrane fine et presque transparente. Les pignons de ses ailes sont munis de crochets, par lesquels il s'accroche pendant le jour aux arbres ou aux crevasses des vieux murs, en grand nombre, car il ne vole que la nuit. Les ailes de la chauve-souris sont très grandes ; ceux de la Grande Chauve-souris mesurant quinze pouces de diamètre. Il se nourrit d'insectes de toutes sortes, notamment de hannetons et autres coléoptères ailés, dont il jette cependant toujours une partie. Une chauve-souris femelle capturée et gardée dans une cage, mangeait de la viande lorsqu'elle lui était donnée en petits morceaux et léchait l'eau comme un chat. Elle était très attentive à se garder propre, utilisant ses pattes postérieures comme un peigne et séparant sa fourrure de manière à tracer une ligne droite dans le dos. Elle nettoyait ses ailes en enfonçant son nez dans les plis et en les secouant. Elle a eu un petit né dans la cage. Il était aveugle et dépourvu de poils, et sa mère l'enveloppait dans la membrane de son aile, le serrant si étroitement contre son sein, que personne ne pouvait la voir le téter. Le lendemain, la pauvre mère mourut, et le petit fut retrouvé vivant, pendu à son sein. Il était nourri avec le lait d'une éponge, mais ne vivait qu'environ une semaine.

LA PIPISTRELLE. (*Vespertilio Pipistrellus.*)

CETTE petite créature, qui ne mesure qu'un pouce et demi de longueur, semble être la plus commune de toutes les chauves-souris dans la plupart des régions de Grande-Bretagne. Il réside généralement dans les fissures et les cavités des vieux murs de briques et dans les coins abrités autour des maisons, et à l'approche du soir, il quitte sa retraite et vole partout pour capturer les moucherons et autres petits insectes crépusculaires dont il se nourrit.

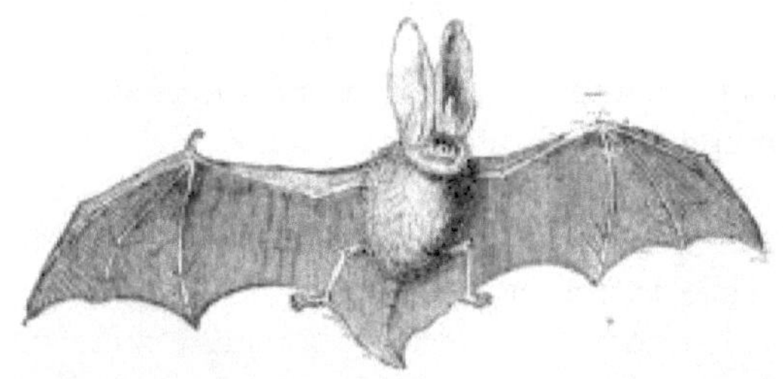

LA CHAUVE-SOURIS AUX LONGUES OREILLES.

(*Vespertilio* ou *Plecotus auritus* .)

LA CHAUVE-SOURIS À LONGUES OREILLES , qui n'est pas rare dans de nombreuses régions de notre pays, est remarquable par la grande taille de ses oreilles, qui sont presque aussi longues que son petit corps semblable à celui d'une souris, et composées d'une membrane si délicate qu'elle peut être presque transparent. Devant la partie concave de chacune de ces oreilles énormes, il y a une membrane fine et pointue, qui donne à la petite créature un aspect des plus singulier au repos ; car les grandes oreilles membraneuses sont alors repliées et soigneusement rangées sous les ailes, tandis que ces lobes pointus, étant d'une substance plus solide, dépassent encore de la tête et ressemblent à une paire de petites cornes. La chauve-souris à longues oreilles semble être l'une des espèces les plus intéressantes et aimables de sa tribu ; il peut être facilement apprivoisé et, en fait, fait preuve d'une grande confiance dès le premier instant de sa capture. Lorsque plusieurs sont gardés ensemble, ils joueront d'une manière maladroite, ce qui est très divertissant, et apprendront bientôt à prendre leur nourriture pour insectes non seulement de la main, mais même des lèvres de leur propriétaire.

LA CHAUVE-VAMPYRE. (*Spectre de phyllostome.*)

LA CHAUVE-SOURIS VAMPIRE , qui est une espèce de grande taille, est connue pour sa très mauvaise habitude de sucer le sang des hommes et du bétail. En attaquant l'homme, il fait preuve de la plus grande prudence, se posant près des pieds de sa victime pendant son sommeil et l'éventant de ses larges ailes pour le garder au frais et à l'aise pendant les opérations ultérieures. Après avoir pris les dispositions appropriées, le vampire se met à mordre un petit morceau du gros orteil du dormeur, et bien que la blessure ainsi causée soit si petite qu'elle ne pourrait pas recevoir la tête d'une épingle, elle est assez profonde pour provoquer une blessure. libre circulation du sang, que le vampire suce jusqu'à ce qu'il ne puisse plus sucer. Les bovins sont généralement mordus à l'oreille. Bien qu'il semble y avoir une certaine exagération dans de nombreux récits donnés par les voyageurs sur la férocité et le caractère sanguinaire du vampire, il semble y avoir peu de doute que la perte de sang provoquée par sa morsure peut parfois s'avérer fatale, la succion se poursuivant. , comme le dit le capitaine Stedman, jusqu'à ce que le malade dorme « de temps en temps jusqu'à l'éternité ».

LA BATTE KALONG. (*Pteropus edulis.*)

CETTE chauve-souris, également appelée Flying Fox, est originaire des îles indiennes. C'est une grande espèce, mesurant près de deux pieds de long, tandis que ses grandes ailes coriaces, ressemblant à celles vues dans les représentations populaires de démons volants, s'étendent d'une pointe à l'autre sur environ cinq pieds. Pendant la journée, les Kalongs s'adonnent au sommeil, c'est pourquoi ils préfèrent une attitude qui, à nos yeux, semblerait très inconfortable ; ils se suspendent par leurs pattes postérieures aux branches des arbres, et pendent ainsi la tête en bas. Ils s'associent en grand nombre, et lorsqu'on les voit dormir dans la position décrite ci-dessus, ils ressemblent si peu à des animaux que le Dr Horsfield nous dit qu'ils « sont facilement confondus avec une partie de l'arbre, ou avec un fruit de taille inhabituelle suspendu à son arbre ». branches." A l'approche du soir, cependant, une scène bien différente se présente. Un à un, ces prétendus fruits abandonnent leur emprise sur les branches et s'éloignent vers les plantations de diverses espèces, auxquelles ils font un mal incalculable en dévorant tous les fruits qui se présentent sur leur passage.

§IV. *Les Marsupialia, ou animaux à pochette.*

LE KANGOUROU. (*Macropus giganteus.*)

CET animal remarquable fut découvert pour la première fois par le célèbre capitaine Cook, en Nouvelle-Hollande : et comme c'était le seul quadrupède découvert dans l'intérieur des terres par les premiers colons, ils essayèrent de le chasser avec des lévriers. Les bonds étonnants qu'il a fallu ont cependant assez intrigués les colons, qui ont eu beaucoup de mal à le rattraper. Au début, on pensait qu'il n'existait qu'une seule espèce de kangourou, mais maintenant de nombreuses espèces ont été découvertes, certaines pas plus grosses qu'un rat, et d'autres aussi grosses qu'un veau. Les kangourous vivent en troupeaux ; l'un, plus âgé et plus grand que les autres, semblant agir comme une sorte de roi. Les oreilles du kangourou sont grandes et en mouvement presque constant ; il a un bec de lièvre et une très petite tête. Les pattes antérieures, ou plutôt les pattes, sont courtes et faibles, avec cinq orteils, chacun se terminant par une forte griffe incurvée. Les pattes postérieures, au contraire, sont très grandes et fortes, mais les pieds n'ont que quatre doigts et des griffes beaucoup plus faibles. La queue est très longue et effilée ; mais il est si épais et si fort près du corps, qu'il forme une sorte de troisième patte postérieure et aide merveilleusement l'animal à se soutenir dans sa position verticale ordinaire. Ses sauts sont d'une étendue extraordinaire, ayant souvent de vingt à trente pieds de longueur et six ou huit pieds de hauteur. Lorsque l'animal est attaqué, il utilise sa queue comme un puissant instrument de défense et se gratte également violemment avec ses pattes postérieures. Il se tient généralement debout, mais ramène ses pattes antérieures au sol lorsqu'il brout. Il vit entièrement de substances végétales. La partie la plus curieuse du Kangourou est la pochette que la femelle porte devant pour porter ses petits. C'est juste au-dessous de son sein, et les petits s'assoient là pour téter ; et même lorsqu'ils sont en âge de quitter la pochette, réfugiez-vous dedans chaque fois qu'ils sont alarmés.

Le kangourou est facilement apprivoisé, et il y en a beaucoup dans un état apprivoisé en Angleterre. En Australie, le bœuf de kangourou, comme on l'appelle, est consommé et trouvé très nourrissant ; mais c'est dur et grossier. La femelle a généralement deux petits à la fois, qui n'atteignent leur pleine croissance qu'à l'âge d'un an.

Lorsqu'un grand kangourou est poursuivi par des chiens, il se réfugie généralement dans un étang, où, grâce à la grande longueur de ses pattes postérieures et de sa queue, il peut se tenir le corps à moitié hors de l'eau, tandis que les chiens sont obligés de nager. Le Kangourou a donc un avantage décisif ; car, à mesure que chaque chien s'approche de lui, il le saisit avec ses pattes avant et le maintient sous l'eau, le secouant furieusement jusqu'à ce que le chien soit presque étouffé, et très heureux de s'enfuir dès que le kangourou le lâche.

La femelle, lorsqu'elle est poursuivie et pressée par les chiens, tout en faisant ses bonds, met ses pattes de devant dans sa poche, en prend un petit et le jette aussi loin qu'elle le peut. Sans cette manœuvre, sa propre vie et celle de son petit seraient sacrifiées ; tandis qu'elle parvient souvent à s'échapper et revient ensuite chercher sa progéniture.

L'OPOSSUM VIRGINIEN.

(*Didelphis virginiana.*)

CETTE créature, originaire de l'Amérique du Nord, a à peu près la taille d'un chat, et sa fourrure est d'un blanc sale, à l'exception des pattes, qui sont brunes, et du nez et des oreilles, qui sont jaunâtres. Il y a aussi un cercle brunâtre autour de chaque œil et les oreilles sont presque noires à la base.

L'Opossum vit généralement dans les arbres, se suspendant par la queue, grâce à laquelle il se balance de branche en branche. Il capture ainsi les insectes et les petits oiseaux dont il se nourrit généralement ; mais tantôt il descend de l'arbre, et envahit les basse-cour, où il dévore les œufs, et tantôt les jeunes poules. Il ressemble au kangourou dans sa poche pour porter ses petits, mais en aucun autre point particulier, car il marche sur quatre pattes et ses pattes sont de longueur uniforme ; et il a une longue queue flexible, qui ne lui est d'aucune utilité ni pour sauter, ni comme arme de défense. La queue est cependant d'une utilité singulière pour les jeunes, car lorsqu'ils deviennent trop gros pour être transportés dans la poche, ils volent vers leur mère lorsqu'ils sont alarmés, et enroulant leur longue queue mince autour de la sienne, sautent sur son dos. On peut parfois voir la femelle Opossum en portant quatre ou cinq à la fois.

L'Opossum peut être facilement apprivoisé, mais c'est un hôte désagréable, à cause de sa silhouette maladroite et de sa stupidité, ainsi que de son odeur très désagréable. Les Indiens d'Amérique filent ses cheveux et les teignent en rouge, puis les tissent en ceintures et autres vêtements. La chair de ces

animaux est blanche et de bon goût, et est préférée par les Indiens au porc :
celle des jeunes se nourrit à peu près comme le cochon de lait.

LE PHALANGER. (*Phalangista vulpina.*)

CET animal, très commun en Australie, a quelque ressemblance, par son
aspect et sa couleur, avec un renard ; mais il est beaucoup plus petit. Il
possède une longue queue poilue, très différente de celle de l'opossum. La
Phalanger vit parmi les branches des arbres, sur lesquels elle grimpe la nuit
avec une grande agilité ; sa nourriture est constituée en partie de fruits et en
partie de petits oiseaux, qu'il capture facilement lors de ses excursions
nocturnes. Les colons australiens l'appellent Opossum. Il existe plusieurs
espèces de Phalangers, dont certaines sont connues sous le nom de
Phalangers volants, car elles possèdent de chaque côté un large pli de peau
lâche qui, lorsqu'il est étiré au moyen des pattes, sert à soutenir la petite
créature pendant un certain temps. l'air, et lui permet de sauter à de grandes
distances.

§ V.— *Rodentia ou animaux rongeurs.*

LE CASTOR. (*Fibre de ricin.*)

LE CASTOR a à peu près la taille du blaireau ; sa tête est courte, ses oreilles rondes et petites, ses dents de devant longues, pointues et fortes, et bien calculées pour le rôle que la nature lui a assigné : la queue est de forme ovale et couverte d'une peau écailleuse.

Les castors sont originaires d'Amérique du Nord, et plus particulièrement du nord du Canada. On les trouve également en Europe et étaient autrefois abondants dans de nombreux endroits. Leurs maisons sont construites avec de la terre, des pierres et des bâtons, soigneusement disposés et assemblés par leurs pattes. Les murs ont environ deux pieds d'épaisseur et sont surmontés d'une sorte de dôme qui s'élève généralement à environ quatre pieds au-dessus d'eux. L'entrée se fait d'un côté, toujours à trois pieds au moins sous la surface de l'eau, afin d'éviter qu'elle ne gèle. Le nombre de castors dans chaque maison est de deux à quatre vieux, et environ deux fois plus de jeunes. Lorsque les castors forment une nouvelle colonie, ils construisent leurs maisons en été ; puis ils déposaient leurs provisions d'hiver, qui consistent principalement en écorce et en branches tendres d'arbres, coupées en certaines longueurs et entassées en tas à l'extérieur de leur habitation, et toujours sous l'eau ; bien que parfois le tas soit si grand qu'il s'élève au-dessus de la surface. L'un de ces tas contient parfois plus d'une charrette d'écorce, de jeunes bois et de racines de nénuphar.

Les castors sont chassés pour leur peau, qui est recouverte de poils longs, et d'une fourrure courte et épaisse en dessous, qui est utilisée dans la confection de chapeaux, une fois les poils longs détruits.

On a cru longtemps à propos du Castor, sous l'autorité d'un gentilhomme français qui avait résidé longtemps en Amérique du Nord ; mais il est maintenant établi que la plupart d'entre elles sont fausses. La maison du Castor n'est pas divisée en pièces, mais se compose d'un seul appartement ; et les animaux n'utilisent leur queue ni comme truelle ni comme traîneau, mais seulement comme aide à la nage. Il y a quelques années, on a amené d'Amérique dans ce pays un castor qui avait été tout à fait apprivoisé par les marins et qui s'appelait Bunney. À son arrivée en Angleterre, il devint un véritable animal de compagnie et avait l'habitude de s'allonger sur le tapis de la cheminée de la bibliothèque de son maître. Un jour, il découvrit le placard de la femme de ménage et ses penchants pour la construction commencèrent immédiatement à se manifester. Il saisit une grande brosse et la traîna avec ses dents jusqu'à une chambre dont il trouva la porte ouverte : il saisit ensuite une poêle chauffante de la même manière ; et après avoir posé les manches en travers, il remplit les murs de l'angle formé par les brosses avec le mur, avec des brosses à main, des paniers, des bottes, des livres, des serviettes et tout ce qu'il pouvait saisir. À mesure que ses murs devenaient hauts, il s'asseyait souvent soutenu par sa queue (avec laquelle il se soutenait admirablement), pour regarder ce qu'il avait fait ; et si la disposition de l'un de ses matériaux de construction ne le satisfaisait pas, il démontait une partie de son ouvrage et le reposait plus uniformément. Il était étonnant de voir avec quelle capacité il arrangeait les matériaux incongrus qu'il avait choisis, et avec quelle habileté il parvenait à les retirer, tantôt en les portant entre sa patte avant droite et son menton, tantôt en les traînant avec ses dents, tantôt en les poussant. avec son menton. Lorsqu'il eut construit ses murs, il se fit un nid au centre et s'y assit, se peignant les cheveux avec les ongles de ses pattes postérieures.

LE RAT MUSQUÉ, (*Fiber Zibethicus* ,)

EST originaire du Canada et ressemble au castor dans plusieurs de ses habitudes. Il a une fine odeur musquée, et fait ses trous dans les marais et au bord de l'eau, avec deux ou trois façons d'entrer ou de sortir, et plusieurs appartements distincts : on dit qu'il se ménage une entrée à son trou toujours au-dessous de l'eau, afin qu'il ne soit pas gelé par la glace. Cet animal s'appelle Musquash en Amérique, et sa fourrure est utilisée, comme celle du castor, dans la fabrication de chapeaux, on dit que quatre ou cinq cent mille peaux sont envoyées chaque année en Europe à cet effet. Les rats musqués sont toujours vus par paires ; et bien que vigilants, ils ne sont pas timides, car ils s'approchent souvent assez près d'un bateau ou d'un autre navire. Au printemps, ils se nourrissent de morceaux de bois qu'ils épluchent soigneusement ; et ils sont particulièrement friands des racines du pavillon doux (*Acorus Calamus*). Au Canada, cet animal s'appelle l'Ondatra.

LE LIÈVRE. (*Lepus timidus.*)

CE petit quadrupède est bien connu à nos tables comme offrant un aliment de prédilection, malgré la couleur foncée de sa chair. Sa rapidité ne peut le sauver de la recherche de ses ennemis, parmi lesquels l'homme est le plus invétéré. Désarmé et craintif, le lièvre semble presque dormir les yeux ouverts, tant il s'alarme facilement. Ses pattes postérieures sont plus longues que ses pattes antérieures, pour lui permettre de gravir les collines ; ses yeux sont si bien placés qu'ils peuvent embrasser à la fois tout l'horizon de la plaine où il a choisi sa forme, car ainsi s'appelle son siège ou son lit ; et ses oreilles sont si longues, que le moindre bruit ne peut lui échapper. Il survit rarement à sa septième année et se reproduit abondamment. Naturellement sauvage et craintif, le Lièvre peut cependant être occasionnellement apprivoisé. Ce qui suit est tiré du récit divertissant donné par Cowper, de trois lièvres qu'il élevait apprivoisés dans sa maison ; les noms qu'il leur donna étaient Puss, Tiney et Bess. Tiney était un lièvre réservé et hargneux ; Bess, qui était un lièvre plein d'humour et de drôlerie, est mort jeune. « Le Chat devint bientôt familier, sautait sur mes genoux, se soulevait sur ses pattes de derrière et mordait les cheveux de mes tempes. Il a voulu que je le prenne et que je le porte dans mes bras, et plus d'une fois il s'est profondément endormi sur mes genoux. Il fut malade trois jours, pendant lesquels je le soignai, le tins éloigné de ses semblables afin qu'ils ne le molestassent pas (car, comme beaucoup d'autres animaux sauvages, ils persécutent un de leur espèce qui est malade), et par une constante soin, et l'essayant avec une variété d'herbes, lui rendit une parfaite santé. Aucune créature ne pouvait être plus reconnaissante que mon patient après son rétablissement, sentiment qu'il exprima de la manière la plus significative en me léchant la main, d'abord le dos, puis la paume, puis chaque doigt séparément, puis entre tous les doigts, comme s'il avait hâte de le faire. n'en laissez aucune partie sans le saluer ; une cérémonie qu'il n'a jamais célébrée qu'une fois de plus à une occasion similaire.

« Le trouvant extrêmement docile, j'avais pris l'habitude de le porter toujours après le petit déjeuner dans le jardin, où il se cachait généralement sous les feuilles d'un concombre, dormant ou ruminant jusqu'au soir ; dans les feuilles aussi de cette vigne, il trouva un repas favori. Je ne l'avais pas habitué longtemps à ce goût de la liberté, qu'il commença à s'impatienter du retour du temps où il pourrait en jouir. Il m'invitait au jardin en tambourinant sur mes genoux et avec un regard d'une expression telle qu'il n'était pas possible de se méprendre. Si cette rhétorique ne réussissait pas immédiatement, il prenait entre ses dents le pan de mon manteau et le tirait de toutes ses forces. Ainsi, on pouvait dire que le Chat était parfaitement apprivoisé, la timidité de sa nature était supprimée, et, dans l'ensemble, il était visible, par de nombreux symptômes, que je n'ai pas la place d'énumérer, qu'il était plus heureux dans la société humaine que lorsque tais-toi avec ses compagnons naturels.

Les lièvres sont compris dans la liste des animaux appelés gibier, et sont chassés avec les lévriers, ce qu'on appelle course ; et aussi par des meutes de chiens appelés busards et beagles. On trouve des lièvres blancs dans les régions du nord, le changement de couleur étant dû au froid.

LE LAPIN. (*Lepus cuniculus.*)

CET animal, à l'état sauvage, ressemble au lièvre dans tous ses caractères principaux, mais s'en distingue par sa plus petite taille, la brièveté relative de la tête et des pattes postérieures, la couleur grise du corps, l'absence de la pointe noire. aux oreilles et la couleur brune de la partie supérieure de la queue. Ses habitudes, cependant, sont très différentes, car étant donné son organisation incapable de devancer ses ennemis dans la chasse, il cherche sa sécurité et son abri en s'enfouissant dans le sol ; et au lieu de mener une vie solitaire, ses mœurs sont éminemment sociales. Sa chair est blanche et bonne, quoique moins prisée que celle du lièvre.

La femelle commence à se reproduire vers l'âge de douze mois et met bas au moins sept fois par an, généralement huit à chaque fois ; en supposant que cela se produise régulièrement, quelques lapins au bout de quatre ans pourraient avoir une progéniture de près d'un million et demi ! Heureusement, leur destruction par divers ennemis est proportionnelle à leur fécondité, sinon on pourrait à juste titre craindre d'en être surpeuplé. Les jeunes naissent aveugles et presque dépourvus de cheveux ; tandis que celles du lièvre voient et sont couvertes de poils.

LE LAPIN DOMESTIQUE.

LE LAPIN DOMESTIQUE est plus grand que l'espèce sauvage, car il consomme plus de nourriture et fait moins d'exercice (notre exemple, cependant, est dessiné de manière disproportionnée). Comme les pigeons, ils ont leurs amateurs réguliers et sont élevés dans des couleurs variées : gris, brun rougeâtre, noir plus ou moins mêlé de blanc ou parfaitement blanc. Les oreilles sont considérées comme un élément principal de leur beauté, et l'animal est plus apprécié lorsque les deux oreilles pendent sur le côté de la tête ; l'animal est alors appelé double lop ; lorsqu'une seule oreille tombe, on l'appelle une boucle simple ou en corne, et lorsque les deux s'étendent horizontalement, une boucle d'aviron.

L'ÉCUREUIL. (*Sciurus vulgaris.*)

L'ÉLÉGANCE des formes, la fougue et l'agilité pour sauter de branche en branche dans la forêt, sont les principales caractéristiques de ce joli animal. L'écureuil est d'une couleur brun rougeâtre foncé, sa poitrine et son ventre sont blancs. Il est vif, sagace, docile et agile : il vit de noix, et on l'a vu assez docile au point de plonger dans la poche de sa maîtresse et d'y chercher une amande ou un morceau de sucre. Dans les bois, il saute d'arbre en arbre avec une agilité surprenante, menant une vie des plus folles, entouré d'abondance et n'ayant que peu d'ennemis. Son temps, cependant, n'est pas entièrement consacré à des plaisirs oisifs, car dans la luxuriante saison de l'automne, il rassemble des provisions pour l'hiver qui approche, comme s'il était conscient que la forêt serait alors dépouillé de ses fruits et de son feuillage. Sa queue lui sert de parasol pour le défendre des rayons du soleil, de parachute pour le protéger des chutes dangereuses lorsqu'il saute d'arbre en arbre, et, disent certains, de voile pour traverser l'eau, ce qu'il fait parfois. en Laponie sur un bout de glace ou une écorce renversée à la manière d'un bateau.

L'Écureuil volant américain (*Pteromys volucella*) possède une large membrane allant des pattes antérieures aux pattes postérieures, qui répond au même but que la queue de l'écureuil, et lui permet de faire des bonds surprenants qui ressemblent presque à du vol. Dans l'acte de sauter, la peau lâche est étirée par les pieds, ce qui augmente la surface du corps, retarde sa chute et donne l'impression de naviguer ou de voler d'un endroit à un autre. Là où on en voit un grand nombre bondir à la fois, ils apparaissent comme des feuilles emportées par le vent. Il existe de nombreuses autres espèces d'écureuils dans diverses régions du monde ; la plupart des écureuils volants se trouvent dans les îles orientales.

LE LOIR OU LE DORMEUR.

(*Myoxus avellanarius.*)

CES animaux construisent leurs nids soit dans les parties creuses des arbres, soit près du pied d'arbustes épais, et les tapissent avec beaucoup d'industrie de mousse, de lichens mous et de feuilles mortes. Conscients du temps qu'ils doivent passer dans leurs cellules solitaires, les Dormices sont très pointilleux dans le choix des matériaux qu'ils emploient pour les construire et les meubler ; et généralement constituer une réserve de nourriture, composée de noix, de haricots et de glands ; et à l'approche du froid, ils se roulent en boules, la queue enroulée au-dessus de la tête entre les oreilles, et passent dans un état de léthargie apparente la plus grande partie de l'hiver, jusqu'à ce que la chaleur du soleil imprègne toute l'atmosphère. il allume leur sang figé et les rappelle à la jouissance de la vie. Hormis au moment de la reproduction et de l'élevage de ses petits, le Loir se trouve généralement seul dans sa cellule. Cet animal est remarquable par le très faible degré de chaleur que son corps possède pendant son état de torpeur, lorsqu'il apparaît réellement gelé par le froid, et il peut être ballotté ou roulé sans être réveillé, bien qu'il puisse être rapidement réanimé par l'application de chaleur douce, comme celle des mains. Cependant, si un Loir engourdi est placé devant un grand feu, le changement soudain le tuera.

LE LOIR D'AMÉRIQUE , ou SPERMOPHILE , est un très bel animal, rayé sur le dos, et ressemblant à l'écureuil dans ses habitudes, sauf qu'au lieu de vivre dans les arbres, il s'enfouit dans le sol.

LA MARMOTE OU RAT ALPIN.

(*Arctomys Marmotta.*)

C'EST un animal inoffensif et inoffensif, et ne semble avoir d'inimitié envers aucune créature autre que le chien. Il est arrêté en Savoie et promené dans plusieurs pays pour l'amusement de la foule. Lorsqu'il est pris jeune, il s'apprivoise facilement et possède une grande puissance musculaire et une grande agilité. Il marche souvent sur ses pattes postérieures et utilise ses pattes avant pour se nourrir, comme l'écureuil. La Marmotte fait son trou très profond, et en forme de la lettre Y, l'une des branches servant d'avenue vers l'appartement le plus intérieur, et l'autre descendant vers le bas, comme une sorte d'évier ou d'égout ; dans cette retraite sûre, il dort tout l'hiver, et s'il est découvert, il peut être tué sans paraître souffrir beaucoup. Ces animaux ne produisent qu'une fois par an et en mettent bas trois ou quatre à la fois. Ils grandissent très vite et la durée de leur vie ne dépasse pas neuf ou dix ans. Ils ont à peu près la taille d'un lapin, mais sont beaucoup plus corpulents. Lorsque plusieurs marmottes se nourrissent ensemble, l'une d'elles se tient en sentinelle sur une position élevée ; et à la première apparition d'un homme, d'un chien, d'un aigle ou de tout animal dangereux, il pousse un cri fort et aigu, comme signal de retraite immédiate. La Marmotte habite les régions les plus élevées des Alpes ; d'autres espèces se trouvent en Pologne, en Russie, en Sibérie et au Canada.

LE COCHON D'INDE. (*Cavia Cobaya.*)

LE COCHON D'INDE. (*Cavia Cobaya.*)

CET animal est généralement blanc, panaché de rouge et de noir. Il est originaire du Brésil, mais maintenant domestiqué dans la plupart des régions de l'Europe, et a à peu près la taille d'un gros rat, bien que plus robuste et sans queue ; et ses pattes et son cou sont si courts, que les premières sont à peine visibles, et que le second semble collé sur ses épaules. Les cobayes, bien qu'ils aient une odeur désagréable, sont extrêmement propres, et on peut souvent voir le mâle et la femelle alternativement employés à se lisser la peau, à se débarrasser de leurs poils et à améliorer leur éclat. Ils dorment comme le lièvre, les yeux entrouverts, et restent vigilants s'ils appréhendent un danger. Ils aiment beaucoup les retraites obscures ; avant leur départ, ils regardent autour d'eux et semblent écouter attentivement ; puis, si la route est libre, ils sortent en quête de nourriture, mais reviennent en courant à la moindre alarme. Ils émettent un son semblable au ronflement d'un jeune cochon. La femelle commence à produire des petits à l'âge de deux mois seulement, et comme elle le fait tous les deux ou trois mois, et qu'elle en a parfois jusqu'à douze à la fois, un seul couple peut en élever mille au cours d'une année. Ils sont naturellement doux et apprivoisés ; aussi incapables de faire du mal qu'ils semblent être bons, même si l'on dit que les rats évitent leur localité. La lèvre supérieure n'est qu'à moitié divisée ; il a deux dents coupantes dans chaque mâchoire et des oreilles grandes et larges. Ils se nourrissent de pain, de céréales et de légumes.

LA SOURIS. (*Mus musculus.*)

C'EST un animal vif et actif, et le plus timide de nature, à l'exception du lièvre et de quelques autres espèces sans défense. Bien que timide, il mange dans le piège dès qu'il est attrapé ; pourtant il ne peut jamais être complètement apprivoisé et il ne trahit aucune affection pour son gardien assidu. Il est assailli par un certain nombre d'ennemis, parmi lesquels le chat, le faucon et le hibou, le serpent, la belette et le rat lui-même, bien que ses habitudes et sa forme ne soient pas sans rappeler la souris. La souris est l'un des animaux les plus prolifiques, en produisant parfois dix-sept à la naissance ; mais on suppose que la vie de ce petit hôte de nos habitations ne s'étend pas beaucoup plus loin que trois ans. Cette créature est connue dans le monde entier et se reproduit partout où elle trouve de la nourriture et de la tranquillité. Il existe des souris de différentes couleurs, mais la plus commune est de teinte sombre et cinérée : les souris blanches ne sont pas rares, notamment en Savoie et dans certaines régions de France.

Un exemple remarquable de sagacité chez un mulot à longue queue (*Mus sylvaticus*) est arrivé au révérend M. White, alors que ses gens retiraient le revêtement d'un foyer pour y ajouter de la bouse fraîche. Du côté de ce lit quelque chose sauta avec une grande agilité, qui fit une apparition des plus grotesques, et ne fut pas rattrapé sans beaucoup de difficulté. Il s'agissait d'une grande souris des champs, avec trois ou quatre petits accrochés à ses mamelles par la bouche et les pattes. Il était étonnant que les mouvements variés et rapides du barrage n'obligeaient pas ses portées à quitter leur emprise, surtout lorsqu'il apparaissait qu'elles étaient si jeunes qu'elles étaient à la fois nues et aveugles. M. White semble être le premier à décrire et à examiner avec précision cette petite créature qu'est la souris des moissons (*Mus messorius*), la moindre de tous les quadrupèdes britanniques. Il en mesura quelques-uns et constata que du nez à la queue, ils mesuraient deux pouces et quart de long. Deux d'entre eux dans une balance ne pesaient qu'un demi-penny de cuivre, environ le tiers d'once avoirdupoise ! Leur nid est une grande curiosité, car il est fait en forme de boule et soit suspendu entre les tiges de joncs et d'autres plantes hautes et minces, soit placé parmi les feuilles de quelque gros chardon.

LE RAT. (*Mus decumanus.*)

LE RAT est environ quatre fois plus gros que la souris, mais de couleur sombre, avec du blanc sous le corps ; sa tête est plus longue, son cou plus court et ses yeux comparativement plus grands. Ces animaux sont si attachés à nos habitations, qu'il est presque impossible de détruire la race, lorsqu'ils ont pris goût à un endroit particulier. Leur production est énorme, puisqu'ils ont de dix à vingt petits par portée, et cela trois fois par an. Leur augmentation est telle qu'il est possible qu'un seul couple (en supposant que la nourriture soit suffisamment abondante et qu'ils n'aient pas d'ennemis pour diminuer leur nombre) puisse atteindre au bout de deux ans plus d'un million ; mais un appétit insatiable les pousse à se détruire ; les plus faibles deviennent toujours la proie des plus forts ; et le grand rat mâle, qui vit habituellement seul, est redouté par ceux de sa propre espèce comme son plus redoutable ennemi. Le rat est un petit animal audacieux et féroce qui, lorsqu'il est poursuivi de près, se retourne et s'attache à son assaillant. Sa morsure est vive, et la blessure qu'elle inflige est douloureuse et difficile à guérir, à cause de la forme de ses dents, qui sont longues, pointues et de forme irrégulière.

Il creuse avec beaucoup de facilité et de vigueur, se frayant un chemin avec rapidité sous les planchers de nos maisons, entre les pierres et les briques des murs, et creusant souvent les fondations d'une habitation jusqu'à un degré dangereux. Il existe de nombreux cas où ils ont complètement sapé les ouvrages de maçonnerie les plus solides ou creusé des barrages qui avaient servi pendant des siècles à confiner les eaux des rivières et des canaux.

Il y a quelque temps, un gentleman voyageant à travers le Mecklembourg fut témoin d'une circonstance très singulière concernant l'un de ces animaux, dans le relais de poste de New Hargarel. Après le dîner, l'aubergiste déposa par terre un grand plat de soupe et poussa un grand sifflement. Immédiatement, entrèrent dans la pièce un dogue, un chat angora, un vieux corbeau et un gros rat avec une cloche autour du cou. Ils allèrent tous les quatre au plat, et sans se déranger, mangèrent ensemble ; après quoi, le chien, le chat et le rat se couchèrent devant le feu, tandis que le corbeau sautillait dans la pièce. L'aubergiste, après avoir rendu compte de la familiarité qui régnait entre ces animaux, informa son hôte que le Rat était le plus utile des quatre ; car le bruit qu'il faisait avait complètement libéré la maison des rats et des souris dont elle était auparavant infestée.

LE RAT D'EAU, (*Arvicola amphibia* ,)

HABITE les rives des rivières et des étangs, où il creuse des trous, toujours au-dessus du niveau de l'eau, et se nourrit de racines et de plantes aquatiques.

Cet animal est presque aussi gros que le rat brun, mais il a une tête plus grosse, un nez plus arrondi et des yeux plus petits ; ses oreilles sont très courtes et presque cachées dans la fourrure, et le bout de sa queue est blanchâtre ; les dents coupantes sont d'une couleur jaune foncé sur le devant, très fortes et ressemblent beaucoup à celles du castor. Sa tête et son dos sont couverts de longs poils noirs, et son ventre de gris fer. Queue faisant plus de la moitié de la longueur du corps, couverte de poils. Fourrure épaisse et brillante ; d'un riche brun rougeâtre, mélangé de gris dessus et de gris jaunâtre dessous. La femelle produit une couvée de cinq ou six petits une (et parfois deux) par an.

LE LEMMING, *(Myodes Lemmus ,)*

CE QUI est un proche parent du rat d'eau, et à peu près de la même taille, est couvert d'une fourrure d'une couleur jaunâtre panachée de noir. Cet animal réside dans les montagnes de Norvège et de Suède, et est remarquable par ses migrations extraordinaires dans de vastes corps à l'approche d'un hiver rigoureux, et par son apparition si soudaine et inattendue que les gens affirmaient autrefois qu'ils étaient tombés des nuages. Malgré leur prétendue origine céleste, ils sont cependant des visiteurs très indésirables, car ils dévorent tout ce qui se trouve sur leur passage et commettent des ravages presque aussi graves que ceux des sauterelles.

LA SOURIS À QUEUE COURTE OU LE CAMPAGNON DES TERRAINS.

CE petit animal a des pouvoirs de reproduction des plus merveilleux, et, comme il est extrêmement vorace, il cause souvent une quantité de destruction tout à fait disproportionnée à sa taille et à son apparence insignifiante. Il s'enfouit dans le sol, comme le lemming et le rat d'eau ; et comme il ronge les racines des arbres qui se trouvent sur son chemin, il est connu pour causer de très graves pertes de propriété. En 1813, ces créatures furent rassemblées en si grand nombre dans certaines forêts du sud de l'Angleterre, qu'on craignit que tous les jeunes arbres ne soient détruits, et qu'il fut nécessaire d'organiser une guerre d'extermination contre les envahisseurs. On dit que dans la seule New Forest, pas moins de quatre-vingts à cent mille souris furent tuées en une seule saison, et que le massacre dans d'autres endroits fut tout aussi important.

La nourriture préférée du campagnol des champs est l'écorce des arbres et les racines, mais s'il est pressé par la faim, il attaquera et dévorera les siens.

LA JERBOA. (*Dipus ægyptius.*)

LA principale particularité de cet animal consiste en ce qu'il a des pattes antérieures très courtes et des pattes postérieures très longues : un oiseau dépouillé de ses plumes et de ses ailes, et sautant sur ses pattes, nous donnerait la plus grande ressemblance avec la figure d'une Gerboise lorsqu'on le poursuit. . Il utilise cependant ses quatre pattes dans les occasions ordinaires, et ce n'est que lorsqu'il est poursuivi qu'il presse ses pattes antérieures près de son corps et saute sur ses pattes postérieures. Les anciens l'appelaient le rat à deux pattes. Cette créature a à peu près la taille d'un rat ; la tête ressemble à celle d'un lapin, avec de longues moustaches ; la queue mesure dix pouces de long et se termine par une touffe de poils noirs. La fourrure du corps est fauve, sauf la poitrine, la gorge et une partie du ventre qui sont blanches. La Gerboise est très active et vive, et saute et bondit, lorsqu'elle est poursuivie, à six ou sept pieds du sol, avec l'aide de sa queue ; mais si ce membre utile est blessé de quelque manière, l'activité de la Gerboise est proportionnellement diminuée ; et celui qui avait été accidentellement privé de sa queue s'est avéré incapable de sauter du tout. Il creuse comme le lapin et se nourrit comme l'écureuil : il est originaire d'Égypte et des pays limitrophes, et on le trouve également en Europe de l'Est.

LE CHINCHILLA. (*Chinchilla lanigera.*)

LE CHINCHILLA est originaire d'Amérique et son pelage produit la belle fourrure connue sous son nom. La longueur du corps de ce petit animal est d'environ neuf pouces, et sa queue près de cinq ; ses membres sont relativement courts, les pattes postérieures étant de loin les plus longues. La fourrure est d'une texture remarquablement serrée et fine, quelque peu croustillante et enchevêtrée ; de couleur grisâtre ou cendrée dessus et plus pâle dessous. Il est utilisé pour les manchons, les bas de corps et les doublures de manteaux, et est peut-être plus joli que le sable, bien que moins durable et moins précieux dans le commerce, sauf lorsque la mode règne. La forme de la tête ressemble à celle du lapin ; les yeux sont pleins, grands et noirs ; et les oreilles sont larges, nues, rondes aux extrémités et presque aussi longues que la tête. Les moustaches sont abondantes et fortes, la plus longue étant deux fois plus longue que la tête, certaines noires, d'autres blanches. Quatre orteils courts, ressemblant à un pouce, terminent les pieds antérieurs ; les pattes ont le même nombre de doigts, mais ont moins l'apparence de mains : sur toutes les griffes sont courtes et presque cachées par des touffes de poils hérissés. La queue mesure environ la moitié de la longueur du corps, est d'épaisseur égale partout et couverte de longs poils touffus. Il ressemble en quelque sorte à la gerboise, et prend sa nourriture, comme cet animal, dans ses pattes antérieures, assises sur ses hanches. Le caractère du Chinchilla est doux et docile. Il habite dans des terriers souterrains et produit des petits deux fois par an, en donnant naissance à cinq ou six à la fois. Il se nourrit des racines des plantes bulbeuses.

LE PORC-ÉPIC. (*Hystrix cristata.*)

UNE FOIS adulte, cet animal mesure environ deux pieds de longueur, et son corps est couvert de poils et de piquants pointus, de dix à quatorze pouces de long, et courbé en arrière. Quand il est irrité, ils se tiennent debout ; mais l'histoire selon laquelle le porc-épic peut les tirer sur ses ennemis n'est qu'une des nombreuses fables autrefois racontées comme des faits dans l'histoire naturelle. La femelle n'a qu'un seul petit à la fois. On rapporte qu'il vit de douze à quinze ans. Le porc-épic est ennuyeux, agité et inoffensif ; il se nourrit de fruits, de racines et de légumes ; et habite le sud de l'Europe et presque toutes les régions de l'Afrique, en particulier la Barbarie.

LE COUENDOU, (*Hystrix*, ou *Synetheres prehensilis* ,)

ON l'appelle aussi porc-épic du Brésil, on le trouve principalement en Guyane, et il diffère du porc-épic commun, non-seulement par la brièveté de ses épines, mais aussi par la grande longueur de sa queue. Cet organe, qui n'est qu'un moignon chez l'espèce commune, et qui ne lui est utile qu'en produisant un cliquetis de ses épines lorsqu'il est secoué, dans lequel il semble prendre un grand plaisir, est presque aussi long que le corps du Couendou, et comme son extrémité est presque nue et peut être très serrée, l'animal s'en sert pour s'accrocher aux branches des arbres parmi lesquels il aime grimper.

§ VI.— *Edentata ou animaux édentés.*

LE PARESSEUX. (*Bradypus tridactylus.*)

CET animal, qu'on appelle parfois aussi Ai, en référence au bruit qu'il fait lorsqu'on l'attrape, et fréquemment lorsqu'il se déplace à travers la forêt, a une forme des plus curieuses. Les bras ou pattes antérieures sont presque deux fois plus longs que les pattes postérieures : les griffes sont également plus grandes que le pied et courbées vers l'intérieur, de manière à empêcher l'animal de poser la pointe de son pied sur le sol. A cause de ces particularités dans sa construction, la progression du paresseux sur terre est extrêmement lente et laborieuse, car étant incapable de se soutenir sur ses pieds, il est obligé de profiter de la moindre inégalité du sol pour se traîner ; mais il n'est pas destiné à être un animal terrestre. Il vit dans les arbres, toujours suspendu au-dessous de la branche, le dos au sol ; et pour une vie de ce genre, ses longs bras et ses griffes crochues sont admirablement adaptés. M. Waterton, dont la longue résidence dans les déserts de l'Amérique du Sud et dont les habitudes d'observation attentive font de lui une excellente autorité, observe que lorsque le paresseux se déplace de branche en branche de l'arbre qu'il habite, particulièrement par temps venteux, il se déplace avec une telle rapidité qu'il est tout à fait abusif de l'appeler un paresseux. « Le paresseux, dit M. Waterton, à l'état sauvage, passe toute sa vie dans les arbres et ne les quitte jamais que par force ou par accident ; et ce qui est plus extraordinaire, non pas *sur* les branches, comme l'écureuil et le singe, *mais sous elles* . Il se déplace suspendu à la branche, il se repose suspendu à la branche et il dort suspendu à la branche. Par conséquent, sa composition apparemment bâclée est immédiatement expliquée ; et au lieu que le paresseux mène une vie douloureuse et entraîne une existence mélancolique pour sa progéniture, il est juste de conclure qu'il jouit de la vie tout autant que n'importe quel autre animal, et que sa formation extraordinaire et ses habitudes singulières ne sont que plus loin. des preuves pour nous engager à admirer les œuvres merveilleuses de l'Omnipotence.

Le paresseux commun a toujours trois doigts ; mais il en existe une autre espèce, appelée Unau, qui n'a que deux doigts et des pattes antérieures beaucoup plus courtes.

La femelle Paresseuse n'a qu'un seul petit à la fois, qui pend à sa poitrine, et qui fait une sorte de berceau de son corps, pendant ses voyages de branche en branche ; en fait, il semble ne jamais la quitter, jusqu'à ce qu'il soit capable de subvenir à ses besoins. Lorsqu'elle est suspendue à une branche, elle cache son petit dans ses poils épais et emmêlés, qui ressemblent par leur texture et leur apparence à de l'herbe sèche et desséchée, et, en fait, ressemblent tellement à l'écorce rugueuse et à la mousse des vieux arbres, qu'ils rendent l'animal à peine distinguable. On affirmait autrefois que lorsque le paresseux prend possession d'un arbre, il ne descendra pas tant qu'il lui reste une feuille ou un bourgeon ; et que, pour éviter la nécessité d'une descente lente et laborieuse, il se laisse tomber à terre ; la dureté de sa peau et l'épaisseur de ses poils le préservant de toute conséquence désagréable. Ceci, cependant, comme beaucoup d'autres affirmations concernant cet animal tant décrié, est erroné ; dans les denses forêts tropicales qu'il habite, le paresseux a rarement l'occasion de descendre sur terre ; mais il profite d'une nuit venteuse, lorsque les branches des arbres s'entrelacent, pour se déplacer avec une grande aisance d'un endroit à un autre.

Le tatou. (*Dasypus sexcinctus.* **)**

LA NATURE semble avoir été singulièrement attentive à la conservation de cet animal, car elle l'a entouré d'une solide armure pour le protéger de ses ennemis. Lorsqu'il est poursuivi de près, il prend la forme d'une boule ; et, s'il est près d'un précipice, il roule d'un rocher à l'autre et s'échappe sans subir aucune blessure. La coquille, qui recouvre tout le corps, est composée de nombreuses plaques osseuses très dures et de forme carrée, réunies par une sorte de substance cartilagineuse qui donne de la souplesse à l'ensemble. Le tatou vit principalement de racines, de charognes et de fourmis ; et à l'état sauvage, il réside dans des terriers souterrains, comme le lapin. C'est originaire d'Amérique du Sud. Il existe plusieurs espèces qui diffèrent principalement par le nombre de leurs bandes. Lorsque les naturalistes veulent obtenir un spécimen du tatou dans son pays natal, ils sont obligés d'employer un Indien pour en extraire un de son trou ; et comme les trous sont presque innombrables, quelques-uns seulement contiennent des tatous, les Indiens les essayent d'abord en y posant un bâton, lorsque, si un certain nombre de musquitos s'élèvent, les Indiens savent que le trou contient un tatou, comme s'il y avait aucun, il n'y aurait pas de musquitos.

LE GRAND MANGEUR DE FOURMI. (*Myrmecophaga jubata.*)

LE corps du Grand Fourmilier est couvert de poils extrêmement grossiers et hirsutes. Sa tête est très longue et mince, et sa bouche est juste assez grande pour admettre sa langue, qui est cylindrique, longue de près de deux pieds, et pliée en deux à l'intérieur. La queue est de taille énorme et couverte de longs poils noirs, un peu comme la queue d'un cheval. La longueur totale de l'animal, depuis l'extrémité du museau jusqu'au bout de la queue, est quelquefois de sept à huit pieds. Sa nourriture consiste principalement en fourmis, qu'il obtient de la manière suivante : — Lorsqu'il arrive à une fourmilière, il la gratte avec ses longues griffes, puis déplie sa langue fine, qui ressemble beaucoup à un ver extrêmement long. Celui-ci étant recouvert d'une matière gluante ou de salive, les fourmis y adhèrent en grand nombre : elles les avalent vivantes, répétant l'opération jusqu'à ce qu'il n'y en ait plus d'autres à attraper.

Il déchire aussi les nids de cloportes, qu'il découvre de la même manière ; mais s'il rencontre peu de succès dans sa recherche de nourriture, il peut jeûner pendant un temps considérable sans inconvénient. Les mouvements du Fourmilier sont en général très lents. Il nage cependant avec aisance sur les grands fleuves ; et, dans ces occasions, sa queue est toujours rejetée sur son dos. Avec ce membre extraordinaire, lorsqu'il dort ou lors de fortes averses de pluie, on dit aussi que l'animal se couvre le dos ; mais d'autres fois, il le porte étendu derrière lui. Le Fourmilier est originaire d'Amérique du Sud.

L'Ornithorynque à bec de canard, ou taupe d'eau.
(*Ornithorhynchus paradoxus.*)

CETTE créature extraordinaire possède le bec et les pattes palmées d'un canard, unis au corps d'une taupe. Il est originaire d'Australie, où on le trouve au bord des rivières, au bord desquelles il creuse et forme son nid. Il se nourrit d'insectes aquatiques et de petits mollusques, rejetant cependant toujours les coquilles de ces derniers, après les avoir écrasées dans sa bouche, de manière à en extraire le corps. Un certain nombre de ces animaux se trouvent toujours ensemble ; mais il est très difficile d'observer leurs habitudes, car leur ouïe est si fine, qu'ils disparaissent au moindre bruit, plongeant dans l'eau, dans laquelle ils nagent si bas, qu'ils ne ressemblent qu'à un amas d'herbes folles flottant sur la surface.

Lorsque l'animal se nourrit, il plonge son bec dans la boue, tout comme un canard ; et semble être aussi à l'aise sur terre que dans l'eau. Deux jeunes, gardés quelque temps à Sydney par M. Bennet, aimaient beaucoup s'enrouler comme un hérisson, en forme de boules. Ils dormaient souvent dans cette position et « d'horribles petits grognements » sortaient d'eux lorsqu'ils étaient dérangés. Ils étaient nourris de vers, de pain et de lait ; mais la captivité ne parut pas leur convenir, et ils moururent bientôt. Ils habillaient leur fourrure en la peignant avec leurs pieds et en la picorant avec leur bec, semblant prendre un grand plaisir à la garder lisse et propre.

La forme de cet animal est si extraordinaire, que lorsqu'un spécimen fut envoyé pour la première fois en Europe, on supposait qu'il avait été fabriqué en fixant le bec d'un canard dans la tête de quelque petit quadrupède, dans l'intention de tromper. L'expérience ultérieure a prouvé, sans aucun doute possible, l'existence de l'animal, sans diminuer le moins du monde l'émerveillement suscité par sa première apparition, car il semble participer, à parts presque égales, à la nature des quadrupèdes, des oiseaux. , et les reptiles.

Le hérisson australien (*Echidna hystrix*) possède un museau long et très fin, au bout duquel se trouve une très petite bouche, contenant une longue langue, que la créature peut étendre à son gré. Le corps est court et arrondi : il est couvert de fortes épines acérées mêlées de poils ; et sa queue est si courte qu'on a d'abord douté qu'il en ait une. Le mâle a un éperon sur chaque patte postérieure, que l'on a longtemps supposé, mais cela semble erroné, posséder des propriétés venimeuses. L'ornithorynque et le hérisson australien, bien qu'arrangés ici avec les quadrupèdes édentés, sont généralement considérés par les zoologistes comme étant les plus étroitement liés aux marsupiaux, ou mammifères à pochettes.

§ VII.— *Pachydermes ou animaux à peau épaisse.*

L'ÉLÉPHANT. (*Elephas indicus.*)

L'ÉLÉPHANT. (*Elephas indicus.*)

LA PROVIDENCE , toujours impartiale dans la distribution de ses dons, a donné à ce gros quadrupède un instinct vif presque proche de la raison, en compensation de la grossièreté de son corps. L'éléphant de Ceylan mesure environ dix à douze pieds de haut et est de loin le plus grand de tous les quadrupèdes vivants. Sa peau est généralement de couleur souris, mais elle est parfois blanche et parfois noire. Ses yeux sont assez petits pour la grandeur de sa tête, et ses oreilles, très élargies et d'une forme particulière, ont les rabats pendants au lieu de se relever, comme chez la plupart des quadrupèdes. L'éléphant est un animal grégaire à l'état sauvage, et lorsqu'il est domestiqué, il est susceptible d'attachement et de gratitude, ainsi que de colère et de vengeance. Plusieurs anecdotes sont racontées sur sa rapide appréhension, et en particulier sur son traitement vindicatif envers ceux qui se sont moqués de lui ou l'ont maltraité. Le décevoir est dangereux, car il manque rarement de se venger. L'exemple suivant est donné comme un fait et mérite d'être rapporté : Un éléphant, déçu de sa récompense, par vengeance, tua son gouverneur. La femme du pauvre homme, qui vit la scène effroyable, prit ses deux enfants et les poussa vers l'animal enragé, en disant : « Puisque vous avez tué mon mari, prenez-moi aussi la vie, ainsi que celle de mes enfants ! L'éléphant s'arrêta aussitôt, céda et, comme piqué de remords, prit l'aîné des garçons dans sa trompe, le plaça à son cou, l'adopta pour son gouverneur et ne permit plus jamais à personne d'autre de le monter.

La gueule de l'éléphant est armée de dents larges et fortes, et de deux grandes défenses, qui mesurent parfois neuf ou dix pieds, et à partir desquelles est produit l'ivoire le plus fin. L'ivoire des défenses de la femelle est considéré comme le meilleur, car la dent, étant plus petite, admet moins de porosité dans la partie cellulaire de la masse.

Devenant apprivoisé sous le traitement doux d'un bon maître, l'éléphant est non seulement un serviteur très utile, pour les besoins de l'État ou de la guerre, mais il est également d'une grande aide pour apprivoiser les éléphants sauvages récemment capturés. La superstition indienne a rendu de grands honneurs à la race blanche de ce quadrupède ; et l'île de Ceylan est censée produire les meilleurs du genre. Cette immense bête, par la sagesse de la Providence, n'a pas été placée parmi les animaux carnivores : et la nourriture végétale étant bien plus abondante que la nourriture animale, elle est destinée à vivre d'herbe et de tendres pousses d'arbres. Cette noble créature porte en grande pompe sur son dos les potentats de l'Orient, et semble se complaire dans les pompes pompeuses : à la guerre, il porte une tour remplie d'archers ; et en paix prête son assistance dans les opérations intérieures. On dit que la femelle reste une année avec ses petits et en met bas un à la fois. L'éléphant vit cent vingt ou cent trente ans, bien qu'il soit connu qu'il vive jusqu'à l'âge de quatre cents ans. Quand Alexandre le Grand eut conquis Porus, roi des Indes, il prit un grand éléphant qui avait combattu vaillamment pour le roi, et le nomma Ajax, le dédia au soleil, puis le lâcha avec cette inscription : « Alexandre, le fils de Jupiter, a dédié Ajax au soleil. Cet éléphant a été retrouvé avec cette inscription 350 ans plus tard.

La plus grande merveille que l'éléphant présente à l'admiration de l'observateur intelligent de la nature est sa *trompe* , ou trompe, qui atteint une longueur de six ou huit pieds, et est si flexible qu'il l'utilise presque aussi adroitement qu'un homme fait sa main. On disait à tort que l'éléphant pouvait recevoir de la nourriture par sa trompe ; cette espèce de tuyau n'est qu'un prolongement du museau, destiné à la respiration, dans lequel l'animal peut, par la force de ses poumons, aspirer une grande quantité d'eau ou autre liquide, qu'il rejette ou rapporte. à sa bouche en inversant et en raccourcissant sa trompe à cet effet.

Le capitaine Marryat, dans son ouvrage très divertissant intitulé *Masterman Ready* , raconte un curieux exemple de la sagacité d'un éléphant en Inde, tombé dans un réservoir profond. Le réservoir était si profond qu'il était impossible de hisser l'éléphant, mais lorsque les gens jetaient plusieurs paquets de fagots, l'animal sagace plaçait un paquet au-dessus des autres, se tenant toujours debout sur chaque étage pendant qu'il les disposait, jusqu'à ce qu'il finisse par soulever. la pile suffisamment haute pour lui permettre de sortir du réservoir. Mais les exemples de la sagacité de cette noble créature pourraient être cités *à l'infini* . En Orient, où ils sont mis à disposition au service de l'homme, ils chargeront un bateau avec une dextérité singulière, gardant soigneusement chaque article au sec, et disposant et équilibrant la cargaison avec la plus grande précision.

Sa force est proportionnelle à sa masse : il portera trois ou quatre mille livres sur son dos, et plus de mille livres sur ses défenses.

L'éléphant d'Afrique est une espèce distincte (*E. africanus*) qui se distingue facilement de son frère asiatique par la taille énorme de ses oreilles battantes. Il est abondant dans la partie sud de l'Afrique et est tué chaque année en grand nombre pour ses défenses.

L'Hippopotame, ou cheval de rivière.
(*Hippopotame amphibie.*)

CET animal vit aussi bien sur terre que dans l'eau, et ne cède en taille qu'à l'éléphant : il pèse parfois plus de quinze cents livres. Sa peau est nue et d'une couleur brun noirâtre, teintée de rouge autour du museau et sur la face inférieure du corps. La tête est aplatie sur le dessus, environ quatre pieds de long et neuf de circonférence ; les lèvres sont grandes, les mâchoires ouvertes d'environ deux pieds de large, et les dents coupantes, dont il y en a quatre dans chaque mâchoire, mesurent près d'un pied de long ; il a de larges oreilles et de grands yeux, un cou épais et une queue courte et effilée comme celle d'un porc. Il broute et mange les feuilles et les jeunes branches des arbres sur le rivage, mais se retire dans l'eau s'il est poursuivi et coule au fond, où il peut rester cinq ou six minutes à la fois. Lorsqu'il remonte à la surface et reste la tête hors de l'eau, il émet un beuglement qui s'entend à grande distance. La femelle met bas ses petits sur terre, et on suppose qu'elle en produit rarement plus d'un à la fois. Le veau, à l'instant où il vient au monde, s'envole vers l'eau pour s'abriter s'il est poursuivi ; circonstance qui a été remarquée comme un exemple remarquable de pur instinct. De beaux spécimens de cet animal remarquable peuvent être vus dans les jardins zoologiques de Londres ; et à Paris, on a vu qu'ils se reproduisaient deux fois, mais dans les deux cas, la mère détruisait sa progéniture, soit intentionnellement, soit par accident. L'hippopotame est censé être le monstre des Écritures. Voir Job, chap. xl.

LE RHINOCÉROS INDIEN, (*Rhinoceros unicornis* ,)

AINSI appelé à cause de la corne sur son nez, il est élevé en Inde, est d'une couleur ardoise foncée et presque aussi grand que l'éléphant, car il mesure environ douze pieds de long, mais a des pattes courtes. Sa peau, qui n'est pénétrable par aucune arme ordinaire, est repliée sur son corps, de la manière représentée dans la figure ci-dessus ; ses yeux sont petits et à moitié fermés, et la corne de son nez n'est attachée qu'à la peau. En confinement, il le porte souvent jusqu'à un simple moignon, en le frottant contre son berceau. Il est parfaitement indocile et intraitable ; un ennemi naturel de l'éléphant, à qui il livre souvent bataille, et dont on dit qu'il ne s'écarte jamais de son chemin, mais qu'il s'efforce de détruire tous les obstacles qui se présentent, plutôt que de faire demi-tour. Il vit des légumes les plus grossiers et fréquente les bords des rivières et les terrains marécageux ; ses sabots sont divisés en quatre, et il grogne comme un porc, auquel il ressemble par bien d'autres aspects. La femelle n'en produit qu'un à la fois, et pendant le premier mois ses petits ne sont pas plus gros qu'un gros chien. Le rhinocéros est considéré par certains comme la Licorne des Écritures saintes et possède toutes les propriétés attribuées à cet animal : rage, indomptable, grande rapidité et immense force. Les Romains l'ont connu très tôt. Auguste en introduisit un dans les spectacles, sur son triomphe sur Cléopâtre. Certains rhinocéros ont deux cornes.

LE PORC COMMUN OU DOMESTIQUE, (*Sus scrofa* ,)

IL DIFFÈRE principalement de l'animal sauvage par ses défenses plus petites et ses oreilles grandes et pendantes. De tous les quadrupèdes domestiques, celui-ci est le plus sale et le plus impur. Sa forme est maladroite et disgracieuse, et son appétit gourmand et excessif. La nature, cependant, a préparé son estomac pour recevoir la nourriture d'une variété de choses qui autrement seraient gaspillées, car les déchets du champ, du jardin et de la cuisine lui offrent un repas luxueux. Le Porc est naturellement stupide, inactif et somnolent ; très enclin à augmenter la graisse, qui est disposée d'une manière différente de celle des autres animaux, formant une couche épaisse, distincte et régulière entre la chair et la peau. Leur chair, observe Linné, est une nourriture saine pour ceux qui font beaucoup d'exercice, mais inappropriée pour ceux qui mènent une vie sédentaire. Elle est d'une grande importance pour ce pays, en tant que nation navale et commerciale, car elle se sale mieux que toute autre chair et peut se conserver plus longtemps.

La truie domestique met bas deux fois par an, produisant de dix à vingt par portée. Elle reste quatre mois avec ses petits et met bas au cinquième. A cette époque, il faut la surveiller attentivement, pour éviter qu'elle ne dévore ses petits. Une attention encore plus grande est nécessaire pour éloigner le mâle, car il détruirait toute la portée. Non seulement les juifs et les mahométans s'abstiennent de la chair de porc par principe religieux, mais ils se considèrent souillés même en la touchant.

LE SANGLIER, (*Sus scrofa* ,)

HABITE principalement les marais et les bois, et est de couleur noire ou brune : sa chair est très tendre et bonne à manger. Le sanglier a des défenses qui mesurent parfois près d'un pied de longueur et se révèlent souvent dangereuses pour les hommes ainsi que pour les chiens de chasse. Sa vie se limite à une trentaine d'années ; sa nourriture est composée de légumes ; mais pressé par la faim, il dévore la chair animale. Cette créature est forte et féroce et se retourne sans crainte contre ses poursuivants. Le chasser est un des principaux amusements des grands dans les pays où il se trouve. Les chiens prévus pour ce sport sont du genre lent et lourd. Ceux qu'on emploie pour chasser le cerf ou le chevreuil seraient très inappropriés, car ils retrouveraient trop tôt leur proie, et, au lieu d'une chasse, ne fourniraient qu'un engagement. Les petits dogues sont donc choisis ; Les chasseurs ne se soucient pas non plus de la qualité de leur nez, car le sanglier laisse une odeur si forte qu'il leur est impossible de se tromper de route. Ils ne chassent jamais que les plus gros et les plus vieux, qu'on reconnaît à leurs défenses. Lorsque le sanglier est *élevé*, comme on dit pour le chasser de sa cachette, il s'avance lentement et d'un air maussade, sans aucune indication de peur, pas très loin de ses poursuivants. À la fin de chaque demi-mile, ou à peu près, il se retourne, s'arrête jusqu'à ce que les chiens arrivent et propose de les attaquer. Ceux-ci, au contraire, connaissant le danger, s'écartent et l'aboient à distance. Après s'être regardés un moment avec une animosité mutuelle, le sanglier reprend lentement sa route, et les chiens reprennent leur poursuite. De cette manière, la charge est soutenue et la poursuite continue jusqu'à ce que le sanglier soit tout à fait fatigué et refuse d'aller plus loin. Les chiens tentent alors de se rapprocher de lui par derrière ; ceux qui sont jeunes, féroces et peu habitués à la chasse, sont généralement les premiers, et perdent souvent la vie par leur ardeur. Ceux qui sont plus âgés et mieux entraînés se contentent d'attendre que les chasseurs arrivent, qui l'abattent avec leurs lances.

Autrefois, le sanglier était originaire de Grande-Bretagne, ainsi qu'il ressort des lois du prince gallois Howell le Bon, qui permettait à son grand chasseur de chasser cet animal du milieu de novembre au début de décembre ; et sous le règne de Guillaume le Conquérant, ceux qui étaient reconnus coupables d'avoir tué des sangliers, dans l'une des forêts royales, étaient punis de la perte des yeux. Nos porcs domestiques descendent de la race sauvage ; mais le sanglier apprivoisé a deux défenses, plus petites que celles des sauvages, et la truie n'en a pas.

LA BABIROUSSA, (*Babirussa alfurus* ,)

C'EST une espèce singulière de porc, qui habite dans de nombreuses îles de l'archipel oriental. Ses quatre défenses sont d'une taille énorme, surtout celles de la mâchoire supérieure, qui sont tournées complètement vers le haut et recourbées, comme des cornes, vers le front, qu'elles touchent même parfois. Ces défenses singulières ne se trouvent que chez le mâle ; ils ne semblent pas, de par leur construction, lui être d'une grande utilité comme armes ; et on croyait autrefois qu'il s'en servait comme de crochets pour se pendre à une branche d'arbre pour passer la nuit.

LE PÉCCARI. (*Dicotyles labiatus.*)

C'EST une petite espèce de cochon, de couleur brune, aux lèvres pâles, qu'on trouve en grandes troupes dans les forêts de l'Amérique du Sud. On dit que ces bandes de Pécaris se déplacent de lieu en lieu sous la conduite d'une sorte de chef, qui se place à la tête de sa troupe et marche en ligne droite, nageant hardiment au-dessus des rivières et dévastant souvent les plantations. Lorsqu'une de ces troupes rencontre un objet inhabituel, elles s'arrêtent toutes pour l'examiner, en faisant un terrible claquement de dents, qu'elles sont tout à fait prêtes à utiliser pour leur propre défense, et ne tarderont pas à mettre en pièces un assaillant, à moins qu'il ne puisse le faire. réussir à grimper dans un arbre.

LE TAPIR. (*Tapirus américain.*)

CET animal ressemble beaucoup au sanglier, mais il est dépourvu de défenses et son museau se prolonge en une petite trompe charnue ou tronc. Cette trompe n'a cependant pas la souplesse de celle de l'éléphant et est incapable de contenir quoi que ce soit. La couleur du Tapir est d'un brun foncé et le mâle a une petite crinière sur la partie supérieure du cou. Il mesure environ trois pieds et demi de haut et mesure près de six pieds de longueur. Il repose dans des fourrés dont les branches épineuses ne peuvent l'atteindre à cause de l'épaisseur de sa peau, tandis qu'elles lacèrent la peau de ses poursuivants. Son aliment préféré est la pastèque. On le trouve généralement seul et erre toujours à la recherche de nourriture la nuit ; et il s'apprivoise facilement s'il est pris jeune. Il possède le même pouvoir de rester sous l'eau que l'hippopotame, et lorsqu'il entre dans un étang, il peut descendre au fond et y rester cinq ou six minutes.

Le tapir malais (*T. malayanus*) est très similaire à l'espèce américaine par sa forme ; mais il est plus grand et n'a pas de crinière. Il est très remarquable par la répartition de ses couleurs, la partie antérieure et les pattes étant d'un noir profond, et le croupion, le dos et les flancs blancs. Cet animal se trouve principalement à Sumatra et à Bornéo.

LE CHEVAL. (*Equus caballus.*)

LA plus noble conquête que l'homme ait jamais faite sur la création brute fut d'apprivoiser le cheval et de l'adapter à son service. Il diminue les travaux de l'homme et ajoute à ses plaisirs : partage, avec une égale docilité et une égale gaieté, les fatigues de la chasse ou les dangers de la guerre ; et tire avec la force, la rapidité ou la grâce appropriées les lourdes charrues et les charrettes du laboureur, les véhicules légers des gens à la mode et les voitures majestueuses de l'aristocratique.

Le cheval est maintenant élevé dans la plupart des régions du monde : ceux d'Arabie, de Turquie et de Perse sont considérés comme mieux proportionnés que beaucoup d'autres ; mais le cheval de course anglais peut à juste titre revendiquer la préséance sur toutes les autres races européennes, et n'est inférieur à aucune en force et en symétrie.

Les beaux chevaux produits en Arabie sont en général de couleur brune ; leur crinière et leur queue sont très courtes, avec les cheveux noirs et touffus. Les Arabes, pour la plupart, utilisent les juments dans leurs excursions ordinaires ; l'expérience leur a appris qu'ils sont moins vicieux que les mâles et plus capables de supporter l'abstinence et la fatigue. Comme les Arabes n'ont d'autre résidence qu'une tente, celle-ci sert aussi d'écurie ; le mari, la femme, l'enfant, la jument et le poulain couchent ensemble sans discernement, et l'on voit souvent les branches les plus jeunes de la famille embrasser le cou ou se reposer sur le corps de la jument, sans aucune idée de peur ou de crainte. danger.

De l'attachement remarquable que les Arabes ont pour ces animaux, Saint-Pierre a donné un exemple touchant dans ses Etudes de la Nature. proposé à l'achat, avec l'intention de l'envoyer à Louis XIV. L'Arabe, pressé par le besoin, hésita longtemps, mais finit par consentir, à condition de recevoir une somme d'argent très considérable, qu'il nomma. Le consul écrivit à la France pour obtenir la permission de conclure le marché ; et l'ayant obtenu, il envoya l'information à l'Arabe. L'homme, si indigent qu'il ne possédait qu'une misérable couverture pour son corps, arriva avec son magnifique coursier : il descendit de cheval, et regardant d'abord l'or, puis fixement sa jument, poussa un soupir : « À qui est-ce ? lui, « que je vais te livrer ? Aux Européens ? qui t'attachera, qui te battra, qui te rendra malheureux ! Reviens avec moi, ma beauté, mon bijou ! et réjouissez le cœur de mes enfants : « alors qu'il prononçait les derniers mots, il sauta sur son dos et fut hors de vue presque en un instant.

L'intelligence du Cheval est à côté de celle de l'éléphant, et il obéit à son cavalier avec tant de ponctualité et de compréhension, que les Américains, qui n'avaient jamais vu d'homme à cheval, pensèrent d'abord que les Espagnols étaient une sorte de centaures, moitié hommes, moitié chevaux. Le Cheval, dans un État domestique, vit rarement plus de vingt ans ; mais on suppose que dans l'état sauvage, il atteint un âge beaucoup plus avancé. La jument est aussi élégante dans sa forme que le cheval ; et son petit s'appelle un poulain. L'âge du cheval est connu par ses dents ; et sa couleur, qui varie du noir au blanc, et du brun le plus foncé à une teinte légèrement noisette, a été considérée comme un critère permettant de juger de sa force.

Le cheval se nourrit d'herbe fraîche ou sèche et de maïs : il est sujet à de nombreuses maladies et meurt souvent subitement. A l'état de nature, c'est un animal grégaire, et même domestiqué, sa situation avilie d'esclavage n'a pas entièrement détruit son amour de la société et de l'amitié ; car on a vu des chevaux se lamenter à la perte de leurs maîtres, de leurs compagnons d'écurie, et même à la mort d'un chien qui avait été élevé près de la mangeoire. Virgile, dans sa belle description de ce noble animal, semble avoir imité Job :

« Le coursier fougueux, quand il entend de loin
les trompettes enjouées et les cris de guerre,
dresse les oreilles et, tremblant de joie,
change de place et de patte, et espère le combat promis.
Sur son épaule droite, sa crinière épaisse s'incline,
se hérisse en vitesse et danse au gré du vent.
Ses sabots cornés sont d'un noir de jais et ronds,
Son échine est double ; commençant d'un bond,
il retourne le gazon et ébranle la terre ferme.
Le feu de ses yeux, les nuages de ses narines coulent ;
Il porte son cavalier tête baissée sur l'ennemi.

LE CUL. (*Équus asinus.*)

L' âne est une bête de somme extrêmement utile à l'homme. Plus fort que la plupart des animaux de sa taille, il supporte la fatigue avec patience et la faim avec une apparente gaieté. Un fagot d'herbes séchées, ou un chardon sur la route, lui suffisent pour son repas quotidien, et il se contente de l' eau claire et pure d'un ruisseau voisin (au choix duquel il est particulièrement aimable) en l'absence de meilleur tarif. Il est probable que l'âne était originaire d'Arabie et d'autres parties de l'Orient : les déserts de Libye et de Numidie, et de nombreuses parties de l'archipel, contiennent de vastes troupeaux d'ânes sauvages, qui courent avec une rapidité si étonnante que même les chevaux les plus rapides du pays peuvent à peine les rattraper. À l'heure actuelle, la meilleure race d'Europe est peut-être la race espagnole ; et des ânes très précieux se trouvent encore sur le continent sud de l'Amérique, où, pendant l'existence de la domination espagnole, la race était très soigneusement soignée. Au temps d'Elizabeth, nous dit-on, il n'y avait pas d'ânes dans ce pays. Notre traitement envers cet animal très utile est à la fois gratuit et cruel, et très ingrat, compte tenu des grands services qu'il nous rend à si peu de frais. Les oreilles de l'Ane sont d'une longueur peu commune ; et il est de couleur grisâtre ou brun, avec une croix noire sur le dos et les épaules. Très jeune, l'Ane est vif et même assez beau ; mais il perd bientôt ces qualifications, soit par l'âge, soit par les mauvais traitements, et devient lent, maussade et entêté. La femelle aime passionnément son petit ; et on dit qu'elle traversera même le feu et l'eau pour le protéger ou le rejoindre. L'Âne est aussi parfois très attaché à son propriétaire, qu'il flaire à distance et qu'il distingue nettement des autres dans la foule.

La femelle accompagne ses petits de onze mois, et produit rarement plus d'un poulain à la fois : les dents suivent le même ordre d'apparition et de renouvellement que celles du cheval. Le lait d'ânesse a longtemps été célébré pour ses qualités salubres ; les invalides souffrant de débilités des fonctions digestives et assimilatrices en font un grand avantage ; et à ceux qui sont également phtisiques, il est très généralement recommandé.

Un vieillard qui, il y a quelques années, vendait des légumes à Londres, utilisait dans son emploi un âne qui transportait ses paniers de porte en porte. Souvent, il donnait à la pauvre créature industrieuse une poignée de foin, ou quelques morceaux de pain, ou des légumes verts, en guise de rafraîchissement ou de récompense. Le vieil homme n'avait pas besoin d'aiguillon pour l'animal, et il lui fallait rarement lever la main pour le faire avancer. On lui remarqua un jour son bon traitement, et on lui demanda si sa bête était susceptible d'être têtue ? « Ah ! maître, répondit-il, il ne sert à rien d'être cruel, et quant à l'entêtement, je ne peux pas me plaindre ; car il est prêt à tout et à aller n'importe où. Je l'ai élevé moi-même. Il est parfois capricieux et joueur, et une fois il s'est enfui de moi ; vous aurez peine à le croire, mais il y avait plus de cinquante personnes qui le poursuivaient, tentant en vain de l'arrêter ; pourtant il s'est retourné sur lui-même, et il ne s'est jamais arrêté jusqu'à ce qu'il passe gentiment sa tête dans mon sein.

Les anciens avaient une grande estime pour cet animal. Les Romains avaient une race qu'ils tenaient en si haute estime, que Pline mentionne un des mâles qui se vendait plus de trois mille livres de notre argent ; et il dit qu'en Celtibérie, province d'Espagne, une ânesse avait des poulains qu'on achetait à peu près pour la même somme. L'âne vit à peu près au même âge que le cheval. D'après la ressemblance générale entre l'âne et le cheval, on pourrait naturellement supposer qu'ils étaient étroitement liés, et que l'un d'eux avait dégénéré ; ils sont cependant parfaitement distincts. Il y a cette barrière inséparable placée entre eux que la nature prévoit pour la protection et la conservation de ses productions ; leur progéniture mutuelle, le mulet, étant incapable de reproduire son espèce.

LA MULE.

CET animal utile et robuste est le descendant du cheval et de l'âne, et partage les bonnes qualités de l'un et de l'autre. Le Mulet commun est en très bonne santé et vivra plus de trente ans. La taille et la force de notre race ont été beaucoup améliorées par l'importation d'ânes mâles espagnols ; et il serait fort à souhaiter que les qualités utiles de cet animal soient davantage prises en compte ; car, en prenant soin de le briser, son obstination naturelle serait dans une grande mesure corrigée ; et il pouvait être formé avec succès pour la selle, la traction ou le fardeau. Les gens de première qualité sont attirés par les mulets en Espagne, où cinquante ou soixante guinées ne sont pas un prix rare pour eux ; cela n'est pas non plus surprenant, quand on considère à quel point ils surpassent le cheval dans les voyages dans un pays montagneux, le mulet étant capable de marcher en toute sécurité là où le premier peut à peine se tenir. Il est beaucoup moins délicat dans sa nourriture que le cheval, et moins sujet aux maladies ; et on l'a vu parcourir une distance de quatre-vingts ou cent milles en une journée, avec un lourd poids sur le dos, sans beaucoup de fatigue.

LE KIANG. (*Equus Hémionus.*)

LE Kiang, également appelé Djiggetai, est une sorte d'âne sauvage, que l'on trouve en petits troupeaux dans les grandes plaines d'Asie centrale. Il est beaucoup plus gros que l'âne commun, et sa fourrure est d'une teinte châtain rougeâtre pâle particulière, sauf sur les pattes et le museau, qui sont presque blancs. Les oreilles ne sont pas aussi longues que chez le cul, et il y a une strie noire au milieu du dos.

LE ZÈBRE. (*Équus Zèbre.*)

C'EST l'un des quadrupèdes les plus élégamment marqués de la nature. Il est rayé partout avec la régularité la plus agréable ; par sa taille, il ressemble au mulet, étant plus petit que le cheval et plus grand que l'âne. Les poils de sa peau sont inhabituellement lisses, et il ressemble de loin à un animal qu'une main fantaisiste aurait entouré de rubans blancs ou chamois et d'un noir de jais. Il est originaire d'Afrique australe, principalement du Cap de Bonne-Espérance, où il réside au milieu des montagnes. Dans ces solitudes, le Zèbre n'a rien qui arrête sa liberté. Il est trop timide pour être pris dans des pièges et est donc rarement capturé vivant. Si le zèbre était habitué à notre climat, il ne fait aucun doute qu'il pourrait bientôt être domestiqué. La croix noire que l'âne porte sur le dos et les épaules indique l'affinité entre ces deux animaux. Le zèbre se nourrit de la même manière que le cheval, l'âne et le mulet ; et semble apprécier d'avoir de la paille propre et des feuilles séchées sur lesquelles dormir. Sa voix peut difficilement être décrite ; Certaines personnes pensent que ce son ressemble beaucoup au son d'un cor de poste et s'exerce plus fréquemment lorsque l'animal est seul qu'à d'autres moments. Autrefois, les zèbres étaient souvent envoyés en cadeau aux princes orientaux. On dit qu'un gouverneur de Batavia en fit don à l'empereur du Japon, pour lequel il reçut en équivalent un présent de la valeur de soixante mille écus ; et Teller nous apprend que le Grand Mogol a donné deux mille ducats pour un de ces animaux. Il est d'usage que les ambassadeurs africains à la cour de Constantinople amènent avec eux des zèbres comme cadeaux pour le Grand Seigneur. À l'état sauvage, ils vivent en troupeaux et ne peuvent être apprivoisés que lorsqu'ils sont capturés jeunes ou élevés en captivité.

Une autre espèce de zèbre (*Equus Burchellii*) habite les plaines d'Afrique australe ; il est connu sous le nom de zèbre des plaines, et est également appelé zèbre de Burchell, du nom du distingué voyageur africain. Ce zèbre est moins joliment marqué que l'espèce montagnarde.

L'instinct ayant appris à ces beaux animaux que l'union consiste en leur force, ils se réunissent en un corps compact lorsqu'ils sont menacés par une attaque de l'homme ou de la bête ; et s'ils sont rattrapés par l'ennemi, ils s'unissent pour se défendre mutuellement, la tête ensemble en une bande circulaire serrée, présentant leurs talons à l'ennemi et donnant des coups de pied avec une force et une abondance égales. Assaillis de tous côtés, ou partiellement estropiés, ils se cabrent sur leurs pattes postérieures, volent sur leur adversaire les mâchoires distendues, et utilisent leurs dents et leurs talons avec la plus grande liberté.

Le *Quagga* est également originaire d'Afrique australe. Il est plus sauvage que le zèbre et moins joliment marqué ; les rayures, en effet, ne s'étendent pas sur tout le corps, mais seulement sur la tête et le cou. La couleur est brun rougeâtre dessus et blanche dessous. Le Quagga est plus petit que le zèbre, et moins élégamment formé, l'arrière-train étant plus haut que les épaules. Les oreilles sont également beaucoup plus courtes. Le Quagga a la réputation d'être naturellement vicieux, et si perfide qu'on dit que, comme un chat, il mord la main qui le nourrit et le caresse.

§ VIII. — *Animaux ruminants.*

LE TAUREAU. (*Bos Taureau.*)

IL n'y a peut-être pas d'animaux plus généralement utiles à l'humanité que la race des bœufs, dans tous leurs états d'existence. On les appelle animaux ruminants ; c'est-à-dire qu'après avoir mangé leur nourriture, ils possèdent le pouvoir de la renvoyer du premier estomac dans la bouche, pour être de nouveau mastiquée avant qu'elle ne soit finalement digérée. C'est ce qu'on appelle ruminer ; et comme l'animal se couche généralement et a l'air très pensif pendant l'opération, on dit qu'il rumine.

Le taureau est une créature très féroce et, lorsqu'il est enragé, il court partout, levant la queue et rugissant de façon très effrayante. Lorsqu'il est attaqué par des hommes ou des chiens, il déchire le sol avec ses pieds, puis galope après ses assaillants, s'efforçant de les secouer avec ses cornes ; et il poursuit très souvent de cette manière tous ceux qu'il voit, surtout s'ils semblent effrayés. Lorsqu'on risque d'être attaqué par un taureau, le meilleur moyen est de rester immobile et d'ouvrir un parapluie, ou de battre un châle, ou quelque chose de ce genre, au visage du taureau ; comme avec toute sa férocité, il est un grand lâche et ne poursuit que ceux qui le fuient.

Le bœuf, ou taureau, est utilisé dans certaines parties du pays pour tirer des charrettes et des chariots, et pour labourer ; et sa chair s'appelle bœuf. La peau est tannée et transformée en cuir ; les cheveux sont mélangés au mortier ; les os sont utilisés pour fabriquer des manches de couteaux, des pièces d'échecs, des jetons et d'autres objets, en remplacement de l'ivoire ; de ses cornes sont faits des peignes et divers autres articles ; la graisse est utilisée pour fabriquer des bougies ; le sang dans le raffinage du sucre : et, en bref, chaque partie a une utilité importante.

L'accusation commune de stupidité portée contre le Bœuf est totalement infondée, comme le montrera l'anecdote suivante, enregistrée par M. Bell. Une vache, paissant dans un pâturage dont la porte était ouverte, était très contrariée par un garçon espiègle, qui s'amusait à lui jeter des pierres. La paisible bête, après avoir enduré cela patiemment pendant quelque temps, s'approcha de lui, et accrochant le bout de sa corne à ses vêtements, l'emporta hors du champ et le déposa sur le chemin. Elle retourna alors sereinement à son pâturage, le laissant arrêté à cause d'une grande frayeur et d'un vêtement déchiré.

LA VACHE.

LA VACHE est la femelle de la tribu des bœufs, et son petit s'appelle un veau. Une jeune vache de moins de deux ans est appelée génisse. La vache est aussi utile à l'humanité que le bœuf, sauf pour labourer et dessiner ; mais pour se racheter, elle nous fournit du lait, à partir duquel on fait du beurre et du fromage. La vache donne de six à vingt litres de lait par jour ; et la faculté de le donner en si grande abondance et avec tant de facilité est une particularité frappante, car cet animal diffère de la plupart des autres dans cette partie de son organisation, ayant un gros pis et des trayons plus longs et plus épais que le plus gros animal que nous connaissions ; il a également quatre mamelles, tandis que tous les autres animaux de même nature n'en ont que deux ; il donne aussi librement le lait à la main, tandis que tous les autres animaux, du moins ceux qui ne ruminent pas de la même manière, le refusent, à moins que leurs petits, ou quelque animal adopté, ne soient autorisés à en prendre. L'âge de la vache est connu par ses cornes ; à quatre ans, un anneau se forme à leurs racines, et chaque année suivante, un autre anneau est ajouté. Ainsi, en attendant trois ans avant leur apparition, puis en comptant le nombre d'anneaux, on peut connaître avec précision l'âge de la créature.

Les veaux, lorsqu'ils sont très jeunes, sont des créatures impuissantes, à cause de la grande longueur et de la faiblesse de leurs pattes. Parfois, ils sont tués jeunes et leur chair est alors appelée veau. L'estomac du veau, lorsqu'il est tué, est retiré, nettoyé et salé ; on la suspend ensuite pour sécher et on l'appelle présure. Lors de la fabrication du fromage, un peu de présure est trempée dans de l'eau qui, versée dans le lait, le transforme en caillé. Le caillé est ensuite séparé du petit-lait, et mis dans un pressoir, lorsqu'il devient fromage.

LE TAUREAU SAUVAGE.

Dans le parc du duc de Hamilton en Écosse, dans celui de Lord Tankerville à Chillingham, dans le Northumberland et dans quelques autres endroits, il existe une race de bétail sauvage, peut-être le dernier reste de ceux qui, à une époque, envahirent cette île. La couleur est blanche, avec le museau et les oreilles noirs ou rouge très foncé.

A la première apparition de quelqu'un près d'eux, ces animaux partent au grand galop ; et à la distance de deux ou trois cents mètres, ils font demi-tour et reviennent hardiment en hochant la tête d'une manière menaçante. Tout d'un coup, ils s'arrêtent à quarante ou cinquante mètres de distance, et regardent d'un air effaré l'objet de leur surprise ; mais au moindre mouvement ils se retournent tous et repartent au galop avec une égale vitesse, mais non à la même distance, formant un cercle plus petit ; et revenant de nouveau, avec un aspect plus audacieux et plus menaçant qu'auparavant, ils s'approchent beaucoup plus près, lorsqu'ils prennent une autre position, et repartent au galop. C'est ce qu'ils font plusieurs fois, raccourcissant leur distance et s'avançant plus près jusqu'à ce qu'ils arrivent à quelques mètres, lorsque la plupart des gens jugent prudent de les quitter, ne choisissant pas de les provoquer davantage, car il est probable que dans quelques tours de plus ils se retrouveraient. faire une attaque.

Le mode de mise à mort de ces animaux, tel qu'il était pratiqué il y a quelques années, était le seul vestige de l'ancien mode de chasse qui existait dans ce pays. Avertis qu'un taureau sauvage serait tué un certain jour, les habitants du voisinage se rassemblèrent, parfois au nombre d'une centaine de cavaliers et de quatre ou cinq cents fantassins, tous armés de fusils ou d'autres armes. Ceux qui étaient à pied se tenaient sur les murs ou grimpaient dans les arbres, tandis que les cavaliers séparaient un taureau du reste du troupeau et le poursuivaient jusqu'à ce qu'il soit aux abois, puis ils descendirent de cheval et tirèrent. Dans certaines de ces chasses, vingt ou trente coups de feu ont été tirés avant que l'animal ne soit maîtrisé. Dans de telles occasions, la victime ensanglantée devenait désespérément furieuse à cause des brûlures de ses blessures et des cris de joie sauvage qui résonnaient de toutes parts.

Lorsque les vaches mettent bas, elles cachent leurs petits pendant une semaine ou dix jours dans quelque retraite isolée, et vont les allaiter deux ou trois fois par jour. Si quelqu'un s'approche d'un des veaux, il s'accroupit sur le sol et s'efforce de se cacher, preuve de la sauvagerie native des animaux. Dans un cas où un veau fut dérangé, il piaffait le sol comme un vieux taureau et tentait de lui donner un coup de tête jusqu'à ce qu'il tombe de faiblesse. Il en avait pourtant fait assez pour donner l'alarme, et tout le troupeau vint à son secours, obligeant l'intrus à décamper : car les mères ne permettent à personne de toucher leurs petits sans l'attaquer avec impétuosité. Dans le parc du duc de Hamilton, au cours de l'été 1841, un veau, dérangé par le passage d'une voiture près de lui, beugla si terriblement qu'il réveilla tout le troupeau, quoiqu'il se trouvât à une distance considérable.

LE BUFFLE D'AFRIQUE (*Bubalus Caffer.*)

DANS sa forme générale, le buffle ressemble beaucoup au bœuf ; mais il diffère de cet animal par ses cornes et par quelques détails de sa structure interne. Il est plus gros que le bœuf ; la tête est également plus grande en proportion, le front plus haut et le museau plus long. Les cornes sont grandes et de forme comprimée, avec le bord extérieur pointu ; ils sont droits sur une longueur considérable à partir de leur base, puis se courbent légèrement vers le haut. La couleur générale de l'animal est noirâtre, sauf le front et le bout de la queue qui sont d'un blanc sombre. L'intuition n'est pas, comme beaucoup l'ont supposé, une grosse masse charnue, mais est provoquée par le fait que les os qui forment le garrot sont prolongés sur une plus grande longueur que chez la plupart des autres animaux. Les buffles se trouvent dans la plupart des régions de la zone torride et dans presque tous les climats chauds ; habitant toujours des endroits humides et marécageux, où ils aiment se rouler dans la fange. À l'état sauvage, le buffle est extrêmement féroce ; mais dans certains pays tropicaux, il est parfaitement domestique et très utile à de nombreuses fins, étant un animal patient et d'une grande force. Lorsqu'il est employé aux travaux agricoles, on lui met un anneau de cuivre dans le nez, par lequel il est conduit à volonté. Les buffles sont communs dans les marais pontins près de Rome, où ils ont été importés d'Inde au VIe siècle. Dans l'Inde, ils constituent la richesse et la nourriture des pauvres, qui les emploient dans leurs champs et font du beurre et du fromage avec leur lait. Ils sont très appréciés pour leur peau ; dont, dans plusieurs pays, et notamment en Angleterre, on fabrique des ceintures militaires, des bottes et autres instruments de guerre. Il existe diverses espèces de buffles, parmi lesquelles le buffle du Cap, originaire d'Afrique du Sud, est le plus connu et le plus précieux.

Les buffles, dans leur pays natal, se battent si férocement entre eux, que les voyageurs africains ont remarqué qu'on les trouve rarement sans oreilles déchirées et sans cicatrices de diverses sortes sur le cou et le corps. Et ils ne sont pas moins traîtres que féroces, se cachant parmi les arbres jusqu'à ce qu'un malheureux passager passe. L'animal se précipite alors brusquement sur lui, et il y a peu de chances que la victime s'échappe à moins qu'un arbre ne soit à portée de main. La bête furieuse, non contente de le renverser et de le tuer, reste longtemps debout sur lui, piétinant et déchirant le corps ; il enlève ensuite la peau avec sa langue rugueuse et piquante. Même après tout cela, il revient à plusieurs reprises dans son corps pour satisfaire à nouveau son caractère sauvage.

LE BISON. (*Bos ou Bison Bonasus.*)

IL existe deux sortes de bisons ; l'un est originaire d'Europe et l'autre
d'Amérique. Le bison d'Europe, ou Bonasus, est aussi gros qu'un taureau ou
un bœuf ; crinière sur le dos et le cou comme un lion ; et ses cheveux
tombaient sous son menton ou sous sa mâchoire inférieure, comme une
grande barbe. Les parties antérieures de son corps sont épaisses et fortes,
mais les parties postérieures sont relativement minces. Il a une petite crête le
long du visage, depuis le front jusqu'au nez, qui est très poilu ; ses cornes sont
grandes, très pointues et tournées vers le dos, comme celles d'un bouc
sauvage. Le bison d'Amérique (*B. Americanus*) atteint une taille bien
supérieure à celle des plus grandes races de nos bœufs communs, et on le
rencontre dans presque toutes les parties inhabitées de l'Amérique du Nord,
depuis la baie d'Hudson jusqu'à la Louisiane et les frontières de l'Amérique
du Nord. Mexique. Les capitaines Lewis et Clarke, ainsi que le docteur James,
témoignent fréquemment du nombre presque incroyable dans lequel ces
animaux se rassemblent sur les rives du Missouri. « Leur multitude était telle,
disent les premiers voyageurs, que, bien que la rivière, y compris une île sur
laquelle ils passaient, ait un mille de largeur, le troupeau s'étendait, aussi épais
qu'ils pouvaient nager, complètement d'un côté. à l'autre." Et encore : « S'il
n'était pas impossible de calculer la multitude mouvante qui obscurcissait les
plaines entières, nous sommes convaincus que vingt mille ne serait pas un
nombre exagéré. » Le Dr James nous dit qu'« au milieu de la journée, on en
voyait des milliers et des milliers affluer de tous côtés vers les mares
stagnantes » ; leurs chemins, comme il nous l'informe ailleurs, sont « aussi
fréquents et presque aussi visibles que les routes des régions les plus peuplées
des États-Unis ».

Ces bêtes sauvages se défendent contre les loups de la manière la plus admirable. Lorsqu'ils entendent approcher leurs ennemis sauvages, ils se forment adroitement en cercle. Les plus faibles sont laissés au milieu, tandis que les plus forts sont à l'extérieur et présentent à leurs ennemis une phalange impénétrable de cornes. La vignette est une illustration de ce sujet.

Des histoires passionnantes sur la chasse au bison, tant américaine qu'africaine, seront présentées dans North American Indians de Catlin et Wild Animals and Sports of Southern Africa de Harris.

LE ZÉBU OU TAUREAU BRAHMIN. (*Bos Indicus.*)

PENNANT décrit le zébu, ou bœuf indien, comme dépassant parfois en taille la plus grande des races européennes, et la bosse sur ses épaules pesant fréquemment cinquante livres. Il existe de nombreuses variétés, avec ou sans cornes, qui diffèrent par la taille de celle mentionnée ci-dessus, jusqu'aux dimensions d' un porc ordinaire. Ils sont répartis dans toute l'Asie du Sud, ainsi qu'en Afrique. Dans tous ces pays, le zébu remplace le bœuf, à la fois comme bête de somme et comme aliment. Les Hindous les traitent avec une grande vénération, et c'est un péché de les priver de la vie ou de manger leur chair. Un certain nombre d'entre eux sont exemptés de tout travail et autorisés à errer et à subsister grâce aux contributions volontaires et pieuses des fidèles de leur foi.

Enhardis par la tolérance dont ils font l'expérience, ils s'adonnent librement à tous les légumes qui leur plaisent, sans que personne n'ose leur résister ou les chasser ; souvent ils se couchent dans la rue ; personne ne doit les déranger : chacun doit céder la place au bœuf sacré de Brahma ; ce sont donc souvent des nuisances que la superstition seule supporterait.

LE MOUTON. (*Ovis Bélier.*)

LE mouton a été soumis si longtemps à l'empire de l'homme qu'on ne sait pas avec certitude de quelle race est issue notre espèce domestique. On suppose cependant qu'il vient du Mouflon, ou Musmon, de Sardaigne et de Crète. Cet animal est l'un des plus utiles qui nous aient jamais été accordés par une généreuse Providence ; et à l'époque patriarcale, le nombre de moutons constituait la richesse des rois et des princes. Il est universellement connu, sa chair étant l'une des principales espèces de nourriture humaine et sa laine étant d'une grande utilité pour les vêtements. Bien que de taille moyenne et bien couvert, il ne vit pas plus de neuf ou dix ans. L'Ève a un ou deux petits à la fois, et le jeune, appelé agneau, a toujours été un emblème d'innocence.

Dans son état domestique, il est trop bien connu pour exiger un détail de ses habitudes particulières ou des méthodes qui ont été adoptées pour améliorer la race. Aucun pays ne produit des moutons plus fins que l'Angleterre, soit avec des toisons plus grosses, soit mieux adaptés au commerce du vêtement. Ceux d'Espagne ont, il est vrai, une laine plus fine, dont nous avons généralement besoin de travailler avec la nôtre, mais le poids d'une toison espagnole est bien inférieur à celui de Lincoln ou de Tees Water. Le mérinos, ou mouton espagnol, a été introduit ces dernières années avec un certain succès dans nos pâturages anglais, et la laine des hybrides, élevés entre le mouton mérinos et le mouton du sud, est considérée comme presque égale à celle de l'Espagne.

Par temps orageux, ces animaux se cachent généralement dans des grottes à l'abri de la fureur des éléments ; mais si de telles retraites ne se trouvent pas, ils se rassemblent et, lors d'une chute de neige, placent leurs têtes l'une près de l'autre, le museau incliné vers le sol. Ils restent quelquefois dans cette situation jusqu'à ce que la faim les oblige à se ronger mutuellement la laine, ce qui forme des boules dures dans l'estomac et les détruit. Mais en général, ils sont recherchés et dégagés peu après la fin de la tempête.

«Le mouton», observe M. Bell, «est l'un des animaux les plus intéressants en ce qui concerne ses relations historiques avec l'homme. Il faisait l'objet des premiers sacrifices, et était utilisé dans son caractère typique comme offrande d'expiation ; et la relation qui existait entre les bergers patriarcaux et leur troupeau était d'une nature si intime et même affectueuse qu'elle avait fait l'objet de nombreux et beaux passages des Saintes Écritures.

LE BÉLIER

C'EST le mouton mâle, et il est si fort et féroce qu'il attaque hardiment un chien et en sort souvent victorieux : il est même connu, indépendamment du danger, pour affronter un taureau ; et son front étant beaucoup plus dur que celui de tout autre animal, il manque rarement de vaincre. Il vient à bout du taureau qui, en baissant la tête, reçoit entre ses yeux le coup du bélier, qui le fait généralement tomber à terre.

LE RAM WALLACHIEN.

LA conformation singulière des cornes qui ornent la tête de cette race de mouton nous a fait insérer dans cet ouvrage une figure de l'animal, quoique ce ne soit qu'une variété de l'espèce commune. Les cornes de l'Éwé sont également tordues, mais moins que celles du Bélier, qui forment, près de la tête, une ligne en spirale. La laine est beaucoup plus longue que celle du mouton commun et ressemble au poil de la chèvre. Un beau bélier de cette espèce a été présenté il y a quelques années aux jardins zoologiques de Regent's Park, par le Dr Bowring. On l'appelle là le mouton parnassien, car il a été amené du mont Parnasse.

sa figure ressemble un peu à un bélier, mais sa laine ressemble plutôt au poil d'une chèvre. Ses cornes sont grandes et recourbées vers l'arrière et sa queue est courte. Il a la taille d'un petit cerf, actif, rapide, sauvage et se rencontre en troupeaux dans les déserts rocheux et secs d'Asie. Sa chair et sa graisse sont délicieuses. Il est également appelé mouton ou chèvre de Sibérie et est considéré par certains comme la souche parentale du mouton domestique.

LA CHÈVRE. (*Capra hircus.*)

LA chèvre, après la vache et le mouton, a toujours été considérée, surtout dans les temps anciens et patriarcaux, comme l'animal domestique le plus utile. Son lait est doux, nourrissant et médicinal, et mieux adapté aux personnes à digestion faible que celui de vache, car il n'est pas si apte à cailler l'estomac. La femelle a généralement deux petits à la fois, appelés chevreaux. Cet animal est admirablement adapté à la vie dans les lieux sauvages ; il se plaît à escalader les précipices et on le voit souvent se reposer en toute sécurité sur les rochers surplombant la mer. La nature l'a en effet, dans une certaine mesure, aménagée pour parcourir ces éminences ; le sabot étant creux en dessous, avec des arêtes vives, de sorte qu'il peut marcher aussi sûrement sur le faîte d'une maison que sur un terrain plat. La chair de la chèvre est rarement consommée ; mais celui du chevreau est estimé comme un aliment très délicat et est fréquemment consommé sur le continent. En Orient, les longs poils doux de la chèvre sont utilisés dans la confection de magnifiques châles en cachemire ; et à partir de la peau on fabrique du cuir de maroquin. La peau du chevreau est bien connue pour son utilisation dans la fabrication de gants.

LE BOUQUET, OU BOQUETIN, (*Capra Ibex* ,)

C'EST une chèvre sauvage qui habite les montagnes pyrénéennes, les Alpes et les plus hautes montagnes de Grèce. Il est d'une rapidité admirable ; sa tête est armée de deux longues cornes nouées, inclinées en arrière ; ses cheveux sont rêches et d'une couleur châtain foncé. Le mâle n'a qu'une barbe et la femelle est plus petite que le mâle. Cet animal saute de rocher en rocher, et souvent, lorsqu'il est poursuivi, il saute du bas d'énormes précipices, et on dit qu'il penche sa tête entre ses pattes antérieures en s'élançant, de manière à amortir sa chute, en se posant en partie sur ses cornes. On sait que le bouquetin se retourne contre le chasseur imprudent et le fait tomber dans le précipice, à moins qu'il n'ait le temps de se coucher et de laisser l'animal passer au-dessus de lui.

L'ANTILOPE. (*Antilope cervicapra.*)

CES beaux habitants des régions tempérées d'Afrique et d'Asie du Sud possèdent une rapidité et une élégance de forme à un degré éminent. Ils sont timides, inoffensifs et grégaires. Les mâles ont des cornes comme celles des boucs et ne les perdent jamais ; ils sont lisses, longs, tordus en spirale et annulés. La couleur générale des cheveux est brune et, chez certaines espèces, d'un beau jaune. Les yeux sont extrêmement brillants et ont souvent été comparés à ceux d'une belle nymphe par les poètes persans et autres. Jouissant d'une parfaite liberté, ils parcourent en troupeaux les déserts d'Arabie et bondissent de rocher en rocher avec une agilité merveilleuse. Leurs pattes longues et minces sont particulièrement adaptées à leurs habitudes et à leur mode de vie, et sont, chez certaines espèces, si minces et cassantes qu'elles se brisent d'un coup très insignifiant. Les Arabes, profitant de cette circonstance, les attrapent en leur lançant des bâtons qui leur brisent les jambes.

LA GAZELLE. (*Antilope Dorcas.*)

« La Gazelle sauvage, sur les collines de Juda,
peut encore bondir en exultant,
et boire à tous les ruisseaux vivants
qui jaillissent sur la terre sainte.
Sa démarche aérienne et son œil glorieux
peuvent jeter un coup d'œil dans un transport indomptable. »- Byron.

La Gazelle est la plus élégante des antilopes. Les poètes arabes ont appliqué leurs meilleures épithètes à la beauté de cet animal, et leurs descriptions ont été adoptées dans notre propre poésie. Byron, parlant des yeux sombres d'une beauté orientale, dit :

"Allez voir ceux de la Gazelle."

Quand le Persan décrit sa maîtresse, elle est « une antilope en beauté », « sa Gazelle emploie toute son âme » ; et ainsi, dans leur langage figuré, beauté parfaite et beauté Gazelle sont synonymes. Ces animaux sont répandus, en troupeaux innombrables, depuis l'Arabie jusqu'au fleuve Sénégal en Afrique. Les lions et les panthères s'en nourrissent ; et l'homme les poursuit avec le chien, le guépard et le faucon. La hauteur de la Gazelle est d'environ vingt pouces, la peau magnifiquement lisse, son corps extrêmement gracieux, sa tête inhabituellement légère, ses oreilles flexibles, ses yeux très brillants et brillants, et ses pattes aussi fines qu'un roseau.

LE CHAMOIS. (*Antilope Rupicapra.*)

LE Chamois mesure environ trois pieds de longueur et deux de hauteur ; ses cornes sont longues de six ou sept pouces, ses oreilles petites et sa tête ressemblant à celle d'une chèvre. Le corps est couvert de longs poils bruns dont la teinte varie selon la saison.

La chair est considérée comme un aliment savoureux et la peau est transformée en un cuir souple et souple, bien connu dans l'économie domestique.

Les chamois ne se trouvent que dans les régions montagneuses d'Europe, où ils se rassemblent sur des falaises et des précipices élevés et presque inaccessibles. Ils sont si intelligents et si timides, que ce n'est qu'avec la plus grande patience et la plus grande habileté que le chasseur peut s'approcher assez près pour les abattre ; et ils sont si rapides et sautent avec une sûreté de pied si extraordinaire, qu'il est impossible de les rattraper.

« ——— ——— ——— Mais les bêtes aussi ont raison.
Et cela nous le savons, nous autres hommes qui chassons les chamois,
ils ne se tournent jamais pour se nourrir, créatures sagaces,
avant d'avoir placé devant eux une sentinelle
qui dresse les oreilles à chaque fois que nous approchons
et donne l'alarme avec un tuyau clair et perçant.
GUILLAUME TELL DE SCHILLER.

LE NYL GHAU, OU BŒUF BLEU. (*Antilope picta.*)

LE NYL GHAU, OU BŒUF BLEU. (*Antilope picta.*)

IL s'agit d'une grande espèce d'antilope que l'on trouve en Inde. A l'état sauvage, ces animaux sont très féroces, mais ils peuvent être domestiqués et, dans cet état, donnent de fréquents témoignages de familiarité et même de gratitude à ceux sous la garde desquels ils sont placés. La femelle, ou biche, est beaucoup plus petite que le mâle et d'une couleur jaunâtre, par laquelle elle se distingue facilement du mâle, qui est d'une teinte grise.

Sa manière de combattre est très particulière et est ainsi décrite : — Deux des mâles, chez Lord Clive, étant mis dans un enclos, furent observés, alors qu'ils étaient à quelque distance l'un de l'autre, se préparer à l'attaque, en tombant. à genoux; ils se traînèrent alors l'un vers l'autre, toujours à genoux ; et, à quelques mètres de distance, ils firent un bond et se précipitèrent l'un contre l'autre avec une grande force.

L'anecdote suivante servira à montrer que ces animaux sont parfois féroces et vicieux, sur lesquels on ne peut pas se fier : — Un travailleur, sans savoir que l'animal était près de lui, monta à l'extérieur de l'enclos ; le Nyl Ghau, avec la rapidité de l'éclair, s'élança contre la boiserie avec une telle violence qu'il la brisa en morceaux et lui cassa une de ses cornes près de la racine. La mort de l'animal peu après serait due à la blessure qu'il avait subie par le coup.

Le Nyl Ghau se cache généralement étroitement dans la jungle, mais la nuit ou tôt le matin, il passe parfois en pleine terre pour se nourrir dans les champs de maïs appartenant aux villages voisins. C'est le moment choisi par les indigènes pour l'attaquer. Une plate-forme est érigée près de l'endroit que le Nyl Ghau est connu pour fréquenter, à partir de laquelle les chasseurs peuvent viser avec précision et sécurité.

LE GNU. (*Antilope Gnu.*)

CET animal très singulier est parfois appelé cheval à cornes ; car il a la forme et la crinière d'un cheval, avec en plus une formidable paire de cornes, une espèce de barbe au-dessous du menton, et une frange de poils au-dessous du corps, le long du sternum. Les Gnus vivent ensemble en troupeaux et, lorsqu'ils sont alarmés, ils lèvent les talons, plongent et se cabrent en remuant la tête et la queue avant de galoper ; ce qu'ils font, tout le troupeau suivant seul son chef, comme une troupe de soldats. Le Gnu habite les déserts sablonneux d'Afrique du Sud ; et sa chair, qui ressemble, dit-on, au bœuf, est quelquefois mangée par les colons près du cap de Bonne-Espérance. Lorsqu'il est attrapé jeune, le Gnu peut être apprivoisé, mais son caractère est toujours incertain, et lorsqu'il est offensé, il se jette à genoux, comme le nyl ghau, puis se redresse et donne un coup furieux avec ses cornes.

LE CERF. (*Cervus Elaphus.*)

CET animal est le mâle du cerf élaphe et est généralement réputé pour sa longue vie, bien que sans autorité certaine. Les naturalistes s'accordent cependant sur ce point, que sa vie peut dépasser quarante ans : mais que son existence, comme on l'a affirmé, s'étend sur trois siècles, est trop absurde pour être cru. Ses cornes sont d'abord très petites, mais augmentent graduellement en taille, à mesure qu'elles tombent et se renouvellent chaque année, jusqu'à ce que le cerf ait accompli sa cinquième année, lorsqu'elles deviennent très grandes et ramifiées, et le restent pendant le reste de sa vie. Le cerf est l'un des cerfs les plus grands et est appelé cerf après avoir terminé sa cinquième année ; la femelle, appelée Biche, est sans cornes. Chaque année, au mois d'avril, lorsque le Cerf a perdu ses cornes, il paraît conscient de sa faiblesse passagère, et se cache jusqu'à ce que les nouvelles aient grandi et se soient endurcies. Cela se produit généralement en une dizaine de semaines, même lorsque le cerf est pleinement développé ; ses cornes pèsent à cet âge entre vingt et trente livres. Il n'est pas nécessaire de parler du plaisir que l'on prend à chasser le cerf, le cerf et le chevreuil, car c'est une affaire bien connue dans ce pays et dans toutes les parties de l'Europe. Le fait suivant, enregistré dans l'histoire, servira à montrer que le Cerf possède une part extraordinaire de courage, lorsqu'il s'agit de sa sécurité personnelle : — Sous le règne de George II, Guillaume, duc de Cumberland, provoqua un tigre et un cerf à enfermer dans la même zone ; et le cerf fit une défense si hardie, que le tigre fut enfin obligé d'abandonner. La chair du cerf est considérée comme une excellente nourriture, et ses cornes sont utiles aux couteliers ; même leurs copeaux servent à fabriquer de l'ammoniaque, si estimée en médecine sous le nom de *hartshorn* . La rapidité du cerf est devenue proverbiale, et la chasse à cette créature a été, pendant des siècles, considérée comme un amusement royal. À l'époque de Guillaume le Rufus et d'Henri Ier, il était moins criminel de détruire un être humain que de détruire un cerf adulte. Cet animal, fatigué par la chasse, se jette souvent dans un étang rempli d'eau ou traverse une rivière ; et, lorsqu'il est attrapé, il verse des larmes comme un enfant.

« À quel endroit un pauvre cerf séquestré,
qui avait été blessé par le chasseur,
est venu languir ; et en effet, monseigneur,
le misérable animal poussa de tels gémissements
que leur décharge étira
presque son manteau de cuir jusqu'à l'éclatement ; et les grosses larmes rondes
se coulaient le long de son nez innocent
dans une pitoyable poursuite.
SHAKESPEARE.

LE WAPITI, (*Cervus Canadensis* ,)

EST originaire du Canada et d'autres régions du nord de l'Amérique, et est l'un des plus gigantesques de la tribu des cerfs, atteignant la hauteur de nos plus grands bœufs et unissant une grande activité à la force du corps et des membres. Ses cornes, qu'il perd chaque année, sont très grandes, se ramifiant en courbes serpentines et mesurant d'une pointe à l'autre plus de six pieds. Ces animaux font un bruit aigu, ressemblant au braiement d'un âne, et sont censés être les plus stupides de l'espèce des cerfs. La chair est grossière et peu estimée, mais on dit que la peau, une fois transformée en cuir, ne durcit pas en séchant après avoir été mouillée, qualité qui lui donne droit à une préférence sur presque toutes les autres espèces. Il y a plusieurs de ces splendides animaux dans la collection de la Société Zoologique, à Regent's Park, où ils continuent de former des objets d'un intérêt et d'une attraction singuliers. Le mâle est cependant très féroce, cherchant toujours à attaquer ceux qui s'approchent de lui ; et à une occasion, il a grièvement blessé l'un des visiteurs des jardins.

LE ROEBUCK, (*Cervus capreolus* ,)

C'EST l'un des plus petits cerfs connus dans ces climats, ne mesurant pas plus de trois pieds de longueur et deux de hauteur, et vit rarement plus de quinze ans. Ses cornes mesurent environ neuf pouces de long, rondes et divisées en trois petites branches, et sa couleur est d'une teinte brune sur le dos, sa face en partie noire et en partie cendrée, la poitrine et le ventre jaunes et la croupe blanche ; sa queue est courte. Le chevreuil est plus gracieux, plus actif, plus rusé et comparativement plus rapide que le cerf ; sa chair est très estimée. Il est très délicat dans le choix de sa nourriture et a besoin d'une plus grande étendue de pays, adaptée à la sauvagerie de sa nature, qui ne peut jamais être complètement maîtrisée. Aucun art ne peut lui apprendre à se familiariser avec son gardien, ni à aucun degré qui lui soit attaché. Ces animaux sont facilement terrifiés ; et dans leurs tentatives de s'échapper, ils se précipiteront avec tant de force contre les murs de leur enceinte, qu'ils se mettront parfois hors de combat : ils sont aussi sujets à des accès de férocité capricieuses ; et, dans ces occasions, ils frapperont furieusement avec leurs cornes et leurs pieds l'objet de leur aversion. Les seules régions de Grande-Bretagne où on les trouve aujourd'hui sont les Highlands d'Écosse.

LE DAIM. (*Cervus dame.*)

CE sont les cerfs désormais habituellement gardés dans nos parcs. On dit que les espèces magnifiquement tachetées ont été importées du Bengale et les espèces brunes très foncées de Norvège par le roi Jacques Ier. Leurs cornes sont larges et plates ; le mâle s'appelle un chevreuil, la femelle une biche et le jeune un faon. Le cerf jette ses cornes chaque printemps, et leur taille augmente chaque année jusqu'à ce qu'il atteigne sa cinquième année. La venaison de ce cerf est de beaucoup supérieure à celle du cerf élaphe, qui est grossière et coriace. La peau de daim et la peau de biche sont bien connues, comme fournissant un cuir particulièrement doux et chaud, qui est utilisé pour les gants, les guêtres, etc. Les cornes sont utilisées pour les manches de couteaux, etc., comme ceux du cerf ; et les déchets sont, de la même manière, utilisés dans la fabrication de l'ammoniaque. Le cerf mesure environ trois pieds de haut et mesure environ cinq pieds de longueur ; la biche est un peu plus petite. La queue est beaucoup plus longue que celle du cerf ou du chevreuil, mesurant près de sept pouces et demi de long.

L'élan, (*Cervus Alces* ,)

EST le plus grand de tous les cerfs. Les bois, d'abord simples, puis divisés en lamelles étroites, prennent dès la cinquième année la forme d'une lame triangulaire, dentée sur le bord externe et très épaisse à la base ; ils augmentent avec l'âge, jusqu'à peser cinquante ou soixante livres et ont quatorze branches à chaque corne. L'élan vit dans les forêts, se nourrissant de branches et de pousses d'arbres, et habite l'Europe, l'Asie et l'Amérique ; dans ce dernier pays, il est connu sous le nom de Moose Deer. Il y a très peu de différence entre l'élan européen et l'élan américain, bien qu'ils soient plus grands dans le Nouveau Monde que chez nous, peut-être à cause des vastes forêts dans lesquelles ils évoluent. Mais partout ils sont craintifs et doux ; satisfaits de leur pâturage et ne voulant jamais déranger aucun autre animal. L'allure de l'élan est un trot élevé et traînant, mais il court avec une grande rapidité. On se servait autrefois de ces animaux en Suède pour tirer des traîneaux, mais leur rapidité donnait aux criminels de tels moyens d'évasion, que cet emploi était interdit sous de lourdes peines. La femelle est plus petite que le mâle et n'a pas de cornes.

LE CERF DE RENNE, (*Cervus Tarandus* , ou *Rangifer Tarandus* ,)

ON LE trouve dans la plupart des régions du nord de l'Europe, de l'Asie et de l'Amérique, et sa hauteur générale est d'environ quatre pieds et demi. La couleur est brune dessus et blanche dessous ; mais à mesure que l'animal avance en âge, il devient souvent d'un blanc grisâtre. Les sabots sont longs, grands et noirs. Les deux sexes sont munis de cornes, mais celles du mâle sont de loin les plus grandes. Chez les Lapons, cet animal remplace le cheval, la vache, la chèvre et le mouton ; c'est leur seule richesse. Le lait leur donne du fromage ; la chair, la nourriture ; la peau, les vêtements ; à partir des tendons, ils fabriquent des cordes d'arc et, une fois fendues, des fils ; des cornes, de la colle ; et des os, des cuillères. Pendant l'hiver, le renne supplée au besoin d'un cheval et tire des traîneaux avec une rapidité étonnante sur les lacs et les rivières gelés, ou sur la neige qui recouvre alors tout le pays. Innombrables sont les usages, les conforts et les avantages que les pauvres habitants de ce triste climat tirent de cet animal. On ne peut mieux les résumer que dans la belle langue du poète :

« Leurs rennes constituent leur richesse. Ce sont leurs tentes,
leurs robes, leurs lits et toutes leurs richesses familiales
, leur nourriture saine et leurs coupes joyeuses :
obséquieuses à leur appel, la tribu docile
Cède au traîneau leurs cous et les fait tournoyer rapidement
par-dessus les collines et les vallées. , entassé dans une étendue
de neige marbrée, à perte de vue,
avec une crête bleue de glace vitrée sans limites.

Le mode de chasse au renne sauvage pratiqué par les Lapons, les Esquimaux et les Indiens de l'Amérique du Nord a été décrit avec précision par les derniers voyageurs. Le capitaine Franklin donne le récit intéressant suivant sur la manière suivie par les Indiens Dog-rib pour tuer ces animaux. « Les chasseurs vont par deux, le premier portant dans une main les cornes et une partie de la peau de la tête d'un cerf, et dans l'autre un petit fagot de brindilles, contre lequel il frotte de temps en temps les cornes. , imitant les gestes propres à l'animal. Son camarade le suit, marchant exactement sur ses traces, et tenant les fusils des deux en position horizontale, de manière que les canons dépassent sous les bras de celui qui porte la tête. Les deux chasseurs ont un filet de peau blanche autour du front, et le premier en a une bande autour des poignets. Ils s'approchent du troupeau par degrés, levant leurs pattes très lentement, mais les posant un peu brusquement, à la manière d'un cerf, et ayant toujours soin de lever simultanément leur pied droit ou gauche. Si quelqu'un du troupeau arrête de s'alimenter pour contempler ce phénomène extraordinaire, il s'arrête instantanément, et la tête commence à jouer son rôle, en se léchant les épaules et en exécutant d'autres mouvements nécessaires. Les chasseurs atteignent ainsi le centre même du troupeau sans éveiller de soupçons et ont le loisir de distinguer les plus gras. L'homme le plus en arrière pousse alors le fusil de son camarade, la tête tombe, et tous deux tirent presque au même instant. Les cerfs s'enfuient, les chasseurs trottent après eux ; peu de temps après, les pauvres animaux s'arrêtent pour vérifier la cause de leur terreur ; leurs ennemis s'arrêtent au même moment, et après avoir chargé pendant qu'ils couraient, saluent les spectateurs avec une seconde décharge mortelle. La consternation du Cerf augmente ; ils courent çà et là dans la plus grande confusion ; et parfois une grande partie du troupeau est détruite dans l'espace de quelques centaines de mètres.

L'AXE. (*Axe du Cervus.*)

UNE TRÈS belle espèce de cerf, d'une couleur rouge clair, bien que quelques-unes soient d'un rouge plus foncé. Il a à peu près la taille d'un daim et est souvent panaché de belles taches d'un blanc éclatant. Les cornes sont fines et triples. L'Axe est une créature timide et inoffensive, plus décorative pour le paysage, où elle sautille et joue à l'état sauvage, qu'utile à l'homme. Il est extrêmement docile et possède un odorat à un degré exquis. Bien qu'il soit originaire des rives du Gange, il semble supporter sans dommage les climats de l'Europe.

LE CERF porte-musc. (*Moschus moschiferus.*)

C'EST une petite espèce de Cerf, tout à fait dépourvue de cornes, qui vit dans les vastes plaines de l'Asie centrale. Il se distingue par la possession d'une paire de canines ou de défenses dans la mâchoire supérieure ; et ces dents, qu'on ne trouve pas chez les ruminants en général, sont si longues chez le cerf porte-musc qu'elles dépassent des côtés de la bouche et descendent au-dessous du menton. Le cerf porte-musc est extrêmement actif et saute à une hauteur étonnante. Le mâle est remarquable par la possession d'une poche de la taille d'un œuf, près du nombril ; celui-ci contient une matière brune, huileuse, d'une odeur des plus puissantes, qui est le parfum bien connu appelé *musc*, si hautement estimé parmi les nations orientales.

LA GIRAFE OU CAMELOPARD.

(*Camelopardalis Giraffa.*)

CE ruminant très remarquable, qui dans sa structure générale se rapproche presque du cerf, a également des points d'affinité avec les antilopes et les chameaux, en plus de particularités très frappantes qui lui sont propres.

La tête est la plus belle partie de l'animal : elle est petite et les yeux sont grands, brillants et très pleins. Entre les yeux et au-dessus du nez se trouve un gonflement très saillant et bien défini. Cette proéminence n'est pas une excroissance charnue, mais un élargissement de la substance osseuse ; et il semble être semblable aux deux petites bosses, ou cornes, dont le sommet de la tête est armé, et qui, mesurant plusieurs pouces de longueur, jaillissent de chaque côté de la tête, juste au-dessus des oreilles, et se terminent par par une épaisse touffe de poils raides et dressés. Le cou est remarquablement allongé et il est muni d'une crinière très courte et raide, qui se détache de la peau. On dit que la hauteur d'une girafe adulte à l'état sauvage est de dix-sept ou dix-huit pieds, depuis les sabots jusqu'au bout des oreilles ; mais aucun de ceux d'Angleterre ne dépasse quatorze pieds. À première vue, les pattes antérieures paraissent beaucoup plus longues que les pattes postérieures ; mais le fait est que les jambes sont de même longueur, et c'est seulement la hauteur du garrot qui occasionne cette disproportion apparente. Le Vaillant fut le premier naturaliste averti qui étudia les mœurs de la girafe à l'état sauvage. « Si, dit-il, parmi les quadrupèdes connus, la préséance est accordée à la hauteur, la girafe doit sans aucun doute tenir le premier rang. Un mâle que j'ai dans ma collection mesura, après l'avoir tué, seize pieds quatre pouces du sabot jusqu'à l'extrémité de ses cornes. J'utilise cette expression pour être compris ; car la girafe n'a pas de vraies cornes ; mais entre ses oreilles, à l'extrémité supérieure de la tête, s'élèvent dans une direction perpendiculaire et parallèle deux excroissances du crâne, qui, sans aucune articulation, s'étendent jusqu'à la hauteur de huit ou neuf pouces, se terminant par un bouton convexe, et sont entourées d'une rangée de cheveux raides et forts, qui les surmonte de plusieurs lignes. La femelle est généralement plus basse que le mâle... En raison du nombre de ces animaux que j'ai tués ou que j'ai eu l'occasion de voir, je peux établir comme une certaine règle que les mâles mesurent généralement quinze ou seize pieds, et les femelles de treize à quatorze pieds. La couleur de la girafe est un fauve clair, marquée de taches seulement quelques nuances plus foncées. Les jambes sont très fines ; et, malgré la longueur de son cou, il se montre très difficile à prendre quoi que ce soit à terre. Pour ce faire, il tend d'abord un pied, puis l'autre ; répéter le même processus plusieurs fois ; et ce n'est qu'après plusieurs de ces expériences qu'il baisse enfin le cou et applique ses lèvres et sa langue sur l'objet en question. En effet, le cou de la girafe, bien que très long, n'est pas très flexible, car il ne contient que le même nombre de vertèbres ou d'articulations (sept) que l'on trouve chez d'autres quadrupèdes au cou beaucoup plus court ; il est admirablement adapté pour permettre à l'animal de brouter les branches des arbres, mais n'est pas destiné à le rendre apte au pâturage. Il accepte volontiers les fruits et les branches d'un arbre lorsqu'on lui offre ; et saisit le feuillage d'une manière des plus singulières, en tirant une langue longue, rougeâtre et très étroite, qu'il enroule autour de tout ce qu'il veut saisir. En effet, la langue est un organe des plus remarquables chez cet animal, et nous avons été témoins avec elle de quelques exploits amusants. Dans les jardins zoologiques de Regent's Park, plus d'une belle dame s'est fait voler les fleurs artificielles qui ornaient son bonnet, par la langue agile et voleuse du rare objet de son admiration.

La girafe est originaire d'Afrique ; et elle ne fut longtemps connue que par les descriptions des voyageurs. Il fut envoyé pour la première fois en Europe en 1829 ; mais depuis lors, beaucoup ont été introduits, et plusieurs jeunes sont nés dans les jardins zoologiques de Regent's Park.

Le Vaillant, dans son divertissant Voyages en Afrique, raconte avec animation une chasse aux girafes : « Après plusieurs heures de fatigue, nous découvrîmes, au détour d'une colline, sept girafes, que ma meute poursuivit aussitôt. Six d'entre eux sont partis ensemble ; mais le septième, coupé par mes chiens, prit un autre chemin. Je le suivis à toute vitesse, mais, malgré les efforts de mon cheval, il me devança tellement qu'en tournant une petite colline, je le perdis complètement de vue. Mes chiens, cependant, n'étaient pas si facilement mis à l'écart. Ils furent bientôt si près d'elle, qu'elle fut obligée de s'arrêter pour se défendre. De l'endroit où j'étais, je les entendais parler de toutes leurs forces ; et comme leurs voix semblaient toutes venir du même endroit, je supposai qu'ils avaient mis l'animal dans un coin, et je poussa de nouveau en avant. A peine avais-je contourné la colline, que je l'aperçus entourée des chiens et essayant de les chasser à grands coups de pied. En un instant, je fus sur pied, et un coup de carabine la fit tomber à terre. Enchanté de ma victoire, je reviens appeler mes gens autour de moi, pour qu'ils m'aident à écorcher et à découper l'animal. A mon retour, je la trouvai debout sous un grand ébène, assaillie par mes chiens. Elle était arrivée à cet endroit en chancelant et est tombée morte au moment où j'allais tirer une seconde fois.

Les cornes de la girafe, si petites soient-elles et recouvertes de peau et de poils, ne sont en aucun cas les armes insignifiantes qu'elles paraissent. Nous les avons vus brandis par les mâles les uns contre les autres avec une force effrayante et imprudente ; et nous savons que ce sont les bras naturels de la girafe, les plus redoutés par le gardien des girafes actuellement vivantes dans les jardins zoologiques, parce qu'ils sont le plus souvent et soudainement utilisés. La girafe ne donne pas de coups en abaissant et en élevant brusquement la tête, comme le cerf, le bœuf ou le mouton ; mais il frappe les extrémités calleuses et obtuses des cornes contre l'objet de son attaque, d'un coup latéral du cou.

La girafe a une manière de trotter particulièrement maladroite, car elle bouge les deux pattes d'un côté en même temps. Au galop, la girafe écarte largement ses pattes postérieures, et à chaque foulée les avance très en avant de chaque côté des pattes antérieures ; de cette manière, l'animal progresse rapidement, quoique son aspect soit assez extraordinaire, et les pierres projetées en arrière par la force des pattes postérieures aident souvent à le protéger lorsqu'il est poursuivi de près. La girafe femelle du Regent's Park était une très mauvaise mère pour son premier petit, car elle ne le laissait pas téter et le repoussait à chaque fois qu'il approchait. La pauvre bête fut nourrie avec du lait de vache, mais elle mourut bientôt. Les jeunes plus tardifs ont été traités avec plus de bienveillance et ont par conséquent bien prospéré.

LE CHAMEAU DE BACTRIEN. (*Camélus Bactriane.*)

« Dans une horreur silencieuse, au-dessus du désert sans limites,
le conducteur Hassan avec ses chameaux passa :
il portait une cruche d'eau sur le dos,
et son sac léger contenait une maigre réserve :
un éventail de plumes peintes à la main,
pour garder son visage ombragé par le sable brûlant ;
Le soleil étouffant avait gagné le ciel moyen,
et pas un arbre, pas une herbe n'était proche :

les bêtes poursuivent avec douleur leur chemin poussiéreux,
les vents rugissaient stridents, et la vue était morne !
COLLINS.

LE CHAMEAU DE BACTRIANE est originaire des déserts d'Asie et est généralement de couleur brune ou cendrée. Sa taille est d'environ six pieds. C'est l'un des quadrupèdes les plus utiles des pays orientaux ; sa docilité et sa force, son endurance à la faim et à la soif, et sa rapidité, en font une acquisition des plus précieuses pour les habitants de ces lieux déserts. Les principales caractéristiques du chameau sont les suivantes : il a deux touffes larges et dures sur le dos et est dépourvu de cornes ; la lèvre supérieure est divisée comme celle du lièvre ; et les sabots sont petits et placés à l'extrémité de deux longs orteils, qui sont unis en dessous par une semelle en forme de coussinet. Mais la caractéristique particulière et distinctive du chameau est sa faculté de s'abstenir de l'eau pendant une période de temps plus longue que celle de tout autre animal ; pour lequel la nature a fait une merveilleuse provision, en adaptant la surface de l'un des quatre estomacs, qu'elle a en commun avec tous les animaux ruminants, pour servir de réservoir à l'eau, où elle reste sans se corrompre ni se mélanger aux autres aliments. Grâce à cette structure singulière, il peut prendre une prodigieuse quantité d'eau d'un seul coup, et peut passer jusqu'à quinze jours sans boire de nouveau. Mais outre ce réservoir d'eau, on dit que l'animal, en cas d'urgence, tire sa subsistance des bosses de son dos, qui sont constituées d'une substance grasse : ainsi, après une longue privation, elles sont absorbées. Un gros chameau est capable de transporter dix ou même douze quintaux et, comme l'éléphant, il est apprivoisé et maniable ; mais, comme lui, il a ses accès de rage périodiques, et on lui voit alors prendre un homme entre ses dents, le jeter à terre et le piétiner sous ses pieds. Comme le cheval, il donne la sécurité à son cavalier ; et, comme la vache, il fournit à son propriétaire de la viande pour sa table, et à la femelle du lait pour sa boisson. La chair du jeune chameau est considérée comme un mets délicat, et le lait de la femelle, dilué dans l'eau, est la boisson commune des Arabes. Le poil ou la toison, qui tombe entièrement au printemps, est supérieur à celui de tout autre animal domestique, et est transformé en étoffes très fines pour les vêtements, les couvertures, les tentes et autres meubles. La femelle reste un an avec ses petits et n'en produit qu'un à la fois. Le Chameau s'agenouille pour recevoir son fardeau, et on dit qu'il refuse de se relever si son maître lui impose un poids au-dessus de ses forces. Il a des callosités aux genoux et à la poitrine, qui l'empêchent de se blesser en s'agenouillant pour prendre sa charge ; et dort les genoux pliés sous lui et la poitrine sur le sol. Il arrive à maturité au bout de cinq ans environ, et la durée de sa vie est de quarante à cinquante ans.

LE CHAMEAU ARABE OU DROMADAIRE.

(*Camélus Dromédaire.*)

UNE AUTRE espèce de chameau, de moindre stature que la première, mais beaucoup plus rapide, et n'ayant qu'un seul paquet dur sur le dos, est domestiquée dans toute l'Afrique ainsi qu'en Asie. On dit qu'un dromadaire peut parcourir cent milles par jour et transporter quinze quintaux. Des tentatives ont été faites pour introduire le chameau et le dromadaire dans nos îles des Antilles, mais elles n'ont pas réussi ; ils ont cependant été relativement naturalisés près de Pise en Italie. Les chameaux utilisés comme bêtes de somme en Egypte sont tous des dromadaires ; et la première expérience qu'un Européen fait en montant sur un animal est généralement peu dangereuse, à cause de la particularité du mouvement de l'animal en se levant. Denon, le voyageur français, a décrit cela avec sa vivacité habituelle : « Lors de l'invasion française de l'Egypte, une partie de la division Dessaix, à laquelle était attaché le voyageur scientifique, fut envoyée avec des chameaux dans un poste éloigné à travers le désert. Le chameau, si lent qu'il soit généralement dans ses actions, lève très vivement ses pattes postérieures au moment où le cavalier est en selle ; l'homme est ainsi projeté en avant ; un mouvement semblable des pattes antérieures le rejette en arrière ; chaque mouvement est répété ; et ce n'est qu'au quatrième mouvement, lorsque le dromadaire est bien debout, que le cavalier peut retrouver son équilibre. Aucun de nous ne pouvait résister à la première impulsion, et donc personne ne pouvait se moquer de ses compagnons. Macfarlane, dans son ouvrage sur Constantinople, nous raconte que lors de sa première aventure à dos de chameau, il était si mal préparé à l'effet probable de la montée de la créature par derrière, qu'il fut jeté par-dessus sa tête, au grand amusement des Turcs, qui riaient de bon cœur. son inexpérience.

Bien que le nom de dromadaire soit très généralement appliqué à tous les chameaux à une bosse, à la fois dans le langage courant et dans les livres d'histoire naturelle, on dit que le vrai dromadaire (*El Hérie*) est simplement un chameau particulièrement rapide. Le nom de Dromadaire, en effet, semble être appliqué en Orient à tous les chameaux de race supérieure, dont les Arabes conservent la généalogie avec autant de soin que celle de leurs chevaux.

Possédant une force et une activité surpassant celles de la plupart des bêtes de somme, docile, patient face à la faim et à la soif, et se contentant de petites quantités de la nourriture la plus grossière, le chameau est l'un des dons les plus précieux de la Providence. Rien, cependant, dans l'apparence extérieure de l'animal, n'indique l'existence d'une quelconque de ses excellentes qualités. Dans sa forme et dans ses proportions, il est très opposé à nos idées habituelles de perfection et de beauté. Un corps corpulent, ayant le dos défiguré par une grosse bosse ; membres longs, minces et apparemment trop faibles pour soutenir le tronc ; un cou long, maigre et tordu, surmonté d'une tête lourdement proportionnée, sont tous peu propres à produire des impressions favorables. Néanmoins, il n'y a pas de créature plus parfaitement adaptée à sa situation, ni chez laquelle plus de sagesse créatrice se manifeste dans les particularités de son organisation. Pour les Arabes et autres vagabonds du désert, le chameau est à la fois richesse, subsistance et protection.

LE LAMA, OU CHAMEAU D'AMÉRIQUE,

(*Auchenia glama* ,)

C'EST une créature douce et craintive, ne dépassant pas quatre pieds et demi de hauteur et généralement de couleur brune. Sa forme ressemble généralement au chameau ; mais, au lieu d'une protubérance sur le dos, il en a une sur la poitrine. Les lamas sont utilisés comme bêtes de somme par les Sud-Américains, et sont si capricieusement vindicatifs, que, si leurs conducteurs les heurtent, ils s'accroupissent aussitôt, et seules des caresses peuvent les faire se relever. On les a vus se suicider en se cognant la tête contre le sol dans leur rage, alors que des coups les poussaient en avant contre leur gré. Ils expriment leur colère en crachant sur leur adversaire. Les *alpagas* sont beaucoup plus petits que les lamas et de couleurs différentes dans un État national. Ils sont utilisés aux mêmes fins et diffèrent peu par leurs habitudes et leur nature. La laine de ces deux animaux est utilisée à plusieurs fins, et est un ingrédient principal dans la composition des chapeaux dans plusieurs parties du nouveau et de l'ancien continent ; et la chair des jeunes lamas est, dans leur pays natal, considérée comme un mets très délicat, et est aussi bonne que celle du gros mouton de Castille. Au Pérou, où se trouvent ces animaux, il y a une pagaille publique pour la vente de leur chair.

§ IX.— *Quadrumana ou animaux à quatre mains.*

L'OURANG OUTAN. (*Simia satyrus.*)

LES ANIMAUX de la tribu des Singes sont munis de mains au lieu de pattes ; leurs oreilles, leurs yeux, leurs paupières, leurs lèvres et leurs seins ressemblent à ceux de l'espèce humaine. Pour une plus grande facilité de description, les animaux de cette vaste tribu sont généralement classés en trois divisions : singes, babouins et singes. Les singes sont dépourvus de queue, et le chef de cette espèce est l'Ourang Outan, ou homme sauvage des bois : on le trouve dans les forêts de Bornéo et de Sumatra. C'est un animal solitaire et évite l'humanité. On dit que les plus grands mesurent six pieds de haut, sont très actifs, forts et intrépides, capables de vaincre l'homme le plus fort ; ils sont également extrêmement rapides et ne peuvent pas être facilement pris vivants. Cependant, lorsqu'il est jeune, l'Ourang Outan est capable d'être apprivoisé : l'un d'eux, présenté à Londres il y a quelques années, a appris à s'asseoir à table, à se servir d'une cuillère ou d'une fourchette pour manger et à boire du vin dans un verre. Il était doux et affectueux, très attaché à son gardien et obéissant à ses ordres.

LE CHIMPANZÉ.

(*Simia Troglodytes* , ou *Troglodytes niger* .)

CE singe, habitant des grandes forêts d'Afrique occidentale, est généralement considéré comme celui qui se rapproche le plus de l'espèce humaine dans sa conformation. Une fois adulte, il mesure environ cinq pieds de hauteur, debout, mais c'est une posture qu'il ne préfère pas naturellement, et lorsqu'il est au sol, il marche habituellement à quatre pattes, en appliquant l'extérieur de ses pattes postérieures et les jointures. de ses membres antérieurs vers la terre. Sa peau est vêtue de longs poils grossiers, noirs ou brun foncé, qui deviennent rares sur la face inférieure du corps et sur les membres ; le visage est nu et couleur de chair, et de chaque côté pend un grand buisson de cheveux longs comme une moustache. Le chimpanzé vit dans les arbres, sur les branches desquels il est très actif, et il a assez d'intelligence pour se construire une sorte de cabane de branches, ordinairement à environ trente ou quarante pieds du sol. Sa nourriture se compose principalement de fruits, et on dit qu'il fuit la présence de l'homme.

De jeunes chimpanzés ont été fréquemment amenés dans ce pays et dans d'autres pays européens, et plusieurs d'entre eux ont été exposés dans nos jardins zoologiques. Ils sont généralement doux et plutôt mélancoliques dans leur comportement, et montrent souvent beaucoup d'affection pour ceux qui en ont la charge. A propos d'un spécimen exposé en France de son temps, Buffon fait le récit intéressant suivant : « J'ai vu cet animal, dit-il, présenter la main pour conduire ses visiteurs, ou se promener avec eux gravement comme s'il appartenait au entreprise. Je l'ai vu s'asseoir à table, déplier sa serviette et s'essuyer les lèvres, utiliser sa cuillère et sa fourchette pour porter sa nourriture à sa bouche, verser sa boisson dans un verre et toucher des verres lorsqu'il est invité ; apportez une tasse et une soucoupe à table, mettez-y du sucre, versez son thé et laissez-le refroidir avant de le boire ; et tout cela sans autre incitation que les signes et les paroles de son maître, et souvent de son propre chef. Buffon ajoute qu'il avait un goût que partagent sans doute certains de nos jeunes lecteurs : « Il aimait excessivement les dragées. »

LE GORILLE. (*Gorille Troglodytes.* **)**

CE singe merveilleux, qui a récemment été découvert dans la même région habitée par le chimpanzé, semble, à certains égards, posséder une ressemblance encore plus grande avec notre propre espèce. On dit qu'il atteint une hauteur de sept pieds, mais les plus gros spécimens obtenus jusqu'à présent mesuraient plutôt moins de six pieds de haut. Certains voyageurs disent que le gorille marche debout, les mains posées sur la nuque, mais l'état de ses jointures montre qu'il marche habituellement, comme le chimpanzé, à quatre pattes. Sa peau est couverte de poils courts et grisonnants et la peau nue de son visage et de ses mains est noire. Le Gorille est très redouté des nègres qui doivent traverser les forêts qu'il fréquente pour chasser l'Éléphant ; ce n'est pas à cause de ses dents, quoiqu'elles soient suffisamment redoutables, mais à cause de la force énorme de ses mains, avec lesquelles il peut étrangler un homme en un instant, et on dit même que les vieux mâles ne manquent jamais une occasion de jouer. cette opération. On dit même que lorsqu'un groupe de chasseurs traverse la forêt, l'un d'entre eux disparaît parfois tout à coup, étant rattrapé par un gorille tapi sur les branches basses d'un arbre ; le monstre étrangle rapidement sa victime puis laisse tomber le corps.

LE MAGOT, OU SINGE DE BARBARIE, (*Inuus sylvanus* ,)

C'EST une espèce de singe totalement dépourvue de queue, qui habite les régions septentrionales de l'Afrique et que l'on trouve également sur le rocher de Gibraltar. Caubasson raconte une anecdote risible d'un de ces animaux, qu'il élevait apprivoisé, et qui s'attachait tellement à lui qu'il désirait l'accompagner partout où il allait : quand donc il devait accomplir le service divin, il était sous la nécessité de le faire taire. Un jour cependant, l'animal s'échappa et suivit le père à l'église, où, montant silencieusement sur la table d'harmonie, au-dessus de la chaire, il resta parfaitement tranquille jusqu'au début du sermon. Il se glissa alors jusqu'au bord et, dominant le prédicateur, imita ses gestes d'une manière si grotesque, que toute l'assistance fut secouée de rire. Caubasson, surpris et mécontent de cette légèreté intempestive, reprocha à ses auditeurs leur inattention ; et devant l'échec évident de ses reproches, il redoubla, dans la chaleur du zèle, ses gesticulations et ses vociférations. Le Singe les imita si exactement que tout respect pour leur pasteur fut englouti dans la scène devant eux, et ils éclatèrent d'un rire bruyant et continu. Un ami du prédicateur s'approcha enfin de lui ; et en percevant la cause de cette hilarité, ce fut avec la plus grande difficulté qu'il parvint à prendre un visage sérieux pendant qu'il ordonnait d'emmener le singe.

LE BABOUIN. (*Cynocéphale.*)

GENRE de Quadrumana, qui comprend une race nombreuse, féroce et redoutable d'animaux qui, bien qu'ils participent dans une légère mesure à la conformation humaine, comme l'Ourang Outan, etc., sont dans leurs dispositions et leurs habitudes à l'opposé même de la conformation humaine. douceur et docilité. Les Babouins sont les plus laids de tous les Quadrumana. Leurs yeux sont petits et enfoncés sous les sourcils. Leur front est bas et le développement du museau et de la face est extrêmement disproportionné par rapport à la taille du crâne. Leur grande force et leur caractère féroce les rendent très redoutés dans les pays qu'ils habitent. Les babouins diffèrent des singes d'une part et des singes d'autre part par leur queue courte.

Le *babouin commun* est de couleur sable, avec une teinte rougeâtre sur les épaules, la tête et le dos. Il est joueur et de bonne humeur lorsqu'il est jeune, mais devient morose et sauvage avec l'âge. Buffon décrit ainsi un spécimen adulte qu'il a vu : « Ce n'était pas tout à fait hideux, et pourtant il provoquait l'horreur. Il semblait toujours dans un état de férocité sauvage, grinçant des dents, perpétuellement agité et agité par une fureur non provoquée. C'était un animal robuste, dont les membres nerveux et la forme comprimée indiquaient une grande force et agilité ; et, bien que la longueur et l'épaisseur de son pelage hirsute le faisaient paraître beaucoup plus grand qu'il ne l'était en réalité, il était si fort et si actif qu'il aurait facilement pu repousser les attaques de plusieurs hommes non armés.

Le *babouin du Cap* , ou *Chacura* (*Cynocephalus porcarius*), est aussi gros qu'un grand dogue, couvert de poils de couleur noir olive sur le dos et de poils plus clairs en dessous. Il a un visage canin ; le museau ressemble à celui d'un porc et les ongles sont plats, mais pointus et très forts. On dit qu'il suit les chèvres et les brebis pour boire leur lait ; il partage la dextérité humaine pour extraire les noyaux des noix et aime être couvert de vêtements ; il se tient debout et imite avec aisance bien des actions humaines. La ruse de ces animaux est bien illustrée dans leur mode de pillage. Ils forment de longues lignes, s'étendant de leur retraite jusqu'à l'objet en vue, puis jettent le produit de leur vol de main en main jusqu'à ce qu'il soit en sécurité.

Le *Mandrill* est la plus grande espèce de babouin, mesurant près de cinq pieds de haut lorsqu'il se tient debout. Il se distingue des autres babouins par une grande protubérance sur chaque joue, marquée de nombreuses rayures rouges, bleues et violettes.

« Ceux qu'on a observés dans un État domestique sont généralement remarqués comme ayant un goût prononcé pour les liqueurs fermentées et spiritueuses. Un individu remarquablement bien, qui fut longtemps gardé à Exeter Change, puis aux jardins zoologiques de Surrey, buvait quotidiennement son pot de porter et l'appréciait évidemment ; c'était un spectacle des plus amusants de le voir assis dans son petit fauteuil, avec son pot à côté de lui, et fumant sa petite pipe avec toute la gravité et la persévérance d'un Hollandais. A l'état de nature, sa grande force et son caractère malveillant font du Mandrill un animal véritablement redoutable. Comme ils marchent généralement en grandes bandes, ils se révèlent plus que de taille face aux autres habitants de la forêt. Les habitants eux-mêmes ont peur de traverser les bois, sauf en grandes compagnies et bien armés.

LA PROBOSCIS.   LE SINGE DIANA.
(*Nasalis larvatus.*) (*Cercopithèque Diane.*)

LE SINGE PROBOSCIS est ainsi appelé à cause de son long nez saillant et disproportionné ; c'est un habitant de l'île de Bornéo, où il vit en troupes sur les arbres au voisinage de ses rivières. C'est d'un caractère sauvage. Le singe Diana doit son nom à la déesse de ce nom, en raison du croissant de cheveux blancs qui orne son front. Il est très joueur et un des plus gracieux de la tribu ; on le trouve dans les régions les plus chaudes d'Afrique. Les singes sont de moindre taille et plus nombreux que les singes et les babouins. Ils vivent presque entièrement dans les arbres. Leur nourriture naturelle est composée de légumes, de fruits de toutes sortes, de maïs et même d'herbe ; mais une fois domestiqués, ils apprennent à manger presque tout ce qui est servi sur nos tables.

Il y a peu de personnes qui ne connaissent pas les divers mimétismes de ces animaux et leurs capricieuses activités. Les anecdotes de ce genre sont très nombreuses ; nous nous contenterons de donner ce qui suit : — Le capitaine Stedman, alors qu'il chassait dans les bois du Surinam pour se ravitailler, dit qu'il a tiré sur deux de ces animaux, mais que la destruction de l'un d'eux a été accompagnée de circonstances telles qu'elles ont toujours eu lieu. ensuite, dissuadez-le d'aller à la chasse aux singes. « M'apercevant presque au bord de la rivière, dans le canot, dit-il, la créature s'arrêta de sauter après ses compagnons, et, étant perchée sur une branche qui surplombait l'eau, m'examina avec les plus fortes marques d'émotion. curiosité; tandis qu'il bavardait prodigieusement et secouait les branches sur lesquelles il reposait avec une force et une agilité incroyables. A ce moment, je posai mon morceau sur mon épaule et le descendis de l'arbre : mais puissé-je ne plus jamais être témoin d'une pareille scène ! Le misérable animal n'était pas mort, mais mortellement blessé. Je l'ai saisi par la queue, et le prenant à deux mains, pour mettre fin à son tourment, je l'ai fait pivoter et je lui ai cogné la tête contre le flanc du canot ; mais la pauvre créature continuait à vivre et me regardait de la manière la plus touchante qu'on puisse concevoir. Je ne connaissais donc pas d'autre moyen de mettre fin à son meurtre que de le maintenir sous l'eau jusqu'à ce qu'il se noie : mais même en faisant cela, mon cœur se sentait malade ; car ses petits yeux mourants continuaient à me suivre avec un reproche apparent, jusqu'à ce que leur lumière les abandonne peu à peu et que le misérable animal expire.

La manière dont certains membres de la tribu des singes capturent les coquillages est remarquablement révélatrice de leur ruse et de leur ingéniosité. Les huîtres des climats tropicaux étant plus grosses que les nôtres, les singes, lorsqu'ils arrivent au bord de la mer, ramassent des pierres et les enfoncent entre les coquilles qui s'ouvrent, qui étant ainsi empêchées de se fermer, les animaux rusés mangent le poisson à leur guise. facilité. Pour attirer les crabes, ils mettent leur queue devant les trous dans lesquels ils se sont réfugiés ; et lorsque les créatures ont accroché le leurre, les singes retirent brusquement leur queue et traînent ainsi leur proie sur le rivage.

Le Singe en met généralement un à la fois, et parfois deux. On les trouve rarement en train de se reproduire lorsqu'ils sont importés en Europe ; mais ceux qui le font présentent une image très frappante de l'affection parentale. Le mâle et la femelle ne se lassent jamais de caresser leur petit. Ils l'instruisent avec beaucoup d'assiduité ; et le corrigent souvent sévèrement, s'il est têtu ou peu enclin à profiter de son exemple. Ils le passent de l'un à l'autre, et quand le mâle a fini de montrer son regard, la femelle prend à son tour le travail d'affection.

LES SINGES CAPUCINS ET ARAIGNÉES,

(*Cebus Capucinus* et *Ateles paniscus* ,)

LES SINGES CAPUCINS ET ARAIGNÉES,

(*Cebus Capucinus* et *Ateles paniscus* ,)

SONT tous deux originaires d'Amérique du Sud ; ils vivent en grandes troupes, se nourrissent de racines, de fruits et d'insectes, et sont beaucoup plus doux que ceux de l'ancien monde. Parmi les *Capucins,* il existe de nombreuses espèces qui ne diffèrent les unes des autres que par la couleur ; ils sont très vifs, actifs et amusants, et mesurent environ un pied de long. Le Singe-Araignée, comme le Capucin, possède une longue queue préhensile, qu'il utilise comme une cinquième main. La nature semble par cet ajout les avoir plus que récompensés du manque de pouce, car par celui-ci, lorsqu'ils ne peuvent sauter d'un arbre à l'autre, à cause de la distance, ils forment une sorte de chaîne avec leurs petits. sur le dos, pendants les uns par les autres. L'un d'eux tient la branche du dessus, et les autres se balancent d'avant en arrière comme un pendule, jusqu'à ce que la branche du dessous puisse s'accrocher ; le premier lâche alors sa prise, et se retrouve ainsi à son tour en dessous ; ils peuvent ainsi parcourir une grande distance sans jamais toucher le sol. On en voit quotidiennement de curieuses illustrations dans les jardins zoologiques, où se trouvent plusieurs de ces singes.

LES SINGES OUISTITI ET MARIKINA.

(*Jacchus vulgaris* et *Rosalia* .)

LE OUISTITI , ou MARMOZET , habite le Brésil, et est de petite taille, ne mesurant pas plus de sept pouces, quoique sa queue atteigne près de onze pouces ; il pèse environ six onces et, comme les autres de son espèce, vit non-seulement de légumes, mais aussi d'insectes, d'œufs d'oiseaux et même de petits oiseaux. Son visage est presque nu, d'une couleur chair basanée, avec une tache blanche au-dessus du nez ; la queue est pleine de poils et annelée alternativement d'anneaux cendrés et noirs ; ses ongles sont pointus et ses doigts comme ceux d'un écureuil.

Le MARIKINA est un beau petit animal, ne dépassant pas neuf pouces de long, et est parfois appelé le Singe Lion ; ses cheveux sont longs, doux et brillants ; sa tête est ronde, sa face brune, et ses oreilles cachées sous les longs poils qui entourent sa face et qui sont d'un rouge vif, tandis que ceux de son corps et de sa queue sont d'une belle couleur jaune pâle ou dorée. Il est très joueur, et d'un tempérament apparemment robuste, car nous en avons vu un qui vécut cinq ou six ans à Paris, sans autre soin particulier que de le garder pendant l'hiver dans une chambre où il y avait du feu tous les jours.

LE LÉMUR ET LES MONGOOS,

(*Lemur macaco* et *Lemur albifrons* ,)

PEUT être considéré comme le lien entre les Singes et le véritable quadrupède. Leurs habitudes sont nocturnes, d'où leur nom de Lémuriens ou fantômes. Ils passent une partie considérable de la journée dans le sommeil, enroulés comme une boule, la grosse queue passée entre les pattes postérieures et enroulée autour du cou. Ils vivent en troupes plus ou moins nombreuses, comme les singes et les singes, sur les arbres, et grimpent avec une grande rapidité et sautent avec autant de force qu'ils peuvent souvent s'élever de dix pieds d'un seul bond. Ils se nourrissent de fruits, de racines, etc., et portent leur nourriture à leur bouche avec leurs mains, comme les singes ; leur voix, lorsqu'elle n'est pas alarmée, est un grognement rapide. Leurs habitudes nocturnes et discrètes peuvent probablement expliquer dans une certaine mesure la rareté de leur apparition. Ils sont tous habitants de Madagascar, mais des espèces alliées se trouvent également au Bengale et dans d'autres régions de l'Hindostan, à Ceylan et à Java. Les spécimens ci-dessus proviennent des jardins zoologiques et sont les lémuriens à front blanc et les lémuriens noirs et blancs.

LIVRE II.

HABITANTS DE L'AIR.

§ I. RAPACES. *Oiseaux de proie diurnes.*

L'AIGLE D'OR. (*Aquila chrysaëtos.*)

« Mais qui, parmi les diverses nations, peut déclarer
Celui qui, de son aile active, laboure l'air peuplé ?
Ceux-ci fendent l'écorce émiettée pour se nourrir d'insectes,
Ceux-là trempent le bec tordu dans le sang apparenté :
Certains hantent la lande à joncs, les bois solitaires ;
Certains baignent leur plumage argenté dans les eaux ;
Certains volent vers l'homme, implorent ses dieux domestiques,
Et se rassemblent autour de sa porte hospitalière,
Attendent l'appel connu et y trouvent protection
Contre tous les petits tyrans de l'air.
L'aigle fauve place sa couvée insensible
au sommet de la falaise et régale ses petits de sang.
BARBAUD.

L'AIGLE ROYAL est l'un des oiseaux les plus grands et les plus puissants qui ont reçu le nom d'Aigle. Il pèse plus de douze livres. Sa longueur, depuis la pointe du bec jusqu'au bout de la queue, est d'environ trois pieds ; la largeur, lorsque les ailes sont déployées, est de sept ou huit pieds. Le bec est corné, tordu et très fort. Les plumes du cou sont de couleur rouille et le reste est brun foncé. Les pieds sont garnis de plumes jusqu'aux griffes, qui ont une merveilleuse préhension ; les orteils sont jaunes et les quatre serres sont tordues et fortes. Comme chez tous les oiseaux de proie, la femelle est la plus grande et la plus puissante.

Les aigles sont remarquables par leur longévité et par leur faculté de supporter une longue abstinence de nourriture. De tous les oiseaux, l'Aigle vole le plus haut ; et de là les anciens lui ont donné l'épithète d' *Oiseau du Ciel* :

« Oiseau aux ailes larges et balayantes,
Ta demeure est haute dans le ciel,
Là où les tempêtes étendent leurs bannières,
Et les nuages de la tempête sont chassés.
Ton trône est au sommet de la montagne,
Tes champs sont l'air sans limites ;
Et les pics blanchis, qui soutiennent fièrement
les cieux, sont tes habitations.

Cet oiseau redoutable peut être considéré parmi ses espèces ce que le lion est parmi les quadrupèdes ; et à bien des égards, ils ont une forte similitude l'un avec l'autre. Solitaire, comme le lion, il garde les étendues sauvages pour lui seul ; il est aussi extraordinaire de voir deux couples d'aigles dans la même montagne, que deux lions dans la même plaine.

L'aigle se trouve en Grande-Bretagne et en Irlande, en Allemagne et dans presque toutes les régions d'Europe. Il est carnivore et, lorsqu'il est incapable d'obtenir la chair d'animaux plus gros, se nourrit de serpents et de lézards. L'histoire de l'Aigle, ramené à terre après un violent conflit avec un chat, qu'il avait saisi et soulevé dans les airs avec ses serres, est très remarquable ; M. Barlow, qui fut témoin oculaire du fait, en fit un dessin qu'il grava ensuite. On dit que deux cas se sont produits en Écosse où l'aigle s'est envolé avec des bébés jusqu'à son nid ; mais dans les deux cas, il est ajouté que les enfants ont été retrouvés sans avoir été matériellement blessés. Cet oiseau a souvent été apprivoisé, mais dans cette situation il conserve encore un amour inné de la liberté. Le nid de l'Aigle est composé de solides bâtons, et généralement construit sur la pointe d'un rocher inaccessible, d'où il se précipite sur sa proie avec la rapidité de l'éclair. On dit que la période d'incubation est de trente jours ; et lorsque les petits naissent, le mâle et la femelle déploient toute leur industrie pour subvenir à leurs besoins. Dans le comté de Kerry, on raconte qu'un paysan eut un jour la résolution de piller un nid d'aigle construit sur une petite île du magnifique lac de Killarney. Il a donc nagé jusqu'à l'île pendant que les parents étaient absents ; et, après avoir volé les petits du nid, il se préparait à revenir à la nage avec les Aiglons attachés par une ficelle ; mais alors qu'il était encore dans l'eau jusqu'au menton, les vieux aigles revinrent, et, manquant leur famille, se jetèrent sur l'envahisseur avec une telle fureur, que, malgré toute sa résistance, ils l'envoyèrent avec leurs becs et leurs serres.

Un autre natif de Kerry a eu plus de chance dans ses relations avec les Eagles. Au cours d'une période de disette, il obtenait sa subsistance et celle de sa famille en pillant un nid d'aigle de la nourriture apportée par les parents pour leurs petits : et il fut assez astucieux pour prolonger l'approvisionnement en coupant les ailes des aiglons afin que pour empêcher leur vol, et a ainsi obligé les vieux oiseaux à continuer leur attention sur leur progéniture.

L'AIGLE DE MER. (*Haliaëtus albicilla.*)

CET oiseau, connu aussi sous le nom d'aigle à queue blanche, parce que les plumes intérieures de sa queue sont blanches, diffère de l'aigle royal par la plus grande longueur de son bec, par ses habitudes paresseuses et lâches et par son goût plus grossier. Il est originaire de la Grande-Bretagne, où il habite les hauts rochers et les falaises qui surplombent la mer, et d'où il se jette sur les oiseaux, les poissons ou les phoques qu'il peut se procurer pour ses proies. Il est plus petit que l'aigle royal, atteignant rarement trois pieds de longueur ; et chez les jeunes oiseaux, les plumes de la queue sont brunes.

LE Pygargue à tête blanche ou à tête blanche.

(*Haliaëtus leucocephalus.*)

CET oiseau mesure environ trois pieds de long et sept pieds de large, mesurant jusqu'au bout des ailes déployées. Le bec ressemble à celui de l'aigle royal et du menton pendent de petites plumes velues comme une barbe. Comme on le trouve aussi bien dans la zone glaciale que dans la zone torride, il est prévu pour supporter des changements rapides de température, et tout son corps est revêtu sous les plumes d'une espèce de duvet blanc et doux comme celui du cygne. Cet oiseau construit son nid sur de hautes falaises au bord de la mer et sur les rives des rivières ou des lacs, et se nourrit presque entièrement de poissons.

Il est généralement considéré par les Anglo-Américains avec un respect particulier, comme l'emblème choisi de leur pays natal. La grande cataracte de Niagara est mentionnée comme l'un de ses lieux de villégiature favoris, non seulement comme station de pêche, où elle peut assouvir sa faim avec la nourriture la plus agréable, mais aussi en raison de la grande quantité de bêtes à quatre pattes. , qui, s'aventurant imprudemment dans le ruisseau d'en haut, sont emportés par le torrent et précipités dans ces chutes formidables :

"Haut au-dessus du tumulte aquatique, silencieux vu,
Naviguant calmement dans une majesté sereine,
Maintenant 'au milieu des embruns de piliers sublimement perdus,
Et maintenant émergeant, vers le bas des rapides ballottés,
Glisse le pygargue à tête blanche, regardant calme et lent
O' euh toutes les horreurs de la scène ci-dessous ;

Dans le seul but de se rassasier du sang,
De la victime déchirée du déluge déchaîné.

On dit que le nombre des oiseaux de proie de diverses espèces qui se rassemblent au pied des rochers pour se rassasier du banquet ainsi préparé est incroyablement grand, mais ils sont tous obligés de céder la place à l'Aigle lorsqu'il daigne le faire. se nourrir d'animaux morts; et le corbeau et le vautour se soumettent sans lutte à l'exercice de cette tyrannie, à laquelle ils savent qu'il serait vain de résister. « Nous avons nous-mêmes, dit Wilson, vu le pygargue à tête blanche, assis sur la carcasse morte d'un cheval, tenir tout un troupeau de vautours à une distance respectueuse, jusqu'à ce qu'il ait complètement rassasié son propre appétit : » et il ajoute un autre exemple, dans lequel plusieurs milliers d'écureuils arboricoles s'étant noyés, dans une de leurs migrations, en tentant de passer l'Ohio, et ayant fourni pendant quelque temps un riche banquet aux vautours, l'apparition soudaine parmi eux du pygargue à tête blanche ils interrompirent aussitôt leurs festivités et les éloignèrent de leurs proies, dont l'Aigle gardait la seule possession pendant plusieurs jours successifs.

Ces Aigles chassent parfois en couple d'une manière qui témoigne de leur grande sagacité. Conscients que les oiseaux aquatiques ont le pouvoir d'échapper à leur emprise en plongeant, ils planent à distance les uns des autres au-dessus de leurs proies. L'un d'eux s'élance alors vers lui avec une grande rapidité, mais les oiseaux aquatiques évitent facilement la première attaque en plongeant. Le poursuivant s'élève alors dans les airs, et son compagnon reprend l'attaque au moment où la volaille sort pour respirer et l'oblige à replonger. Les aigles continuent alternativement à procéder de cette manière jusqu'à ce que leur victime soit si épuisée qu'elle devienne une proie facile.

Cet aigle attaque aussi fréquemment le balbuzard pêcheur ou le faucon poisson, lorsqu'il revient d'une excursion réussie chargé d'un gros poisson, et l'oblige à lâcher sa proie ; l'Aigle descend alors avec une rapidité merveilleuse, et réussit généralement à saisir le poisson avant qu'il n'atteigne l'eau.

Le balbuzard pêcheur, ou faucon pêcheur.

(*Pandion haliaëtus.*)

« Fidèle à la saison, au-dessus de notre rivage au bord de la mer,
on voit le balbuzard pêcheur s'envoler
avec une large aile immobile ; et tournant lentement,
marque chaque traînard lâche dans les profondeurs en contrebas ;
Il s'abat comme un éclair, plonge avec un rugissement
et emporte jusqu'au rivage sa victime qui se débat.

CET oiseau se trouve toujours au bord de la mer, ou près des rivières ou des lacs, car il se nourrit entièrement de poissons. Il est commun en Grande-Bretagne et aussi en Amérique, où l'on en trouve de grandes colonies, les oiseaux vivant ensemble comme des freux. « Lorsqu'il cherche sa proie », dit le Dr Richardson, « il navigue avec une grande aisance et élégance, en lignes ondulantes et courbes, à une hauteur considérable au-dessus de l'eau, jusqu'à ce qu'il aperçoive sa proie et se jette sur elle. Il saisit le poisson avec ses griffes, paraissant parfois à peine tremper ses pattes dans l'eau, et parfois plongeant entièrement sous la surface avec une force suffisante pour projeter une gerbe considérable. Il réapparaît cependant si rapidement qu'il montre clairement qu'il n'attaque pas les poissons nageant à de grandes profondeurs. Les orteils sont armés en dessous de nombreuses pointes acérées, évidemment destinées à aider l'oiseau à saisir fermement sa proie glissante.

Le Balbuzard pêcheur construit un grand nid sur les arbres ou les rochers et y pond deux ou trois œufs, qui ont une teinte rougeâtre et sont tachetés de brun à l'extrémité la plus grande. Les vieux oiseaux nourrissent les jeunes même après qu'ils ont quitté le nid et n'élèvent qu'une seule couvée par an.

L'AIGLE NOIR.

CERTAINS ornithologues supposent qu'il s'agit simplement de l'aigle royal dans son jeune état, mais d'autres en font une espèce distincte. Il est environ deux fois plus gros que le corbeau. Les parties autour du bec et de l'œil sont dépourvues de plumes et quelque peu rougeâtres ; la tête, le cou et la poitrine sont noirs ; au milieu du dos, entre les épaules, il y a une grande tache blanche tachetée de rouge ; une strie noire parcourt les plumes et est suivie d'une strie blanche ; le reste de l'aile jusqu'au bout est de couleur cendrée foncée. Cet oiseau a de beaux yeux noisette, pleins d'animation : ses pattes sont plumeuses un peu en dessous de l'articulation du tarse, la partie nue étant rouge ; ses serres sont très longues. On le rencontre en France, en Allemagne, en Pologne et se plaît dans les montagnes alpines, où il fait résonner les vallées et les bois de ses cris incessants lorsqu'il est à la recherche de proies.

L'abbé Spallanzani possédait un aigle de cette espèce, si puissant qu'il pouvait tuer des chiens beaucoup plus gros que lui. Lorsqu'un chien était placé devant lui, l'oiseau ébouriffait les plumes de sa tête et de son cou, jetait un regard terrible sur sa victime, effectuait un court vol et se posait immédiatement sur le dos. Il tenait fermement la tête d'un pied, ce qui empêchait le chien de mordre, et de l'autre, il saisissait un de ses flancs, enfonçant en même temps ses serres dans le corps ; et il resta dans cette attitude, jusqu'à ce que le chien expire avec des cris et des efforts infructueux.

Les yeux des aigles sont célèbres pour leur éclat et leur force, ce qui a donné naissance à l'opinion populaire selon laquelle ils peuvent contempler le soleil sans reculer : même si, vu le sourcil surplombant de l'aigle, cela serait un exploit extrêmement difficile pour l'oiseau. pour performer. Les yeux de tous les oiseaux sont curieusement construits, de manière à leur permettre de voir avec la même facilité les objets éloignés et les objets proches ; et à cet effet, ils sont munis d'une membrane placée près du bord du cristallin de l'œil, par laquelle on peut le mouvoir à volonté. L'orbite de l'œil est formée d'environ douze ou seize plaques osseuses, qui glissent les unes sur les autres lorsque cela est nécessaire. Les oiseaux sont également dotés d'une paupière supplémentaire, de texture extrêmement fine, avec laquelle ils semblent parfois protéger leurs yeux.

LE VAUTOUR. (*Vautour Monachus.*)

LE premier rang dans la description des oiseaux a été attribué à l'aigle, non à cause de sa taille, mais parce qu'il est plus noble dans ses habitudes et plus délicat dans son appétit. Mais il appartient à la tribu des faucons et doit être placé après les vautours. L'aigle, à moins qu'il ne soit pressé par la famine, ne s'abaissera pas vers la charogne ; et ne dévore généralement que ce qu'il a gagné par sa propre poursuite. Le Vautour, au contraire, est d'une vorace dégoûtante ; et attaque rarement les animaux vivants quand on peut lui fournir des morts. L'aigle rencontre et s'oppose seul à son ennemi : le vautour, s'il s'attend à une résistance, appelle à l'aide de son espèce et domine sa proie par une combinaison. La putréfaction, au lieu de la dissuader, ne sert qu'à l'attirer. Le vautour semble parmi les oiseaux ce que le chacal et l'hyène sont parmi les quadrupèdes, qui se nourrissent des cadavres et déracinent les morts.

Les vautours se distinguent facilement des aigles par la nudité de leur tête et de leur cou, dépourvus de plumes et recouverts seulement d'un très léger duvet ou de quelques poils épars ; leurs yeux sont plus proéminents ; ceux de l'aigle étant davantage enfouis dans l'orbite, et ombragés par un sourcil surplombant. Leurs griffes sont plus courtes et moins crochues. L'intérieur de l'aile est recouvert d'un duvet épais, différent de tous les autres oiseaux de proie. Leur attitude n'est pas aussi droite que celle de l'aigle, et leur vol est plus difficile et plus lourd.

Dans cette description, nous pouvons inclure le vautour doré, le vautour cendré et le vautour brun, qui sont des habitants de l'Europe ; le vautour tacheté et le vautour noir d'Égypte ; le Gypaète barbu, le Vautour brésilien et le Roi des Vautours d'Amérique du Sud. Ils sont tous d'accord dans leur nature, étant également indolents, rapaces et impurs. Le Condor appartient également à la tribu des Vautours.

LE VAUTOUR ROI. (*Vautour* , ou *Sarcorhamphus papa* .)

LE VAUTOUR ROYAL , ou Roi des Vautours, est ainsi appelé parce que lorsqu'il apparaît parmi toute une compagnie d'autres oiseaux de son espèce occupés à se régaler d'une carcasse morte, ils se retirent tous devant lui et attendent respectueusement à un petit moment. distance jusqu'à ce que ce monarque ait mangé à sa faim. C'est un habitant de l'Amérique du Sud.

La tête et le cou de cet oiseau sont dépourvus de plumes ; le corps au-dessus, chamois rougeâtre, en dessous, blanc jaunâtre : piquants noir verdâtre ; queue noire; craw pendant et de couleur orange. C'est à peu près la taille d'une dinde ; et est surtout remarquable par la formation étrange de la peau de la tête et du cou ; cette peau, de couleur orange, naît de la base du bec, d'où elle s'étend de chaque côté de la tête ; les yeux sont entourés d'une peau rouge et l'iris a la couleur et l'éclat de la perle. Sur la partie nue du cou se trouve un collier formé de plumes douces et longues. Dans ce collier, l'oiseau retire tantôt tout son cou, tantôt une partie de sa tête, de sorte qu'il semble avoir caché son cou dans son corps.

LE CONDOR. (*Vautour gryphus.*)

CET oiseau mesure trois ou quatre pieds de long, et ses ailes, une fois déployées, de dix à douze pieds. Son bec et ses serres sont extrêmement grands et forts ; et son courage est égal à sa force. La gorge est nue et de couleur rouge. Les parties supérieures de certains individus (car elles diffèrent beaucoup par la couleur) sont panachées de noir, de gris et de blanc, et le corps est écarlate. Autour du cou, il porte une collerette blanche de plumes velues lâches. Les plumes du dos sont généralement assez noires et parfaitement brillantes. Ces énormes oiseaux, habitants de l'Amérique du Sud, se reproduisent parmi les rochers les plus hauts et les plus inaccessibles. La femelle ne fait pas de nid, mais dépose sur le rocher nu deux œufs blancs, un peu plus gros que ceux d'une dinde. Certains auteurs ont affirmé qu'un Condor pouvait emporter un mouton dans ses griffes, et d'autres qu'il avait enlevé des enfants de la même manière ; mais ces récits sont manifestement absurdes, car les pieds et les serres du Condor ne sont pas adaptés pour porter un poids important. Les serres et le bec sont certes d'une force extraordinaire, mais ils sont destinés à déchirer les objets en morceaux ; et par conséquent nous constatons que le Condor se nourrit principalement de bétail ou de chevaux morts ou mourants, qu'il déchire en morceaux et dévore là où ils reposent. Quand le Condor est gorgé, les chasseurs l'attaquent, mais sa force et sa férocité sont si grandes, qu'un des compagnons de Sir Francis Head, qui tenta de s'emparer d'un Condor gorgé, dit qu'il n'avait jamais eu « une telle bataille de sa vie » ; bien qu'il ait été mineur de Cornouailles et qu'il soit considéré comme un excellent lutteur dans son propre pays.

LA BUSE. (*Falco Buteo* **, ou** *Buteo vulgaris* **.)**

« La noble Buse m'a toujours plu le plus ;
De peu de renommée, c'est vrai ; car, pour ne pas mentir,
nous l'appelons faucon par courtoisie.
BICHE ET PANTHÈRE.

C'est un oiseau rapace, du genre faucon, et le plus commun de tous en Angleterre. Il est d'une nature paresseuse et indolente, restant souvent perché sur la même branche pendant la plus grande partie de la journée : comme si, indifférent aux attraits de la nourriture ou du plaisir, il était voué, comme certaines espèces humaines, à passer la durée de sa vie qui lui est impartie dans une contemplation passive. Il se nourrit de souris, de lapins, de grenouilles et souvent de toutes sortes de charognes. Trop oisif pour se construire un nid, il s'empare souvent de l'ancienne demeure d'un corbeau, qu'il recouvre de laine et d'autres matériaux mous. En général, cet oiseau, dont la couleur varie considérablement, est brun varié avec des taches jaunes ; à un certain âge, sa tête devient entièrement grise. La femelle dépose généralement deux ou trois œufs, pour la plupart blancs, bien que parfois tachetés de jaune. Sa longueur est généralement de vingt-deux pouces et sa largeur de plus de cinquante.

L'anecdote suivante, racontée par Buffon, montrera que la buse peut être assez apprivoisée pour en faire un fidèle domestique. Une buse, prise dans un piège, fut amenée à un monsieur qui se chargea de l'apprivoiser. Il fut d'abord sauvage et féroce, mais en le privant de nourriture il réussit à le contraindre à venir manger dans sa main. En poursuivant ce plan, il l'a rendu très familier ; et, après l'avoir enfermé environ six semaines, il commença à lui laisser un peu de liberté, en prenant cependant la précaution d'attacher les deux pignons de ses ailes. Dans cet état, il sortit dans son jardin et revint lorsqu'on l'appelait pour être nourri ; après quelque temps, pensant pouvoir se fier à sa fidélité, il ôta les ligatures, attacha une petite cloche au-dessus de sa serre, et attacha également à sa poitrine un morceau de cuivre sur lequel était gravé son nom. Il lui donna alors toute liberté, dont elle abusa bientôt ; car il prit son envol et s'envola dans la forêt de Belesme. L'oiseau fut donné pour perdu ; mais quatre heures après, il s'élançait dans la salle des gentilshommes, poursuivi par cinq autres Buses qui l'avaient refoulé dans son ancien asile. Après cette aventure, il conserva sa fidélité, venant chaque nuit dormir sous la fenêtre. Il devint bientôt familier, assista constamment au dîner, s'assit sur un coin de la table et caressa souvent son maître avec la tête et le bec, poussant un cri faible et aigu, qu'il adoucit cependant parfois. Il avait une singulière propension à saisir par la tête et à s'envoler avec les bonnets rouges des paysans ; et il était si prudent de les chasser, qu'ils se trouvèrent la tête nue sans savoir ce qu'étaient devenues leurs casquettes ; il traitait même de même les perruques des vieillards, cachant son butin dans les arbres les plus hauts.

Wilson dit que celui qu'il a abattu dans l'aile a vécu avec lui plusieurs semaines : mais a refusé de manger. Il s'amusait à sauter d'un bout à l'autre de la pièce et à rester assis des heures à la fenêtre, regardant les passagers en contrebas. Au début, il se mettait dans une attitude de défense lorsqu'on l'approchait ; mais après un certain temps, il devint tout à fait familier, se laissant manipuler. Bien qu'il ait vécu si longtemps sans nourriture, son estomac s'est révélé lors de la dissection enveloppé dans de la graisse solide de près d'un pouce d'épaisseur.

LE MIEL-BUZZARD. (*Falco* , ou *Pernis apivorus* .)

CETTE buse mange des lézards, des grenouilles et des escargots. Il se nourrit également de larves d'abeilles et de guêpes, qui constituent la principale nourriture des jeunes oiseaux. Buffon dit qu'en hiver, quand il est gros, il fait bon manger, circonstance très rare chez les oiseaux de ce genre. Il vole rarement, sauf d'un buisson à l'autre ; mais, lorsqu'il est à terre, il court avec une grande rapidité, comme un oiseau domestique.

Willoughby observe qu'il construit son nid avec des brindilles, sur lesquelles il dépose de la laine pour recevoir ses œufs. Il en vit un qui prenait possession d'un vieux nid de milans pour s'y reproduire, et qui nourrissait ses petits avec des larves de guêpes, car dans le nid on trouvait des rayons de nids de guêpes, et, dans l'estomac des petits, des fragments de guêpes. des vers de guêpes. Dans le nid se trouvaient deux petits, couverts de duvet blanc tacheté de noir. Dans le jabot de l'un d'eux se trouvaient deux lézards entiers, la tête tournée vers la bouche, comme s'ils cherchaient à sortir en rampant.

Il serait très intéressant de découvrir la manière dont cet oiseau mène son attaque sur un nid de guêpes. Le plumage serré autour de la base du bec est sans doute une protection contre les piqûres des insectes qu'ils attaquent.

L'AIBRE, (*Falco* , ou *Astur palumbarius* ,)

SE REPRODUIT dans les arbres élevés d'Écosse et détruit une grande quantité de petit gibier, qu'il saisit avec ses serres acérées et tordues et qu'il transporte jusqu'à son nid. Il appartient à la tribu des faucons et est un peu plus grand que la buse variable ; son bec est bleu et il a une bande blanche sur chaque œil, ainsi qu'une grande tache blanche de chaque côté du cou. La couleur générale du plumage est brun foncé ; la poitrine et le ventre blancs, striés transversalement de noir ; et les pattes jaunes. Buffon, qui a élevé deux jeunes autours, un mâle et une femelle, fait les observations suivantes : « L'autour des palombes, avant de perdre ses plumes, c'est-à-dire la première année, est marqué sur la poitrine et le ventre de taches brunes longitudinales. ; mais après deux mues, elles disparaissent et leur place est occupée par des barres transversales qui subsistent pendant le reste de sa vie. Il observe en outre que « bien que le mâle soit beaucoup plus petit que la femelle, il était plus féroce et plus vicieux ». L'Autour des palombes se trouve en France et en Allemagne

; ce n'est pas courant en Angleterre, mais c'est davantage le cas en Écosse. Autrefois, l'habitude de porter un faucon ou un faucon à la main était réservée aux hommes de haute distinction ; de sorte que c'était un dicton parmi les Gallois : « Vous pouvez reconnaître un gentleman à son faucon, à son cheval et à son lévrier. » Même les dames de cette époque participaient à ce sport galant et ont été représentées sur des photos avec des faucons dans les mains. Actuellement, le colportage est presque entièrement abandonné dans ce pays, parce que les dépenses qu'il entraîne, étant très considérables, le confinent aux princes et aux hommes du plus haut rang. À l'époque de Jacques Ier, Sir Thomas Monson aurait donné mille livres sterling pour un casting de Hawks. Sous le règne d'Édouard III, le vol d'un faucon était un crime ; prendre ses œufs, même dans son propre domaine, était passible d'un an et d'un jour d'emprisonnement, accompagné d'une amende au gré du roi. Tel était le plaisir que nos ancêtres prenaient à ce sport royal, et tels étaient les moyens par lesquels ils s'efforçaient de l'acquérir. Les faucons, ou faucons, principalement utilisés dans ces royaumes étaient l'autour des palombes, le faucon pèlerin, le faucon d'Islande et le faucon Ger. Le gibier habituellement recherché était les grues, les oies sauvages, les faisans et les perdrix. Le duc de Saint-Albans est toujours grand fauconnier héréditaire d'Angleterre, mais cette fonction n'est plus exercée maintenant, sauf pour son propre amusement.

L'épervier. (*Falco* , ou *Accipiter nisus* .)

L'ÉPERVIER est un oiseau audacieux ; la longueur du mâle est de douze pouces, celle de la femelle quinze ; le bec est court, tordu et d'une teinte bleuâtre, mais très noir vers l'extrémité ; la langue est noire et un peu fendue

; les yeux d'une taille moyenne. Le sommet de la tête est brun foncé ; au-dessus des yeux, dans la partie postérieure de la tête, il y a quelquefois des plumes blanches ; les racines des plumes de la tête et du cou sont blanches, le reste du dessus, du dos, des épaules, des ailes et du cou est brun foncé. Les ailes, lorsqu'elles sont fermées, atteignent à peine le milieu de la queue ; les cuisses sont fortes et charnues, les pattes longues, fines et jaunes ; les doigts sont également longs et les serres noires. La femelle pond environ cinq œufs, tachetés près de l'extrémité arrondie de taches brunes. Lorsqu'ils sont sauvages, ils se nourrissent uniquement d'oiseaux et possèdent une audace et un courage au-dessus de leur taille ; mais dans un État domestique, ils ne refusent pas la chair crue et les souris. Ils peuvent être rendus obéissants et dociles, et facilement entraînés à chasser les cailles et les perdrix.

LE CERF-VOLANT. (*Falco Milvus* , ou *Milvus regalis* .)

LE CERF-VOLANT. (*Falco Milvus* , ou *Milvus regalis* .)

CET oiseau, bien qu'appartenant à la tribu des faucons, est appelé ignoble, parce qu'il n'est jamais utilisé pour le colportage. Il se distingue facilement des autres rapaces par sa queue fourchue et les tourbillons lents et circulaires qu'il décrit dans l'air lorsqu'il aperçoit depuis les régions des nuages un jeune canard ou un poulet trop éloigné du couvain. Lorsque c'est le cas, le Milan, se jetant sur lui avec la rapidité d'un dard, le saisit dans ses serres et l'emporte jusqu'à son nid. C'est cependant un grand lâche, et si la poule vole vers lui, ce qu'elle fait toujours si elle le voit, elle lâchera le poulet et s'envolera. Il est plus gros que la buse variable ; et bien qu'il pèse un peu moins de trois livres, l'étendue de ses ailes dépasse cinq pieds. La tête et le cou sont d'une couleur cendrée pâle, variée avec des lignes longitudinales sur la tige des plumes ; le dos est rougeâtre ; les petites rangées de plumes des ailes sont de couleur festive, noires, rouges et blanches ; les plumes recouvrant l'intérieur des ailes sont rouges, avec des taches noires au milieu. Les yeux sont grands, les pattes et les doigts jaunes, les serres noires. C'est un bel oiseau, qui semble presque toujours en vol. Il repose sur l'air et ne semble pas faire le moindre effort pour voler, mais plutôt glisser au gré de la brise la plus douce.

LE FAUCON.

LE FAUCON est un oiseau prédateur dont il existe plusieurs espèces. Parmi ceux-ci, le *Gerfalcon* (*Falco Gyrfalco*) est le plus grand et se trouve dans les régions septentrionales de l'Europe ; et, après l'aigle, est le plus redoutable, le plus actif et le plus intrépide de tous les oiseaux voraces, et le plus estimé pour la fauconnerie. Le bec est tordu et bleuâtre ; les iris des yeux sont sombres ; et tout le plumage d'une teinte blanchâtre, marqué de lignes sombres sur la poitrine et de taches sombres sur le dos.

LE FAUCON PÈLERIN. (*Falco peregrinus.*)

LE FAUCON PÈLERIN , qui est l'espèce la plus commune, mesure de quinze à dix-huit pouces de longueur. Le bec est bleu à la base et noir à la pointe ; la tête, le dos, les scapulaires et les couvertures des ailes sont barrés de noir et de bleu foncé ; la gorge, le cou et la partie supérieure de la poitrine sont blancs teintés de jaune ; le bas de la poitrine, le ventre et les cuisses sont d'un blanc grisâtre ; et la queue est noire et bleue. Wilson n'énumère pas moins de dix variétés, dépendant principalement de l'âge, du sexe et du pays. On le trouve plus ou moins abondamment dans toute l'Europe, principalement dans les régions montagneuses de l'Amérique du Nord et du Sud, habitant les fentes des rochers, surtout ceux qui sont exposés au soleil de midi. Il se reproduit sur les falaises dans plusieurs régions d'Angleterre, mais semble être plus commun en Écosse et au Pays de Galles. Sa nourriture se compose principalement de petits oiseaux ; mais il n'hésite pas à attaquer les espèces les plus grandes, et livre parfois bataille même au milan. Les faucons prennent rarement leurs proies à terre, comme les oiseaux les plus ignobles de la classe à laquelle ils appartiennent ; mais bondissez sur lui d'en haut, dans une descente directement perpendiculaire alors qu'il vole dans les airs, portez-le vers le bas par l'impulsion unie de la force et de la rapidité de leur attaque, et enfonçant leurs serres dans sa chair, emportez-le en triomphe vers le lieu de leur retraite. Comme la plupart des animaux prédateurs, ils sont stimulés à agir par la seule pression de la faim et restent inactifs et presque immobiles pendant le processus de digestion, jusqu'à ce que les envies renouvelées de leur appétit les stimulent à un effort supplémentaire. À différents stades de sa croissance, le faucon pèlerin a été connu sous différents noms anglais. Son appellation propre parmi les fauconniers est le Faucon Léger, le terme Faucon Doux étant également applicable à toutes les espèces lorsqu'elles sont rendues gérables. À l'état immature, ce faucon est également appelé faucon roux, en raison de la couleur dominante de son plumage. Le mâle est appelé Tiercel, pour le distinguer de la femelle qui, dans la tribu des Faucons, est généralement un tiers plus grande que le mâle.

En Chine, on dit qu'il existe une variété tachetée de brun et de jaune, et utilisée par l'empereur de Chine dans ses excursions sportives, lorsqu'il est habituellement accompagné de son grand fauconnier et d'un millier de rang inférieur. Chaque oiseau a une plaque d'argent fixée à sa patte, avec le nom du fauconnier qui en a la garde, afin que, en cas de perte, elle puisse être restituée à la personne compétente ; mais s'il n'est pas retrouvé, le nom est transmis à un autre officier, appelé le gardien des oiseaux perdus, qui, pour faire connaître sa situation, élève son étendard dans un endroit bien en vue parmi l'armée des chasseurs.

En Syrie, il existe une espèce de faucon, que les habitants appellent Shaheen (*Falco peregrinator*), et qui est d'un caractère si féroce et si courageux, qu'il attaquera tout oiseau, si grand ou si puissant soit-il, qui se présentera. « S'il n'y avait pas, dit le Dr Russel dans son Récit d'Alep, plusieurs messieurs en Angleterre pour témoigner de ce fait, j'oserais difficilement affirmer qu'avec cet oiseau, qui a à peu près la taille d'un pigeon, , les habitants capturent parfois de grands aigles. On enseignait autrefois à ce faucon à saisir l'aigle sous le pignon, et le privant ainsi de l'usage d'une aile, les deux oiseaux tombèrent ensemble à terre ; mais le mode actuel est d'apprendre au faucon à se fixer sur le dos, entre les ailes, ce qui a le même effet, seulement que, plus l'oiseau tombe plus lentement, le fauconnier a plus de temps pour venir en aide à son faucon ; mais dans les deux cas, s'il ne se montre pas très prompt, le faucon est inévitablement détruit. Je n'ai jamais vu les Shaheen voler contre des aigles, ce sport ayant été abandonné avant mon époque ; mais je l'ai souvent vu prendre des hérons et des cigognes. Le faucon, lorsqu'il est éjecté, vole pendant un certain temps sur une ligne horizontale, à moins de six pieds du sol ; puis, montant perpendiculairement, avec une rapidité étonnante, il saisit sa proie sous l'aile, et toutes deux tombent ensemble à terre.

LE MERLIN, (*Falco æsalon ,*)

C'EST la plus petite espèce britannique de la tribu des Faucons et, comme son nom l'indique, sa taille n'est pas très différente de celle du merle ; le mot Merlin signifiant en français un petit *merle* , ou merle. Bien que petit, le Merlin n'est pas inférieur en courage à aucun des autres Faucons ; il est connu pour son audace et son esprit, attaquant et tuant souvent d'un seul coup une perdrix ou une caille adulte ; mais il diffère des Faucons et de toutes les autres espèces rapaces, par le fait que le mâle et la femelle sont de taille égale. Le dos de cet oiseau est de couleur fête, bleu foncé et brun ; les plumes des ailes sont noires, avec des taches rouillées ; la queue mesure environ cinq pouces de long, de couleur brun foncé ou noirâtre, avec des barres transversales blanches : la poitrine est d'un blanc jaunâtre, avec des stries brun rouille pointant vers le bas ; les pattes sont longues, fines et jaunes ; les serres noires. La tête est entourée d'une rangée de plumes jaunâtres, un peu comme une couronne. Chez le mâle, les plumes du croupion, puis de la queue, sont plus bleues ; une marque grâce à laquelle les fauconniers discernent facilement le sexe de l'oiseau. Le Merlin ne se reproduit pas ici, mais nous rend visite en octobre : il vole bas, avec une grande célérité et aisance. À l'époque de la fauconnerie, le Merlin était considéré comme l'épervier.

Dans les temps anciens – dans les temps anciens,
Quand les dames prenaient un étrange plaisir
aux faucons, aux chiens et aux manières sportives,
Un Merlin était un spectacle agréable.

« C'était doux quand, dans ses atours gais,
il se tenait sur le poignet de sa dame ;
Jusqu'à ce que son capuchon se soit relevé et qu'il voie sa proie,
Quand son œil trahit l'oiseau de sang.

LA KESTREL, (*Falco tinnunculus* ,)

C'EST le plus commun de tous les faucons britanniques et on peut l'observer dans presque toutes les régions du pays, planant au-dessus des champs à la recherche de souris et d'autres petits animaux. Son vol est très particulier. Il n'avance que sur une courte distance à la fois, puis se suspend dans les airs par des mouvements très courts mais rapides de ses ailes. Si aucune proie ne se présente sous lui, il continue alors un peu plus loin et reste de nouveau immobile, mais dès qu'une souris ou un autre petit quadrupède s'agite parmi l'herbe, ses ailes se ferment et il descend avec la plus grande vitesse. Le Crécerelle se nourrit également de petits oiseaux et d'insectes.

Le Crécerelle est un beau petit faucon, mesurant de douze à quinze pouces de longueur, avec un bec bleu, une cire et des pattes jaunes. Son plumage est brun rougeâtre ou fauve, élégamment marqué de taches et de barres noires. Son nid est construit parmi les rochers, ou dans les trous et les coins des vieux bâtiments et des clochers d'églises, et la femelle pond quatre ou cinq œufs, blanc rougeâtre, avec des taches brunes.

L'OISEAU SECRÉTAIRE. (*Serpentarius reptilivorus.*)

CET oiseau singulier, originaire de l'Afrique australe, diffère de tous les autres oiseaux prédateurs par la grande longueur de ses pattes, qui sont si longues que quelques naturalistes l'ont rangé parmi les échassiers. Il mesure entre trois et quatre pieds de haut lorsqu'il est dressé, et est d'une couleur cendrée bleuâtre sur le dos et presque blanc en dessous ; sa queue est longue et a les deux plumes du milieu beaucoup plus longues que les autres et atteignant presque le sol ; et l'arrière de la tête est orné d'une touffe de plumes noires, que l'oiseau peut soulever à volonté. C'est de cette touffe que l'oiseau tire son nom ; les colons hollandais du cap de Bonne-Espérance crurent y voir une certaine ressemblance avec la plume d'un commis collée derrière son oreille, et l'appelèrent en conséquence l'Oiseau secrétaire. Les commis et les secrétaires sont sans aucun doute des personnages utiles à leur manière, et le secrétaire Bird, bien qu'il ne puisse pas retirer sa plume de derrière son oreille, trouve une abondance de travail à faire, bien que d'un genre très différent des travaux paisibles de ses homonymes. Il est le grand destructeur des serpents et autres reptiles qui pullulent dans de nombreuses régions de l'Afrique australe et qui, sans lui, augmenteraient en nombre au point de devenir une véritable nuisance. Et ici, nous pouvons appeler nos jeunes lecteurs à admirer la manière merveilleuse dont la structure d'un faucon a été modifiée par la main du Créateur pour l'adapter à un mode de vie particulier. Lorsque l'oiseau s'avance pour attaquer un serpent, ses longues pattes, protégées par des écailles cornées et dures, élèvent son corps à une hauteur considérable au-dessus du sol, lui donnant ainsi une position avantageuse et lui permettant en même temps de se déplacer avec une grande vitesse. L'une des ailes grandes et puissantes, armée à son extrémité d'un puissant éperon, est un peu soulevée du corps et tenue en avant comme un bouclier, mais constamment secouée, comme pour détourner l'attention de l'ennemi, et ainsi, comme un boxeur habile affrontant son antagoniste, le secrétaire se dirige vers sa proie désignée. En s'approchant, il guette le moment où le serpent va bondir sur lui ; un seul coup de l'aile éperonnée suffit généralement à faire tomber le reptile se tordant dans le sol, dans un état d'impuissance ; il est alors bientôt expédié et aussi rapidement avalé. On peut avoir une idée de la quantité de reptiles détruits par cet oiseau par la déclaration de Le Vaillant, selon laquelle le jabot de l'un d'eux examiné par lui contenait onze lézards, trois serpents longs comme le bras d'un homme et onze petites tortues, ainsi qu'un bon nombre d'insectes. Les habitants de la colonie du Cap sont tout à fait conscients des services que leur rend le secrétaire Bird, et le gardent parfois parmi leurs volailles pour les protéger des animaux nuisibles ; On dit qu'il se comporte avec une grande convenance dans ces circonstances, faisant rarement du mal à ses compagnons, à moins que son approvisionnement en nourriture n'ait été négligé.

LE HARRIER À POULE, (*Circus cyaneus* ,)

ON l'observe dans les forêts, les landes et autres endroits retirés, surtout au voisinage des terrains marécageux, où il détruit un grand nombre de bécassines, de bécasses et de canards sauvages. Il mesure environ dix-sept pouces de long et trois pieds de large ; son bec est noir et jaune cire. La partie supérieure de son corps est d'un gris bleuâtre ; et l'arrière de la tête, la poitrine, le ventre et les cuisses sont blancs. Les pattes sont longues, fines et jaunes ; et les griffes noires.

§ II.— *Oiseaux de proie nocturnes.*

LE hibou d'Amérique, (*Bubo maximus* ,)

C'EST l'un des plus grands hiboux, et il possède deux longues touffes qui poussent du haut de sa tête, au-dessus de ses oreilles, et composées de six plumes, qu'il peut relever ou déposer à son gré. Ses yeux sont grands et entourés d'un iris orange ; les oreilles sont grandes et profondes, et le bec noir ; la poitrine, le ventre et les cuisses sont d'un jaune terne, marqué de stries brunes ; le dos, les couvertures des ailes et les plumes des plumes sont bruns et jaunes ; et la queue est marquée de barres sombres et rouges. Il habite le nord et l'ouest de l'Angleterre et du Pays de Galles. La conformation de l'organe de la vue chez le hibou est si particulière et ressemble tellement dans sa nature à celle du genre félin, qu'il peut voir beaucoup mieux au crépuscule qu'à la lumière du jour. L'Effraie des clochers voit dans un plus grand degré d'obscurité que les autres ; et, au contraire, le hibou d'Amérique peut poursuivre sa proie de jour, quoique avec difficulté. Les hiboux sont quelquefois apprivoisés par des gens de la campagne, qui les élèvent avec soin dans un État domestique, à cause de leur propension à chasser et à dévorer les souris et autres vermines, dont ils débarrassent les maisons avec autant d'adresse que les chats. La chouette est un oiseau solitaire, et on dit qu'elle se retire dans les trous des tours et des vieux murs en hiver et passe cette saison dans le sommeil.

« L'oiseau solitaire de la nuit,
À travers l'ombre pâle, s'envole maintenant,
Et quitte la tour ébranlée par le temps ;
Où, à l'abri des flammes du jour,
Dans l'obscurité philosophique il gisait,
Sous son berceau de lierre. CHARRETIER.

LE HARFANG, OU GRAND CHÂFOU DES NEIGES.

LE HARFANG , ou GRAND HARFANG DES NEIGES (*Surnia nyctea*), est une autre espèce qui capture occasionnellement ses proies à la lumière du jour. On le voit rarement en Angleterre, mais il visite fréquemment le nord de la Grande-Bretagne, en particulier les îles Orcades et Shetland. C'est l'un des rares hiboux à se nourrir de poissons, dans lesquels il enfonce ses serres lorsqu'il est dans l'eau et les emporte jusqu'à son nid. Ces hiboux sont très communs dans les régions septentrionales de l'Amérique du Nord et sont mangés non seulement par les Indiens, mais aussi par les Européens engagés dans le commerce des fourrures.

LE BLANC, LA GRANGE OU LE CHOUETTE.

(*Srix flammea.*)

« - de là-bas, la tour couverte de lierre,
La chouette morose se plaint à la lune
de ceux qui, errant près de son berceau secret,
molestent son ancien règne solitaire. » GRIS.

CET oiseau a à peu près la taille d'un gros pigeon. Son bec, crochu à son extrémité, mesure plus d'un pouce et demi de long. Il y a un cercle ou une couronne de plumes blanches, douces et duveteuses, entourées de jaunes, partant des narines de chaque côté, passant autour de l'œil et sous le menton, ressemblant un peu au capuchon que portaient les femmes ; de sorte que les yeux semblent enfoncés au milieu des plumes, et que seule la pointe du bec en dépasse. La poitrine et les plumes de l'intérieur des ailes sont blanches et marquées de quelques taches sombres ; les parties supérieures du corps sont d'une belle couleur jaune pâle, panachée de taches noires et blanches. Les pattes sont recouvertes d'un duvet épais jusqu'aux pieds, mais les orteils n'ont que des poils fins autour d'eux.

Dans la mythologie antique, une autre espèce commune, la *Chouette brune* (*Syrnium aluco*), était consacrée à Minerve, la déesse de la sagesse ; en allusion aux élucubrations des sages, qui étudient en retraite et pendant la nuit.

« Maintenant, la chouette ermite jette un coup d'œil
depuis la grange, ou frein tordu ;
Et la brume bleue s'infiltre lentement,
s'enroule sur le lac argenté.
CUNNINGHAM.

§ III.— *Insessores ou oiseaux percheurs.*

LE BOUCHER-OISEAU, OU Pie-grièche.

(*Excubateur de Lanius.*)

LE GRAND OISEAU-BOUCHER , ou PIE-GRIÈCHE , est à peu près aussi gros qu'une grive ; son bec est noir, long d'un pouce et crochu à son extrémité. Ce n'est qu'un visiteur occasionnel dans ce pays, où on le trouve généralement entre l'automne et le printemps. « La pie-grièche », explique M. Yarrell, « se nourrit de souris, de musaraignes, de petits oiseaux, de grenouilles, de lézards et de gros insectes. Après avoir tué sa proie, il fixe le corps sur une branche fourchue ou sur une épine acérée, pour en arracher plus facilement de petits morceaux. C'est à cause de leur habitude de tuer et de suspendre leur viande que les Pie-grièches sont appelées Oiseaux-Bouchers. La tête, le dos et la croupe sont de couleur cendrée ; le menton et la partie inférieure du corps sont blancs ; la poitrine et la gorge variaient avec des lignes sombres qui se croisaient ; le bout des plumes des ailes est pour la plupart blanc ; il a une tache noire près de l'œil ; les plumes les plus externes de la queue du mâle sont entièrement blanches ; les deux médianes n'ont que leurs pointes blanches, le reste des plumes étant noir, ainsi que les pattes et les pieds. Il construit son nid parmi les arbustes épineux et les arbres nains et le fournit de mousse, de laine et d'herbes duveteuses, où la femelle pond cinq ou six œufs. Une particularité des oiseaux de cette espèce est qu'ils n'expulsent pas les petits du nid, comme la plupart des autres oiseaux, dès qu'ils peuvent subvenir à leurs propres besoins, mais que toute la couvée vit ensemble en une seule famille. L'Oiseau-boucher chassera tous les petits oiseaux en vol, et osera quelquefois attaquer les perdrix et même les jeunes lièvres. Les grives et les merles sont fréquemment leurs proies : la Pie-grièche les fixe avec ses serres, lui fend le crâne avec son bec et s'en nourrit à loisir. C'est pour cette raison que Linné classait les Pie-grièches parmi les oiseaux de proie ; mais les naturalistes modernes les ont placés parmi les insectivores, car les insectes sont leur principale nourriture. Il est facile de distinguer ces oiseaux à distance, non-seulement à leur marche en compagnie, mais encore à leur manière de voler, qui est toujours de haut en bas, rarement en ligne directe, ou obliquement.

Le petit oiseau boucher (*Lanius collurio*), appelé dans le Yorkshire *Flusher* , a à peu près la taille d'une alouette, avec une grosse tête. Aux narines et aux coins de la bouche, il a des poils ou des soies noirs ; et autour des yeux une grande tache longitudinale noire ; le dos et le dessus des ailes sont de couleur rouille; la tête et la croupe sont cinéreuses ; la gorge et la poitrine sont blanches, tachetées de rouge. Il construit son nid avec des tiges de plantes et la femelle dépose six œufs, presque tous blancs, sauf à l'extrémité émoussée, qui est entourée de marques brunes ou rouge foncé. La femelle est un peu plus grande que le mâle ; la tête est de couleur rouille mêlée de gris ; la poitrine, le ventre et les côtés d'un blanc sale ; la queue est brun foncé; la toile extérieure des plumes extérieures est blanche. Ses manières sont semblables à celles du grand Oiseau-boucher. Il se nourrit fréquemment de jeunes oiseaux, qu'il capture dans le nid ; il se nourrit également de sauterelles, de coléoptères et d'autres insectes. Durant la période d'incubation, la femelle se découvre bientôt à l'approche de toute personne par ses cris forts et violents.

L'OUZEL D'EAU, OU DIPPER,

(*Cinclus Aquaticus* ,)

ON LE trouve dans la plupart des régions de cette île et il a à peu près la taille du merle commun. Il se nourrit d'insectes aquatiques et de petits poissons.

La tête et le dessus du cou sont d'une sorte de couleur terre d'ombre, et parfois noirs avec une nuance de rouge ; le dos et les revêtements des ailes sont d'un mélange de noir et de couleur cendrée, la gorge et la poitrine parfaitement blanches.

On dit que le Dipper marche au fond d'un lac ou d'une rivière aussi facilement que sur terre ; mais c'est loin d'être le cas, car, bien qu'il plonge facilement dans l'eau, il semble se retourner d'une manière très extraordinaire, la tête en bas. Même sur terre, l'oiseau marche maladroitement, car ses pattes sont mieux adaptées aux pierres glissantes sur lesquelles il passe la plus grande partie de sa vie, guettant les insectes qu'il ramasse au bord de l'eau. Ses mouvements sous l'eau s'effectuent en réalité au moyen des ailes, l'oiseau volant positivement dans l'eau. Lorsqu'il est dérangé, il remonte généralement sa queue et émet un gazouillis. On dit que son chant au printemps est très joli. Dans certains endroits, cet oiseau est censé être migrateur.

LE MERLE. (*Turdus Merula.*)

« Le matin souriant, la source qui respire,
Invitent les oiseaux mélodieux à chanter ;
Et, tandis qu'ils gazouillent à chaque jet,
l'Amour fait fondre le laïc universel.
MAILLET.

CE chanteur célèbre ne s'élève pas vers les nuages, comme l'alouette, pour faire résonner sa voix dans les airs ; mais il s'en tient aux bosquets ombragés, qu'il remplit de ses notes mélodieuses. Tôt à l'aube et tard au crépuscule, il continue sa agréable mélodie ; et lorsqu'il est incarcéré dans l'espace étroit d'une cage, toujours gai et joyeux, il s'efforce de récompenser la bonté de son gardien en lui chantant ses airs naturels ; et trompe ses ennuyeuses heures de captivité en étudiant et en imitant le sifflet de son maître. Les merles construisent leurs nids avec beaucoup d'art, fabriquant l'extérieur de mousse et de fines brindilles, cimentées ensemble et tapissées d'argile, et recouvrant l'argile de matériaux mous, comme des poils, de la laine et de l'herbe fine. La femelle dépose quatre ou cinq œufs, de couleur vert bleuâtre, entièrement tachetés de brun. Le bec est jaune, mais chez la femelle la partie supérieure et la pointe sont noirâtres ; l'intérieur de la bouche et la circonférence des paupières sont jaunes. Le nom de cet oiseau exprime suffisamment la couleur générale de son corps. Il se nourrit de baies, de fruits, d'insectes, etc.

Le grive MISSEL. (*Turdus viscivorus.* **)**

LA GRIVE MISSEL , ainsi appelée à cause de son alimentation de baies de gui, ne diffère que peu de la Grive musicienne, sauf par sa taille. Il est plus grand que le fieldfare, tandis que le Throstle est plus petit. La femelle dépose cinq ou six œufs bleuâtres, teintés de vert et marqués de taches sombres.

La Grive musicienne ou *Throstle* (*Turdus musicus*) est l'un des meilleurs chanteurs de l'hymne du soir dans le bosquet. Sa voix est forte et douce ; la mélodie de son chant est variée et, bien qu'elle ne soit pas aussi profonde dans le diapason général du concert forestier que celui du merle, elle se remplit néanmoins agréablement et éclate à travers les gazouillis inférieurs des petits interprètes. Sa poitrine est d'un blanc jaunâtre, tachetée de traits noirs ou bruns, comme des taches d'hermine.

Les termes Merle pour le Merle et Mavis pour la Grive sont principalement utilisés par les poètes.

« Joyeux soit-il dans le bon bois vert,
Quand les Mavis et Merle chantent,
Quand les cerfs passent et que les chiens crient,

Et que le cor du chasseur sonne. »
SCOTT.

"Prends ton plaisir dans ce bel arbre,
où se trouvent le doux Merle et le gazouillant Mavis."
DRAYTON.

LE REDWING, (*Turdus iliacus* ,)

EST plutôt inférieur à la grive musicienne ; mais la partie supérieure du corps
est de la même couleur ; la poitrine n'est pas tellement tachetée ; les
revêtements des plumes du dessous des ailes, qui chez la grive sont jaunes,
sont de couleur orange chez cet oiseau ; par quelles marques on le distingue
généralement. Le corps est blanc, la gorge et la poitrine jaunâtres, marquées
de taches sombres. Il est migrateur dans cette île, construit son nid dans les
haies et y dépose six œufs bleutés. Comme le champêtre, il nous quitte au
printemps, c'est pourquoi son chant nous est tout à fait inconnu ; mais on dit
que c'est très agréable. C'est une nourriture délicate ; et les Romains
l'estimaient tellement, qu'ils en gardaient des milliers ensemble dans des
volières, et les nourrissaient d'une sorte de pâte faite de figues meurtries et de
farine, pour améliorer la délicatesse et la saveur de leur chair. Sous cette
direction, ces oiseaux engraissaient au grand profit de leurs propriétaires, qui
les vendaient aux épicuriens romains pour trois deniers, soit environ deux
shillings sterling chacun, ce qui, à cette époque, était un prix élevé.

LE TERRAIN, (*Turdus pilaris* ,)

C'EST un oiseau bien connu dans ce pays. Les Fieldfares volent en groupes, avec l'aile rouge et l'étourneau, et changent de repaire selon la saison de l'année. Ils demeurent chez nous en hiver et disparaissent au printemps, si ponctuellement, qu'après cette période on n'en voit plus un seul. La chair est considérée comme un mets très délicat et très prisée en Allemagne, où elle est connue sous le nom de *Krammsvögel* , et est vendue par douzaines sur les marchés de Westphalie. Leur nourriture préférée est la baie de genévrier, d'où son nom allemand. La tête est de couleur cendrée et tachetée de noir : le dos et les couvertures des ailes sont de couleur châtain foncé ; la croupe cinéreuse ; et la queue est noire, sauf la partie inférieure des deux plumes médianes, qui sont de couleur cendrée, et les côtés supérieurs des plumes extérieures, qui sont blancs. Ils se rassemblent en grands troupeaux ; et on suppose qu'ils veillent, comme le corbeau, pour marquer et annoncer l'approche du danger. Si quelqu'un s'approche d'un arbre qui en est couvert, ils continuent sans peur, jusqu'à ce que quelqu'un à l'extrémité du buisson, se levant sur ses ailes, émette une note d'alarme forte et particulière. Alors ils s'envolent tous, sauf un, qui continue jusqu'à ce que la personne s'approche encore plus près, pour certifier, pour ainsi dire, la réalité du danger, et ensuite elle s'envole également en répétant la note d'alarme.

M. Knapp, dans son «Journal of a Naturalist», dit que dans le comté de Gloucestershire, les vastes terres basses de la rivière Severn, par temps ouvert, sont visitées par des troupeaux prodigieux de ces oiseaux.

LA BAGUE OUZEL. (*Turdus torquatus.*)

LE RING OUZEL diffère du fieldfare et du redwing, dont il est presque allié, en ce qu'il est un visiteur estival des îles britanniques, au lieu d'un visiteur hivernal. On ne le trouve que dans les régions les plus sauvages et les plus montagneuses ; en particulier dans les montagnes galloises et à Dartmoor, dans le Devonshire, où il est connu pour se reproduire.

L'OISEAU MOQUEUR, (Turdus polyglottus,)

C'EST aussi une espèce que l'on trouve aussi bien en Amérique du Nord qu'en Amérique du Sud, ainsi que dans les îles antillaises. Il a un beau chant, qu'il varie en imitant les notes de presque tous les autres oiseaux, de sorte qu'une personne passant par son repaire se régale d'un concert ornithologique complet, le tout donné par un seul interprète. Malheureusement, les goûts du Mocking Bird ne sont pas à la hauteur de ses pouvoirs musicaux. Son talent pour l'imitation est si grand qu'il imite tous les sons qu'il entend, et comme il introduit librement toutes ses imitations dans ses chansons, il interrompt souvent la mélodie la plus délicieuse par le cri d'un faucon, l'aboiement d'un chien, le hurlement d'un oiseau. un chat ou des bruits discordants similaires.

LE ROBIN, OU REDBREAST.

(*Erythacus rubecula.*)

«Souvent, le soir, le rouge-gorge
prêtera gentiment son petit secours,
avec de la mousse blanche et des fleurs cueillies,
pour orner le sol où tu es couché.»
COLLINS.

LE ROUGE-GORGE , ou *Rouge-gorge* , comme on l'appelle communément, semble avoir toujours bénéficié de la protection de l'homme, plus que tout autre oiseau. La joliesse de sa silhouette, la beauté de son plumage, la rapidité de ses mouvements, sa familiarité avec nous en hiver, et surtout la mélodie et la douceur de sa voix réclament notre admiration et lui ont assuré la sécurité qu'il jouit parmi nous; bien que l'aide de la fable ait également été invoquée pour le protéger des assauts de garçons irréfléchis.

« Petit oiseau à la poitrine rouge,
Bienvenue dans mon humble hangar !
Les dômes courtois de haut degré
n'ont pas de place pour toi et moi ;

La foule inconstante de l'orgueil et du plaisir
Rien ne dérange une chanson vaine.
Chaque jour, près de ma table, je vole,
Pendant que je choisis mon maigre repas ;
N'en doute pas, même s'il y en a peu,
mais je te jetterai une miette ;
Bien récompensé si j'aperçois
le plaisir dans ton regard étincelant ;
Et vois-toi, quand tu auras mangé à ta faim,
plume ta poitrine et essuie ton bec.
LANGHORNE.

Pendant la saison hivernale, poussé par le puissant stimulant de la faim, le Rouge-gorge fréquente nos granges, nos jardins et nos maisons, et se pose souvent tout d'un coup sur le sol rustique ; où, avec son grand œil sans cesse ouvert et regardant de travers la compagnie, il ramasse avec empressement les miettes de pain qui tombent de la table, puis s'envole vers le buisson voisin, où, par ses gazouillis, il exprime sa gratitude pour la liberté qui lui a été accordée. On le trouve dans la plupart des régions d'Europe, mais nulle part aussi couramment qu'en Grande-Bretagne. Son bec est sombre ; son front, son menton, sa gorge et sa poitrine sont d'une couleur orange foncé, tirant vers le vermillon ; l'arrière de sa tête, son cou, son dos et sa queue sont de couleur brun olive pâle ; les ailes sont un peu plus foncées, les bords tendant au jaune ; les pattes et les doigts sont de la couleur du bec. La femelle construit généralement son nid dans la crevasse d'un talus moussu, à proximité des lieux fréquentés par les êtres humains, ou dans une partie d'une habitation humaine. On a vu des merles construire dans une scierie où les hommes travaillaient chaque jour, et dans divers autres endroits tout aussi extraordinaires. Lors de l'aménagement du Crystal Palace à Sydenham, plusieurs merles ont construit leurs nids dans les trous des grosses racines utilisées pour surélever les parterres de fleurs à l'intérieur du bâtiment. Ils montraient si peu de crainte qu'on pouvait voir leurs yeux brillants regarder par les trous près desquels les hommes passaient à chaque instant. L'élégant poète des Saisons nous donne une description très exacte et animée de cet oiseau dans les lignes suivantes :

« ———— ———— À moitié effrayé, il
bat d'abord Contre la fenêtre : puis, vif, se pose
Sur le foyer chaud ; puis, sautant sur le sol,
regarde toute la famille souriante de travers,
et picote, et sursaute, et se demande où il est,
jusqu'à ce que, devenus plus familiers, les miettes de la table
attirent ses pieds minces.

Un vieux proverbe latin nous dit que deux rouges-gorges ne se nourriront pas du même arbre ; il est certain que le Rouge-gorge est un oiseau des plus pugnaces, et qu'il ne vit pas beaucoup d'harmonie et d'amitié avec ceux de son espèce et de son sexe. Le mâle peut être reconnu de la femelle par la couleur de ses pattes, qui sont plus noires.

Le Rouge-gorge accompagne le jardinier lorsqu'il creuse ses bordures ; et, avec beaucoup de familiarité et d'apprivoisement, il repérera les vers presque près de sa bêche.

LE ROSSIGNOL. (*Philomèle luscinia.*)

« Doux oiseau, qui évite le bruit de la folie,
le plus musical, le plus mélancolique !
Toi, chanteuse, souvent, au milieu des bois,
je cherche à entendre ton chant égal.
MILTON.

LE ROSSIGNOL a peu à se vanter en ce qui concerne son plumage, qui est d'une couleur fauve pâle sur la tête et le dos, parsemé d'une légère nuance d'olive ; la poitrine et la partie supérieure du ventre ont une teinte grisâtre, et la partie inférieure du ventre est presque blanche ; la toile extérieure des plumes des piquants est d'un brun rougeâtre ; la queue d'un rouge terne; les jambes et les pieds sont de couleur cendrée ; les iris noisette ; et les yeux grands, brillants et fixes. Mais il est difficilement possible de donner une idée de la puissance extraordinaire que possède ce petit oiseau dans sa gorge, quant à l'extension du son, à la douceur du ton et à la polyvalence des notes. Son chant est composé de plusieurs passages musicaux, dont chacun ne dure pas plus d'un tiers de minute ; mais ils sont si variés, le passage d'un ton à l'autre est si fantaisiste et si rapide, et la mélodie si douce et si douce, que le musicien le plus accompli est agréablement amené à un profond sentiment d'admiration en l'entendant. Parfois, joyeux et gai, il parcourt le diapason avec la rapidité de l'éclair, touchant l'aigu et le grave presque au même instant ; d'autres fois, triste et plaintive, la malheureuse *Philomèle* tire lourdement ses notes allongées et respire autour d'elle une délicieuse mélancolie. Ceux-ci ont l'apparence de soupirs douloureux ; les autres modulations ressemblent au rire des heureux. Solitaire sur la brindille d'un petit arbre, et prudemment à une certaine distance du nid, où les gages de son amour sont conservés sous le sein nourricier de sa compagne, le mâle remplit constamment les bois silencieux de ses accents harmonieux, et pendant la toute la nuit divertit et récompense sa femelle pour les tâches fastidieuses de l'incubation. Le rossignol non seulement chante à intervalles réguliers pendant la journée, mais attend que le merle et la grive aient émis leur cri du soir, même jusqu'à ce que les cerceaux et les tourterelles se soient, par leurs doux murmures, endormis l'un l'autre pour se reposer, puis déverse son plein son. marée de mélodie:

"———— ———— Ecoutant, Philomèle daigne
Leur laisser la joie, et se propose, dans sa pensée
Elate, de faire en sorte que sa nuit surpasse leur journée."
THOMPSON.

C'est un grand sujet d'étonnement qu'un si petit oiseau soit doté de poumons si puissants. Si la soirée est calme, on suppose que son chant peut être entendu à plus d'un demi-mile. Cet oiseau, ornement et charme de nos soirées de printemps et du début de l'été, comme il arrive en avril et continue de chanter jusqu'en juin, disparaît brusquement vers septembre ou octobre, lorsqu'il nous quitte pour passer l'hiver dans le nord de l'Afrique et Syrie. Ses visites dans ce pays se limitent à certains comtés, principalement au sud et à l'est ; car, bien qu'il soit abondant dans les environs de Londres et le long de la côte sud dans le Sussex, le Hampshire et le Dorsetshire, on ne le trouve ni en Cornouailles ni au Pays de Galles. Dès que les petits sont éclos, le chant de l'oiseau mâle cesse, et il ne pousse qu'un croassement rauque, pour donner l'alarme lorsque quelqu'un s'approche du nid. Les rossignols sont quelquefois élevés et voués à la prison d'une cage ; dans cet état, ils chantent dix mois par an, tandis que dans leur vie sauvage, ils ne chantent que pendant autant de semaines. Bingley dit qu'un rossignol en cage chante beaucoup plus doucement que ceux que nous entendons à l'étranger au printemps.

Le Rossignol est la plus célèbre de toutes les races à plumes pour son chant. Les poètes de tous âges en ont fait le thème de leurs vers ; nous ne pouvons résister à l'envie de vous en donner quelques-uns :

"Le Rossignol, dès qu'avril apporte
à son sens reposé un réveil parfait,
dont la terre nue tardive, fière de ses nouveaux vêtements, jaillit,

chante ses malheurs..."
SIR PHILIP SIDNEY.

« ———— ———— ———— Bête et oiseau,
Eux vers leur lit d'herbe, ceux-là vers leurs nids,
Étaient furtifs ; tout sauf le Rossignol éveillé ;
Elle a chanté toute la nuit son chant amoureux.
MILTON.

"Et dans la vallée brodée de violettes,
où le rossignol amoureux
pleure chaque nuit pour toi sa triste chanson."
MILTON.

« Ô Rossignol, qui sur ton embrun fleuri
s'épanouit le soir, quand tous les bois sont calmes,
Toi qui remplis d'un nouvel espoir le cœur de l'amant,
Tandis que les heures joyeuses mènent au mois de mai propice,
Tes notes liquides qui ferment l'œil du jour,
D'abord entendu devant le bec peu profond du coucou,
Présage du succès en amour. Oh, si la volonté de Jupiter
avait lié ce pouvoir amoureux à ta douceur,
chante maintenant à temps, avant que le grossier oiseau de la haine
ne prédise mon destin désespéré dans quelque bosquet voisin ;
Comme tu l'as chanté d'année en année trop tard
pour mon soulagement, sans avoir aucune raison de le faire :
Que la muse ou l'amour t'appelle sa compagne,
je les sers tous les deux, et je suis de leur suite.
MILTON.

"———— ———— C'est maintenant le moment agréable,
Le frais, le silencieux, sauf là où le silence cède,
À l'oiseau gazouillant la nuit, qui, maintenant éveillé,
Accorde le plus doux son chant d'amour."
MILTON.

"Comme toutes choses écoutent pendant que ta muse se plaint,
Un tel silence attend les accents de Philomèle,
Dans une soirée tranquille, quand la brise murmurante
Pantalon sur les feuilles et meurt sur les arbres."
LE PAPE.

« Il y a un berceau de roses près du ruisseau de Bendemeer,
et le rossignol chante autour d'elle toute l'année ;
Dans les jours de mon enfance, c'était comme un doux rêve
De s'asseoir dans les roses et d'entendre le chant de l'oiseau.

« Je n'oublie jamais cette tonnelle et sa musique,
mais souvent quand je suis seul, dans la floraison de l'année,
je pense : Le rossignol y chante-t-il déjà ?
Les roses brillent-elles encore près du calme Bendemeer ?
MOORE.

LE CHAPEAU NOIR, (*Curruca atricapilla* ,)

C'EST une très petite paruline, ne pesant pas plus d'une demi-once. Le sommet de la tête est noir, d'où son nom ; le cou cendré, le dos brun cendré, les ailes d'une couleur sombre, la queue presque la même ; la partie inférieure du cou, la gorge et la partie supérieure de la poitrine d'une couleur cendrée pâle ; la partie inférieure du ventre est blanche.

Le Bonnet-noir nous visite vers le milieu d'avril et se retire en septembre ; il fréquente les jardins et construit son nid près du sol. La femelle dépose cinq œufs d'un brun rougeâtre pâle, parsemés de taches de couleur plus foncée. Cet oiseau chante doucement et ressemble tellement au rossignol qu'à Norfolk, on l'appelle le faux rossignol. White observe qu'il a généralement une trompette pleine, douce, profonde, bruyante et sauvage, mais que la tension est de courte durée et ses mouvements décousus ; mais quand il s'assoit calmement et s'engage sérieusement dans un chant, il émet une mélodie très douce mais intérieure ; et exprime une grande variété de modulations, supérieures peut-être à celles de n'importe laquelle de nos parulines, à l'exception du rossignol. Lorsqu'il chante, sa gorge est fortement distendue.

LE WREN. (*Troglodytes vulgaris.*)

« Jeûne près de mon canapé, invité sympathique,
Le Troglodyte a tissé son nid moussu ;
Des scènes animées et des cieux plus lumineux
Pour se cacher avec innocence, elle vole ;
Ses espoirs de demeurer en sécurité,
et personne ne soupçonne la cellule sylvestre.
T. WARTON.

LE TROGLODYTE est un très petit oiseau ; mais, comme si la nature avait voulu compenser le manque de taille et de volume des individus, en les multipliant davantage, ce petit oiseau est l'un des plus prolifiques de la tribu à plumes, son nid contenant souvent plus de dix-huit œufs. de couleur blanchâtre et pas beaucoup plus gros qu'un pois. Le mâle et la femelle entrent par un trou ménagé au milieu du nid, et qui, par sa situation et ses dimensions, n'est accessible qu'à eux-mêmes. Le Wren ne pèse pas plus de trois drachmes. Ses notes sont très douces, et rivalisent avec celles du rouge-gorge, en plein hiver, lorsque le froid du temps a condamné les autres chanteurs au silence. Comme le rouge-gorge, il s'approche fréquemment de l'habitation de l'homme, animant le jardin rustique de son chant pendant la plus grande partie de l'année. Il commence à faire son nid au début du printemps, mais l'abandonne fréquemment avant qu'il ne soit recouvert et cherche un endroit plus sûr. Le Troglodyte ne commence pas, comme c'est l'habitude chez la plupart des autres oiseaux, à construire le fond du nid en premier. Lorsqu'il est contre un arbre, son opération première est de tracer sur l'écorce le contour, et de l'attacher ainsi avec une force égale à toutes les parties. Il ferme ensuite successivement les côtés et le dessus, ne laissant qu'un petit trou pour l'entrée.

Le troglodyte des saules. (*Sylvia trochilus.*)

LE TROGLODYTE DES SAULES est un peu plus grand que le Troglodyte commun. Les parties supérieures du corps sont d'un vert olive pâle ; les parties inférieures sont jaune pâle et une traînée jaune passe au-dessus des yeux. Les ailes et la queue sont brunes, bordées de vert jaunâtre ; et les pattes sont inclinées vers le jaune. Cet oiseau est migrateur, il nous visite généralement vers la mi-avril et part vers la fin septembre. La femelle construit son nid dans des trous aux racines des arbres, dans des creux de berges sèches et dans d'autres endroits similaires. Il est rond et n'est pas sans rappeler le nid du Troglodyte. Les œufs sont d'un blanc sombre, marqués de taches rougeâtres, et sont au nombre de cinq. Un Willow Wren avait été construit dans un talus d'un des champs de M. White, près de Selborne. Cet oiseau, un ami et lui-même l'ont observé alors qu'elle était assise dans son nid, mais faisaient particulièrement attention à ne pas la déranger, même si elle les regardait avec une certaine jalousie. Quelques jours après, comme ils passaient par le même chemin, ils voulurent remarquer comment se déroulait la couvée ; mais aucun nid ne put être trouvé, jusqu'à ce que M. White ramasse par hasard un gros paquet de longue mousse verte, qui avait été jeté, pour ainsi dire, négligemment sur le nid, afin d'induire en erreur l'œil de tout intrus impertinent.

M. White a distingué pas moins de trois variétés de Willow Wren. « J'ai maintenant, écrit-il, après une controverse passée, distingué trois espèces distinctes de Wrens des saules, qui utilisent constamment et invariablement des notes distinctes. » « J'ai maintenant devant moi des spécimens des trois espèces, et je peux discerner qu'il y a trois gradations de tailles, et que le plus petit a les pattes noires, et les deux autres, de couleur chair. L'oiseau le plus jaune est considérablement le plus grand et a ses plumes et ses plumes secondaires terminées de blanc, ce que les autres n'ont pas. Cette dernière ne hante que la cime des arbres et des hautes hêtraies, et fait de temps en temps un bruit de sauterelle sibileuse, à de courts intervalles, frissonnant un peu de ses ailes quand elle chante. M. Markwich a cependant déclaré qu'il était totalement incapable de découvrir plus d'une espèce.

LE Troglodyte à crête dorée (*Regulus cristatus*)

EST le plus petit des oiseaux britanniques, mesurant seulement trois pouces et demi de longueur. Il est de couleur olive, avec une belle crête de plumes jaune doré sur la tête. Ce charmant petit oiseau se rencontre généralement dans les bois de sapins ; il se nourrit d'insectes et émet un chant doux et agréable.

LA Bergeronnette des Eaux Grises. (*Motacilla boarula.*)

IL n'est pas un ruisseau qui serpente le long de deux berges fleuries, pas un ruisseau qui serpente dans la verte prairie, qui ne soit fréquenté par cette petite créature aux belles couleurs et aux formes élégantes. On les voit même dans les rues des villes de campagne, suivant d'un pas rapide la mouche ou le papillon de nuit à moitié noyé, qu'emporte le ruisseau du bord de la route. Après le rouge-gorge et le moineau, ce sont eux qui s'approchent le plus audacieusement de nos habitations. Les Bergeronnettes sont très en mouvement ; se perchent rarement, et flirtent perpétuellement avec leurs queues longues et minces (d'où leur nom), principalement après avoir ramassé de la nourriture sur le sol, comme si cette queue était une sorte de levier, ou de contrepoids, utilisé pour équilibrer le corps sur le sol. jambes. On les voit fréquenter plus communément les ruisseaux où les femmes viennent laver leur linge ; ils n'ignorent probablement pas que le savon, dont la mousse flotte sur l'eau, attire les insectes qui leur sont les plus agréables.

Bergeronnettes pie.

IL existe deux espèces communes de bergeronnette bergeronnette, la bergeronnette grise et la bergeronnette pie. La Bergeronnette grise a des habitudes retirées et ses mouvements sont beaucoup plus lents ; sa poitrine est jaune et ses ailes grisâtres, mais la Bergeronnette pie, qui est un petit oiseau très vif et qui semble toujours en mouvement, est noire, s'adoucissant en couleur cendrée et blanche ; il est également audacieux et acceptera la nourriture qu'on lui jette avec autant de confiance qu'un rouge-gorge.

La Bergère jaune (*Budytes flava*) est une autre espèce de Bergeronnette bergeronnette. Le mâle est vert olive sur le dos et jaune sur la partie inférieure du corps, mais la poitrine de la femelle est presque blanche. Ces oiseaux ne fréquentent pas les rives des rivières, mais se promènent généralement dans l'herbe des prés et suivent les moutons. Ce sont des visiteurs d'été en Angleterre.

White dit que « pendant que les vaches se nourrissent dans les pâturages bas et humides, des couvées de Bergeronnettes blanches et grises courent autour d'elles, près de leur nez et sous leur ventre, profitant des mouches qui se fixent sur leur pattes, et probablement trouver des vers et des larves qui sont réveillés par le piétinement de leurs pieds. La nature est tellement économiste que les animaux les plus incongrus peuvent profiter les uns des autres.

« L'intérêt fait d'étranges amitiés !

L'hirondelle. (*Hirundo rustique.* **)**

« De la crête du cottage au toit bas,
voyez la source bavarde de l'hirondelle ;
En s'élançant à travers le pont à une arche,
elle plonge rapidement son aile pommelée.
CUNNINGHAM.

LES HIRONDELLES se distinguent facilement de tous les autres oiseaux, non seulement par leur structure générale, mais aussi par leur gazouillis et leur mode de vol, ou plutôt de s'élancer d'un endroit à l'autre.

Ils apparaissent en Grande-Bretagne en avril et construisent dans des latrines ou dans une partie d'habitation humaine, où ils pondent leurs œufs et font éclore leurs petits. Vers le mois d'août, ils disparaissent et ne reviennent qu'au printemps suivant. Les hirondelles gardées en cage muent aux alentours de Noël et vivent rarement jusqu'au printemps.

Il existe plusieurs espèces d'Hirondelles : dont les caractères généraux sont un petit bec, mais une bouche grande et large, destinée à avaler les insectes volants, leur nourriture naturelle ; et une longue queue fourchue et des ailes étendues, pour leur permettre de poursuivre leurs proies. L'hirondelle commune construit sous les avant-toits des maisons, ou dans les cheminées, près de leur sommet ; on l'appelle fréquemment l'hirondelle cheminée en raison de sa préférence pour cette dernière situation plutôt singulière ; le

Martin construit également sous les avant-toits, et le plus souvent contre le coin supérieur ou le côté de nos fenêtres, et ne semble pas avoir peur à la vue de l'homme, mais il ne peut pas être apprivoisé, ni même gardé longtemps dans une cage. La nature du nid de l'hirondelle mérite une observation attentive : comment la boue est extraite des bords de mer, des rivières ou d'autres lieux aquatiques ; à quel point maçonnés et formés en un bâtiment solide, suffisamment solide pour subvenir aux besoins d'une famille entière et pour faire face à la « tempête déferlante », sont des merveilles qui devraient élever notre esprit vers Celui qui leur a accordé cet instinct.

On raconte qu'un couple d'hirondelles construisit leur nid pendant deux années successives sur le manche d'une paire de cisailles de jardin, collées contre les planches d'une latrine ; et, par conséquent, leur nid devait être gâté chaque fois que l'outil était nécessaire. Et ce qui est encore plus étrange, un oiseau de la même espèce a construit son nid sur les ailes et le corps d'un hibou qui pendait mort et sec aux chevrons d'une grange, et si lâche qu'il était déplacé par chaque coup de vent. . Cette chouette, avec le nid sur ses ailes et avec des œufs dans le nid, a été emmenée au musée de Sir Ashton Leaver comme curiosité. Ce monsieur, frappé de la singularité de la vue, fournit à celui qui l'apportait une grosse coquille, lui demandant de la fixer à l'endroit même où la chouette était suspendue. L'homme l'a fait ; et l'année suivante, un couple d'hirondelles, probablement les mêmes, construisit son nid dans la coquille et pondit des œufs.

Les poètes modernes n'ont pas oublié les Hirondelles ; et notre immortel Shakespeare mentionne le Martin, dans Macbeth, de la manière suivante :

« Cet invité de l'été,
Martlet, qui hante les temples, approuve,
par son manoir bien-aimé, que le souffle du ciel
sent ici une odeur séduisante. Pas de saillie, de frise,
de contrefort, ni de coin de vue, mais cet oiseau
a fait son lit pendant et son berceau de procréation :
là où ils se reproduisent et hantent le plus, j'ai observé,
l'air est délicat.

« L'Hirondelle », écrit Sir Humphry Davy, « est l'un de mes oiseaux préférés et un rival du rossignol, car il stimule mon sens de la vue autant que l'autre stimule mon sens de l'ouïe. Il est le joyeux prophète de l'année, le précurseur de la meilleure saison – il mène une vie de plaisir parmi les formes les plus vivantes de la nature – l'hiver lui est inconnu ; et il quitte les vertes prairies d'Angleterre en automne pour les myrrhes et les orangeraies d'Italie et pour les palmiers d'Afrique ; il a toujours des objets à poursuivre, et son succès est assuré. Même les êtres sélectionnés pour ses proies sont poétiques, beaux et éphémères. Les éphémères sont sauvés par son moyen d'une mort lente et lente le soir, et tués dans un moment où ils n'ont connu que du plaisir. Il est le destructeur constant des insectes, l'ami de l'homme et peut être considéré comme un oiseau sacré. Son instinct, qui lui donne sa saison et lui apprend quand et où se déplacer, peut être considéré comme découlant d'une source divine ; et il appartient aux oracles de la nature, qui parlent le langage terrible et intelligible d'une divinité actuelle.

L'Hirondelle ramonée est, sur la tête, le cou, le dos et la croupe, d'une couleur noire brillante, avec des reflets violets et parfois avec une teinte bleue ; la gorge et le cou sont de la même couleur ; la poitrine et le ventre sont blancs, avec une touche de rouge. La queue est fourchue et se compose de douze plumes. Les ailes sont de la même couleur que le dos. Les hirondelles se nourrissent de mouches et d'autres insectes ; et chassent généralement leurs proies en vol :

"Loin! loin! toi, oiseau d'été;
Car la voix gémissante de l'automne se fait entendre,
Dans une cadence sauvage et une houle de plus en plus profonde,
De l'approche sévère de l'hiver pour raconter.

MAISON MARTIN, OU HIRONDELLE DE FENÊTRE.

(*Hirundo urbica.*)

LE MARTIN est quelque chose de moins que l'hirondelle, avec une tête relativement grosse et une bouche large ; la couleur des parties supérieures est d'un noir bleuâtre, le croupion et toutes les parties inférieures du corps sont blancs, le bec est noir ; les pattes recouvertes d'un court duvet blanc.

Ces oiseaux commencent à apparaître vers le milieu d'avril et, pendant quelque temps, ne s'occupent plus de la nidification, mais s'amusent et jouent comme pour se ressourcer de la fatigue du voyage.

Si le temps s'avère favorable, il commence à se construire au début de mai, plaçant son nid généralement sous les avant-toits d'une maison, souvent contre un mur perpendiculaire : sans aucun rebord en saillie pour soutenir une quelconque partie du nid, tous les efforts sont nécessaires pour obtenir la première fondation solidement fixée, de manière à porter la superstructure en toute sécurité. A cette occasion, non seulement il s'accroche avec ses griffes, mais il se soutient en partie en inclinant fortement sa queue contre le mur, ce qui en fait un point d'appui ; et ainsi fixé, il plâtre les matériaux sur la face de la brique ou de la pierre. Mais pour que cet ouvrage, bien que mou, ne coule pas sous son propre poids, l'architecte prévoyant a la prudence et la patience de ne pas aller trop vite ; mais en construisant seulement le matin et en consacrant le reste de la journée à la nourriture et au divertissement, il lui laisse suffisamment de temps pour sécher et durcir. Par cette méthode, en une dizaine de jours, le nid est formé, solide, compact et chaud, et parfaitement adapté à tous les usages pour lesquels il est destiné. Mais rien n'est plus courant que le moineau domestique, aussitôt que la coquille est terminée, s'en empare, en expulse le propriétaire et l'aligne selon sa manière particulière. Parfois, cependant, les Martin se révèlent trop intelligents pour le moineau ; Lorsque l'intrus s'obstinait à conserver la possession du nid, on a vu les Martins se rassembler dans toutes les parties du voisinage, chacun apportant une boulette de boue, avec laquelle l'orifice du nid était bientôt bien fermé, et le malheureux moineau était alors laissé mourir de faim. L'Martin reviendra plusieurs saisons au même nid, où il se trouve être bien abrité et à l'abri des agressions climatiques. Ils engendrent les dernières hirondelles de toutes nos hirondelles, donnant souvent naissance à des jeunes encore inachevés, même à la Saint-Michel.

La première éclosion se compose de cinq œufs, qui sont blancs, tendant vers le sombre à l'extrémité la plus épaisse ; le second, de trois ou quatre ; et d'un tiers, de deux ou trois seulement. Pendant que les jeunes oiseaux sont confinés dans le nid, les parents les nourrissent en adhérant par les griffes à l'extérieur ; mais dès qu'ils sont capables de voler, ils reçoivent leur nourriture en vol, par un mouvement rapide et presque imperceptible.

« Bienvenue, bienvenue, étranger à plumes,
Maintenant le soleil fait sourire la Nature ;
Arrivé sain et sauf et libéré de tout danger,
bienvenue sur notre île fleurie.
FRANKLIN.

LE RAPIDE, (*Cypselus apus ,*)

CELUI QU'ON appelle parfois le Black Martin, arrive en Angleterre plus tard et part plus tôt qu'aucune de nos hirondelles. Le Swift est le plus grand de la tribu des hirondelles et le plus rapide dans son vol. Son nid, qui est généralement construit dans les crevasses des vieilles tours et clochers, est fait d'herbes séchées, de plumes, de fils et de matériaux similaires, collés ensemble par une sorte de crachat dont l'oiseau est muni. L'oiseau les ramasse en vol, avec une grande dextérité. Ils se posent rarement sur le sol, et si par accident ils tombent sur une surface plane, ils se redressent difficilement, à cause de la brièveté de leurs pattes et de la longueur de leurs ailes. Pendant la chaleur du jour, ils restent dans leurs trous et sortent le matin et le soir en quête de nourriture. On les voit alors en troupeaux, tournoyant autour de quelque édifice élevé, ou décrivant dans les airs une série infinie de cercles sur cercles. Les martinets volent plus haut et tournent avec des ailes plus audacieuses que les hirondelles, avec lesquelles ils ne se mêlent jamais.

LE CHÈVRE. (*Caprimulgus Europeaeus.*)

CET oiseau curieux, appelé aussi Engoulevent et Hibou fougère, arrive d'Afrique dans ce pays vers la mi-mai et repart généralement à la fin du mois d'août. Ces oiseaux se trouvent généralement dans les buissons bas, ou parmi des touffes de grandes fougères, et volent généralement la nuit : d'où leur nom de Fern Owl. Le bec est garni de poils, et le doigt du milieu de chaque pied est muni d'une griffe dentée comme un peigne. La femelle dépose ses œufs au sol, sans nid, et n'en pond que deux. Le nom de Goatsucker est né d'une idée absurde selon laquelle cet oiseau suçait le lait de la chèvre, à cause de son habitude de se coucher par terre près des vaches ou des chèvres, et d'attraper les mouches qui les tourmentent en se fixant sur leurs mamelles. M. Waterton, qui est certainement l'observateur le plus attentif de la nature qui ait jamais écrit sur l'histoire naturelle, déclare, dans un de ses ouvrages très intéressants, qu'il a fréquemment vu les Goatsuckers attraper des insectes de cette manière, et se sont ainsi révélés les meilleurs amis du monde. aux animaux qu'ils sont accusés d'ennuyer.

L'ALARK. (*Alauda arvensis.*)

« Va, oiseau mélodieux, qui réjouis les cieux,
Vers la fenêtre de Daphné, cours ton chemin ;
Et là, sur des pignons frémissants, s'élève,
Et là, ton art vocal se manifeste.
SHENSTONE.

L'ALOUETTE DES CHAMPS se distingue de la plupart des autres oiseaux par le long éperon sur la pointe arrière, la couleur terreuse de ses plumes et par son chant lorsqu'il monte dans les airs. Ces oiseaux font généralement leur nid dans les prairies parmi les herbes hautes, et la teinte de leur plumage ressemble tellement à celle du sol, que le corps de l'oiseau est à peine distinguable lorsqu'il court.

« La marguerite qu'il aime, où des touffes d'herbes
luxuriantes couronnent la crête : là, avec sa compagne,
il fonde leur maison solitaire, d'herbes desséchées
et d'herbes les plus grossières ; ensuite l'ouvrage intérieur,
avec des fibres de plus en plus fines encore,
l'entoure curieusement de sa poitrine mouchetée.
GRAHAME.

Les alouettes se reproduisent deux fois par an, en mai et juillet, élevant leurs petits en peu de temps. Ils sont pêchés en grande quantité en hiver et sont considérés comme un aliment de choix et délicat. C'est une observation mélancolique que l'homme devrait se nourrir et satisfaire son sens du goût avec ces mêmes oiseaux qui ont si souvent ravi son sens de l'ouïe avec leurs chants, lorsqu'ils annoncent à la création joyeuse le retour de leur meilleur ami, le soleil. La chaleur instinctive de l'attachement que la femelle Alouette des champs éprouve envers sa propre espèce, même lorsqu'elle n'est pas son nid, est remarquable. « Au mois de mai, raconte Buffon, on m'a amené une jeune poule qui ne pouvait se nourrir sans aide. Je l'ai fait élever ; et à peine avait-elle son envol que je reçus d'un autre endroit un nid de trois ou quatre alouettes encore vierges. Elle prenait beaucoup d'affection pour ces nouveaux venus, qui n'étaient qu'un peu plus jeunes qu'elle ; elle les soignait nuit et jour, les chérissait sous ses ailes et les nourrissait de son bec. Rien ne pouvait interrompre ses tendres offices. Si les jeunes lui étaient arrachés, elle volait vers eux dès qu'ils étaient libérés, et ne songeait pas à s'enfuir elle-même, ce qu'elle aurait pu faire cent fois. Son affection grandit sur elle ; elle négligeait la nourriture et la boisson ; elle eut enfin besoin du même soutien que sa progéniture adoptive, et expira enfin, dévorée de sollicitude maternelle. Aucun des jeunes ne lui survécut longtemps. Ils sont morts les uns après les autres ; tant ses soins étaient essentiels, également tendres et judicieux.

L'alouette monte presque perpendiculairement et par ressorts successifs dans les airs, où elle plane à une vaste hauteur. Sa descente se fait dans une direction oblique, à moins qu'il ne soit menacé par quelque oiseau de proie vorace, ou attiré par sa compagne, lorsqu'il tombe à terre comme une pierre. A sa première sortie de terre, ses notes sont faibles et interrompues ; mais, à mesure qu'il s'élève, ils gonflent progressivement jusqu'à atteindre leur plein ton. Comme le vol de l'Alouette a toujours lieu au lever du soleil, il y a quelque chose dans le paysage qui rend son chant particulièrement délicieux : le matin d'ouverture, le paysage à peine doré par les rayons du soleil qui revient, et la beauté des objets environnants, tout contribue pour accroître notre goût pour sa mélodie agréable.

"——— L'alouette surgit,
à la voix aiguë et bruyante, le messager du matin,
avant que les ombres ne s'envolent, lui, monté, chante
au milieu des nuages naissants, et de leurs repaires
appelle les nations mélodieuses."
THOMPSON.

"Hélas! ce n'est pas ton doux voisin,
La Bonnie Lark, compagnon rencontré !
Penche-toi pour manger la rosée humide !
Avec une poitrine mouchetée,
lorsqu'elle s'élève vers le haut, elle salue
l'est pourpre.
BRÛLE.

« Tôt, joyeux, montant Lark,
doux huissier de Light, commis du matin,
dans des notes joyeuses ravissantes. »
MONSIEUR JOHN DAVIS.

L'Alouette des Bois. (*Alauda arborea.*)

CETTE espèce est plus petite que l'alouette des champs et sa voix est plus grave ; elle a aussi un cercle de plumes blanches entourant la tête, d'un œil à l'autre, comme une couronne ou une couronne, et la plume la plus extrême de l'aile est beaucoup plus courte que la seconde, alors que chez l'alouette commune, elles sont à peu près égales. Cet oiseau imite parfois le rossignol ; c'est pour cela qu'en déversant sa douce mélodie dans le bosquet, au cours d'une nuit silencieuse, il se trompe souvent. Ces oiseaux s'assoient et se perchent sur les arbres, contrairement à l'alouette commune, qui reste toujours au sol. Ils construisent leur nid au pied d'un buisson, près du bas d'une haie ou dans les herbes hautes et sèches. Le nombre de leurs œufs est d'environ quatre, d'une couleur pâle, joliment marbrée et nuageuse de rouge et de jaune. Comme l'alouette des champs, ils se rassemblent en grands groupes par temps glacial. Leur nourriture habituelle se compose de petits coléoptères, chenilles et autres insectes, ainsi que de graines de nombreuses espèces de plantes sauvages.

"Le rayon du matin s'élevait sur les collines verdoyantes,
le chant de l'alouette résonnait dans la plaine,
la belle nature sentait l'étreinte chaleureuse du jour
et souriait pendant tout son règne animé."
LANGBOURN.

LA Mésange, OU TOM-TIT. (*Parus cæruleus.*)

LA Mésange À LONGUE QUEUE. (*Parus caudatus.*)

LA mésange commune ou Tom-tit est un très petit oiseau, mesurant seulement quatre pouces et demi de longueur. Il a la tête bleue, les joues blanches et une bande blanche sur chaque œil ; son dos est verdâtre, ses ailes et sa queue bleues et la face inférieure de son corps jaune. Cet oiseau, et toutes les espèces qui lui sont apparentées, vivent d'insectes ainsi que de graines. Lorsqu'elle est gardée en cage, il est vraiment amusant de voir avec quelle rapidité la mésange se précipite sur toute mouche ou papillon de nuit qui se présente imprudemment à sa portée. Si cette espèce de nourriture lui manque, comme cela arrive généralement en hiver, il se nourrit de plusieurs espèces de graines, et particulièrement de celle du tournesol, qu'il tient adroitement debout entre ses griffes et frappe puissamment avec son petit bec pointu, jusqu'à ce que la couverture noire se fend et cède son contenu blanc à l'oiseau persévérant. Sa nourriture générale consiste en insectes, qu'il cherche dans les crevasses de l'écorce des arbres, et lorsqu'il s'occupe ainsi, s'accrochant dans toutes les positions possibles aux branches, il ressemble à un très petit perroquet bleu. En hiver, la Mésange visite nos jardins et vergers, où on la voit souvent cueillir en morceaux les bourgeons des arbres fruitiers ; mais ce faisant, il ne cause que peu ou pas de tort au jardinier, son objectif étant de capturer des insectes qui causeraient probablement bien plus de dégâts au cours de l'été suivant. Le nid de la Mésange est construit dans le trou d'un arbre ou d'un mur ; la femelle pond habituellement huit ou dix œufs et, lorsqu'elle est assise, défend son nid avec beaucoup de courage, picorant si vigoureusement les doigts des garçons que, dans certaines régions du pays, elle est connue sous le nom de Billy Biter. La *Mésange à longue queue* est également un oiseau commun dans les haies, les vergers et les plantations. C'est un petit garçon actif et vif, et ses habitudes ressemblent à la mésange commune.

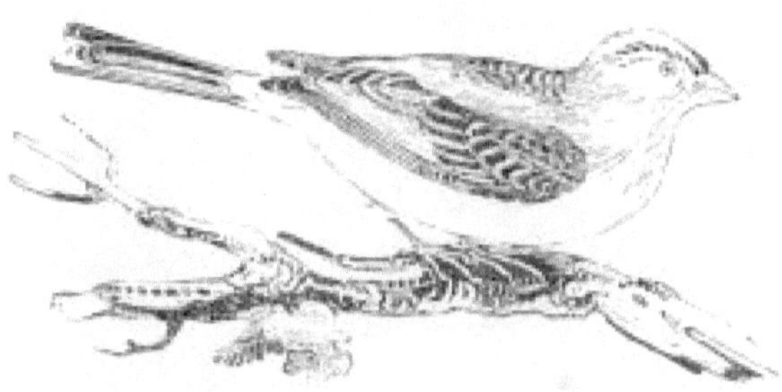

LE YELLOWHAMMER, OU BUNTING JAUNE.
(*Emberiza citrinella.*)

CET oiseau est un peu plus gros que le moineau. Sa tête est d'un jaune verdâtre, tachetée de brun ; la gorge et le ventre sont jaunes ; la poitrine et les côtés, sous les ailes, étaient mêlés de rouge. Ces oiseaux construisent leurs nids au sol, près d'un buisson, où la femelle pond cinq ou six œufs. On peut parfois voir le Yellowhammer perché sur le doigt d'un pauvre homme ou d'une femme pauvre dans les rues de Londres, dans un état d'apprivoisement complet ; mais c'est l'effet passager de l'ivresse, et peu après que l'oiseau a été acheté et ramené à la maison, il meurt, vaincu par la puissance du laudanum qui lui a été donné.

Cet oiseau se nourrit de graines et de diverses sortes d'insectes, et est commun dans chaque ruelle, sur chaque haie, dans tout le pays, voletant devant le voyageur et autour des buissons. Heureusement pour lui, nous n'avons pas encore acquis le goût des indigènes de l'Italie, où le Yellowhammer est chaque jour victime de la délicatesse de la table, et où sa chair est estimée très délicieuse à manger. Là, il est souvent engraissé, dans le but de satisfaire le palais des épicuriens.

L'Ortolan (*Emberiza hortulana*), qui est une autre espèce du même genre, est commun dans les provinces centrales et méridionales de l'Europe, où il est considéré comme un aliment au goût exquis. Lorsqu'on le prend pour la première fois, il est souvent très maigre, mais s'il est nourri en abondance, on dit qu'il est si gourmand qu'il mange jusqu'à mourir de satiété.

LE WHEATEAR ET WHIN CHAT.

(*Saxicola ænanthe* et *S. rubetra* .)

LE TRAQUET MOTTEUX est l'un de nos premiers visiteurs et peut être trouvé dans toutes les régions de Grande-Bretagne. Dans le Nord, il fréquente généralement les tas de pierres, les ruines ou les murs de pierres sèches des cimetières, et bien qu'il soit un très bel oiseau, et qu'il chante doucement au début de la saison, ses repaires lui ont valu une mauvaise réputation. La note d'alarme commune ressemble au son émis en cassant des pierres avec un marteau, et comme elle émet cette note du haut du tas qui recouvre peut-être les os de celui qui a péri dans la tempête, ou sa propre main, l'imagination populaire n'a pas a associé anormalement le Traquet motteux à la superstition qui appartient au lieu des tombes. Sous ce tas de pierres, ou dans quelque jachère voisine, on découvre son nid, formé de mousse et d'herbes sèches, tapissé de poils, de plumes ou de laine, et contenant cinq ou six œufs d'un blanc bleuâtre délicat. Ces oiseaux se rassemblent dans les collines du sud vers la mi-juillet ; on les prend alors en grand nombre, dans des nœuds en crin de cheval, placés entre deux morceaux de gazon retournés l'un contre l'autre.

Le Whin Chat est un bel oiseau, de forme compacte, au plumage riche et élégant. Son chant, particulièrement doux et suave, s'entend au printemps sur les lisières broussailleuses et les ajoncs des vastes landes. Son nid, construit dans d'épaisses touffes d'herbe et sous des buissons, est soigneusement dissimulé. On s'en approche généralement par un labyrinthe dont le lever de l'oiseau ne donne aucune indication, et on peut le chercher longtemps en vain, bien que peut-être à moins d'un mètre de distance tout le temps. Les œufs sont vert bleuâtre, sans aucune tache, et ne sont jamais au nombre de six.

Les lignes suivantes, adressées à l'anglais Ortolan, ou Wheatear, par Mme Charlotte Smith, font allusion à la timidité insensée de cet oiseau :

« Pour vous emmener, les jeunes bergers préparent
le gazon creux, le piège filiforme,
De ces faibles terreurs bien conscientes,
Qui vous demandent en vain de redouter
Les ombres flottant sur les bas,
Ou le vent murmurant, qui autour des pierres
De quelque vieux phare, en gémissant. ,
C'est à peine si la tête d'un chardon bouge.
Et si un nuage obscurcit le soleil,
avec un cœur faible et palpitant, vous courez
dans le piège, vous devez l'éviter,
et ne partir qu'une fois mort.

LE MOINEAU. (*Passer domestique.*)

CET oiseau est, après le rouge-gorge, le plus hardi de la petite tribu à plumes qui fréquente nos granges et nos maisons : c'est un petit être courageux, et combat sans relâche des oiseaux dix fois plus gros que lui. Les moineaux sont accusés de détruire une grande quantité de blé, et dans plusieurs comtés, le propriétaire ou le fermier met à prix la tête d'un moineau ; mais le fermier est la personne la plus blessée par ce plan, car les bons moineaux, en débarrassant la terre des chenilles, font plus que compenser la perte de grain qu'ils détruisent. M. Bradley, dans son Treatise on Husbandry and Gardening, montre, par un calcul, qu'un couple de moineaux, pendant le temps où ils ont leurs petits à nourrir, détruit en moyenne, chaque semaine, trois mille trois cent soixante chenilles. .

Cet oiseau s'apprivoise facilement et sautille dans la maison et sur la table avec une grande familiarité. Il se nourrit de tout et apprécie particulièrement la viande coupée en petits morceaux. Le chant du moineau, si l'on peut ainsi appeler son gazouillis, est loin d'être agréable : cela ne vient cependant pas d'un manque de puissance, mais du fait qu'il s'intéresse uniquement à la note de l'oiseau parent. Un moineau, une fois envolé, était retiré du nid et élevé sous une linotte : il entendait aussi par hasard un chardonneret ; et son chant était par conséquent un mélange des deux. Le mâle se distingue particulièrement par une tache noir de jais sous le bec sur fond blanchâtre. Les moineaux se trouvent dans presque tous les pays du monde.

LE LINOTTE, (*Fringilla linota* ou *Linota cannabina* .)

A à peu près la taille du chardonneret ; et compense, par une voix extrêmement mélodieuse, le manque de variété de son plumage, qui, sauf chez l'espèce à poitrine rousse, est presque entièrement d'une seule couleur. Ses talents musicaux sont, comme ceux de beaucoup d'autres oiseaux, récompensés par la captivité ; car on le garde en cage à cause de son chant.

Le mât rouge (*Fringilla linaria*) est une petite espèce de linotte, d'un peu plus de quatre pouces de longueur, qui se distingue par une tache rouge sang profond sur le sommet de la tête. Il visite la Grande-Bretagne à l'automne et reste avec nous pendant l'hiver, sa résidence d'été préférée se trouvant loin dans le nord. Les oiselets sont capturés en grand nombre par les ornithologues amateurs en automne. Leur seul chant est une note gazouillante, mais ils sont souvent attachés par une attelle et une chaîne à une cage ouverte et entraînés à puiser leur eau dans un seau.

La Linotte verte est un peu plus grande que le moineau domestique. Sa tête et son dos sont d'un vert jaunâtre, les bords des plumes grisâtres ; la croupe et la poitrine sont plus jaunes. Le plumage de la femelle est beaucoup moins vif, tendant vers le brun. Son chant est insignifiant, mais en confinement, il devient apprivoisé et docile, et capte les notes des autres oiseaux.

L'OISEAU CANARI. (*Fringilla* ou *Carduelis canaria* .)

COMME son nom l'indique, cet oiseau est originaire des îles Canaries ; où, à l'état sauvage, il a un plumage gris sombre et une voix beaucoup plus forte que lorsqu'il est en cage. Dans nos pays du nord, ses plumes subissent une grande altération ; et l'oiseau devient souvent entièrement blanc ou jaune. De cet oiseau, Buffon dit : « que si le rossignol est la chanteuse des bois, le Canari est le musicien de chambre ; le premier doit tout à la nature, le second quelque chose à l'art. Avec moins de force d'orgue, moins d'étendue de voix et moins de variété de notes, le Canari a une meilleure oreille, une plus grande facilité d'imitation et une mémoire plus rémanente ; et comme la différence de génie, surtout parmi les animaux inférieurs, dépend dans une grande mesure de la perfection de leurs sens, le Canari, dont l'organe de l'ouïe est plus susceptible de recevoir et de retenir les impressions étrangères, devient plus social, plus apprivoisé et plus familier. ; est capable de gratitude et même d'attachement ; ses caresses sont attachantes, ses petites humeurs innocentes et sa colère ne blesse ni n'offense. Son éducation est facile ; nous l'élevons avec plaisir, parce que nous pouvons l'instruire. Il laisse la mélodie de sa propre note naturelle, pour écouter la mélodie de nos voix et de nos instruments. Il nous accompagne et rembourse avec intérêts le plaisir qu'il reçoit, tandis que le rossignol, plus fier de son talent, semble désireux de le conserver dans toute sa pureté, du moins il paraît attacher très peu de prix au nôtre, et c'est avec beaucoup d'intérêt. difficulté qu'il peut apprendre n'importe lequel de nos airs. Il les méprise et ne manque jamais de revenir à ses propres notes de bois sauvages. Sa pipe est un chef-d'œuvre de la nature, que l'art humain ne peut ni altérer ni améliorer ; tandis que celui du Canari est un modèle en matériaux plus souples, que l'on peut modeler à volonté ; et par conséquent il contribue dans une bien plus grande mesure aux plaisirs de la société. Il chante en toutes saisons, nous réjouit dans les temps les plus maussades et ajoute à notre bonheur, en amusant les jeunes et en ravissant les reclus, en charmant l'ennui du cloître et en réjouissant l'âme des innocents et des captifs. Il se reproduit généralement deux fois par an lorsqu'il est domestiqué ; et il arrive parfois que la femelle pond ses œufs une seconde fois avant que la première couvée ne soit envolée. Le mâle prend alors gentiment place sur les œufs pendant qu'elle nourrit les petits, et les nourrit à son tour, lorsqu'elle s'assoit dans le nid. Ils sont très facilement apprivoisés lorsqu'ils sont élevés avec attention et gentillesse, et prennent leur nourriture des mains, se perchant souvent sur l'épaule de leur maîtresse et se nourrissant de sa bouche. L'oiseau canari est parfois, et avec succès, associé à la linotte ou au chardonneret ; et le produit est un bel oiseau, partageant les talents et le plumage des deux.

Les canaris vivent douze ou treize ans sous notre climat et chantent bien jusqu'à la fin de leur vie.

La curieuse anecdote suivante concernant l'un de ces oiseaux est racontée par le Dr Darwin : « En observant un canari chez un gentleman près de Tutbury, dans le Derbyshire, on m'a dit qu'il s'évanouissait toujours lorsque sa cage était nettoyée ; et je désirais voir l'expérience. La cage étant retirée du plafond et le fond tiré, l'oiseau se mit à trembler et devint tout blanc autour de la racine du bec : il ouvrit alors la bouche, comme pour reprendre haleine, et respira vivement ; se redressa sur son perchoir, déploya ses ailes, déploya sa queue, ferma les yeux et parut tout raide pendant une demi-heure ; jusqu'à ce qu'à la fin, avec beaucoup de tremblements et de profondes respirations, il revienne progressivement à lui-même.

Il y a quelques années, un Français a exposé à Londres vingt-quatre Canaries, dont beaucoup, disait-il, étaient âgés de dix-huit à vingt-cinq ans. Certains d'entre eux se tenaient en équilibre, la tête en bas, sur les épaules, les pattes et la queue en l'air. L'un d'eux, prenant dans ses griffes un mince bâton, passa la tête entre ses jambes, et se laissa retourner, comme s'il était en train d'être rôti. Un autre se balançait d'avant en arrière sur une sorte de corde détendue. Un troisième était vêtu d'un uniforme militaire, coiffé d'une casquette sur la tête, portant une épée et une pochette, et portant dans une griffe une lance-feu : après quelque temps assis, cet oiseau, sur un mot d'ordre, se dégagea de sa robe, et s'est envolé vers la cage. Un quatrième se laissa tirer dessus, et tombant comme mort, fut mis dans une petite brouette et emmené par un de ses camarades !

LE CHAFFINCH. (*Fringilla cœlebs.*)

LE PINSON a les mêmes dimensions que le moineau, mais sa forme est plus légère et plus élégante. Son nid, de construction la plus belle et la plus élaborée, est composé de mousses et de lichens, entrelacés et tapissés de laine, de poils et de plumes. « Quatre ou cinq œufs, dit M. Waterton, c'est le nombre habituel que contient le nid du pinson, et parfois seulement trois. L'épine et la plupart des arbustes à feuilles persistantes, les pousses des fûts des arbres forestiers, le lyre, le pleurnicheur, l'églantier et parfois la ronce, sont les lieux de nidification préférés de cet oiseau. Comme tous ses congénères, il ne couvre jamais ses œufs en sortant du nid, car ses petits naissent à l'aveugle. Il y a quelque chose de particulièrement agréable dans le chant de cet oiseau. Peut-être que l'association d'idées peut ajouter un peu à la valeur de sa mélodie ; car quand j'entends la première note du pinson, je sais que l'hiver est à la veille de son départ, et que le soleil et le beau temps ne sont pas loin. Le pinson ne chante jamais lorsqu'il est en vol ; mais il gazouille sans cesse sur les arbres et sur les haies, depuis le début de février jusqu'à la deuxième semaine de juillet ; et alors (si l'oiseau est en état de liberté) son chant cesse complètement.

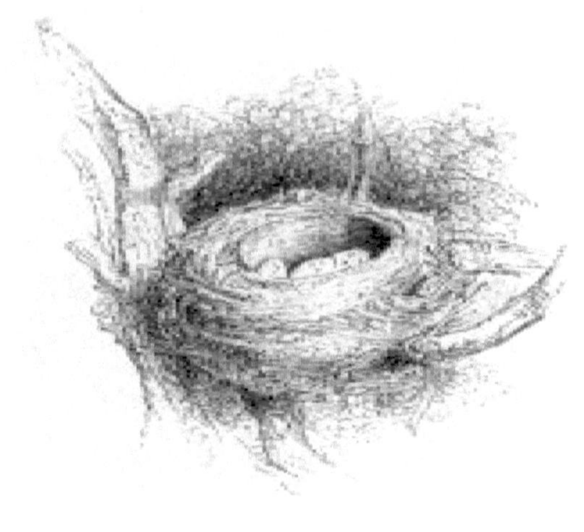

LE BOUVreuil. (*Loxia pyrrhula.*)

C'EST un oiseau très docile, et imite presque le son d'une pipe ou le sifflet de l'homme, avec sa voix dont la douceur est vraiment charmante. Les amateurs d'oiseaux le considèrent comme surpassant tous les autres petits oiseaux, à l'exception de la linotte, par la douceur de ses tons et par la variété de ses notes. En captivité, sa mélodie semble être autant un réconfort pour lui-même qu'un plaisir pour son maître. Le jour, et même lorsque le soir a réclamé l'éclairage artificiel des bougies, le Bouvreuil poursuit ses efforts mélodieux, et s'il y a d'autres oiseaux dans l'appartement, les réveille doucement pour l'agréable tâche de chanter de concert avec lui. Ses notes sont sur l'une des tonalités les plus basses de la gamme des oiseaux.

Le plumage du Bouvreuil est beau, bien que simple et uniforme, composé seulement de trois ou quatre couleurs. Chez le mâle, une jolie couleur écarlate ou pourpre orne la poitrine, la gorge et les mâchoires, jusqu'aux yeux ; le sommet de la tête est noir ; le croupion et la queue sont blancs ; le cou et le dos sont gris ou plombés. Le nom de cet oiseau vient du fait que sa tête et son cou sont, comme ceux du taureau, très grands par rapport au corps. La femelle ne partage pas avec le mâle l'éclat des couleurs du plumage. Les bouvreuils construisent leurs nids dans les jardins et les vergers, et particulièrement dans les endroits riches en arbres fruitiers, car ils sont passionnés par les fruits, qu'ils détruisent souvent avant qu'ils ne soient mûrs.

LE Chardonneret.

(*Fringilla carduelis* ou *Carduelis elegans* .)

CET oiseau est également appelé Chardon, en raison de son penchant pour les graines de cette plante. Il est très beau, son plumage est élégamment diversifié, sa forme petite mais agréable et sa voix n'est pas forte mais douce. Il est facilement apprivoisé, et souvent exhibé en captif, avec une chaîne autour du corps, remontant avec peine, mais avec une dextérité étonnante, deux petits seaux alternativement, l'un contenant sa viande, l'autre sa boisson. S'il est vieux au moment de la capture, le chardonneret, après quelques semaines, s'il est bien soigné et traité avec douceur, devient aussi familier que s'il avait été élevé par la main de son gardien. Certains ont appris à tirer une petite pièce d'artillerie et à se livrer à l'exercice de forage, au grand étonnement des spectateurs ; mais le traitement cruel et sévère que subissent les animaux, lorsqu'on leur apprend des performances tout à fait contraires à leur nature, devrait nous empêcher d'encourager de telles exhibitions.

Cet oiseau, comme conscient de la beauté de son plumage, aime se regarder dans une lunette, parfois fixée à cet effet au fond de la cage. L'art avec lequel il compose et construit son nid est vraiment digne d' admiration ; il est généralement entrelacé de mousse, de petites brindilles, de crin de cheval et d'autres matériaux souples ; l'intérieur est soigneusement rembourré de duvet fin et de touffes de cotonnade. La femelle y dépose cinq ou six œufs blanchâtres marqués à leur extrémité supérieure de points violets.

« Le Chardonneret tisse, avec du duvet de saule incrusté,
Et des touffes de cannach, sa merveilleuse demeure ;
Et souvent suspendu au bout souple
des embruns des platanes, parmi les pousses à larges feuilles,
le minuscule hamac se balance à chaque coup de vent.
Parfois, dans les fourrés les plus proches, il est caché ;
Parfois en haie luxuriante, où la bruyère,
la ronce et la branche de prunier
se faufilent à travers l'épine, surmontées des fleurs
de vesce grimpante et de chèvrefeuille sauvage.
GRAHAME.

Les lignes suivantes ont été écrites par Cowper sur un chardonneret mort de faim dans sa cage. Le chardonneret parle :

« Il fut un temps où j'étais libre comme l'air,
la graine duveteuse du chardon était mon repas,
ma boisson la rosée du matin ;
Je me suis perché à volonté sur chaque gerbe,
Ma forme distinguée, mon plumage gai,
Mes souches toujours nouvelles.

« Mais un plumage criard, une allure vive,
et une forme distinguée étaient tous vains,
et d'une date passagère ;
Car attrapé et mis en cage, et mort de faim,
Dans mes soupirs mourants, mon petit souffle
a bientôt dépassé la grille filaire.

« Merci, doux auteur de mes malheurs,
Merci pour cette clôture des plus efficaces
et la guérison de tous les maux.
Ne réprime jamais ta cruauté !
Car moi, si tu m'avais montré moins,
j'aurais été encore ton prisonnier.

Le bec-croisé. (*Loxia curvirostra.*)

LE BEC-CROISÉ est originaire des vastes forêts de pins du nord de l'Europe et n'est en aucun cas abondant en Angleterre. Le bec de cet oiseau singulier est d'une longueur considérable, et les mandibules vers la pointe sont très pointues et fortes, courbées dans des directions opposées, de sorte que lorsqu'elles sont fermées, les pointes se croisent, d'où l'oiseau tire son nom. Cette curieuse organisation leur permet d'obtenir avec la plus grande facilité leur nourriture, qui consiste principalement en graines de cônes de sapin. Ces graines, longtemps après avoir mûri, sont si fermement enfermées dans leurs écailles ligneuses, que le bec d'aucun oiseau ordinaire ne pourrait les atteindre. En se fixant en travers du cône, le Bec-croisé rapproche immédiatement les mandibules de son bec l'une sur l'autre, et les insinue entre les écailles, puis en les forçant latéralement, les écailles s'ouvrent. Les mandibules sont à nouveau mises en contact, entre les écailles, et l'oiseau prélève alors la graine avec leurs pointes. Il est très intéressant de constater qu'une structure aussi anormale que celle du bec du Bec-croisé est réellement bénéfique à la créature et non, comme on l'affirmait autrefois avec désinvolture, un défaut ou une erreur de la nature.

LE REGARD, OU STARLING, (*Sturnus vulgaris* ,)

A à peu près la taille et la forme d'un merle ; les pointes des plumes du cou et du dos sont jaunes ; les plumes sous la queue sont de couleur cendrée ; les autres parties du plumage sont noires, avec un brillant violet ou bleu foncé, changeant selon l'exposition à la lumière. Chez la poule, le bout des plumes de la poitrine et du ventre, jusqu'à la gorge, est blanc ; ce qui constitue un point important dans le choix de l'oiseau, la femelle n'étant pas chanteuse. Elle pond quatre ou cinq œufs, légèrement teintés d'une teinte bleue verdâtre. Les étourneaux se construisent dans les arbres creux et les fentes des rochers et des murs, sont très facilement apprivoisés et peuvent ajouter à leurs notes naturelles tous les mots ou modulations qui leur sont enseignés.

Pendant la saison hivernale, les étourneaux se rassemblent en vastes bandes et peuvent être reconnus de loin grâce à leur mode de vol tourbillonnant. Le soir est le moment où ils se rassemblent en plus grand nombre et se dirigent vers les marais et les marais. Sterne a immortalisé l'Étourneau sansonnet dans son « Voyage sentimental » : « L'oiseau s'est envolé vers l'endroit où je tentais sa délivrance et, passant sa tête à travers le treillis, il a appuyé sa tête contre celui-ci, comme s'il était impatient. — « Je crains, pauvre créature, dis-je, je ne peux pas te remettre en liberté. — Non, dit l'Étourneau, je ne peux pas sortir. « Déguise-toi comme tu veux, esclavage, dis-je, tu es toujours une potion amère ! »

L'OISEAU-BOWER EN SATIN.

(*Ptilonorhynchus holosericeus.*)

CET oiseau singulier a été présenté pour la première fois à l'attention du public par M. Gould, dans son splendide ouvrage, les « Oiseaux d'Australie », dont les extraits suivants sont donnés avec la permission de son auteur. La circonstance la plus remarquable relative à cet oiseau est la construction d'un immeuble en forme de tonnelle, dont l'objet, semble-t-il, est une sorte de terrain de jeu ou de salle de réunion.

« Le Satin Bower-bird », dit M. Gould, « n'est pas une espèce stationnaire, mais semble se déplacer d'une partie d'un district à l'autre, soit dans le but d'en varier la nature, soit d'obtenir un approvisionnement plus abondant en espèces. nourriture. A en juger par les nombreux spécimens que j'ai disséqués, il semblerait qu'il soit à la fois granivore et frugivore ; ou, sinon exclusivement, que les insectes ne constituent qu'une petite partie de son régime alimentaire. Les broussailles qu'il habite sont parsemées d'énormes figuiers, dont quelques-uns s'élèvent à deux cents pieds de hauteur ; parmi les hautes branches dont l'Oiseau satiné trouve, dans le petit figuier sauvage dont les branches sont chargées, une provision abondante de sa nourriture favorite : cette espèce commet aussi des déprédations considérables sur le maïs en train de mûrir. Il semble avoir des moments particuliers dans la journée pour se nourrir, et lorsqu'il est ainsi engagé parmi les arbres bas ressemblant à des arbustes, je me suis approché à quelques pieds sans créer d'alarme ; mais à d'autres moments, j'ai trouvé cet oiseau extrêmement timide, en particulier les vieux mâles, qui se perchent souvent sur la branche la plus haute de l'arbre le plus élevé, d'où ils peuvent surveiller tout autour et observer les mouvements des femelles et de leurs petits dans les broussailles. ci-dessous. Outre le cri liquide fort propre au mâle, les deux sexes émettent fréquemment une note dure, désagréable et gutturale, révélatrice de surprise ou de mécontentement. Les vieux mâles noirs sont extrêmement peu nombreux, comparés aux femelles et aux jeunes oiseaux mâles en robe verte, d'où, et d'autres circonstances, je suis amené à croire qu'il s'écoule au moins deux, sinon trois ans, avant qu'ils atteignent le riche plumage satiné, qui, une fois parfaitement assumé, n'est, je crois, plus jamais perdu. Les structures extraordinaires en forme de tonnelle mentionnées ci-dessus sont généralement placées à l'abri des branches de quelque arbre en surplomb dans la partie la plus retirée de la forêt et diffèrent considérablement en taille. La base consiste en une plate-forme étendue et plutôt convexe de bâtons, fermement entrelacés, au centre de laquelle le berceau lui-même est construit : celle-ci, comme la plate-forme sur laquelle il est placé et avec laquelle il est entrelacé, est formée de bâtons et brindilles, mais d'une description plus mince et flexible, les pointes des brindilles étant disposées de manière à se courber vers l'intérieur et à se rejoindre presque au sommet : à l'intérieur de la tonnelle, les matériaux sont placés de telle sorte que les fourches des brindilles sont toujours présenté vers l'extérieur, par lequel disposition aucun obstacle n'est offert au passage des oiseaux. L'intérêt de ce curieux écrin est encore accru par la manière dont il est décoré à l'entrée et près de l'entrée avec les objets les plus colorés que l'on puisse collectionner, tels que les plumes bleues de la queue des perroquets à bec rose et des perroquets pennantiens, les os blanchis, les coquilles d'escargots, etc.; certaines plumes sont coincées parmi les brindilles, tandis que d'autres, avec des os et des coquilles, sont éparpillées près des entrées. La propension de ces oiseaux à ramasser et à s'envoler avec n'importe quel objet attrayant est si bien connue des indigènes, qu'ils recherchent toujours dans les pistes tout petit objet manquant, comme le fourneau d'une pipe, etc., qui aurait pu être trouvé. tombé accidentellement dans la brosse. J'ai moi-même trouvé à l'entrée de l'un d'eux un petit tomahawk en pierre bien travaillé, d'un pouce et demi de longueur, accompagné de quelques morceaux de chiffons de coton bleu, que les oiseaux avaient sans doute ramassés dans un campement déserté d'indigènes. . Dans quel but ces curieuses tonnelles sont faites n'est peut-être pas encore complètement compris; ils ne sont certainement pas utilisés comme nid, mais comme lieu de villégiature pour de nombreux individus des deux sexes, qui, lorsqu'ils s'y rassemblent, courent à travers et autour de la tonnelle d'une manière sportive et ludique, et cela si fréquemment qu'il est rarement entièrement déserte. »

LE CORBEAU. (*Corvus Corax.*)

« Le Corbeau est assis
Sur la pierre du corbeau,
Et son aile noire vole
Au-dessus de l'os blanc laiteux ;
D'avant en arrière, tandis que soufflent les vents nocturnes,
La carcasse de l'assassin se balance :
Et là seul, sur la pierre de corbeau,
Le Corbeau bat ses ailes sombres.
Les chaînes grincent, et son bec d'ébène
grince jusqu'à la fin du son creux :
Et c'est l'air au clair de lune,
sur lequel les sorcières dansent leur ronde.
Le Manfred de Byron.

Le Corbeau mesure environ vingt-six pouces de longueur et pèse environ trois livres. Le bec est fort, noir et crochu à l'extrémité. Le plumage de tout le corps d'un noir brillant, lustré d'un bleu profond ; l'arrière de la partie inférieure tend vers une couleur sombre. Il est d'un caractère fort et robuste et habite tous les climats du globe. Il construit son nid dans les arbres ; et la femelle dépose cinq ou six œufs de couleur vert pâle, tachetés de brun. On dit que la vie de cet oiseau s'étend sur un siècle ; et même au-delà de cette période, si l'on en croit les récits de plusieurs naturalistes sur le sujet. Le Corbeau unit l'appétit vorace du corbeau à la malhonnêteté du chou et à la docilité de presque tous les autres oiseaux. Il se nourrit principalement de petits animaux ; et on dit qu'il détruit les lapins, les jeunes canards et les poulets, et parfois même les agneaux, lorsqu'ils tombent dans un état de faiblesse. Dans les régions du nord, il se nourrit de charognes, de concert avec l'ours blanc, le renard arctique et l'aigle. La faculté de l'odorat chez ces oiseaux doit être très aiguë ; car dans les jours d'hiver les plus froids, à la baie d'Hudson, lorsque toute sorte d'effluvium est presque instantanément détruite par le gel, des buffles et d'autres bêtes ont été tués, là où aucun de ces oiseaux n'a été vu ; mais en quelques heures on en a trouvé des dizaines, rassemblés sur place, pour ramasser le sang et les abats. Le Corbeau possède de nombreuses qualités divertissantes et espiègles ; il est actif, curieux, sagace et impudent ; glouton de nature, voleur par habitude, avare de caractère et fripon en pratique. Il aime ramasser n'importe quelle petite pièce d'argent, morceaux de verre ou tout objet brillant, qu'il cache soigneusement sous les avant-toits ou dans tout autre endroit inaccessible. Il s'apprivoise facilement ; et, comme le perroquet et l'étourneau, peut imiter la voix humaine en articulant des mots. Au siège du marquis d'Aylesbury, dans le Wiltshire, un corbeau apprivoisé, à qui on avait appris à parler, avait l'habitude de se promener dans le parc, où il était généralement accompagné et assailli de corbeaux, de freux et d'autres de sa tribu curieuse. Lorsqu'un nombre considérable d'entre eux étaient rassemblés autour de lui, il relevait la tête et criait d'une voix rauque et creuse Holloa ! Cela mettrait instantanément en fuite et disperserait ses frères noirs ; tandis que le Corbeau semblait apprécier la frayeur qu'il avait occasionnée. Une fois domestiqué, le Corbeau rend de grands services, à la fois comme charognard et comme gardien, dans ce dernier cas il est plus alerte et vigilant que presque tout autre animal. Le Corbeau était l'enseigne des envahisseurs Danois, et les préjugés ainsi engendrés contre l'oiseau ne sont pas encore tout à fait éteints. De sa persévérance dans l'acte d'incubation, M. White raconte la singulière anecdote suivante :

« Au centre d'un bosquet près de Selborne, se trouvait un chêne qui, bien que dans l'ensemble beau et haut, se renflait en une grande excroissance près du milieu de la tige. Sur cet arbre, deux corbeaux avaient fixé leur résidence depuis une telle série d'années, que le chêne se distinguait par le titre de « Corbeau ». Nombreuses furent les tentatives des jeunes voisins pour atteindre ce nid : la difficulté aiguisait leurs inclinations, et chacun avait l'ambition de surmonter cette tâche ardue ; mais quand ils arrivèrent au renflement, celui-ci s'avançait tellement sur leur chemin et était si hors de leur portée, que les jeunes gens les plus audacieux furent découragés et reconnurent que l'entreprise était trop hasardeuse. Ainsi les Corbeaux continuèrent à bâtir, nid sur nid, en parfaite sécurité, jusqu'au jour fatal où il fallut raser le bois. C'était au mois de février, lorsque ces oiseaux se reposent habituellement. La scie était appliquée sur le tronc, les cales étaient insérées dans l'ouverture, le bois résonnait aux coups violents du maillet, l'arbre hochait la tête à sa chute ; mais le barrage persistait toujours à rester assis. Enfin, quand il céda, l'oiseau fut jeté hors de son nid ; et bien que son affection parentale méritait un sort meilleur, elle a été fouettée par les brindilles, qui l'ont amenée morte à terre !

Le coassement du Corbeau était autrefois considéré comme une note de mauvais augure :

« Le Corbeau coassait pendant qu'elle s'asseyait à son repas,
Et la vieille femme savait ce qu'il disait ;
Et elle pâlit au récit du Corbeau,
et tomba malade et alla se coucher.

Le corbeau charognard. (*Corvus couronne.* **)**

CET oiseau est de taille inférieure à celle du corbeau. Le bec est fort, épais et droit. La couleur générale est noire, sauf les extrémités des plumes qui sont d'une teinte grisâtre. Son plaisir est de se nourrir de carcasses et d'animaux morts, ou de malfaiteurs exposés sur le gibet. Il se perche sur les arbres et consomme de la nourriture animale et végétale. Les corbeaux, comme les freux, sont grégaires et volent souvent en grandes compagnies dans les champs ou dans les bois. Sur les landes des hautes terres, les corbeaux occupent la place que les freux occupent dans les basses terres ; et comme le Corbeau a une voix très grossière et grossière, les Lowlanders d'Écosse ont l'habitude de dire que les freux des Highlands « parlent gaélique ». Ce sont de grands destructeurs d'œufs de perdrix, car ils les transpercent souvent avec leur bec et les transportent ainsi dans les airs à une grande distance pour nourrir leurs petits. La femelle pond cinq ou six œufs.

M. Montagu déclare qu'il a vu une fois un corbeau à la poursuite d'un pigeon, sur lequel il a fait plusieurs bonds, comme un faucon ; mais le pigeon s'est échappé en s'enfuyant par la porte d'une maison. Il en a vu un autre frapper un pigeon mort du haut d'une grange. La Corneille est un oiseau si audacieux que ni le milan, ni la buse, ni le corbeau ne peuvent s'approcher de son nid sans en être chassés. Lorsqu'il a des petits, il attaque même le faucon pèlerin et, d'un seul bond, l'amène parfois au sol.

LA TOUR. (*Corvus frugilegus.*)

LE croassement de ces oiseaux, sur la cime des grands arbres, près des maisons de messieurs, et au milieu des villes, n'est pas très agréable ; pourtant les vieilles habitudes, avec lesquelles nous sommes réconciliés, ont autant d'influence sur nous que si elles produisaient de l'amusement. C'est pourquoi on a rarement tenté de détruire une colonie ; bien que le bruit et les autres inconvénients qui accompagnent ces oiseaux rendent leur voisinage souvent gênant. Ils se nourrissent entièrement de maïs et d'insectes et sont à peine plus gros que les corbeaux communs. Dans le Suffolk et dans certaines parties du Norfolk, les agriculteurs trouvent leur intérêt à encourager la race des Rooks, comme seul moyen de débarrasser leurs terres de la larve qui produit le hanneton et qui, dans cet état, détruit les racines du maïs. et l'herbe à un tel degré, qu'on a connu des cas où le gazon d'un pâturage pouvait être retourné avec le pied. Il y a de nombreuses années, les fermiers d'un comté du nord menèrent une guerre d'extermination contre les Rooks, mais l'année suivante, les récoltes furent si complètement détruites par les larves que les mêmes propriétaires dépensèrent des sommes considérables pour récupérer les Rooks. . Les jeunes freux mangent bien, mais doivent être écorchés avant d'être habillés. La couleur est noire, mais plus brillante que celle du corbeau, auquel la Tour ressemble par sa forme. La femelle pond le même nombre d'œufs ; et le mâle partage avec elle la peine d'aller chercher des bâtons et de les entrelacer pour faire le nid, opération qui s'accompagne de beaucoup de combats et de disputes avec les autres freux.

Les nouveaux arrivants sont souvent sévèrement battus par les anciens habitants et sont même fréquemment chassés ; un exemple s'en est produit près de Newcastle, en 1783. Deux Rooks, après une tentative infructueuse de s'établir dans une colonie à peu de distance de la Bourse, furent contraints d'abandonner leur tentative et de se réfugier sur la flèche de cet immeuble; et, bien que constamment interrompus par d'autres freux, ils construisaient leur nid au *sommet de la girouette* et élevaient leurs petits, sans être dérangés par le bruit de la population en contrebas. Le nid et ses habitants étaient bien sûr retournés à chaque changement de vent ! Ils revinrent et construisirent leur nid chaque année au même endroit, jusqu'en 1793, année peu après laquelle la flèche fut démolie. Une petite plaque de cuivre était gravée, de la dimension d'un papier de montre, avec une représentation de la flèche et du nid ; et les habitants et les autres personnes en furent si satisfaits, qu'autant d'exemplaires furent vendus qu'ils en produisirent au graveur, avec un bénéfice de dix livres. La gravure sur bois de Bewick, dans la page de titre de sa Select Fable, donne une vue du vieil Exchange, avec le nid du freux sur la girouette.

Il est amusant de voir des freux arriver au coucher du soleil, aussi épais qu'un nuage planant au-dessus d'un bosquet, et, après plusieurs tourbillons décrits dans l'air et des croassements incessants, chacun se dirigeant vers son nid et s'installant en quelques minutes pour se reposer, jusqu'à ce que l'aube les rappelle à leur pâturage dans les champs voisins.

Le Dr Darwin a fait remarquer qu'un sentiment instinctif de danger provenant de l'humanité est beaucoup plus apparent chez les freux que chez la plupart des autres oiseaux. Quiconque les a le moins du monde observés verra qu'ils distinguent évidemment que le danger est plus grand lorsqu'un homme est armé d'un fusil que lorsqu'il n'a pas d'arme avec lui. Au printemps de l'année, si une personne se promenait sous une colonie avec un fusil à la main, les habitants des arbres se dressaient sur leurs ailes et criaient aux jeunes encore inachevés de se cacher dans leurs nids à la vue de l'ennemi. . Les gens de la campagne qui observent cette situation si uniformément se produisent, affirment que les Rooks peuvent sentir la poudre à canon.

LE Choucas. (*Corvus monedula.*)

CET oiseau est bien plus petit que le corbeau. Il a une grosse tête et un long bec, proportionné à la taille de son corps. La couleur du plumage est noire, mais sur certaines parties, elle tend vers une teinte bleutée ; la partie antérieure de la tête est d'un noir plus profond. Le Choucas se nourrit de noix, de fruits, de graines et d'insectes ; et construit dans d'anciens châteaux, tours, falaises et tous lieux désolés et en ruine. La femelle dépose cinq ou six œufs, plus petits, plus pâles et marqués de moins de taches que ceux de la corneille.

Les choucas sont facilement apprivoisés et peuvent facilement apprendre à prononcer plusieurs mots. Ils cachent les parties de leur nourriture qu'ils ne peuvent pas manger, et souvent, avec elles, de petites pièces d'argent ou des jouets, suscitant fréquemment, pour le moment, des soupçons de vol chez des personnes innocentes. En Suisse, on trouve une variété de Choucas, qui a un anneau blanc autour du cou. En Norvège et dans d'autres pays froids, on les a vus entièrement blancs. Dans l'état de nature, les choucas et les freux se nourrissent fréquemment ensemble, et les choucas viennent à la rencontre des freux le matin et les accompagnent également sur une certaine distance dans leur retraite la nuit.

LA PIE. (*Pica caudata.*)

« De branche en branche, la pie agitée erre,
et bavarde en volant. » GISBORNE.

CET oiseau ressemble au chouette, sauf par la blancheur de la poitrine et des ailes et par la longueur de la queue. Le noir des plumes est accompagné d'un éclat changeant de vert et de violet. C'est une créature très bavarde, et on peut lui apprendre à imiter la voix humaine ainsi que n'importe quelle création à plumes.

Plutarque raconte l'histoire singulière d'une pie appartenant à un barbier de Rome, qui pouvait imiter à merveille presque tous les bruits qu'elle entendait.

Il arriva qu'un jour quelques trompettes sonnèrent devant la boutique ; et pendant un jour ou deux après, la Pie resta tout à fait muette et parut pensive et mélancolique. Cela a surpris tous ceux qui le savaient ; et ils pensaient que le son des trompettes avait tellement étourdi l'oiseau qu'il le privait à la fois de la voix et de l'ouïe. Ceci, cependant, n'était pas le cas; car, dit l'écrivain, l'oiseau avait été tout le temps occupé dans une profonde méditation et étudiait comment imiter le son des trompettes ; en conséquence, du premier coup, il imita parfaitement toutes leurs répétitions, arrêts et changements. Cette nouvelle leçon lui fit cependant complètement oublier tout ce qu'il avait appris auparavant.

La Pie se nourrit de tout ; les vers, les insectes, la viande, le fromage, le pain, le lait et toutes sortes de graines, et aussi sur les petits oiseaux, lorsqu'ils se présentent sur son chemin : les petits du merle et de la grive, et même une poule égarée, tombent souvent en proie à sa rapacité. Il aime cacher des pièces d'argent ou porter des vêtements, qu'il emporte furtivement et avec beaucoup de dextérité jusqu'à son trou. Sa ruse se remarque aussi dans la manière de faire son nid, qu'il recouvre entièrement de branches d'aubépine, les épines dépassant en dehors ; à l'intérieur, il est tapissé de racines fibreuses, de laine et d'herbes hautes, puis enduit tout autour de boue et d'argile. Le dais au-dessus est composé des épines les plus pointues, tressées ensemble de manière à interdire toute entrée sauf par la porte, qui est juste assez grande pour permettre la sortie et la régression aux propriétaires. Dans cette forteresse, les oiseaux élèvent leurs couvées en toute sécurité, à l'abri de toutes les attaques, sauf celles de l'écolier grimpeur, qui trouve souvent ses mains déchirées et ensanglantées un prix trop élevé pour les œufs ou les petits.

Il existe de nombreuses superstitions concernant les pies ; et il est singulier que dans tous les districts du sud et du centre de l'Angleterre, on pense que deux pies ensemble sont un signe de chance ; tandis que dans le Lancashire et dans d'autres comtés du nord, on pense qu'ils annoncent le malheur. Le bavardage des pies était autrefois censé annoncer l'arrivée d'étrangers.

LE CORNISH CHOUGH, (*Pyrrhcorax graculus* ,)

RESSEMBLE au choucas par la forme et la couleur, mais un peu plus grand. Le bec et les pattes sont de couleur rouge, c'est pourquoi l'oiseau est souvent appelé corneille à pattes rouges. C'est un habitant des Cornouailles, du Pays de Galles et de toutes les côtes occidentales de l'Angleterre, et on le trouve généralement parmi les rochers près de la mer, où il construit, ainsi que dans les vieux châteaux et églises en ruine au bord de la mer. La voix du Chough ressemble à celle du choucas, sauf qu'elle la dépasse en enrouement et en force.

M. Montagu, décrivant un Chough en possession d'un ami, dit : « Sa curiosité est sans limites, ne manquant jamais d'examiner tout ce qui est nouveau pour lui : si le jardinier taille, il examine la boîte à clous, emporte les clous et disperse les lambeaux. Si une échelle est laissée contre le mur, il monte aussitôt et fait le tour du mur ; et s'il a faim, il descend à un endroit convenable et se dirige immédiatement vers la fenêtre de la cuisine, où il frappe sans cesse avec sa facture. jusqu'à ce qu'il soit nourri ou laissé entrer. S'il est autorisé à entrer, son premier effort est de monter à l'étage ; et s'il n'est pas interrompu, il monte aussi haut qu'il peut et pénètre dans n'importe quelle pièce du grenier ; mais son intention est de monter sur le toit de la maison. Il aime excessivement être caressé et reste tranquille à l'heure pour se faire lisser ; mais il ne supporte pas un affront violent et efficace, à la fois par le bec et par les griffes, et tient si fermement à ces dernières qu'il est difficile de se dégager.

LE GEAI, (*Garrulus glandarius* ,)

EST moindre que la pie, et lui ressemble plus par les habitudes de sa vie que par la forme et la couleur de son corps. Comme lui, il est bavard et prêt à imiter tous les sons, mais se vante de couleurs ornementales dont la pie est dépourvue. Le peintre le plus habile ne peut produire aucune couleur qui puisse égaler l'éclat des tablettes à carreaux blancs, noirs et bleus qui ornent les côtés de ses ailes. Sa tête est couverte de plumes qui sont mobiles à volonté, et dont le mouvement exprime les affections internes de l'oiseau, qu'il soit stimulé par la peur, la colère ou le désir.

Un geai, élevé par un habitant du nord de l'Angleterre, avait appris, à l'approche des troupeaux, à leur lancer un chien de garde, en le sifflant et en l'appelant par son nom. Un hiver, pendant une forte gelée, le chien était ainsi excité à l'idée d'attaquer une vache qui était grosse avec son veau, lorsque la pauvre bête tomba sur la glace et fut très blessée. Le Geai fut considéré comme une nuisance et son propriétaire fut obligé de le détruire.

La poule pond cinq ou six œufs, d'un blanc terne, tacheté de brun.

LE ROULEAU, (*Coracias garrula* ,)

IL A à peu près la taille d'un geai. Son bec est noir, pointu et quelque peu crochu. La tête est d'un vert sale mêlé de bleu ; de quelle couleur est aussi la gorge, avec des lignes blanches au milieu de chaque plume ; la poitrine est d'un bleu pâle, comme celle du pigeon ; le milieu du dos, entre les épaules, est rouge ; le croupion et les petites couvertures des ailes sont bleu foncé ; les pattes sont courtes et, comme celles d'une colombe, d'une couleur jaune sale.

Le Roller est plus sauvage que le geai et fréquente les bois les plus épais ; il construit son nid principalement sur les bouleaux. C'est un oiseau de passage et migre aux mois de mai et septembre. En Afrique, on dit qu'il vole en grandes bandes à l'automne et qu'on le voit fréquemment sur les terrains cultivés, avec des freux et d'autres oiseaux, à la recherche de vers, d'insectes, de graines, de baies, de racines et, en cas de nécessité, de petites grenouilles.

LE MARTINE-PÊCHEUR, (*Alcedo ispida* ,)

C'EST le Halcyon des anciens, et son nom rappelle à notre esprit les idées les plus vives. On croyait que tant que la femelle couvait ses œufs, le dieu des tempêtes s'abstenait de perturber le calme des vagues, et *les jours de douceur* étaient, pour les navigateurs d'autrefois, les moments les plus sûrs pour effectuer leurs voyages :

"Aussi ferme que le rocher et aussi calme que le flot,
Où l'Halcyon épris de paix dépose sa couvée."

Mais bien que cela ait une analogie avec une coïncidence naturelle entre l'époque de reproduction assignée aux martins-pêcheurs et une partie de l'année où l'océan est moins orageux, la mythologie exercerait cependant son imagination et transformerait en merveilles ce qui n'était autre chose que l'ordinaire. cours de la nature.

Cet oiseau est presque aussi petit qu'un moineau commun, mais la tête et le bec semblent proportionnellement trop gros pour le corps. Le bleu vif du dos et des ailes réclame notre admiration, car il se transforme en violet profond ou en vert vif, selon les angles de lumière sous lesquels l'oiseau se présente à l'œil. Il hante généralement les bords des rivières, dans le but de s'emparer des petits poissons dont il se nourrit, et qu'il prend en quantités étonnantes, en se balançant à distance au-dessus de l'eau pendant un certain temps, puis en se précipitant sur les poissons avec visée infaillible. Il plonge perpendiculairement dans l'eau, où il continue pendant quelques secondes, puis remonte le poisson qu'il porte à terre, le bat à mort et l'avale ensuite. Lorsqu'il ne trouve pas de branche saillante, il s'assoit sur une pierre proche du bord, ou même sur le gravier ; mais dès qu'il aperçoit le poisson, il s'élance à une hauteur de douze ou quinze pieds, et tombe de cette hauteur sur sa proie.

Le Martin-pêcheur pond ses œufs, au nombre de sept ou plus, dans un trou de la berge de la rivière ou du ruisseau qu'il fréquente. Le Dr Heysham s'est fait apporter une femelle vivante à Carlisle par un garçon, qui a déclaré l'avoir prise la nuit précédente alors qu'il était assis sur ses œufs. Ses informations à ce sujet étaient que « ayant souvent observé ces oiseaux fréquentant une rive de la rivière Peteril, il les avait observés attentivement, et enfin il les vit entrer dans un petit trou dans la rive. Le trou était trop étroit pour laisser passer sa main ; mais comme il était fait dans un moule mou, il l'agrandit facilement. Il mesurait plus d'un demi-mètre de long ; au bout, les œufs, au nombre de six, étaient déposés sur le moule nu, sans la moindre apparence de nid. Les œufs étaient considérablement plus gros que ceux du marteau jaune et d'une couleur blanche transparente. Il apparaît, d'après un récit encore plus récent, que la direction des trous est toujours vers le haut ; qu'ils sont élargis à l'extrémité, et qu'ils ont là une sorte de litière formée d'os de petits poissons et de quelques autres substances, évidemment les déjections des animaux parents. Cette litière a généralement un demi-pouce d'épaisseur et est mélangée à de la terre ; et là-dessus, la femelle dépose et fait éclore ses œufs. Lorsque les jeunes sont presque entièrement emplumés, ils sont extrêmement voraces ; et comme les vieux oiseaux ne leur fournissent pas toute la nourriture qu'ils peuvent dévorer, ils gazouillent continuellement et peuvent être découverts à leur bruit.

L'OISEAU DE PARADIS. (*Paradis apoda.*)

IL EXISTE plusieurs espèces distinctes de ces oiseaux, parmi lesquelles les plus connues sont les grands et les petits oiseaux de paradis émeraude, qui sont très semblables en apparence et sont tous deux importés en Europe comme ornements pour les vêtements des dames. On dit que leur apparence lorsqu'ils volent dans leurs forêts natales est la plus belle. M. Lesson, naturaliste français, raconte le récit suivant : « Peu après notre arrivée sur cette terre promise (Nouvelle-Guinée) pour le naturaliste, j'étais en excursion de chasse. A peine avais-je fait quelques centaines de pas dans ces forêts anciennes, filles du temps, dont la sombre profondeur était peut-être le spectacle le plus magnifique et le plus majestueux que j'aie jamais vu, qu'un oiseau du paradis frappa mon regard : il vola avec grâce et en ondulations; les plumes de ses flancs formaient un panache élégant et aérien, qui, sans exagération, ne ressemblait en rien à un brillant météore. Surpris, étonné, jouissant d'une satisfaction inexprimable, je dévorai des yeux ce splendide oiseau ; mais mon émotion fut si grande que j'oubliai de tirer dessus, et ne me souvins que j'avais un fusil à la main que lorsqu'il fut loin.

La tête est petite, mais ornée de couleurs qui rivalisent avec les teintes les plus vives de la tribu à plumes ; le cou est d'un beau fauve, et le corps très petit, mais couvert de longues plumes d'une teinte plus brune, teintées d'or : les deux plumes médianes de la queue ne sont guère plus que des filaments, sauf à la pointe et près de la base. Bien que son corps ne soit pas plus grand que celui d'une grive, sa longueur totale est de deux pieds. Cet oiseau a longtemps été estimé par les dames comme coiffure ; et comme ceux qu'on envoyait en Europe dans ce but avaient toujours les pattes coupées pour faciliter l'emballage, on rapporta, et on crut autrefois, que l'oiseau du paradis n'avait pas de pattes, mais qu'il vivait toujours sur l'aile. En fait, une très vive controverse s'éleva à ce sujet parmi les premiers naturalistes.

Le lieu d'origine de ces oiseaux est la Nouvelle-Guinée et les îles voisines, où ils se trouvent généralement en bandes de trente à quarante personnes, se perchant sur des figuiers ou des tecks. Ils volent toujours contre le vent, afin qu'il ne froisse pas leur plumage clair et étalé, car, si le vent venait de derrière, il soufflerait leur longue queue sur leur dos. Ils s'abritent des tempêtes dans les fourrés les plus denses et se nourrissent principalement de figues, de baies de teck et d'insectes. Le son de l'Oiseau du Paradis est très désagréable et ressemble au croassement d'un corbeau ; on l'entend surtout par temps venteux, lorsqu'ils craignent d'être jetés à terre.

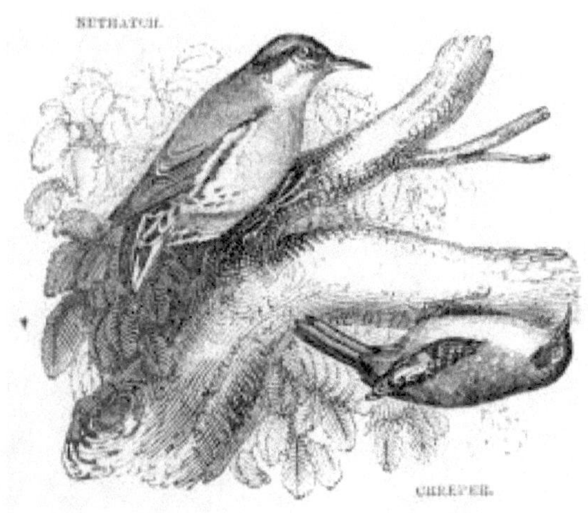

LA SITTELLE, OU NUTJOBBER,

(*Sitta Europæa* ,)

ET LA CREEPER, (*Certhia familiaris* ,)

C'EST moins que le pinson. La tête, le cou et le bec sont de couleur cendrée ;
les côtés sous les ailes sont rouges ; la gorge et la poitrine d'un jaune pâle ; le
menton est blanc et les plumes sous la queue sont rouges, avec des pointes
blanches. La Sittelle se nourrit d'insectes et aussi de noix, qu'elle accumule
dans la partie creuse d'un arbre ; et il est agréable de le voir sortir une noix
du trou, la placer d'abord dans une fente, et se tenir au-dessus, la tête en bas,
la frappant de toutes ses forces, briser la coque et rattraper l'amande. La poule
est si attachée à sa couvée que, lorsqu'elle est dérangée hors de son nid, elle
voltige autour de la tête du prédateur et siffle comme un serpent. Les sittelles
sont des oiseaux timides et solitaires qui, comme les pics, fréquentent les bois
et courent de haut en bas des arbres avec une facilité surprenante. Ils bougent
souvent leur queue à la manière de la bergeronnette. Ils ne migrent pas, mais
pendant l'hiver, ils se rapprochent des lieux habités et sont parfois observés
dans les vergers et les jardins. La femelle pond ses œufs dans les trous des
arbres.

LE CREEPER. (*Certhia familiaris.*)

LES CREEPERS sont dispersés dans la plupart des pays du globe et se nourrissent principalement d'insectes, à la recherche desquels ils courent en spirale autour des tiges et des branches des arbres, avec une grande agilité.

La plante grimpante commune mesure environ cinq pouces de longueur ; sa couleur est fauve, les piquants étant terminés par du blanc ou du brun clair. Son nid est formé d'herbes sèches et d'écorce, et est placé dans le creux d'un arbre pourri.

LE WALL CREEPER, OU SPIDER-CATCHER,

(*Tichodroma muraria* ,)

EST plus gros qu'un moineau domestique. Il a un bec long, mince et noir ; la tête, le cou et le dos sont de couleur cendrée, le devant du cou et de la gorge étant d'un noir profond ; la poitrine est blanche ; les ailes sont d'un composé de couleur plomb et de rouge. C'est un oiseau vif et joyeux, avec une note agréable. Les fentes et les crevasses des rochers et les murs des vieux édifices sont ses lieux de prédilection, et quelquefois, mais très rarement, les troncs d'arbres. Il se nourrit d'insectes et affectionne particulièrement les araignées et leurs œufs. Le nid est fait dans les fentes des rochers les plus inaccessibles et dans les anfractuosités des ruines, à une grande hauteur.

L'OISEAU LYRE D'AUSTRALIE.

(*Menura superbe.*)

CET oiseau se trouve en Nouvelle-Galles du Sud, près de Port Philip, mais c'est le mâle seul qui possède la splendide queue d'où il tire son nom. Il se nourrit d'escargots et construit un nid comme une pie.

« De tous les oiseaux que j'ai jamais rencontrés », déclare M. Gould, « le Menura est de loin le plus timide et le plus difficile à se procurer. Au milieu des broussailles, j'ai été entouré de ces oiseaux, déversant leurs cris forts et liquides, pendant des jours entiers, sans pouvoir les apercevoir ; et ce n'est que grâce à la persévérance la plus déterminée et à une extrême prudence que j'ai pu atteindre ce but désirable ; ce qui était rendu d'autant plus difficile qu'ils fréquentaient souvent les flancs presque inaccessibles et escarpés des ravins et des ravins, couverts de masses enchevêtrées de plantes grimpantes et d'arbres ombrageux : le craquement d'un bâton, le roulement d'une petite pierre ou tout autre bruit. , si léger soit-il, suffit à l'alarmer ; et seuls ceux qui ont traversé ces broussailles rudes, chaudes et suffocantes peuvent pleinement comprendre le travail excessif qui accompagne la poursuite de la Menura. Indépendamment de l'escalade des rochers et des troncs d'arbres tombés, le chasseur doit ramper sous et parmi les branches avec la plus grande prudence, en prenant soin d'avancer uniquement lorsque l'attention de l'oiseau est occupée à chanter ou à gratter les feuilles à la recherche. de nourriture : pour observer ses actions, il faut rester parfaitement immobile, sans oser bouger le moins du monde, sinon il disparaît de la vue, comme par magie. Bien que j'aie tant dit sur la prudence du Menura, il n'est pas toujours aussi alerte : dans certaines des broussailles les plus accessibles à travers lesquelles des routes ont été creusées, on peut fréquemment le voir, et même à cheval s'approcher de près, l'oiseau apparemment manifestant moins de peur de ces animaux que de l'homme. A Illawarra, il est parfois poursuivi avec succès par des chiens entraînés à se précipiter brusquement sur lui, lorsqu'il saute immédiatement sur la branche d'un arbre, et son attention étant attirée par le chien qui aboie en contrebas, il est facilement approché et abattu. Un autre moyen efficace de se procurer des spécimens consiste à porter dans le chapeau la queue d'un mâle au plumage complet, à la maintenir constamment en mouvement et à cacher la personne parmi les buissons, lorsque l'attention de l'oiseau est arrêtée par l'intrusion apparente d'un autre oiseau. de son sexe, il sera attiré à portée du fusil : si l'oiseau est caché à la vue des objets environnants, tout son inhabituel, comme un sifflement aigu, l'incitera généralement à se montrer un instant, en provoquant qu'il saute d'un air gai et vif sur quelque branche voisine pour s'assurer de la cause du trouble : il faut profiter immédiatement de cette circonstance, ou l'instant d'après ce sera peut-être à mi-chemin du ravin. Le tir de cet oiseau est si différent de tout ce qui est pratiqué en Europe, que le tireur le plus expert n'aurait que peu de chance s'il n'était pas bien familiarisé avec la nature particulière du pays et les habitudes de l'oiseau. Le Menura tente rarement, voire jamais, de s'échapper en volant ; il échappe facilement aux poursuites grâce à son extraordinaire pouvoir de course. Aucun n'est aussi efficace pour obtenir des spécimens que le noir nu, dont les pas silencieux et glissants lui permettent de le voler sans l'entendre et sans se faire remarquer, et avec le fusil à la main, il le laisse rarement s'échapper et, dans de nombreux cas, il le tue même. avec ses propres armes.

« L'oiseau-lyre est d'un caractère errant, et bien qu'il s'en tienne probablement aux mêmes broussailles, il est constamment occupé à les parcourir d'un bout à l'autre, du sommet des montagnes jusqu'au fond des ravins, dont les ravins escarpés et accidentés. ses flancs ne présentent aucun obstacle à ses longues pattes et à ses cuisses puissantes et musclées : il est également capable d'effectuer des sauts extraordinaires ; et j'ai entendu dire qu'il jaillirait à dix pieds perpendiculairement du sol. Il semble qu'il s'agisse d'habitudes solitaires, car je n'en ai jamais vu plus d'un couple ensemble, et cela seulement dans un seul cas ; c'étaient tous deux des mâles, et ils se poursuivaient en rond avec une extrême rapidité, apparemment pour jouer, s'arrêtant de temps en temps pour pousser leurs cris stridents ; pendant qu'ils étaient ainsi employés, ils portaient la queue horizontalement, comme ils le font toujours lorsqu'ils courent rapidement à travers la brousse, c'est la seule position dans laquelle ce grand organe pouvait être commodément porté dans de tels moments. Parmi ses nombreuses habitudes curieuses, la seule qui se rapproche de celles des *Gallinacæa* , est celle de former de petites buttes rondes, qui sont constamment visitées pendant le jour, et que le mâle ne cesse de piétiner, en même temps qu'il érige et étend. il déployait sa queue de la manière la plus gracieuse et poussait ses divers cris, déversant tantôt ses notes naturelles, tantôt se moquant de celles d'autres oiseaux, et même des hurlements du chien indigène, ou du dingo. Le petit matin et le soir sont les périodes où il est le plus animé et le plus actif.

Il existe une autre espèce d'oiseau-lyre, que l'on trouve également dans la Nouvelle-Galles du Sud, à laquelle M. Gould a donné le nom de *Menura Alberti* , en l'honneur du défunt prince consort.

Le Colibri. (*Trochilus colubris.*)

IL existe de nombreuses espèces de colibris, mais celle représentée ci-dessus est l'une des plus communes. Ils sont abondants en Amérique du Sud, notamment au Brésil ; et sont si petits et si brillants dans leurs couleurs, que lorsqu'on les voit flotter sous les rayons brillants d'un soleil tropical, ils ressemblent à des pierres précieuses volantes. Ils sont extrêmement actifs, se précipitant et enfonçant leur long bec et leur langue flexible dans chaque fleur qu'ils voient, à la recherche de nourriture. Parfois, ils restent longtemps suspendus dans l'air ensemble, faisant vibrer leurs ailes avec une telle vitesse, qu'ils ne peuvent pas être vus distinctement, mais apparaissent comme une brume autour du corps de l'oiseau, tandis qu'ils font ce curieux bourdonnement d'où le l'oiseau prend son nom. Parfois ils se disputent, quand leur petite gorge se distend, leur crête, leur queue et leurs ailes se dilatent, et ils se battent avec une fureur inconcevable, jusqu'à ce que l'un d'eux tombe épuisé sur le sol. L'espèce la plus commune est *Trochilus colubris* , le colibri à gorge rubis, et l'un d'eux a été maintenu en vie dans une cage pendant plus de trois mois, en le nourrissant de sucre et d'eau. Cette espèce se trouve en Amérique du Nord, où elle migre vers le nord en été, et y est même observée au Canada et dans le pays de la Baie d'Hudson.

LA HUPPÉE. (*Upupa épops.*)

C'EST un petit oiseau, ne mesurant pas plus de douze pouces de la pointe du bec jusqu'au bout de la queue. Le bec est pointu, noir et quelque peu courbé. La tête est ornée d'une très belle et grande crête mobile, sorte d'auréole lumineuse dont le rayonnement place la tête presque au centre d'un cercle doré. Cet ornement agréable, que l'oiseau dresse ou laisse tomber à son gré, se compose d'une double rangée de plumes, s'étendant du bec jusqu'à la nuque, qui est d'un rouge pâle. La poitrine est blanche, avec des stries noires tendant vers le bas ; les ailes et le dos sont variés avec des lignes croisées blanches et noires. La nourriture de la Huppe fasciée consiste principalement en insectes, dont son nid est parfois rempli au point de devenir extrêmement offensant. Cet oiseau à belle crête n'est pas du tout commun dans ce pays, et est solitaire, on en voit rarement deux ensemble, tandis qu'en Egypte, où les huppes sont très communes, on les voit souvent en petits groupes. La femelle construit généralement son nid dans un arbre creux, les matériaux employés, outre les restes de sa nourriture, étant très rares, constitués en fait de quelques tiges d'herbes séchées et de plumes. Elle pond de quatre à sept œufs à la fois, d'un gris lavande pâle, longs d'environ un pouce et demi. Les jeunes éclosent généralement en juin ; on dit cependant que deux ou trois couvées sont produites dans le cours de l'année. Le nom fait allusion à la note de l'oiseau, qui ressemble au mot « cerceau » répété plusieurs fois à voix basse.

Bien que cet oiseau se rencontre occasionnellement en Angleterre et en Écosse, il se reproduit rarement chez nous. Il est commun en Italie, où son étrange cri effrayant se fait souvent entendre, sans que l'oiseau soit vu, car il se cache parmi les arbres. Il n'est pas rare non plus sur les bords de Garonne en France, où on peut le voir raser le sol parmi les saules à la recherche des insectes dont il se nourrit.

Il existe plusieurs espèces de cette magnifique famille. Le plus brillant est sans doute l'Upupa Superba, ou Grand Promerops de Nouvelle-Guinée. « Il n'existe peut-être pas, dit Sonnerat, d'oiseau plus extraordinaire. Son corps est délicat et élancé et, bien qu'il soit de forme allongée, semble excessivement petit en comparaison avec la queue. La nature semble s'être plue à peindre cet être déjà si singulier de ses couleurs les plus brillantes. La tête, le cou et le ventre sont d'un vert scintillant ; les plumes qui recouvrent ces parties ont l'éclat et la douceur du velours à l'oeil et au toucher ; le dos est violet changeant ; les ailes sont de la même couleur et paraissent, selon les lumières dans lesquelles elles sont tenues, bleues, violettes ou noires profondes, imitant toujours cependant le velours. Cet oiseau est rare et on en voit rarement un spécimen, même dans les collections les plus complètes.

§ IV.— *Scansores ou grimpeurs.*

LE COUCOU. (*Cuculus canorus.*)

« Salut, belle étrangère des bois,
Servitrice de la source !
Maintenant, le ciel répare ton siège rural,
et les bois ton chant de bienvenue.

« Dès que la marguerite orne le vert,
nous entendons ta voix certaine ;
As-tu une étoile pour guider ton chemin,
Ou marquer l'année qui roule ?

« Charmant visiteur ! avec toi
je salue le temps des fleurs,
Quand le ciel est rempli de musique douce,
D'oiseaux parmi les berceaux.
LOGAN.

LES notes bien connues de cet oiseau, malgré leur monotonie, s'entendent
avec plaisir au printemps, comme un pronostic sûr du beau temps. Le coucou
est généralement entendu pour la première fois vers la mi-avril et cesse vers
la fin juin. Cet oiseau est si timide qu'on le voit rarement lorsqu'il prononce
sa note singulière. La femelle ne construit pas de nid, mais pond ses œufs
dans celui d'un autre oiseau.

Le coucou est un peu plus petit que la pie, sa longueur étant d'environ douze pouces du bout du bec jusqu'au bout de la queue. Il est remarquable par ses narines rondes et proéminentes ; la partie inférieure du corps est de couleur jaunâtre, avec des lignes transversales noires sur la gorge et sur la poitrine ; la tête, la partie supérieure du corps et les ailes sont joliment marquées de rayures noires et fauves, et sur le dessus de la tête il y a quelques taches blanches. La queue est longue et sur la partie extérieure, ou sur les bords des plumes, il y a plusieurs marques blanches ; la couleur de fond du corps est une sorte de gris. Les pattes sont courtes et couvertes de plumes, et les pieds sont composés de quatre orteils, deux en avant et deux en arrière.

Nous sommes redevables aux observations du Dr Jenner pour le récit suivant des habitudes et de l'économie de cet oiseau singulier dans la disposition de ses œufs. Il affirme que, pendant que le moineau des haies pond ses œufs, ce qui dure généralement quatre ou cinq jours, le coucou s'arrange pour déposer son œuf parmi les autres, laissant entièrement au moineau des haies le soin futur d'en prendre soin. Cette intrusion occasionne souvent quelques désordres ; car le vieux moineau des haies, à intervalles réguliers, pendant qu'il est assis, non seulement jette quelques-uns de ses propres œufs, mais il les blesse parfois de telle manière qu'ils deviennent confus, de sorte qu'il arrive fréquemment que pas plus de deux ou trois des œufs ne soient perdus. les œufs de l'oiseau parent sont éclos : mais, ce qui est très remarquable, on n'a jamais observé qu'elle ait jeté ou blessé l'œuf du coucou. Lorsque le moineau des haies a fixé son heure habituelle et a dégagé le jeune coucou et une partie de sa propre progéniture de la coquille, ses propres petits et tous ses œufs non éclos sont bientôt expulsés : le jeune coucou reste alors dans pleine possession du nid, et est l'unique objet des soins futurs du parent nourricier. Les jeunes oiseaux ne sont pas tués au préalable et les œufs ne sont pas démolis ; mais on les laisse périr ensemble, soit emmêlés dans le buisson qui contient le nid, soit gisant sur le sol en dessous. Le 18 juin 1787, le Dr Jenner examina un nid de moineau des haies, qui contenait alors des œufs de coucou et trois œufs de moineau des haies. En l'inspectant le lendemain, l'oiseau avait éclos : mais le nid ne contenait alors qu'un jeune coucou et un moineau des haies. Le nid était placé si près de l'extrémité d'une haie, qu'il pouvait voir distinctement ce qui s'y passait ; et, à son grand étonnement, il aperçut le jeune coucou, quoique si récemment éclos, en train d'expulser le jeune moineau des haies. La manière d'y parvenir était curieuse ; le petit animal, à l'aide de sa croupe et de ses ailes, parvint à mettre l'oiseau sur son dos, et, faisant un logement pour son fardeau en élevant ses coudes, grimpa avec lui en arrière sur le côté du nid, jusqu'à ce qu'il atteigne le sommet. ; où, se reposant un instant, il jeta sa charge d'un coup sec et la dégagea complètement du nid. Après être resté peu de temps dans cette situation, et avoir tâté du bout de ses ailes, comme pour s'assurer que l'affaire était bien exécutée, il retomba dans le nid. Le Dr Jenner a fait plusieurs expériences dans différents nids, en mettant à plusieurs reprises un œuf au jeune coucou, dont il a toujours constaté qu'il était éliminé de la même manière. Il est très remarquable que la nature semble avoir pourvu à la disposition singulière du Coucou dans sa formation à cette époque ; car, différent des autres oiseaux nouvellement éclos, son dos, depuis les omoplates vers le bas, est très large, avec une dépression considérable au milieu, qui semble destinée expressément à donner un logement plus sûr à l'œuf de la haie. moineau ou son petit, tandis que le jeune coucou est employé à retirer l'un ou l'autre du nid. Vers l'âge de douze jours, cette cavité est entièrement remplie, le dos prend la forme de celui des oiseaux nicheurs en général, et alors la disposition à éteindre son compagnon cesse entièrement. La petitesse de l'œuf du coucou, qui est en général moindre que celle du moineau des haies, est une autre circonstance à laquelle il faut prêter attention dans cette transaction surprenante, et semble expliquer pourquoi le coucou parent ne le dépose que dans le nid de si petits oiseaux. comme ceux-ci. Si elle devait faire cela dans le nid d'un oiseau qui a produit un œuf plus gros, et par conséquent un plus gros nid, le projet serait probablement contrecarré, le jeune coucou ne serait pas à la hauteur de la tâche de devenir l'unique propriétaire du nid, et pourrait faire un sacrifice à la force supérieure de ses partenaires. Le docteur Jenner observe que les œufs de deux coucous sont quelquefois déposés dans le même nid ; et donne l'exemple suivant qui tombait sous son observation. Deux coucous et un moineau des haies ont éclos dans le même nid ; un œuf de moineau des haies n'a pas éclos. Au bout de quelques heures, une lutte s'engagea entre les coucous pour la possession du nid ; et cela continua de manière indéterminée jusqu'à l'après-midi du lendemain, lorsque celui qui était un peu supérieur en taille rendit l'autre, ainsi que le jeune moineau des haies et l'œuf non éclos. Le concours, ajoute-t-il, fut très remarquable ; les combattants parurent tour à tour avoir l'avantage, chacun portant l'autre plusieurs fois près du sommet du nid, et s'y affaissant de nouveau, opprimé par le poids de son fardeau ; jusqu'à ce qu'enfin, après divers efforts, le plus fort des deux l'emporta, et fut ensuite élevé par le moineau des haies.

Le coucou américain, ou oiseau vache, a des habitudes assez différentes de celles du coucou européen, car il construit un nid pour ses œufs et fait éclore lui-même ses petits comme les autres oiseaux.

LE PIC VERT COMMUN,

(*Picus viridis* ,)

IL DOIT son nom à son habitude de picorer les insectes dans les fentes des arbres et dans les trous de l'écorce. Le bec est droit, fort et anguleux à son extrémité ; et chez la plupart des espèces, il est formé comme un coin, dans le but de percer les arbres. Les narines sont couvertes de poils. La langue est mince et de forme cylindrique et, au toucher, elle est dure et osseuse. Le Pic, comme le Colibri, quoique pour un objet différent, possède la propriété remarquable de pouvoir tirer la langue et attraper les insectes à une distance considérable de son bec. Dans le but de capturer efficacement les insectes les plus forts, la langue est barbelée à son extrémité et munie d'une sécrétion gluante. Les orteils de cet oiseau sont placés deux en avant et deux en arrière ; et la queue se compose de dix plumes dures, raides et pointues. On voit souvent un pic pendu par ses griffes et appuyé sur sa poitrine contre le tronc d'un arbre ; quand, après avoir lancé son bec contre l'écorce, avec beaucoup de force et de bruit, il court autour de l'arbre avec beaucoup d'empressement, manœuvre qui a fait croire aux gens du pays qu'il faisait le tour pour voir s'il n'avait pas percé l'arbre de part en part, bien que le En fait, l'oiseau est à la recherche des insectes qu'il espère chasser par son coup.

Les lignes suivantes, tirées de la belle chanson de Moore, font allusion au bruit que fait le pic en cherchant sa nourriture :

« Je savais, à la fumée qui s'enroulait si gracieusement
au-dessus des ormes verts, qu'une chaumière était proche,
et j'ai dit : s'il y a de la paix à trouver dans le monde,
un cœur humble pourrait l'espérer ici.
Chaque feuille était au repos, et je n'entendais pas un bruit,
sinon le pic tapant sur le hêtre creux.

Le fait est que ce coup contre l'écorce n'a d'autre but que d'éveiller les insectes que contient la fente et de les forcer à sortir, ce qu'ils font, alarmés par le bruit, lorsque le pic qui se retourne les prend. sans s'en apercevoir, et s'en nourrit : si les insectes ne répondent pas à l'appel trompeur, il lance sa longue langue dans le trou et fait ressortir, par ce moyen, sa proie réticente. Le plumage de cet oiseau est un composé de rouge et de vert, deux couleurs dont le rapprochement est toujours productif d'harmonie dans les œuvres de la nature. Ils se nichent au creux des arbres, où la femelle dépose cinq ou six œufs blanchâtres, sans faire de nid, comptant sur la chaleur naturelle de son corps pour les faire éclore.

Le Pic vert est plus fréquemment observé au sol que les autres espèces, notamment là où se trouvent des fourmilières. Il insère sa longue langue dans les trous par lesquels sortent les fourmis et les tire en abondance. Parfois, avec ses pattes et son bec, il fait une brèche dans le nid et dévore les fourmis et leurs œufs à son aise. Les jeunes montent et descendent des arbres avant de pouvoir voler ; ils se perchent très tôt et se reposent dans leurs trous jusqu'au jour. Il existe de nombreuses espèces différentes de pics, dont cinq sont communes à ce pays.

LE WRYNECK. (*Torquilla Yunx.*)

CET oiseau, nous dit M. Gould, doit son nom anglais à son habitude de remuer la tête et le cou dans diverses directions, et avec un mouvement ondulatoire, comme celui d'un serpent ; en effet, dans certaines régions d'Angleterre, on l'appelle oiseau-serpent. Lorsqu'on le trouve dans sa retraite habituelle dans le trou d'un arbre, il émet un grand sifflement, soulève les plumes de la couronne, et se tordant alternativement la tête et le cou vers chaque épaule, avec des contorsions grotesques, devient un objet de terreur pour un timide. intrus; et l'oiseau, profitant d'un moment d'indécision, s'élance avec la rapidité de l'éclair hors d'une situation où la fuite paraissait impossible.

Le Torcol fourmilier dépose ses œufs sur des fragments de bois pourri dans un arbre creux et ne fait pratiquement aucun nid. Les oiseaux capturés jeunes sont facilement apprivoisés.

LE TOUCAN, (*Rhamphastos tucanus* ,)

EST originaire d'Amérique du Sud, très remarquable par la taille et la forme de son bec ; qui, chez certaines espèces, est presque aussi long et aussi grand que le corps lui-même. La longueur de son corps est d'environ dix-huit pouces (la taille de la pie) ; la tête est grande et forte, et le cou court, afin de soutenir plus facilement la masse d'un tel bec. La tête, le cou et les ailes sont noirs ; la poitrine d'une très belle couleur orange safran ; la partie inférieure du corps et les cuisses sont vermillon ; la queue noire. Le spécimen de M. Gould représente une étroite ceinture de couleur paille au centre de la poitrine, séparant la teinte orange du vermillon. Un de ces oiseaux, gardé en cage, aimait beaucoup les fruits, qu'il tenait quelque temps dans son bec, les touchant avec grand plaisir du bout de sa langue plumeuse, puis les jetant dans sa gorge d'un brusque redressement. abruti; il se nourrissait également de petits oiseaux, d'insectes, de chenilles, etc.

LE PERROQUET GRIS. (*Psittacus érythacus.*)

LA langue du perroquet n'est pas sans rappeler celle d'un haricot noir et mou, et remplit si complètement la capacité de son bec, que l'oiseau peut facilement moduler les sons et articuler les mots ; le bec est composé de deux pièces mobiles toutes deux, ce qui est une particularité appartenant presque exclusivement à cette tribu d'oiseaux. Le bec du perroquet est fortement crochu et l'aide à grimper, attrapant avec lui les branches des arbres, puis tirant ses pattes vers le haut ; puis de nouveau en avançant le bec, puis les pattes, car ses pattes ne sont pas adaptées pour sauter de branche en branche, comme le font les autres oiseaux. On raconte plusieurs histoires sur la sagacité de ces oiseaux, sur l'aptitude de leurs interrogations et de leurs réponses, mais elles sont sans doute l'effet du hasard.

Le Dr Goldsmith dit qu'un perroquet, appartenant au roi Henri VII, ayant été gardé dans une chambre au bord de la Tamise, dans son palais de Westminster, avait appris à répéter de nombreuses phrases auprès des bateliers et des passagers. Un jour, alors qu'il s'ébattait sur son perchoir, il tomba malheureusement à l'eau. L'oiseau n'eut pas plus tôt découvert sa situation qu'il cria à haute voix : « Un bateau ! vingt livres pour un bateau ! Un batelier, se trouvant près de l'endroit où flottait le perroquet, s'en empara aussitôt et le restitua au roi ; exigeant, comme l'oiseau était un favori, qu'on lui paye la récompense que l'oiseau avait réclamée. Cela a été refusé ; mais il fut convenu que, comme le Perroquet avait offert une récompense, l'homme ferait encore référence à sa détermination quant à la somme qu'il devait recevoir. «Donnez du gruau au valet», cria l'oiseau à l'instant où la référence fut faite.

La mémoire des perroquets est très étonnante, et ils peuvent non seulement imiter des discours, mais aussi chanter des vers de chansons et imiter des gestes et des actions. Scaliger en vit un qui exécutait la danse des Savoyards en même temps qu'il répétait leur chant. Le chant était bien imité, mais lorsque l'oiseau essayait de gambader, c'était avec la pire grâce imaginable, car il se tournait sur la pointe des pieds et continuait à reculer de la manière la plus maladroite.

Willoughby nous parle d'un perroquet qui, lorsqu'une personne lui disait : « Riez, Poll, riez », riait en conséquence, et l'instant d'après s'écria : « Quel idiot de me faire rire ! Une autre, qui avait vieilli avec son maître, partageait avec lui les infirmités de la vieillesse. Habitué à n'entendre presque rien d'autre que les mots : « Je suis malade » ; lorsqu'une personne lui a demandé : « Comment allez-vous, Poll ? «Je suis malade», répondit-il d'un ton lugubre en s'étirant, «je suis malade.»

Les perroquets sont très nombreux aux Indes orientales et occidentales, où ils se rassemblent en compagnies, comme des freux, et construisent au creux des arbres. La femelle dépose deux ou trois œufs, marqués de petites taches, comme celles de la perdrix. Ils ne se reproduisent jamais sous notre climat, bien qu'ils y vivent jusqu'à un âge avancé. Ils se nourrissent entièrement de légumes, mais, une fois apprivoisés, ils retirent de la bouche de leur maître ou de leur maîtresse toute sorte de viande mâchée, et principalement les œufs, dont ils semblent particulièrement friands. Ils mordent ou pincent très fort, et certains d'entre eux possèdent une telle force dans leur bec qu'ils pourraient facilement briser le doigt d'un homme. Le Perroquet est sensible à l'attachement, ainsi qu'à la vengeance ; et si, dans leurs attitudes mimiques, ils manifestent un grand plaisir à la vue de leurs nourrisseurs, ils s'envolent aussi avec colère à la face de ceux qui les ont autrefois offensés ou blessés.

LE PERROQUET VERT, (*Psittacus amazonicus* ,)

PEUT -être plus commun en Angleterre que le perroquet gris d'Afrique, il est originaire d'Amérique du Sud et tire son nom du grand fleuve Amazone, sur les rives duquel il est commun. Dans son pays d'origine, il cause beaucoup de dégâts aux plantations, et en effet, beaucoup de perroquets sont aussi nuisibles à cet égard qu'ils sont beaux par leur plumage. Le perroquet vert ressemble à l'espèce grise dans ses habitudes et on peut également lui apprendre à parler avec beaucoup de distinction.

L'ARA BLEU ET JAUNE, (*Psittacus* , ou *Macrocercus aracanga* ,)

EST l'un des plus grands de la tribu des perroquets et peint avec les plus belles couleurs que la nature puisse offrir. Le bec est exceptionnellement fort ; et la queue proportionnellement plus longue que celle de n'importe quel membre de la tribu des perroquets. Sa voix est féroce et tremblante, ressemblant parfois au rire d'un vieil homme ; et il semble prononcer le mot « Arara », ce qui lui fait porter ce nom dans son pays natal.

Lorsqu'il est apprivoisé, il mange presque tous les produits alimentaires humains et aime particulièrement le pain, le bœuf, le poisson frit, les pâtisseries et le sucre. Il casse les noix avec son bec et en cueille adroitement les grains avec ses griffes. Il ne mâche pas les fruits mous, mais les suce en appuyant sa langue contre la partie supérieure de son bec ; et les aliments les plus durs, comme le pain et les pâtisseries, il les meurtrit ou les mâche en appuyant sur le bout de la partie inférieure. la partie la plus creuse de la mandibule supérieure.

L'ara écarlate (M. Macao) est une autre grande espèce, de couleur rouge vif, avec des plumes bleues et jaunes sur les ailes et des plumes bleues à la base de la queue. Autrefois commun dans les îles antillaises, il y est aujourd'hui devenu rare. Sa voix est très forte et dure.

L'ANNEAU PAROQUET. (*Palæornis Alexandri.*)

CETTE belle espèce, non moins remarquable par l'élégance de sa forme que par sa docilité et son pouvoir d'imitation, est censée avoir été la première des espèces de perroquets connues des anciens, depuis l'époque d'Alexandre le Grand jusqu'à l'époque de Néron. . Il mesure environ quinze pouces de long ; son bec est épais et rouge ; la tête et le corps d'un vert vif ; le cou, la poitrine et tout le dessous d'une teinte plus pâle. Il a un cercle rouge, ou anneau, qui entoure le cou et mesure à peu près la largeur d'un petit doigt à l'arrière ; mais il se rétrécit peu à peu vers les côtés et se termine sous le bec inférieur. La partie inférieure du corps est d'un vert si pâle qu'elle semble presque jaune. La queue est également d'un vert jaunâtre et les pattes et les doigts sont de couleur cendrée.

LE PAROQUET D'HERBE FAUGUÉE.

(*Melopsittacus undulatus.*)

On trouve en Australie un GRAND NOMBRE DE PERROQUETS DE DIFFÉRENTES ESPÈCES, ET LA PLUPART D'ENTRE EUX VIVENT ET CHERCHENT LEUR NOURRITURE SUR LE SOL PLUTÔT QUE DANS LES ARBRES. L'un d'eux s'appelle le *Ground Paroquet* , car on ne le voit jamais se percher sur les arbres, mais il court toujours parmi l'herbe et les herbes. Le perruche gazouillante est un petit oiseau australien bien connu et magnifique, dont un nombre considérable a été importé dans ce pays ces dernières années ; il est à juste titre un favori, à la fois en raison de son élégance et de sa douce note gazouillante très différente des cris rauques de nombreuses espèces de sa tribu. Il peut cependant crier vigoureusement à cause de sa taille. À l'intérieur de l'Australie, ces charmants petits oiseaux sont présents en multitudes innombrables. Ils se nourrissent principalement de graines d'herbes, qu'ils ramassent en courant sur le sol, mais ils se perchent en foule sur les gommiers pour s'abriter de la chaleur de midi, et aussi avant de partir en expédition à la recherche d'eau.

LE Cacatoès. (*Plyctolophus galeritus.*)

CET oiseau se distingue des perroquets par une belle crête, composée d'une touffe de plumes élégantes, qu'il peut relever ou abaisser à son gré. Nous rencontrons un beau plumage blanc et les plumes intérieures de la crête d'un jaune agréable, avec une tache de la même couleur sous chaque œil et une sur la poitrine. Les cacatoès sont originaires des îles indiennes et d'Australie, où on les trouve en grande abondance. Leur nourriture est constituée de graines et de fruits mous et pierreux, dont le bec puissant leur permet de se casser facilement. Ils sont facilement apprivoisés lorsqu'ils sont pris à un âge précoce, après quoi ils deviennent familiers et même attachés, mais leurs pouvoirs d'imitation vont rarement au-delà de quelques mots ajoutés à leur propre cri de cacatoès.

À l'état sauvage, ils sont timides et ne peuvent pas être facilement approchés. La chair des jeunes oiseaux est considérée comme très bonne à la consommation. On dit que la femelle fait son nid dans les branches pourries des arbres, en utilisant rien d'autre que l'accumulation de moisissure végétale formée par les parties pourries de la branche. Les œufs sont blancs, sans taches ; il n'y a pas plus de deux jeunes à la fois. Les indigènes trouvent d'abord le nid grâce aux morceaux d'écorce et aux brindilles que les vieux oiseaux arrachent aux arbres voisins de celui où est situé le nid. C'est un fait remarquable que l'écorce n'est jamais arrachée de l'arbre qui contient le nid.

M. Bennet, en parlant du grand cacatoès noir de la Nouvelle-Hollande, dit que si cet oiseau observe sur le tronc d'un arbre des indications indiquant qu'une larve se trouve à l'intérieur, il s'efforce diligemment de l'atteindre avec son bec puissant, et si le L'objet de sa poursuite se trouve profondément dans le bois, comme cela arrive souvent, le tronc devient si profondément entaillé qu'un léger coup de vent fait tomber l'arbre.

LE PAON. (*Pavo cristatus.*)

ÉTONNÉS de la beauté sans pareille de cet oiseau, les anciens ne pouvaient s'empêcher de donner libre cours à leur imagination vive et créatrice, en expliquant la magnificence de son plumage. Ils en firent le favori de Junon impériale, sœur et épouse de Jupiter ; et pas moins de cent yeux d'Argus furent arrachés pour orner sa queue ; en effet, il n'y a presque rien dans la nature qui puisse rivaliser avec l'éclat transcendant des plumes du paon. La gloire changeante de son cou éclipse l'azur profond de l'outremer ; et à la moindre évolution, elle prend la teinte verte de l'émeraude et la teinte pourpre de l'améthyste. Sa tête, petite et finement formée, présente plusieurs curieuses rayures blanches et noires autour des yeux, et est surmontée d'un élégant panache, ou touffe de plumes, dont chacune est composée d'une tige mince et d'une petite touffe à l'extrémité. haut. Exposés avec une fierté consciente et exposés sous des angles variés aux reflets de la lumière, les disques larges et bigarrés de sa traîne, dont le cou, la tête et la poitrine de l'oiseau deviennent le centre, réclament notre admiration. Par un mélange extraordinaire des couleurs les plus vives, il affiche à la fois la richesse de l'or et les teintes plus pâles de l'argent, bordé de bords couleur bronze et environnant des taches en forme d'œil de brun foncé et de saphir. La poule ne partage pas la beauté du coq, et ses plumes sont généralement d'un brun clair. Elle ne pond que quelques œufs à la fois, généralement à trois ou quatre jours d'intervalle ; ils sont blancs et tachetés comme les œufs de dinde. Elle siège de vingt-sept à trente jours.

Les cris bruyants du paon sont pires que les croassements rauques du corbeau et constituent un pronostic sûr du mauvais temps ; et ses pattes, plus maladroites que celles du dindon, contrastent tristement avec l'élégance de son plumage :

"Même si les plumes du Paon ornent les teintes les plus riches,
Pourtant l'horreur hurle de sa gorge discordante."

L'étalement de la traîne, le gonflement de la gorge, du cou et de la poitrine, et le bruit de souffle qu'ils émettent à certaines heures, sont des preuves que le Dindon et le Paon sont presque alliés dans la chaîne familiale des êtres animés.

La chair du paon était autrefois considérée comme un plat princier ; et l'oiseau entier était servi sur la table avec les plumes du cou et de la queue conservées ; mais peu de gens peuvent désormais savourer une telle nourriture, car elle est beaucoup plus grossière que la chair de la dinde. Les Italiens ont donné cette description laconique du Paon : « Il a le plumage d'un ange, la voix d'un diable et le ventre d'un voleur. »

LA DINDE, (*Meleagris Gallo-Pavo* **,)**

ÉTAIT à l'origine un habitant de l'Amérique, d'où il fut amené en Europe par des missionnaires jésuites, ce qui explique qu'il soit appelé jésuite dans certaines parties du continent. La couleur générale des plumes est chamois et noire ; et les dindes ont autour de la tête, surtout du coq, des morceaux de chair nue et tubéreuse d'une couleur rouge vif. Un long appendice charnu pend à la base de la mandibule supérieure et semble s'allonger et se raccourcir à volonté. La poule pond de quinze à vingt œufs blanchâtres et tachetés de rousseur. Les poussins sont très tendres et nécessitent de grands soins et des soins attentifs jusqu'à ce qu'ils soient capables de chercher leur nourriture. Dans le comté de Norfolk, l'élevage des dindes, qui constitue là une branche de commerce considérable, est porté à un grand perfectionnement ; et certains pesant plus de vingt livres chacun y ont été élevés. Ils semblent avoir une antipathie naturelle envers tout ce qui est de couleur rouge.

Bien qu'extrêmement enclins à se quereller entre eux, ils sont, en général, faibles et lâches envers les autres animaux, et fuient presque toutes les créatures qui osent s'opposer à eux. Au contraire, ils poursuivent tout ce qui semble les redouter, particulièrement les petits chiens et les enfants ; et après avoir fait détaler ces objets de leur aversion, ils manifestent leur fierté et leur satisfaction en déployant leur plumage, en se pavanant parmi leur suite féminine et en poussant leur note particulière d'auto-approbation. Il y a cependant eu quelques cas où le coq à dinde a fait preuve d'une part considérable de courage et de prouesse ; comme le montrera l'anecdote suivante : — Un gentleman de New York reçut d'une région éloignée un dindon et une poule, et avec eux une paire de nains ; qui étaient tous rassemblés dans la cour avec ses autres volailles. Quelque temps après, comme il les nourrissait depuis la porte de la grange, un grand faucon tourna brusquement le coin de la grange et se jeta sur la poule naine : elle donna aussitôt l'alarme, par un bruit qui lui est naturel sur de telles occasions ; Lorsque le coq de dinde, qui se trouvait à environ deux mètres de distance, et qui comprit sans doute l'intention du faucon, se jeta sur le tyran avec une telle violence, et lui donna un coup si violent avec ses éperons, qu'il le fit tomber du sol. poule à une distance considérable; c'est ainsi que le nain a été sauvé de la destruction.

Le dindon sauvage est, dans les forêts américaines, un objet d'un intérêt considérable. Il est perché sur la cime des cyprès et des magnolias à feuilles caduques :

"Au sommet
de ton magnolia, la voix forte de la Turquie
annonce l'aube : d'arbre en arbre
étend la note de veille au loin,
jusqu'à ce que les forêts entières résonnent de ce cri."
SUDEY.

LA PATADE DE GUINÉE, OU PINTADO.

(*Numida Meleagris.*)

CET oiseau, également appelé *poule perlée* , a été importé d'Afrique, où la race est commune, et semble avoir été bien connu des Romains, qui considéraient la chair de cette volaille comme un mets délicat et l'admettaient. à leurs banquets. On l'appelait alors Poule Numide, ou *Méléagris* , car la légende disait que les sœurs de Méléagre, qui déploraient sans cesse sa mort, furent métamorphosées en Poules d'Inde par Diane. En fait, bien qu'ils soient désormais domestiqués chez nous, ils conservent encore une grande partie de leur liberté originelle, et ont un air stupide. Leur bruit est très désagréable : c'est un craquement qui, sans cesse répété, gratte l'oreille et devient très taquin et désagréable. Ils appartiennent à la classe des oiseaux appelés *pulveratores* ; elles grattent le sol et se roulent dans la poussière comme de vulgaires poules, pour se débarrasser des petits insectes qui se logent dans leurs plumes.

Le Pintado est un peu plus gros que la poule commune ; la tête est dépourvue de plumes et recouverte d'une peau nue de couleur bleuâtre ; sur le dessus se trouve une protubérance calleuse de forme conique. À la base du bec, de chaque côté, pend une caroncule lâche, rouge chez la femelle et bleuâtre chez le mâle. La couleur générale du plumage est d'un gris bleuâtre foncé, parsemé de taches blanches rondes de différentes tailles, ressemblant à des perles, d'où l'épithète de *perlé* a été appliquée à cet oiseau ; qui, à première vue, semble avoir été frappé par une forte pluie de grêle.

S'ils sont dressés lorsqu'ils sont jeunes, ces oiseaux peuvent facilement être apprivoisés. M. Bruë nous apprend que lorsqu'il était sur la côte du Sénégal, il reçut en cadeau d'une princesse africaine deux pintades. Ces deux oiseaux étaient si familiers qu'ils s'approchaient de la table et mangeaient dans son assiette ; et, lorsqu'ils avaient la liberté de voler sur la plage, ils revenaient toujours au navire lorsque la cloche du dîner ou du souper sonnait.

À l'état sauvage, on affirme que le Pintado se rassemble en grands groupes. Dampier dit en avoir vu entre deux et trois cents ensemble aux îles du Cap-Vert. Ils ont été introduits dans notre pays depuis les côtes africaines un peu plus tôt que 1260.

A la Jamaïque, où ils se sont répandus à l'état sauvage et sont devenus très destructeurs pour les plantations, ils sont parfois attrapés, nous dit M. Gosse, par le stratagème suivant : — Une petite quantité de maïs est trempée pendant une nuit dans du rhum proof et est ensuite placé dans un récipient peu profond, avec un peu de rhum frais, et l'eau extraite d'un manioc amer râpé. Celui-ci est déposé dans un terrain clos auquel recourent les prédateurs. Une petite quantité de manioc râpé est ensuite saupoudrée dessus et elle est laissée. Les volailles mangent avidement la nourriture médicamenteuse et se retrouvent bientôt ivres, incapables de s'échapper et se contentant de mettre leur tête dans un coin. Il est presque inutile de remarquer que dans cet état ils deviennent une proie facile. Les pigeons sont parfois capturés de cette manière en Allemagne par les braconniers.

Cet oiseau a, ces dernières années, beaucoup augmenté dans ce pays, et on le voit souvent pendu dans les magasins de volailles et sur les marchés ; leur grande abondance a considérablement réduit leur valeur, et ils se vendent maintenant, proportionnellement, comme les autres volailles. Les œufs sont plus petits et plus ronds que ceux de la poule commune et sont tachetés de brun rougeâtre. Ils sont considérés comme un aliment très délicat.

Le monticule-OISEAU D'AUSTRALIE.

(*Tumulus mégapode.*)

IL est remarquable que cet oiseau ne fasse pas éclore ses œufs par incubation. Il rassemble un grand tas de légumes en décomposition comme lieu de dépôt de ses œufs, formant ainsi un foyer issu de la décomposition de la matière collectée, par la chaleur duquel les jeunes éclosent. Ce monticule varie en quantité de deux à quatre charrettes et n'est pas l'ouvrage d'un seul couple d'oiseaux, mais le résultat du travail uni de plusieurs.

M. Gould, dans ses *Oiseaux d'Australie*, donne le récit suivant de la découverte d'un de ces nids par M. Gilbert :

«J'ai débarqué près d'un fourré, et je ne m'étais pas éloigné du rivage, lorsque j'arrive à un monticule de sable et de coquillages, avec un léger mélange de terre noire, la base reposant sur une plage de sable, à seulement quelques pieds au-dessus des hauteurs. marque d'eau; il était enveloppé d'un grand hibiscus à fleurs jaunes et avait une forme conique, mesurant vingt pieds de circonférence à la base et environ cinq pieds de hauteur. En le faisant remarquer à l'indigène et en lui demandant ce que c'était, il répondit : « Oooregoorga Rambal », la maison ou le nid des oiseaux de la jungle. J'ai ensuite grimpé sur les côtés et, à mon grand plaisir, j'ai trouvé un jeune oiseau dans un trou d'environ deux pieds de profondeur ; il gisait sur quelques feuilles sèches et fanées et paraissait âgé de quelques jours seulement. Jusqu'à présent, j'étais convaincu que ces monticules avaient un rapport avec le mode d'incubation de l'oiseau ; mais j'étais encore sceptique quant à la probabilité que ces jeunes oiseaux remontent d'aussi grande profondeur que les indigènes représentaient, et mes soupçons furent confirmés par mon incapacité à inciter l'indigène, dans ce cas, à chercher les œufs, son excuse étant donné qu'il savait que cela ne servirait à rien, car il ne voyait aucune trace des vieux oiseaux ayant récemment été là. J'ai pris le plus grand soin du jeune oiseau, avec l'intention de l'élever si possible ; J'obtins donc une boîte de taille moyenne et y plaçai une grande portion de sable. Comme il se nourrissait assez librement de maïs indien meurtri, j'avais bon espoir de réussir ; mais il se montra d'un caractère si sauvage et si intraitable, qu'il ne voulut pas se résoudre à un confinement aussi serré, et s'échappa le troisième jour. Pendant le temps qu'il restait en captivité, il était sans cesse occupé à gratter le sable en tas, et la rapidité avec laquelle il jetait le sable d'un bout à l'autre de la boîte était tout à fait surprenante pour un oiseau si jeune et si petit. la taille n'est pas plus grande que celle d'une petite caille.

« La nuit, il était si agité que j'étais constamment tenu éveillé par le bruit qu'il faisait dans ses efforts pour s'échapper. En grattant le sable, il n'utilisait qu'un seul pied, et après en avoir saisi une poignée, pour ainsi dire, le sable était jeté derrière lui, avec peu d'effort apparent et sans changer sa position debout sur l'autre jambe : cette habitude semblait être le résultat d'une disposition innée agitée et d'un désir d'utiliser ses pieds puissants et d'avoir peu de lien avec son alimentation ; car bien que le maïs indien ait été mélangé au sable, je n'ai jamais détecté l'oiseau en ramassant quoi que ce soit pendant qu'il était ainsi employé.

« J'ai continué à recevoir les œufs sans avoir l'occasion de les voir retirés de la butte jusqu'au 6 février ; Lorsque, en visitant de nouveau Knocker's Bay, j'ai eu la satisfaction d'en voir deux prises à une profondeur de six pieds, dans l'un des plus grands monticules que j'aie jamais vus. Dans ce cas, les trous descendaient dans une direction oblique depuis le centre vers le versant extérieur de la butte, de sorte que, bien que les œufs fussent à six pieds de profondeur du sommet, ils n'étaient qu'à deux ou trois pieds du côté. On dit que les oiseaux ne pondent qu'un seul œuf dans chaque trou, et après que l'œuf est déposé, la terre est immédiatement jetée légèrement, jusqu'à ce que le trou soit rempli ; la partie supérieure du monticule est ensuite lissée et arrondie. Il est facile de savoir quand un oiseau de la jungle a récemment creusé, à l'impression distincte de ses pattes sur le dessus et les côtés du monticule, et à la terre si légèrement renversée, qu'avec un bâton mince, la direction du trou est indiquée. peut être facilement détecté ; la facilité ou la difficulté d'enfoncer le manche vers le bas, indiquant le temps écoulé depuis les opérations des oiseaux. Jusqu'à présent, c'est assez facile ; mais pour atteindre les œufs, il faut beaucoup d'efforts et de persévérance. Les indigènes les déterrent avec leurs mains seules, et ne font que suffisamment de place pour admettre leurs corps et jeter la terre entre leurs jambes : en arrachant avec leurs doigts seuls, ils peuvent déterminer avec plus de certitude la direction du trou. , qui parfois, à une profondeur de plusieurs pieds, s'écarte brusquement à angle droit, son cours direct étant obstrué par un bouquet de bois ou quelque autre obstacle.

Selon toute vraisemblance, comme la nature a adopté ce mode de reproduction, elle a aussi fourni aux jeunes oiseaux la faculté de se nourrir dès la première période ; et la grande dimension de l'œuf amènerait également à cette conclusion, puisque dans un si grand espace il est raisonnable de supposer que l'oiseau serait beaucoup plus développé qu'on ne le trouve habituellement dans des œufs de plus petites dimensions. Les œufs sont parfaitement blancs, de forme longue et ovale, mesurant trois pouces et trois quarts de long sur deux pouces et demi de diamètre.

Il existe plusieurs autres oiseaux australiens qui adoptent la même manière singulière d'éclore leurs œufs ; l'un d'eux s'appelle le Faisan indigène (*Leipoa ocellata*) et un autre le Dindon broussailleux (*Talegalla Lathami*). Ce dernier a la tête et le cou recouverts d'une peau nue, comme la dinde, mais la partie inférieure est très épaissie, verruqueuse et jaune vif.

LE FAISAN. (*Phasianus colchicus* .)

LE nom de cet oiseau implique qu'il était originaire des rives de la rivière Phasis, en Arménie ; on ne sait pas comment et quand il a émigré et a commencé à fréquenter nos bosquets. Il est de la taille du coq commun ; le bec est de couleur corne pâle; les narines se sont arquées ; les yeux jaunes, et entourés d'une peau nue et verruqueuse, d'un bel écarlate, finement tacheté de noir ; immédiatement sous chaque œil se trouve une petite tache de plumes courtes, d'un violet foncé brillant ; les parties supérieures de la tête et du cou sont d'un violet foncé, variant du vert et du bleu brillants ; les parties inférieures du cou et de la poitrine sont d'un châtain rougeâtre, avec des bords noirs dentelés ; les côtés et la partie inférieure de la poitrine sont de la même couleur, avec des pointes noires sur chaque plume qui, sous différentes lumières, varient jusqu'au violet brillant ; en effet, toute la couleur de cette volaille à moitié domestiquée est très belle, unissant l'éclat de l'or jaune profond aux plus belles teintes du rubis et du turquoise, avec des reflets verts ; le tout étant rehaussé de plusieurs taches d'un noir brillant ; mais dans celui-ci, comme dans toutes les autres espèces d'oiseaux aux plumes somptueuses, la nature a, pour des raisons sages et encore inconnues de nous, refusé à la femelle cette admirable beauté de plumage qui appartient au mâle. Le Faisan vit dans les bois, qu'il quitte au crépuscule pour se promener dans les champs de maïs et autres lieux isolés, où il se nourrit avec ses femelles de glands, de baies, de grains et de graines de plantes, mais principalement d'œufs de fourmis, dont il l'affectionne particulièrement. Sa chair est à juste titre considérée comme meilleure que celle de n'importe quelle volaille domestique ou sauvage, car elle unit la délicatesse du poulet commun à un goût particulier qui lui est propre. La femelle pond dix-huit ou vingt œufs une fois par an, à l'état sauvage ; mais c'est en vain que nous avons essayé de domestiquer entièrement cet oiseau, car il ne restera jamais patiemment enfermé, et si jamais il se reproduit en confinement, il se soucie beaucoup de sa couvée.

Il existe de grandes variétés de Faisans, d'une beauté extraordinaire et d'un éclat de couleurs : beaucoup d'entre eux, comme les Faisans d'or et d'argent (*Phasianus pictus* et *P. Nycthemerus*), apportés des riches provinces de Chine, sont gardés dans des volières dans ce royaume. .

Ce bel oiseau est élégamment décrit dans le passage suivant : -

"Voir! du frein jaillit le Faisan vrombissant,
Et monte en jubilant sur ses ailes triomphantes ;
Sa joie est courte ; il sent la blessure ardente,
Flotte dans le sang, et le sol haletant bat :
Ah ! à quoi servent ses teintures brillantes et variées,
sa crête violette, ses yeux cerclés d'écarlate,
le vert vif que déploient ses plumes brillantes,
ses ailes peintes et sa poitrine qui flambe d'or !
LA FORÊT DE WINDSOR DU PAPE.

LA PERDRIX À JAMBES ROUGES. (*Perdix rufus.*)

CES perdrix sont originaires de Guernesey et de Jersey ; mais on les trouve aussi très fréquemment sur les côtes limitrophes de la France. Ces dernières années, ils se sont répandus très rapidement en Angleterre ; et comme elles sont plus fortes et plus féroces que la perdrix commune, celle-ci devient rare partout où les perdrix à pattes rouges sont abondantes. Dans les régions occidentales de la France, ils sont très abondants et leur chair est dodue et juteuse. En Angleterre, il fait aussi blanc qu'en France, mais plus sec. Les plumes latérales sont très joliment mouchetées et il y a une riche marque noire commençant derrière l'œil et formant une sorte de hausse-col sur la poitrine. Les paupières sont d'un rouge vif, tout comme le bec et les pattes, et les griffes sont brunes. Ils construisent leurs nids à même le sol ; mais on les trouve parfois perchés sur des arbres, sur une clôture ou une palissade.

LA PERDRIX COMMUNE, (*Perdix cinerea* ,)

IL pèse environ quatorze onces. Le plumage, bien qu'il ne puisse pas se vanter d'être criard, est très agréable à l'œil, étant un mélange de couleurs brunes et fauves, entrecoupées de teintes grises et cendrées. La tête est petite et jolie ; le bec est fort, mais court et ressemble à celui de tous les autres oiseaux granivores. La femelle pond quinze ou dix-huit œufs et conduit sa couvée dans les champs de maïs avec le plus grand soin. Les jeunes perdrix font partie des oiseaux qui courent rapidement dès qu'elles sortent de leur coquille, et on peut parfois les trouver en train de courir avec un morceau de coquille restant sur la tête. L'affection des perdrix pour leur progéniture est particulièrement intéressante. Les deux parents les conduisent dehors pour se nourrir : ils leur indiquent les endroits appropriés pour mettre leur nourriture et les aident à la trouver en grattant le sol avec leurs pieds. Ils s'assoient souvent les uns à côté des autres, couvrant les petits de leurs ailes ;

et de cette position, ils ne sont pas facilement réveillés. Si toutefois ils sont perturbés, la plupart des gens qui connaissent les affaires rurales connaissent la confusion qui s'ensuit. Le mâle donne le premier signal d'alarme par un cri particulier de détresse ; se jetant en même temps plus immédiatement dans la voie du danger, pour tromper l'ennemi. Il flotte sur le sol, suspendant ses ailes et présentant tous les symptômes de débilité. Par ce stratagème, il échoue rarement à attirer l'attention de l'intrus au point de permettre à la femelle de conduire la couvée sans défense vers un lieu sûr.

Le nid est généralement au sol ; mais dans la ferme de Lion Hall, dans l'Essex, appartenant au colonel Hawker, une perdrix, en 1788, forma son nid et éclos seize œufs au sommet d'un chêne têtard ! Ce qui rend cette circonstance d'autant plus remarquable, c'est que l'arbre y avait attaché les barres d'un montant, là où il y avait un sentier ; et les passagers, en s'approchant, la découvrirent et la dérangèrent avant qu'elle ne s'asseyât tout près. Lorsque le couvain éclos, les oiseaux descendirent sur les branches courtes et rugueuses qui poussaient tout autour du tronc de l'arbre et atteignirent le sol en toute sécurité. C'est depuis longtemps une opinion reçue parmi les sportifs, ainsi que parmi les naturalistes, que la femelle perdrix n'a aucune des plumes de laurier de la poitrine comme le mâle. Mais c'est une erreur ; car M. Montague tuait neuf oiseaux en un jour, avec très peu de variation quant à la marque de laurier sur la poitrine, il fut amené à les ouvrir tous, et découvrit que cinq d'entre eux étaient des femelles. En examinant attentivement le plumage, il découvrit que les mâles ne pouvaient être reconnus que par l'éclat supérieur de la couleur autour de la tête ; ce qui seul, après la première ou la deuxième année, semble être la véritable marque de distinction. Ils volent en couvées jusqu'à environ la troisième semaine de février, lorsqu'ils se séparent et s'accouplent ; mais si le temps est très rigoureux, il n'est pas rare de les voir se rassembler à nouveau. On nous raconte qu'un garde-chasse, dans le Dorsetshire, entendant une perdrix pousser un cri de détresse, fut attiré par le bruit dans un champ d'avoine, lorsque l'oiseau courut autour de lui très agité ; en regardant parmi les blés, il vit au milieu de son enfant couver un gros serpent, qu'il tua ; et voyant son corps très distendu, il l'ouvrit, quand, à son grand étonnement, deux jeunes perdrix s'enfuirent de leur prison et rejoignirent leur mère ; deux autres ont été retrouvés morts dans son estomac. Les perdrix ont toujours tenu une place distinguée aux tables des gens luxueux : nous avons un vieux distique :

"Si la perdrix avait la cuisse de la bécasse,
ce serait le meilleur oiseau qui ait jamais volé."

LA CAILLE, (*Coturnix dactylisonans* ,)

C'EST un petit oiseau, ne mesurant pas plus de sept pouces de longueur. La couleur de la poitrine est d'un jaune pâle sale, et la gorge a un peu de rouge mélangé : la tête est noire, et le corps et les ailes ont des rayures noires sur un fond couleur noisette. Ses habitudes et sa manière de vivre ressemblent à celles de la perdrix, et elle est soit capturée dans des filets par des oiseaux leurres, soit abattue par l'aide du chien de pose, son cri étant facilement imité en frappant deux pièces de cuivre l'une contre l'autre. La chair de la caille est très succulente et son goût est voisin de celui de la perdrix. Les cailles sont des oiseaux de passage, seule particularité par laquelle elles diffèrent de toutes les autres espèces de volailles ; et un nombre si prodigieux est apparu quelquefois sur la côte occidentale du royaume de Naples, qu'on en a capturé cent mille en un seul jour, dans l'espace de trois ou quatre milles. Dans certaines parties du sud de la Russie, ils abondent tellement, qu'au moment de leur migration, ils sont capturés par milliers et envoyés en tonneaux à Moscou et à Saint-Pétersbourg. La femelle pond rarement plus de six ou sept œufs.

Les anciens Athéniens gardaient cet oiseau uniquement pour le plaisir de se battre entre eux, comme le font les coqs de chasse, et n'en mangeaient jamais la chair. La caille était cet oiseau sauvage que Dieu jugeait approprié d'envoyer au peuple élu d'Israël comme nourriture pour lui dans le désert.

La caille de Chine est un beau petit oiseau, et on la garde souvent en cage en Chine, dans le seul but, comme on dit, de réchauffer les mains des gens en hiver ; car prendre le corps doux et chaud de l'oiseau dans la main y diffuse une agréable chaleur. Il est également très pugnace et est employé au combat.

LA CAILLE AMÉRICAINE, (*Ortyx Virginianus* ,)

EST plus grande que la caille commune et se situe entre une caille et une perdrix.

La CAILLE DE CALIFORNIE (*O. Californicus*) se distingue par sa possession d'une curieuse crête ou touffe de plumes sur le sommet de la tête.

LE Tétras-lyre. (*Lagopus scoticus.*)

"Haut sur son aile exultante, le Heath-Cook s'est levé
et a soufflé son souffle strident sur les neiges éternelles."
ROGERS.

CET oiseau est appelé par certains ornithologues le *coq des landes* , et par d'autres *le gibier rouge* . Le bec est noir et court ; au-dessus des yeux, il y a une peau nue d'un rouge vif. La couleur générale du plumage est rouge et noire, panachée et mêlée les unes aux autres, sauf les ailes, qui sont brunâtres, tachetées de rouge, et la queue, qui est noire ; les pieds sont couverts d'épaisses plumes jusqu'aux griffes. Il est courant dans le nord de l'Angleterre, en Écosse et au Pays de Galles ; et non seulement offre une grande diversion aux nobles et messieurs de ces pays qui aiment la chasse, mais encore les récompense bien de leur peine, car la chair est très délicate et tient sur notre table une place égale à celle de la perdrix et le faisan. La saison de chasse aux Grouse commence le 12 août. En hiver, on les trouve en groupes de cinquante à cent personnes, appelés meutes par les sportifs , et deviennent remarquablement timides et sauvages, permettant rarement au sportif de les approcher à moins de cent mètres. Ils se tiennent près des sommets des collines couvertes de bruyère et descendent rarement vers les terrains inférieurs. Ici, ils se nourrissent des baies des montagnes et des cimes tendres des bruyères. La poule pond sept ou huit œufs de couleur noir rougeâtre.

LE LAGOIGAN OU Tétras Blancs

(*Lagopus vulgaris* ,)

EST un peu plus gros qu'un pigeon ; son bec est noir et son plumage en été est de couleur brun pâle, élégamment marbré de petites barres et de taches sombres. La tête et le cou sont marqués de larges barres noires, de couleur rouille et blanches ; les ailes et le ventre sont blancs. Le Tétras-lyre affectionne les situations élevées, où il brave les froids les plus rigoureux. On le trouve dans la plupart des régions du nord de l'Europe et de l'Amérique, jusqu'au Groenland. Dans ce pays, on ne le rencontre que sur les sommets de certaines de nos plus hautes collines, principalement en Écosse, dans les Hébrides et les Orcades, mais parfois dans le Cumberland et le Pays de

Galles. Son plumage devient d'un blanc pur en hiver, à l'exception des rectrices qui restent noires.

LE COQ NOIR, (*Tetrao tetrix* ,)

IL pèse environ quatre livres ; mais la femelle, qu'on appelle ordinairement poule grise, n'est souvent pas plus de deux personnes. Le plumage de tout le corps du mâle est noir et brillant sur le cou et la croupe d'un bleu brillant ; les couvertures des ailes sont d'un brun sombre, avec les plumes des plumes noires et blanches. La queue est très fourchue chez le mâle. Ces oiseaux ne s'accouplent jamais ; mais au printemps, les mâles se rassemblent dans leurs repaires habituels au sommet des montagnes bruyères, où ils chantent et battent des ailes :

"Et du haut du pin, il fit tomber
le Tétras géant, tout en se vantant, il montra
sa poitrine de divers verts, et chanta et battait
ses ailes brillantes."
GISBORNE.

Les femelles, à ce signal, y recourent. Les mâles sont très querelleurs et se battent ensemble comme des coqs de chasse. Dans ces occasions, ils sont si indifférents à leur propre sécurité, que deux ou trois ont parfois été tués d'un seul coup ; et des cas se sont produits où ils ont été renversés avec un bâton.

Comme le Capercalzie, ou Coq des Bois, une espèce plus grande de ce genre, ces oiseaux sont communs en Russie, en Sibérie et dans d'autres pays du nord, principalement dans les situations boisées et montagneuses ; et dans les parties nord de notre propre île, sur des landes incultes.

LA CAPERCALZIE, (*Tetrao urogallus* ,)

ÉTAIT également un habitant des forêts d'Écosse, mais il a disparu de Grande-Bretagne depuis de nombreuses années. Le mâle est aussi gros qu'un dindon de bonne taille, la femelle est considérablement plus petite. Plusieurs tentatives ont été faites pour élever le Capercalzie et le domestiquer dans ce pays, mais sans résultat. Ils sont aujourd'hui les plus nombreux en Suède, où ils sont très appréciés comme aliment. Ces dernières années, ils ont été introduits sur le marché anglais et sont considérés comme très bons à manger.

LE COQ COMMUN. (*Gallus domestique.*)

« Tandis que le Coq, avec un vacarme vif,
disperse l'arrière-plan des ténèbres ;
Et devant la pile, ou devant la porte de la grange,
se pavane vigoureusement devant ses dames. MILTON.

CET oiseau est si connu qu'il serait inutile d'en dire beaucoup sur lui. Son plumage est varié et beau, son courage très grand et proverbial, et sa connaissance intuitive de la période du lever du soleil a déconcerté les recherches les plus minutieuses des naturalistes. Lorsqu'il est de bonne race et bien instruit au combat, il mourra plutôt que de céder à son adversaire. La poule pond un grand nombre d'œufs et en éclot jusqu'à treize à la fois ; mais ce chiffre est considéré comme le nombre extrême, étant celui qu'elle peut couvrir. Lorsqu'elle est en incubation isolée, elle mange très peu ; et pourtant elle est si courageuse et forte qu'elle se lèvera et combattra tous les hommes ou animaux qui osent s'approcher de son nid. Il est impossible de concevoir comment, avec une nourriture aussi maigre qu'elle prend, elle peut, pendant vingt et un jours, émettre constamment de son corps autant de chaleur qu'elle ferait monter le thermomètre de Fahrenheit à quatre-vingt-seize degrés. La chair de cet oiseau est délicate et saine, et universellement appréciée comme nourriture nourrissante et agréable.

Il existe plusieurs variétés de familles de cette volaille. Le Coq de Hambourg a une belle touffe de plumes autour des oreilles et sur le dessus de la tête ; et le Bantam a les pattes et les doigts entièrement emplumés, ce qui est plus un obstacle qu'un ornement pour l'oiseau.

Le sport cruel des combats de coqs remonte à la plus haute antiquité. Les Athéniens semblent l'avoir reçu de l'Inde, où il est encore aujourd'hui suivi avec une sorte de frénésie ; et on nous dit que les Chinois risquent parfois non seulement la totalité de leurs biens, mais aussi leurs femmes et leurs enfants, à l'issue d'une bataille. La religion des Grecs ne permettait pas ce jeu avec plaisir, et c'est pourquoi les combats de coqs n'étaient autorisés qu'une fois par an ; mais les Romains adoptèrent cette pratique avec ravissement et l'introduisirent dans cette île. Henri VIII. Il se plaisait à ce sport et fit construire à cet effet une maison spacieuse qui, bien que maintenant appliquée à un usage très différent, conserve encore le nom de Cockpit. La partie ainsi appelée de nos navires semble également indiquer que, dans le passé, les combats de coqs étaient permis, afin de tromper les heures fastidieuses d'un long voyage. Le Coq a suscité un intérêt considérable auprès des poètes ; et a été très communément appelé par eux « Chanticleer : »

"Dans cette ferme vivait, sans égal
pour chanter fort, le noble Chanticleer." DRYDEN.

"Le chanteur à plumes, Chanticleer,
avait enroulé son clairon
et annoncé au premier villageois
l'arrivée du matin." CHATTERTON.

COQ BANKIVA.—COQ ET POULE JAGO.—COQ ET POULE ESPAGNOL.

On dit que presque toutes les sortes de volailles trouvées dans les poulaillers britanniques sont issues DE LA VOLAILLE DE BANKIVA. Il est originaire de l'île de Java et se caractérise par une crête rouge échancrée, des caroncules rouges et des pattes et des pieds gris cendré. Le coq a une fine crête échancrée ou festonnée et des caroncules sous la bouche. Les plumes du cou sont longues, tombantes et arrondies aux extrémités, et sont de la plus belle couleur dorée. La tête et le cou sont de couleur fauve, les couvertures alaires brunâtres et noires sombres ; la queue et le ventre noirs. La poule est d'une couleur gris cendré sombre et jaunâtre, et a une crête et une barbe beaucoup plus petites que le coq.

LE PADUAN, OU JAGO FOWL.

(*Gallus giganteus.*)

L' espèce sauvage, appelée par Marsden la poule Jago, est originaire de Java et de Sumatra, et est supposée par Temminck être l'original de cette belle race, bien que l'on sache peu de choses sur l'espèce sauvage, au-delà de cela, elle est le double de la taille. du Bankiva, ou volaille commune. Marsden dit avoir vu dans l'Est un coq de cette espèce assez grand pour ramasser des miettes sur une table à manger. On dit qu'ils pèsent entre huit et dix livres. Les crêtes du coq et de la poule sont grandes, souvent doubles, en forme de couronne, avec une crête de plumes touffues, qui est la plus grande chez la poule ; la voix est plus forte et plus dure que celle des autres oiseaux ; mais la particularité la plus singulière est qu'ils n'atteignent leur pleine plume qu'à environ la moitié de leur croissance. On dit que les poules de Cochinchine sont une variété des poules Jago. Il existe de nombreux hybrides et variétés de poules Jago que l'on trouve sous différents noms dans les basse-cour, mais tous pondent de beaux et gros œufs et sont très estimés pour l'excellente saveur de leur chair. L'une des plus intéressantes de ces variétés s'appelle

LA VOLAILLE ESPAGNOLE,

dont les plumes du corps et de la queue sont d'un noir riche, avec parfois un peu de blanc sur la poitrine. Le coq de cette variété est un oiseau des plus majestueux ; son maintien est grave et majestueux, et ses yeux sont entourés d'un anneau de plumes brunes, d'où s'élève une touffe noire qui recouvre les oreilles. Il y a d'autres plumes similaires derrière la crête et sous les caroncules. Les pattes et les doigts sont de couleur plomb, sauf la plante du pied qui est jaunâtre.

LA POULIE BANTAM

est une petite variété, avec des pattes courtes, le plus souvent garnies de plumes jusqu'aux orteils, de manière à gêner parfois la marche. De nombreux amateurs de Bantam préfèrent ceux qui ont des pattes claires et brillantes, sans aucun vestige de plumes. Le coq bantam de race complète doit avoir une crête rose, une queue bien emplumée, des hackles pleins, un port fier et vif, et ne doit pas peser plus d'une livre. Le nankin coloré et le noir sont les plus grands favoris. S'il est de cette dernière couleur, l' oiseau ne doit avoir aucune autre sorte de plumes dans son plumage. L'oiseau nankin doit avoir ses plumes bordées de noir, ses ailes barrées de violet, les plumes de sa queue noires, ses camails légèrement parsemés de violet et sa poitrine noire, avec des bords blancs sur les plumes. Les poules doivent être petites, aux pattes propres et avoir un plumage assorti à celui du coq.

LE DODO. (*Didus ineptus.*)

LA RAPIDITÉ a généralement été considérée comme un attribut des oiseaux, mais le Dodo ne semble jamais avoir eu de titre à cette distinction. Au lieu d'exciter l'idée de rapidité par son apparence, dans les dessins qui en ont été conservés, elle frappe l'imagination comme la chose la plus encombrante et la plus inactive de toute la nature. Son corps est massif, presque rond, et recouvert de plumes grises. Il repose à peine sur deux pieds courts et épais, comme des piliers ; tandis que sa tête et son cou s'en élèvent d'une manière vraiment grotesque. Le cou, épais et trapu, est joint à la tête, qui est constituée de deux immenses mâchoires s'ouvrant bien au-delà de l'œil. Les Dodo habitaient autrefois l'Île de France ; mais il a disparu depuis longtemps, si longtemps en fait, que le fait même qu'il ait jamais existé a été un sujet de controverse parmi les naturalistes et les hommes de science. De nombreuses preuves, sous forme d'images anciennes ainsi que d'écrits, ont été avancées pour prouver que le Dodo n'est pas un oiseau fabuleux, et sa réalité est désormais généralement admise. En fait, nous disposons de témoignages très fiables selon lesquels un seul spécimen a été exposé publiquement à Londres en 1638.

Les premiers naturalistes qui l'ont décrit ont supposé que le Dodo était une sorte de dinde, car par la saveur de sa chair, il ressemblait à cet oiseau. Les naturalistes postérieurs crurent qu'il s'agissait d'une espèce de cygne, et cette opinion fut suivie par le célèbre Buffon. D'autres pensaient que c'était une sorte de vautour ; et d'autres, à en juger par la brièveté de ses ailes, le placèrent dans la tribu des autruches. Cependant, les naturalistes modernes , après avoir soigneusement examiné les os de l'oiseau, qui ont été conservés, sont d'avis qu'il s'agissait d'un pigeon gigantesque. Un spécimen entier existait il y a environ cent ans au Ashmolean Museum d'Oxford, mais il ne reste qu'une partie de l'oiseau et une des pattes ; il y a aussi un pied conservé au British Museum. Il y a une référence à cette espèce disparue dans le Cosmos de Humboldt. (Voir l'édition de Bohn, vol. I, page 29, et une note sur le Dodo, par le Dr Mantell, à la fin du volume.)

Le *Solitaire* est un autre oiseau remarquable qui se trouvait autrefois à Maurice et dans les îles voisines, mais qui est aujourd'hui éteint.

LE RINGDOVE, CUSHAT OU PIGEON BOIS,

(*Columba palumbus* ,)

EST le plus grand pigeon trouvé dans notre île, par lequel il peut être distingué de tous les autres ; son poids est d'environ vingt onces, sa longueur de dix-huit pouces et sa circonférence d'environ trente. Il est généralement connu sous le nom de Pigeon ramier. Cet oiseau est de couleur gris bleuâtre, avec les plumes des côtés du cou terminées de blanc, formant plusieurs anneaux imparfaits ; la race est courante en Grande-Bretagne. Ses habitudes ressemblent à celles des autres oiseaux de la tribu, mais il est si fortement attaché à sa liberté naturelle, que toutes les tentatives pour le domestiquer, à quelques rares exceptions près, se sont révélées jusqu'ici inefficaces.

Ces oiseaux construisent leurs nids principalement sur le pin ou le houx, avec des bâtons séchés jetés grossièrement ensemble ; et les œufs, qu'on peut souvent voir à travers le fond du nid, sont plus gros que ceux du pigeon domestique.

M. Montague élevait une curieuse assemblée d'oiseaux, qui vivaient ensemble en parfaite amitié ; il se composait d'un pigeon commun, d'une tourterelle, d'un hibou blanc et d'un épervier ; la tourterelle était maîtresse de l'ensemble.

LE STOCKDOVE. (*Columba ænas.*)

"La Colombe, recluse, avec son compagnon,
cache son tendre bonheur dans le bosquet,
et murmure semble répéter,
que May est la mère de l'amour." CUNNINGHAM.

CET oiseau est appelé la Tourterelle, parce qu'il se construit à partir de souches d'arbres dont la tête a été baissée et qui sont devenues épaisses et hérissées ; et non pas, comme certains l'ont supposé, parce que c'est la souche, ou l'original, d'où sont issus tous les pigeons apprivoisés. Parfois ces oiseaux pondent leurs œufs dans des terriers déserts, sur le gazon, sans faire de nid.

La couleur de la Tourterelle est généralement d'une teinte ardoise ou plomb foncée, avec des anneaux noirs autour des plumes. Alors que les forêts de hêtres couvraient de vastes étendues de terrain, ces oiseaux les hantaient en myriades, s'étendant souvent sur plus d'un mile de longueur, lorsqu'ils sortaient le matin pour se nourrir. On les trouve encore en quantités considérables dans de nombreuses parties de l'Angleterre, mais jamais en Ecosse, formant leurs nids dans les creux des arbres ; pas comme la tourterelle, sur les branches. Leurs murmures ou roucoulements, le matin et au crépuscule, sont très agréables et jettent une agréable mélancolie sur la solitude du bosquet. Le poète des Saisons l'exprime dans les vers suivants, avec un bel exemple d'harmonie imitative :

"—— le Stockdove respire
Un murmure mélancolique à travers l'ensemble."
Printemps.

Wordsworth donne également une description agréable du roucoulement lugubre de ces oiseaux :

« J'ai entendu un Stockdove chanter ou raconter
son conte simple aujourd'hui même ;
Sa voix était enfouie parmi les arbres,
mais devait être entendue par la brise ;
Il n'a pas cessé; mais roucoulait et roucoulait ;
Et quelque peu pensivement, il courtisait ;
Il chantait l'amour avec un mélange silencieux,
Lent à commencer et sans fin ;
D'une foi sérieuse et d'une joie intérieure,
c'était la chanson – la chanson pour moi.

LE ROCKDOVE. (*Columba Livia.* **)**

La forme de cet oiseau, qui est la souche originelle de nos pigeons domestiques, est bien connue, et le plumage des oiseaux sauvages est exactement semblable à celui de l'espèce la plus commune vue dans nos pigeonniers : gris bleuâtre, avec des bandes noires. à travers les ailes. À l'état sauvage, il habite les cavités des hauts rochers et des falaises du littoral maritime, où on le trouve en abondance dans notre propre pays. La femelle

Pigeon pond deux œufs à la fois, qui donnent généralement naissance à un mâle et une femelle. Il est agréable de voir à quel point le mâle est impatient de s'asseoir sur les œufs, afin que sa compagne puisse se reposer et se nourrir. Les petits, une fois éclos, sont nourris du jabot de la mère, qui a le pouvoir de faire remonter les pois à moitié digérés qu'elle a avalés pour les donner à ses petits. Les jeunes, bouche bée, reçoivent cet hommage d'affection, et sont ainsi nourris trois fois par jour.

Il existe plus de vingt variétés de pigeons domestiques, et parmi celles-ci, les porteurs sont les plus célèbres. Ils tirent leur nom du fait qu'ils sont parfois employés pour transporter des lettres ou de petits paquets d'un endroit à un autre. La rapidité de leur vol est très étonnante. Lithgow nous assure que l'un d'eux portera une lettre de Babylone à Alep (ce qui, pour un homme, représente habituellement un voyage de trente jours) en quarante-huit heures. Pour mesurer leur vitesse avec un certain degré d'exactitude, un monsieur, il y a de nombreuses années, sur un pari insignifiant, envoya un pigeon voyageur de Londres, par l'autocar, à un ami à Bury St. Edmunds, et avec lui une note, désirant que le Pigeon, deux jours après son arrivée, pourrait être rejeté au moment précis où l'horloge de la ville sonnerait neuf heures du matin. Cela fut donc fait, et le Pigeon arriva à Londres à onze heures et demie le même matin, après avoir parcouru soixante-douze milles en deux heures et demie. Un exemple de vitesse encore plus grande est mentionné par M. Yarrell, dans lequel un transporteur a volé de Rouen à Gand, cent cinquante milles en ligne droite, en une heure et demie. Dès l'instant de sa libération, son vol se dirige à travers les nuages, à grande hauteur, vers son domicile. Par un instinct tout à fait inconcevable, il s'élance en ligne droite jusqu'à l'endroit même d'où il a été pris, mais la façon dont il peut diriger son vol avec une telle précision nous restera probablement à jamais inconnu.

« Conduite par quelle carte transporte la timide Colombe,
Les couronnes de conquête, ou les vœux d'amour ?
Dire à travers les nuages quelle boussole indique son vol ?
Les monarques ont regardé, et les nations ont béni ce spectacle.
Empilez les rochers sur les rochers, faites surgir les bois et les montagnes,
éclipsez ses ombres natales, ses cieux natals : —
C'est vain ! elle traverse les étendues sauvages et sans chemin de l'éther,
et s'éclaire enfin là où reposent tous ses soucis.
Doux oiseau, ta vérité sera attestée par les murs de Harlem,
et les âges à naître consacreront ton nid. ROGERS.

Le Pigeon voyageur se distingue facilement des autres variétés par un large cercle de peau blanche et nue autour des yeux, par la grande caroncule charnue à la base de son bec et par sa couleur bleu foncé ou noirâtre.

Il serait aussi vain qu'inutile de tenter de décrire toutes les variétés du Pigeon apprivoisé ; car l'art humain a tellement altéré la couleur et la figure de cet oiseau, que les amateurs de pigeons, en accouplant un mâle et une femelle de différentes espèces, peuvent, comme ils le disent, « les reproduire jusqu'à obtenir une plume ». C'est pourquoi nous avons les différents noms de porteurs, de gobelets, de jacobins, de croppers, de pouters, de caries, de turbits, de shakers, de fantails, de hiboux, de nonnes, etc., qui peuvent tous, au début, avoir accidentellement varié du Rockdove, et ceux-ci ont été encore améliorée par la traversée, la nourriture et le climat. Un véritable système postal, dans lequel les pigeons étaient les messagers, fut instauré par le sultan Noureddin Mahmoud, qui dura environ un siècle et cessa en 1258, lorsque Bagdad tomba aux mains des Mogols.

LA TORTUE. (*Columba tutur.*)

« Va, belle et douce Colombe,
Et salue le rayon du matin ;
Pour voilà ! le soleil brille au-dessus,
et la pluie est passée. BOWLES.

CETTE colombe apporte au cœur et à l'esprit les souvenirs les plus agréables ; son nom est presque synonyme de fidélité et d'affection invariable. Le mâle ou la femelle sont tellement attachés à leur conjoint respectif qu'on dit, peut-être avec plus de poésie que de vérité, que si l'un meurt, l'autre ne survivra jamais ; cependant l'auteur de ces observations a été témoin oculaire de la mort d'une tourterelle femelle, qui a malheureusement été tuée par un épagneul, en l'absence du mâle ; le survivant inconsolable, après avoir vainement cherché partout sa compagne, vint se percher tristement sur l'auge habituelle, attendant patiemment qu'elle s'y rende pour y chercher de la nourriture ; mais, après deux jours d'attente vaine, il, par abstinence spontanée, se languit et mourut sur place. De tels exemples ne sont pas courants ; et nous croyons que, lorsqu'elle n'est pas domestiquée, l'apparition d'une autre femelle, au moment de l'accouplement, met en défi toute propension naturelle à la constance, et met fin au veuvage inconsolable si célèbre. Leur couleur générale est un gris bleuté ; la poitrine et le cou d'un violet blanchâtre, avec une boucle de belles plumes blanches avec des bords noirs sur les côtés du cou. Rien ne peut exprimer la sensation qui s'excite dans un esprit sensible lorsque les notes tendres et doucement plaintives de la tourterelle des bois respirent du bosquet par une belle soirée de printemps :

« Au fond du bois, j'écoute ta voix, et j'aime
ton doux chant plaintif, ton tendre roucoulement ;
Oh, quelle manière gagnante tu as de courtiser,
La plus douce de toute ta race, douce Tourterelle !
Ta note est une note qui ne disparaît pas
Comme la musique légère d'un jour d'été ;
Fais taire la voix de la gaieté, et reste la folie,
Et réveille dans la poitrine une douce mélancolie.
ANGLAIS.

L'AUTRUCHE. (*Struthio camelus.*)

CET oiseau est originaire d'Afrique et est si grand que lorsqu'il lève la tête, il mesure sept ou huit pieds de hauteur. La tête est très petite en comparaison du corps, à peine plus grande qu'un des orteils, et est couverte, ainsi que le cou, d'une sorte de duvet ou de poils fins, au lieu de plumes. Les flancs et les cuisses sont entièrement nus et de couleur chair. La partie inférieure du cou, où commencent les plumes, est blanche. Les ailes sont très courtes en proportion de la taille de l'oiseau, et en fait trop petites pour lui permettre de voler ; mais quand il court, ce qu'il fait avec un étrange mouvement de saut, il lève ses ailes courtes et les tient tremblantes sur son dos, où elles semblent lui servir d'espèce de voile pour rassembler le vent et porter l'oiseau en avant. La vitesse qu'il atteindra ainsi est énorme. Le lévrier le plus rapide ne peut pas le rattraper ; et en effet un Arabe à cheval ne peut espérer capturer une autruche sans recourir à des stratagèmes. Il jette adroitement un bâton entre ses jambes pendant qu'il court, et ainsi le faisant trébucher, il est en mesure de le sécuriser.

Dans sa fuite, il repousse les cailloux derrière lui comme une balle contre son poursuivant. Et ce n'est pas leur seul mode d'agacement. On sait qu'ils attaquent les hommes avec leurs griffes, avec lesquelles ils sont capables de frapper avec une force terrible. Les plumes du dos du coq sont noires comme du charbon, chez la poule elles sont seulement sombres et si douces qu'elles ressemblent à une sorte de laine. La queue est épaisse, touffue et ronde ; chez le coq blanchâtre, chez la poule sombre, avec le dessus blanc. Ce sont ces plumes si généralement réquisitionnées pour orner la coiffure des dames et les casques des guerriers.

L'autruche avale tout ce qui se présente, cuir, verre, fer, pain, cheveux, etc., mais la vieille idée selon laquelle l'autruche pourrait digérer les métaux est certainement incorrecte. Une autruche du jardin zoologique de Regent's Park a été tuée en avalant l'ombrelle d'une dame.

"Sur les étendues sauvages, l'autruche stupide s'égare
dans des recherches sournoises, pour cueillir un maigre repas,
dont la digestion féroce ronge l'acier trempé."
La Lusiade de Mickle.

Ce sont des oiseaux polygames, un mâle étant généralement vu avec deux ou trois, et parfois avec cinq femelles. La femelle autruche, après avoir déposé ses œufs dans le sable, compte que ceux-ci éclosent grâce à la chaleur du climat ; dans le livre de Job il y a un beau passage relatif à cette habitude de l'autruche, « qui laisse ses œufs dans la terre et les réchauffe dans la poussière ; et il oublie que le pied peut les écraser, ou que la bête sauvage peut les briser. Elle est endurcie contre ses petits, comme s'ils n'étaient pas les siens. Son travail est vain ; sans crainte, parce que Dieu l'a privée de sagesse ; il ne lui a pas non plus fait part de sa compréhension. Chaque fois qu'elle lève la tête en haut, elle méprise le cheval et son cavalier. Il semble cependant que la femelle autruche couve ses œufs comme les autres oiseaux, quoique généralement la nuit seulement, et qu'elle élève ses petits. Les œufs sont aussi gros que la tête d'un jeune enfant, avec une coquille dure et pierreuse, et on sait que l'un d'entre eux pèse plus de trois livres. La durée d'incubation est de six semaines. On peut déduire que les autruches ont une grande affection pour leur progéniture de l'affirmation du professeur Thunberg, qui dit qu'il passait un jour devant l'endroit où une poule autruche était assise dans son nid, lorsque l'oiseau s'est levé et l'a poursuivi, évidemment dans le but de pour l'empêcher de remarquer ses œufs ou ses petits. Chaque fois qu'il tournait son cheval vers elle, elle reculait de dix ou douze pas, mais dès qu'il repartait, elle le poursuivait jusqu'à ce qu'il soit arrivé à une distance considérable de l'endroit où il l'avait mise en route. Dans les régions tropicales, certaines personnes élèvent des autruches en troupeaux, car elles peuvent être apprivoisées sans trop de peine. Lorsque M. Adanson était à Podar, une usine française située sur la rive sud du fleuve Niger, deux autruches jeunes mais adultes, appartenant à l'usine, lui offraient un spectacle très amusant. Ils étaient si apprivoisés que deux petits noirs montaient tous deux ensemble sur le dos du plus grand. A peine sentit-il leur poids qu'il se mit à courir le plus vite possible, et les porta plusieurs fois autour du village, et il fut impossible de l'arrêter autrement qu'en obstruant le passage. Ce spectacle plut tellement à M. Adanson qu'il voulut le répéter, et, pour éprouver leur force, il ordonna à un nègre adulte de monter le plus petit et deux autres oiseaux le plus grand. Ce fardeau ne semblait pas du tout disproportionné à leur force. Au début, ils allaient au trot assez vif, mais quand ils s'échauffaient un peu, ils déployaient leurs ailes, comme pour attraper le vent, et se déplaçaient avec une telle rapidité qu'ils semblaient à peine toucher terre. Le pied de l'autruche n'a que deux orteils, dont l'un est extrêmement grand et fort.

LE RHÉA, (*Rhéa Americana* ,)

L'AUTRUCHE AMÉRICAINE est environ deux fois moins grande que l'espèce africaine. Il a la tête couverte de plumes et chacune de ses pattes est constituée de trois orteils. On la trouve dans les grandes plaines d'Amérique du Sud et, comme l'autruche africaine, elle est polygame, mais le plus curieux est que les femelles pondent souvent leurs œufs presque n'importe où sur le sol et que le mâle prend la peine de les ramasser. placez-les dans une sorte de nid et restez assis dessus jusqu'à ce que les jeunes oiseaux éclosent. Lorsqu'ils sont ainsi occupés, les mâles deviennent souvent très féroces et attaquent quiconque s'approche d'eux de trop près.

LE CASOAR, (*Casuarius galeatus ,*)

AU LIEU des belles plumes de l'autruche, ses ailes ne sont garnies que de cinq piquants raides et sans barbes, qui dépassent curieusement des plumes du corps. Son plumage est noir ; sa tête est petite et déprimée, avec une couronne ou un casque corné et recouverte d'une peau rouge et nue ; la tête et le cou sont dépourvus de plumes ; autour du cou se trouvent deux protubérances de couleur bleuâtre, en forme de caroncules d'un coq. Les plumes sont constituées de barbes longues, minces et séparées, qui pendent de chaque côté du corps, de sorte qu'à distance, il semble être entièrement couvert de poils d'ours plutôt que d'un plumage d'oiseau. Sa taille est d'environ cinq pieds. Le Casoar est aussi vorace que l'autruche, et mange sans discernement tout ce qui se présente sur son passage, et ne semble avoir aucune sorte de prédilection dans le choix de sa nourriture. Les voyageurs hollandais affirment qu'il peut dévorer non-seulement du verre, du fer et des pierres, mais même des charbons ardents, sans témoigner la moindre crainte, ni subir le moindre dommage ; et on dit que le passage de sa nourriture s'effectue si rapidement que même les œufs passent sans être brisés. Il est originaire de certaines îles indiennes. Les œufs de la femelle ont près de quinze pouces de circonférence et sont de couleur verdâtre. On a dit du casoar qu'il avait la tête d'un guerrier, l'œil d'un lion, l'armement d'un porc-épic et la rapidité d'un coursier.

Un casoar, autrefois conservé dans la ménagerie du musée de Paris, dévorait chaque jour entre trois et quatre livres de pain, six ou sept pommes et un bouquet de carottes. En été, il buvait environ quatre pintes d'eau par jour, et en hiver un peu plus. Il avalait toute sa nourriture sans le meurtrir. Cet oiseau était parfois de mauvaise humeur et espiègle, et très irrité lorsque quelqu'un s'approchait de lui d'apparence sale ou en haillons, ou vêtu de vêtements rouges, et tentait fréquemment de les frapper en donnant des coups de pied en avant. On sait qu'il saute hors de son enclos et déchire les jambes d'un homme avec ses griffes.

Le Casoar est très vigoureux et puissant ; son bec étant, en proportion, beaucoup plus fort que celui de l'autruche, il a les moyens de se défendre avec beaucoup d'avantages, et d'arracher et de briser facilement presque toutes les substances dures. Il frappe d'une manière très dangereuse avec ses pieds, soit en arrière, soit en avant, un peu comme le coup de pied d'un cheval, contre tout objet qui l'offense, et court avec une rapidité surprenante.

L'EMEU. (*Dromaius Novæ Hollandiæ.*)

LA tête de cet oiseau est dépourvue de crête cornée et munie de plumes, mais les joues et la gorge sont presque nues. La couleur générale est d'un brun terne, tacheté de gris terne, et les jeunes sont rayés de noir. En apparence, il ressemble beaucoup à l'autruche, à côté duquel il est l'oiseau le plus grand connu, mais il est plus trapu et plus maladroit, bien qu'en même temps très rapide et fort, et capable de se défendre formidablement contre ses chasseurs. et leurs chiens, en donnant des coups de pied très vigoureux et dangereux. Il est cependant très docile et s'il est pris jeune, il peut être facilement apprivoisé. La chair est considérée comme excellente à manger et on dit qu'elle possède une saveur quelque chose entre celle d'un cochon de lait et celle d'une dinde. Le seul son émis par cet oiseau est un faible bruit de tambour, produit au moyen d'une valve fixée aux poumons. La femelle Emeu pond ses œufs à différents endroits, mais ils sont ensuite récupérés par le mâle, en les roulant au même endroit, lorsqu'il s'assoit dessus.

L'APTÉRYX. (*Apteryx australis.*)

CET oiseau curieux, qui a les ailes les plus courtes de tous les membres de sa classe, ne se trouve qu'en Nouvelle-Zélande, où les indigènes l'appellent *Kivi-Kivi* , à l'imitation de son cri. Il est plus petit que toutes les espèces d'oiseaux sans ailes que nous venons de décrire, et ses pattes sont courtes et grosses ; il a trois forts orteils antérieurs sur chaque pied et un court orteil postérieur armé d'une griffe très forte. Le corps de l'Aptéryx ressemble par sa forme à celui du casoar ; le cou est assez long et, comme la tête, recouvert de plumes ; mais la partie la plus singulière de l'oiseau est son bec, qui est long, un peu grêle, légèrement recourbé, et dont les narines sont situées tout à fait à son extrémité. Cette curieuse structure du bec est destinée à permettre à l'oiseau d'obtenir plus facilement les vers et les insectes dont il se nourrit et qu'il traîne hors de leurs trous dans le sol. Il court vite, mais seulement la nuit, et lorsqu'il est en mouvement, il peut facilement être confondu avec un petit quadrupède brun foncé. Le plumage ressemble à celui de l'émeu dans sa texture, et les peaux sont très appréciées des Néo-Zélandais, qui les utilisent pour confectionner des manteaux.

Parmi les nombreuses caractéristiques curieuses de cet oiseau, il y a son habitude de s'appuyer, au repos, sur le bout de son long bec. Lorsqu'il est chassé, il gratte avec ses pattes puissantes un trou dans le sable, dans lequel il se cache ; ou bien il se jette dans quelque cavité naturelle, s'il y en a à proximité, où l'accès est difficile pour ses poursuivants, et constitue souvent une vaillante défense.

L'OUTARDE, (*Otis tarda* ,)

C'EST un grand et bel oiseau qui était autrefois commun dans certaines régions d'Angleterre, mais qui est maintenant devenu si rare ici que la capture d'un spécimen est considérée comme quelque chose de remarquable. Il est encore abondant dans certaines parties du continent européen. L'outarde mâle mesure près de quatre pieds de longueur, et a la tête et le cou grisâtres, le dos chamoisé ou châtain pâle, avec un grand nombre de barres noires, et toute la partie inférieure du corps blanche. De chaque côté du menton jaillit une touffe de plumes fines d'environ sept pouces de longueur, se dressant comme une paire de moustaches raides. La femelle est beaucoup plus petite que le mâle, soit environ trois pieds de longueur ; elle se distingue également de son partenaire par l'absence de touffes sur le menton, bien que dans certains cas celles-ci existent chez la femelle, mais plus courtes que chez le mâle.

L'outarde se nourrit de légumes verts et d'insectes, et on dit également qu'elle tue et mange de petits quadrupèdes et reptiles. Ils sont polygames, et lorsque la femelle a pondu deux ou trois œufs dans une légère dépression du sol et a commencé l'incubation, le mâle l'abandonne de la manière la plus ingalante et se retire pour prendre ses aises dans quelque marais voisin. On croyait autrefois que l'outarde mâle accordait tellement d'attention à ses compagnons qu'il leur fournissait de l'eau, qu'il leur apportait dans une grande poche, capable de contenir près d'un gallon, située sous sa gorge. Il est vrai que la femelle est dépourvue de cet appendice ; mais les naturalistes modernes sont tous d'accord pour affirmer que l'oiseau mâle n'est jamais vu en compagnie de la femelle après qu'elle a commencé à s'asseoir. L'utilisation de cette pochette est donc encore un sujet de polémique.

La femelle pond ses œufs parmi les trèfles, ou plus fréquemment dans les champs de maïs, le nid n'étant qu'un creux creusé dans le sol. Les œufs sont au nombre de deux, parfois trois, et leur couleur est brun jaunâtre, tirant sur le vert.

Une particularité de l'Outarde, remarquée par la plupart des naturalistes, est l'extrême rapidité avec laquelle elle peut courir. Ils rasent le sol, levant les ailes sur le dos de la même manière que l'autruche. On dit qu'autrefois, lorsque la race était plus commune, on chassait les jeunes oiseaux, avant qu'ils n'aient acquis la faculté de voler, avec des lévriers.

En tant qu'aliment, la chair de l'outarde a toujours été très appréciée.

Il existe plusieurs autres espèces particulières à la fois à l'Asie et à l'Afrique.

LA GRUE. (*Grus cinerea.* **)**

LES GRUES fréquentent les endroits marécageux et vivent de petits poissons et d'insectes aquatiques. Leur long bec leur permet de rechercher leurs proies dans l'eau et la boue, et leur long cou les empêche de se pencher pour ramasser entre leurs pieds les objets de leur recherche. Le sommet de la tête, la gorge et les côtés du cou sont d'une teinte noirâtre ; le dos, les ailes et le corps sont de couleur cendrée. Les plumes tertiaires des ailes sont très longues, avec des toiles lâches, formant d'élégants panaches qui tombent sur les côtés de la queue. Ils étaient autrefois communs dans les pays des marais, du Lincolnshire et du Cambridgeshire, mais ne sont plus aussi fréquemment observés en Angleterre qu'autrefois. Dans leur vol, les grues montent haut dans les airs, mais leurs voix peuvent être entendues même lorsque les oiseaux cessent d'être perceptibles à l'œil, et on dit que leur vue est si fine qu'elles découvrent de loin n'importe quel champ de maïs. ou autre nourriture dont ils sont friands, et se lèvent actuellement et en profitent. Ces déprédations, ils les commettent généralement pendant la nuit, piétinant le sol comme s'il avait été foulé par une armée. Ils se forment généralement dans l'air en forme de coin.

« ———— ———— En partie plus sage,
En commun, rangés en figure, se frayent un chemin,
Intelligents des saisons, et exposent
Leur caravane aérienne haut au-dessus des mers
Volant et au-dessus des terres, avec des ailes mutuelles
facilitant leur vol. Ainsi dirige la prudente Grue
Son voyage annuel, porté par les vents. L'air
flotte à leur passage, attisé par des ailes innombrables.
MILTON.

Cet oiseau vit jusqu'à un âge considérable, et comme il s'apprivoise facilement, on a constaté que la Grue atteint souvent la quarantième année. Son nid est généralement construit parmi les roseaux et les carex d'un marais, mais parfois sur un bâtiment en ruine. La femelle dépose deux œufs, de couleur brun pâle, avec des taches plus foncées.

D'après Kolben, on les observe souvent en grands groupes dans les marais autour du cap de Bonne-Espérance. Il dit qu'il n'en a jamais vu un troupeau sur le terrain dont les uns n'aient été placés apparemment comme sentinelles, pour surveiller pendant que les autres se nourrissent, et qui, à l'approche du danger, préviennent immédiatement les autres. Ces sentinelles se tiennent sur une jambe et étendent de temps en temps le cou, comme pour constater que tout est en sécurité. Dès qu'un danger est donné, tout le troupeau est en un instant en fuite. Kolben ajoute encore que pendant la nuit, chacune des grues qui veillent, qui reposent sur leur patte gauche, tient dans sa griffe droite une pierre d'un poids considérable, afin que, si elles sont accablées par le sommeil, la chute de la pierre puisse les réveiller.

LA GRUE DES BALÉARES, OU DEMOISELLE COURONNÉE, (
Balearica pavonina ,)

EST à l'origine, comme son nom l'indique, originaire de Majorque et de Minorque, dans la mer Méditerranée, qui s'appelaient autrefois les îles Baléares, mais on le trouve principalement maintenant dans les îles du Cap-Vert. La forme de son corps n'est pas sans rappeler celle de la Grue cendrée, mais elle porte une marque principale et distinctive sur la tête ; c'est-à-dire une touffe de poils, ou plutôt de fortes soies grisâtres, se dressant comme des rayons dans toutes les directions, particularité d'où cette espèce tire son autre nom de Héron couronné. Ils se perchent et se nourrissent à la manière des paons.

La Demoiselle, ou Grue numide (*Anthropoides virgo*), est remarquable par la grâce et la symétrie de sa forme, et l'élégance de son comportement. Il est plutôt plus grand que l'espèce décrite ci-dessus et est originaire de nombreuses régions d'Afrique. Il fréquente les endroits humides et marécageux, à la recherche de petits poissons, grenouilles, etc., qui sont sa nourriture préférée. Il se domestique facilement.

LA CIGOGNE. (*Ciconia alba.*)

LE cou, la tête, la poitrine et le corps de cet oiseau sont blancs, le croupion et les plumes extérieures des ailes noires ; les paupières nues ; la queue est blanche et les pattes longues, fines et de couleur rouge. Les cigognes sont des oiseaux de passage. En quittant l'Europe, ils se rassemblent une nuit particulière et prennent tous leur fuite en même temps. Comme ils se nourrissent de grenouilles, de lézards, de serpents et d'autres créatures nuisibles, il ne faut pas s'attendre à ce que l'homme leur soit hostile, et c'est pourquoi ils ont généralement été les favoris des nations qu'ils visitent. Les Hollandais ont des lois interdisant leur destruction : ils sont donc très communs en Hollande, et construisent leurs nids et élèvent leurs petits sur le toit des maisons et des cheminées au milieu de ses villes les plus fréquentées et les plus peuplées, et peuvent être vus par des dizaines de personnes se promenant familièrement. sur les marchés, où ils se nourrissent des abats. Dans certains endroits, la cigogne est censée annoncer la bonne fortune à la maison sur laquelle elle construit son nid, et les habitants placent des caisses sur leurs toits pour inciter les oiseaux à y habiter.

La cigogne ressemble beaucoup à la grue dans sa conformation, mais semble un peu plus corpulente. Le premier pond quatre œufs, tandis que le second n'en pond que deux.

On dit que les cigognes visitent l'Égypte en si grande abondance que les champs et les prairies en sont blanches. Les Égyptiens, cependant, ne sont pas mécontents de ce spectacle ; comme les grenouilles y sont générées en si grand nombre, que si les cigognes ne les dévoraient pas, elles envahiraient tout. Entre Belba et Gaza, les champs de Palestine sont souvent rendus déserts à cause de l'abondance des souris et des rats ; et s'ils n'étaient pas détruits, les habitants ne pourraient avoir aucune récolte. Le caractère de la cigogne est doux et placide ; il est facilement apprivoisé et peut être entraîné à résider dans des jardins, qu'il débarrasse des insectes et des reptiles. Il a un air grave et un aspect triste ; pourtant, lorsqu'il est réveillé par l'exemple, il fait preuve d'un certain degré de gaieté ; car il se joint aux ébats des enfants, sautillant et jouant avec eux.

Lors de leurs migrations, les cigognes sont observées en grande quantité. Le Dr Shaw en vit trois vols quittant l'Égypte et passant au-dessus du mont Carmel, dont chacun paraissait avoir près d'un demi-mille de largeur ; et il dit qu'ils ont mis trois heures à passer.

La cigogne, comme l'ibis, était un objet de culte parmi les anciens, et les tuer était un crime passible de mort. La Cigogne est remarquable par sa grande affection envers ses petits. Cela a été remarquablement démontré lors de la grande conflagration de Delft, en Hollande, au cours de laquelle une cigogne a été aperçue faisant tous ses efforts pour enlever sa jeune famille et continuant ce travail d'amour jusqu'à ce que la fumée et les flammes l'empêchent de s'échapper et qu'elle périsse. avec sa couvée.

L'ADJUTANT, (*Leptoptilus argala* ,)

ÉGALEMENT appelée grue géante, c'est un oiseau du genre cigogne, originaire de l'Inde et d'autres pays chauds. La tête et le cou sont dépourvus de plumes, comme chez l'autruche ; le premier ayant l'air d'être en bois ; ce dernier d'une couleur chair. Les couvertures des ailes et du dos sont noires, avec une dominante bleuâtre ; le dessous du corps est blanchâtre ; les pattes sont longues, sans plumes, et d'une teinte grisâtre, ainsi que les cuisses, qui semblent aussi fines que la jambe. Le bec est d'une taille énorme et l'oiseau aime faire claquer les deux mandibules l'une contre l'autre. Sous le menton, il y a une sorte de sac ou de pochette qui pend devant le cou, comme le fanon d'une vache ; en cela, l'adjudant range toutes les provisions qui pourraient lui tomber dessus, une fois que ses besoins immédiats sont satisfaits. C'est un oiseau très vorace et dévore toute sorte de nourriture, et comme il n'a aucune objection aux charognes, sa présence est encouragée dans les villes, où il aide les vautours, les corbeaux, les chiens et les chacals, à accomplir les devoirs de charognards. En effet, sa rapacité est si grande qu'il avale des substances aussi peu nutritives que les os avec un tel empressement et un tel plaisir qu'on lui a valu le surnom de « *Mangeur d'os* » ou de « Preneur d'os ». Lorsqu'il se promène dans les maisons, il exige qu'on le surveille attentivement, car sa capacité de déglutition est si grande qu'une volaille, un lapin, ou même un gigot de mouton, sont jetés d'un seul coup. Sir E. Horne déclare que dans l'estomac d'un adjudant on trouva une tortue de près d'un pied de long et un gros chat noir ; d'où nous pouvons voir que l'adjudant n'est en aucun cas délicat dans son régime.

L'Adjudant est en effet un oiseau très gigantesque. Ses ailes mesurent souvent quatorze ou quinze pieds d'un bout à l'autre, et elles mesurent cinq pieds de haut lorsqu'elles sont dressées.

Le Dr Latham, dans son « Histoire générale des oiseaux », donne des informations très intéressantes sur les habitudes de cet oiseau. « L'un d'eux, un jeune oiseau haut d'environ cinq pieds, fut élevé et présenté au chef des Bananes, où vivait M. Speakman ; et étant habitué à être nourri dans la grande salle, il devint bientôt familier, fréquentant quotidiennement cet endroit à l'heure du dîner, se plaçant fréquemment derrière la chaise de son maître avant l'entrée des invités. Les domestiques étaient obligés de surveiller de près et de défendre les provisions avec des aiguillons ; mais néanmoins il s'emparait fréquemment de quelque chose, et même volait une volaille entière bouillie, qu'il avalait en un instant. Son courage n'est pas à la hauteur de sa voracité, car un enfant de huit ou dix ans le met bientôt en fuite avec un bâton. Tout est avalé entier, et sa gorge est si accommodante que non seulement un animal gros comme un chat est englouti, mais un jarret de bœuf brisé ne lui sert que pour deux morceaux.

Une autre espèce d'Adjudant (*Leptoptilus marabou*) se trouve en Afrique tropicale. Il est encore plus laid que l'oiseau indien, qui n'a pas beaucoup de beauté à se vanter, mais est précieux non seulement comme charognard, mais encore parce qu'il fournit ces beaux plumes appelées plumes de marabout, qui sont si utilisées pour les coiffures des dames.

LE HÉRON COMMUN. (*Ardea cinerea.*)

LES habitudes du Héron sont particulières. Perché sur une pierre ou sur une souche d'arbre, au bord du courant solitaire d'un ruisseau, le cou et le long bec à moitié enfouis entre les épaules, il attendra toute la journée, patient et impassible, le passage d'un petit le poisson ou le saut d'une grenouille ; mais son appétit est insatiable.

Cet oiseau mesure environ quatre pieds de long depuis le bout du bec jusqu'au bout des griffes ; jusqu'au bout de la queue, environ trente-huit pouces ; sa largeur, lorsque les ailes sont déployées, est d'environ cinq pieds. Le mâle se distingue par une crête ou une touffe de plumes noires suspendues à la partie postérieure de sa tête, qui à l'époque chevaleresque était d'une grande valeur, et qui était considérée comme une marque particulière de distinction lorsqu'elle était portée au-dessus du panache de plumes d'autruche.

Virgile place le Héron parmi les oiseaux touchés et prédit l'approche de la tempête :

"Quand les hérons vigilants quittent leur position aquatique
et s'élèvent vers le haut avec un vol dressé,
gagnent dans les cieux et s'élèvent au-dessus de la vue."
DRYDEN.

Le Héron, quoique vivant principalement au voisinage des marais et des lacs, forme son nid à la cime des arbres les plus élevés. Il ressemble à la tour par ses habitudes : un grand nombre de hérons vivent ensemble dans ce qu'on appelle une héronnière, comme le font les tours dans une colonie. La femelle dépose quatre gros œufs, de couleur vert pâle ; on dit que la durée naturelle de la vie de cet oiseau dépasse soixante ans.

En Angleterre, les hérons étaient autrefois classés parmi le gibier royal, et protégés comme tels par les lois ; et lorsque la fauconnerie était à la mode, la poursuite du héron était un divertissement favori.

« —— —— Maintenant, comme le cerf fatigué,
Qui se tient aux abois, le Hern provoque leur rage ;
Tout près son aile languissante en plumes duveteuses
Couvre son bec fatal, et cache prudemment
La fraude bien dissimulée. Le faucon s'élance
comme un éclair d'en haut, et dans sa poitrine
reçoit la mort latente : d'aplomb, il tombe,
bondissant de terre, et avec son sang ruisselant
souille son plumage criard. Voyez, hélas !
Le fauconnier désespéré, son oiseau favori
Mort à ses pieds : comme de son plus cher ami,
Il pleure son sort ; il médite la vengeance,
il tempête, il écume, il se déchaîne ;
Il ne veut pas non plus en avoir les moyens ; le Hern fatigué,
porté par le nombre, cède, et couché sur terre,
il tombe ; ses ennemis cruels tournent autour
d'Insult à volonté. SOMERVILLE.

Il est extrêmement dangereux de s'approcher d'un héron blessé et la plus grande prudence est de mise. Bien qu'apparemment presque mort, il se précipitera néanmoins au visage de son ennemi et lui infligera parfois une blessure très grave.

LE BUTTERON, (*Botaurus stellaris* ,)

N'EST pas aussi gros que le héron commun ; sa tête est petite, étroite et comprimée sur les côtés. La calotte est noire, la gorge et les côtés du cou rouges, avec d'étroites lignes noires, et le dos d'un rouge pâle mêlé de jaune. Les griffes sont longues et fines, l'intérieur de celle du milieu étant dentelée pour mieux lui permettre de retenir sa proie. Le bec mesure environ quatre pouces de longueur. Le caractère le plus remarquable de cet oiseau est le grondement creux et pourtant fort de sa voix ; son beuglement s'entend à la distance d'un mille, au moment du coucher du soleil, et il est difficilement possible de concevoir au premier abord comment un tel corps de son, ressemblant au mugissement d'un bœuf, peut être produit par un oiseau comparativement si petit. On croyait autrefois que le bruit retentissant se produisait lorsque l'oiseau plongeait son bec dans la boue ; d'où Thomson :

"——— De sorte que
le Butor à peine connaît son heure, avec son bec englouti
Pour secouer le marais sonore."

Et Southey décrit également le bruit particulier de cet oiseau dans son poème de Thalaba :

"Et quand le soir, au-dessus de la plaine marécageuse,
le grondement du Butor parvint au loin,
distinct dans l'obscurité, -

Au-dessus de la lumière persistante de l'horizon bas,
s'élevaient les ruines proches de la vieille Babylone."

Parfois, le soir, le Butor s'élève brusquement en ligne droite, ou, à d'autres moments, en spirale, si haut dans les airs qu'il cesse d'être perceptible à l'œil nu. Lorsqu'il est attaqué par la buse ou par d'autres oiseaux de proie, il se défend avec beaucoup de courage et repousse généralement ces assaillants ; il ne trahit pas non plus de symptômes de peur lorsqu'il est blessé par le sportif, mais le regarde avec un regard vif et intrépide ; et, lorsqu'il est poussé à l'extrémité, il l'attaque avec la plus grande vigueur, lui blessant les jambes ou visant ses yeux avec son bec acéré et perçant. Il était autrefois très apprécié aux tables des grands et retrouve de nouveau son crédit de plat à la mode. La chair est considérée comme délicieuse. En automne, il change de demeure et commence toujours son voyage au coucher du soleil. Ses précautions de dissimulation et de sécurité semblent dirigées avec beaucoup de soin et de circonspection. Il se trouve généralement dans les roseaux, la tête dressée ; et ainsi, de sa grande longueur de cou, voit par-dessus leurs sommets, sans être lui-même aperçu par le sportif. La nourriture principale de ces oiseaux, pendant l'été, est constituée de poissons et de grenouilles ; mais en automne, ils vont dans les bois à la poursuite des souris, qu'ils saisissent avec une grande dextérité et qu'ils avalent toujours entières. Vers cette saison, ils deviennent généralement très gros.

LA SPOONBILL, (*Platalea leucorodia* ,)

EST un grand oiseau ; la couleur de tout le corps est blanche, et la ressemblance du bec avec une cuillère a causé la dénomination de l'oiseau.

Chez certains spécimens, le plumage passe du blanc au rose. Sur la partie postérieure de la tête se trouve une belle crête blanche, inclinée vers l'arrière. Les pattes et les doigts sont noirs. La sagesse de la Providence éclate surtout dans la conformation du bec, entièrement adaptée aux habitudes et à la manière de se nourrir de ces oiseaux : les grenouilles et les poissons, qui constituent la nourriture principale de la Spatule, peuvent souvent échapper au corps mince et étroit. bec du héron et d'autres oiseaux, mais les mandibules de cet oiseau sont si grandes à leur extrémité que la proie ne peut pas s'écarter. Comme les freux et les hérons, les spatules construisent leurs nids à la cime des arbres élevés et pondent trois ou quatre œufs blancs, parsemés de rouge pâle, et de la grosseur de ceux d'une poule. Ces oiseaux sont très bruyants pendant la saison de reproduction. La Spatule migre vers le nord en été et retourne vers les climats du sud à l'approche de l'hiver ; et on le trouve dans tous les pays bas intermédiaires entre les îles Féroé et le cap de Bonne-Espérance.

La Spatule *américaine* ou *rosée* (*Platalea Ajaja*) est très belle. Sa couleur est blanche, teintée de rose, qui s'approfondit dans les ailes et la queue jusqu'au carmin le plus riche. Les pattes sont à moitié palmées, et l'oiseau se trouve généralement sur le bord de la mer, où il patauge dans la mer à la recherche de petits coquillages de différentes espèces dont il se nourrit.

L'IBIS. (*Ibis religieux.*)

L'IBIS était considéré comme un oiseau sacré par les anciens Égyptiens, qui avaient l'habitude de faire se promener ces oiseaux dans leurs temples et d'embaumer leurs corps après leur mort avec autant de soin que ceux de leurs prêtres et de leurs rois. La cause de cette vénération n'est pas clairement établie, certains auteurs supposant qu'elle est due aux services rendus par l'oiseau dans la destruction des serpents et autres créatures nuisibles ; d'autres à une ressemblance fantaisiste entre l'oiseau et l'une des phases de la lune ; et d'autres encore, à l'arrivée des oiseaux en Égypte à l'époque ou à peu près de la période de l'inondation annuelle du Nil. L'Ibis sacré a un bec noir long, robuste et courbé ; la tête et le cou sont noirs et nus, et le plumage est blanc, avec le bout des ailes noir. Une autre espèce, l' *Ibis brillant* (*Ibis falcinellus*), partageait la vénération des Égyptiens avec l'Ibis sacré ; il a un bec plus mince que l'Ibis sacré et son plumage, magnifiquement brillant, est vert foncé dessus et brun rougeâtre dessous. Cet oiseau est commun dans le sud de l'Europe et des spécimens ont été abattus en Angleterre. L' *Ibis écarlate* (*Ibis rubra*) est une belle espèce, qui orne les berges des grands fleuves d'Amérique du Sud, en compagnie de la Spatule rosée.

LE COULIS. (*Numénius arquatus.*)

« Apaisé par les murmures du rivage battu par la mer,
Son plumage gris brun flottant au vent,
Le Courlis mêle son gémissement mélancolique
Avec ces sons rauques que les eaux tumultueuses déversent. »
MLLE WILLIAMS.

« Sauvage comme le cri du Courlis,
De rocher en rocher, le signal volait. »
MONSIEUR WALTER SCOTT.

LE COURLIS est un gros oiseau pesant environ vingt-quatre onces ; et on le trouve en hiver sur le bord de la mer de tous les côtés de l'Angleterre. Les parties médianes des plumes de la tête, du cou et du dos sont noires, les bordures ou extérieurs de couleur cendrée, avec un mélange de rouge ; et la partie inférieure du corps blanche. Le bec a une courbe régulière vers le bas et est mou à la pointe. La chair de cet oiseau peut rivaliser en saveur et en délicatesse avec celle de tout autre oiseau aquatique, et les habitants du Suffolk disent proverbialement :

« Un Courlis, qu'elle soit blanche ou qu'elle soit noire,
Elle porte douze deniers sur son dos : »

mais il faut avouer que la qualité et la bonté de la chair des Courlis dépendent de la manière dont ils se nourrissent et de la saison à laquelle ils sont capturés. Lorsqu'ils habitent au bord de la mer, ils acquièrent une sorte de grossièreté si forte, que, à moins qu'on ne les arrose de vinaigre sur la broche, ils ne sont pas agréables à manger.

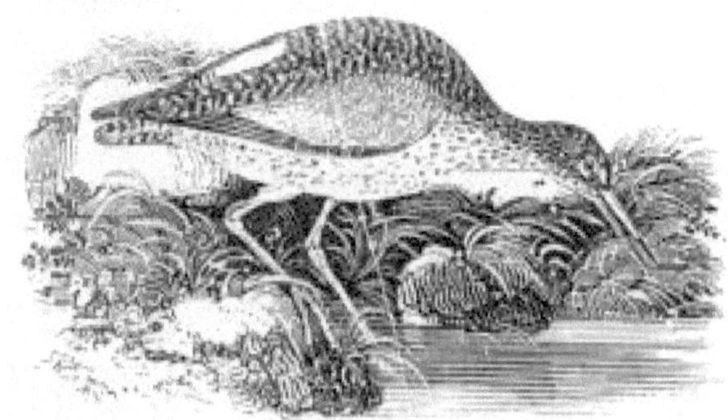

LE JAMBON ROUGE. (*Totanus calidris.*)

Cet oiseau doit son nom à la couleur de ses pattes, qui sont d'un rouge cramoisi. En taille, il se situe entre le vanneau et la bécassine, et est parfois appelé la *bécassine de piscine* . La tête et le dos sont d'une couleur cendrée sombre, tachetée de noir, la gorge est de couleur noire et blanche, le noir étant tiré le long des plumes. La poitrine est plus blanche, avec moins de taches. Le Chevalier chevalier se plaît dans les terres marécageuses et dans les terrains humides et marécageux, où il se reproduit et élève ses petits. La femelle dépose quatre œufs blanchâtres, avec des traits de couleur olive et marqués de taches noires irrégulières. Pennant et Latham disent qu'il vole autour de son nid lorsqu'il est dérangé, en faisant un bruit semblable à celui d'un vanneau. Il n'est pas aussi commun au bord de la mer que plusieurs autres espèces de son espèce. Il faut ici observer que cet oiseau a souvent été confondu avec d'autres. Le fait est que plusieurs oiseaux changeant de plumage, augmentant ou diminuant leur taille selon leur âge, la saison de l'année et le climat où ils vivent, défient tous les nomenclateurs et confondent toutes les classifications.

LA BARGE, (*Limosa ægocephala* ,)

ON la rencontre dans diverses parties de la Grande-Bretagne et elle est un peu plus grande que la bécasse, à laquelle elle ressemble beaucoup en apparence. Au printemps et en été, il réside dans les marais et les marais, où il élève ses petits et se nourrit de petits vers et insectes ; mais en hiver, il cherche les marais salants et les bords de mer, où il se nourrit des coquillages et des animaux marins laissés par la marée qui se retire. Une particularité de cet oiseau est la forme de son bec, légèrement tournée vers le haut. La tête, le cou et le dos sont d'un brun rougeâtre ; le dessous du corps est blanc ; les pattes sont sombres et parfois noires.

La Barge est très estimée par les épicuriens comme un mets très délicat et se vend très cher. On le prend dans des filets, vers lesquels il est attiré par un oiseau *rassis* ou empaillé, de la même manière et à la même saison que les collerettes et les reeves.

LA RUFF ET LE REEVE. (*Machettes pugnax.*)

IL est curieux de voir, dans notre observation des objets naturels, comment la puissance créatrice de la Providence semble avoir essayé toutes les formes dans la composition des espèces. Chez le coq de cette espèce, un cercle ou un collier de longues plumes, ressemblant un peu à une collerette, entoure le cou sous la tête, d'où l'oiseau a reçu le nom de collerette. Il mesure environ un pied de long et son bec mesure environ un pouce de long. Il existe une variété merveilleuse et presque infinie dans les couleurs des plumes des mâles ; de sorte qu'au printemps on en trouve à peine deux exactement semblables ; mais après la mue, ils redeviennent tous semblables.

Les mâles sont parfois appelés combattants, en raison de leur caractère querelleur. C'est un oiseau de passage qui arrive dans les marais du Lincolnshire et dans d'autres endroits similaires au printemps. M. Pennant nous dit qu'au cours d'une seule matinée, plus de six douzaines ont été capturées dans un seul filet, et qu'on a vu un oiseleur en capturer entre quarante et cinquante douzaines dans une saison.

LA femelle est appelée Reeve, et sa chair est considérée comme un mets très délicat pour la table. Ils sont plus petits que les coqs et leurs plumes ne subissent aucune modification. Le Ruff et le Reeve sont capturés dans les filets. On les voyait autrefois en grand nombre dans de nombreuses régions d'Angleterre, notamment sur l'île d'Ely et dans les marais du Lincolnshire. Les améliorations apportées au drainage et à la culture au cours du siècle actuel ont privé ces oiseaux de leurs repaires habituels, et ils ne sont plus communs. Un écrivain du siècle dernier a déclaré qu'il avait vu le sol si couvert de nids et d'œufs de pluviers et de reeves qu'« on pouvait à peine faire un pas sans marcher dessus ». Ils sont désormais plus communs sur les côtes du sud de l'Écosse et du Northumberland.

Les Reeves sont engraissés pour la table en les nourrissant de riz ou de blé bouilli, de pain et de lait, de graines de chanvre, etc. Ils sont obligés de rester dans une pièce sombre pendant le processus, car la moindre lueur de lumière est le signal d'une bataille acharnée.

LA Bécassine. (*Scolopax gallinago.*)

« La Bécassine vole en hurlant depuis le bord des marais,
Et se dresse en cercles aériens au-dessus du bois ;
Encore entendu par intervalles ; et revient souvent,
et se penche comme penché pour descendre ; puis roule en l'air
avec une peur soudaine, et crie et se baisse à nouveau,
sa clairière préférée hésitant à l'abandonner. GISBORNE.

LA BÉCASSINE pèse environ quatre onces. Une ligne rouge pâle divise la tête dans le sens de la longueur ; le menton sous le bec est blanc ; le cou est un mélange de brun et de rouge ; la partie inférieure du corps est presque entièrement blanche. Le dos et les ailes sont d'une couleur sombre. La chair est tendre, sucrée et sa saveur se classe à côté de celle de la bécasse. Les bécassines se nourrissent surtout de petits vers rouges et d'insectes, qu'elles trouvent dans les endroits boueux et marécageux, au bord des ruisseaux et des ruisseaux, et sur le bord argileux des étangs. On dit que les bécassines restent avec nous tout l'été et construisent dans les landes et les marais, pondant quatre ou cinq œufs ; mais la plupart d'entre eux sont migrateurs et, lorsqu'ils sont forcés par de fortes gelées à se diriger vers des sources abritées, on les voit souvent en grands vols. M. Daniel déclare qu'il y a environ trente ans, les bécassines étaient si abondantes dans les marais du Cambridgeshire, qu'on en a capturé autant dans le marais de Milton, au moyen d'un filet à alouettes, en une nuit et par un seul homme, qu'il était possible de le faire. être contenu dans un petit panier.

LA BÉCÈCE, (*Scolopax rusticola* ,)

C'EST un peu moins que la perdrix. La partie supérieure du corps est de couleur rouge, noire et grise et très belle. Du bec presque jusqu'au milieu de la tête, il est d'une couleur cendrée rougeâtre. La partie inférieure du corps est grise, avec des lignes transversales brunes ; sous la queue, la couleur est quelque peu jaunâtre ; le menton est blanc, avec une teinture de jaune. Les bécasses sont des oiseaux migrateurs qui arrivent en Grande-Bretagne à l'automne et repartent au début du printemps ; ils s'accouplent avant de partir et sont vus voler en croisillon.

Les couleurs de cet oiseau timide rendent difficile de le distinguer parmi les tiges et les feuilles flétries de fougère, les bâtons, la mousse et l'herbe qui forment le fond du paysage qui l'abrite dans ses retraites humides et solitaires. C'est seulement par l'habitude que le chasseur est en mesure de le découvrir, et ses principales marques sont l'œil plein et la queue argentée et brillante de l'oiseau. La chair est tenue en haute estime et c'est pourquoi elle est très recherchée. Il est à peine nécessaire de remarquer qu'en dressant une bécasse pour la broche, les entrailles ne sont pas arrachées, mais on les laisse tomber sur des tranches de pain grillé, et elles sont savourées comme une sorte de sauce délicieuse. D'après quelques observations tardives, il apparaît que plusieurs individus de l'espèce restent parmi nous toute l'année. Ils fréquentent particulièrement les bois humides et marécageux, les haies épaisses près des ruisseaux et les endroits qui leur fournissent la nourriture qui leur est attribuée, qui consiste en de très petits insectes trouvés dans le sol humide.

« La première visite de la bécasse et sa demeure
de longue durée, dans notre climat tempéré,
présagent une récolte généreuse. » PHILIPS.

LE NOEUD, (*Tringa Canutus* ,)

EST un petit oiseau dont la tête et le dos sont d'une couleur cendrée sombre ou gris foncé ; tandis que la partie inférieure du corps est d'un blanc pur, ou d'un blanc varié par des lignes noires. Les côtés sous les ailes sont tachetés de brun. L'oiseau pèse environ quatre onces et demie et fait généralement son apparition dans le Lincolnshire au début de l'hiver et y reste deux ou trois mois, après quoi il s'envole en groupes. Ils sont capturés en grand nombre par des filets dans lesquels ils sont attirés par des figures en bois sculptées, peintes pour se représenter et placées à l'intérieur, à peu près de la même manière que la collerette. Lorsque le nœud est gras, sa chair est considérée comme un excellent aliment. Il est également engraissé pour la vente, puis considéré comme égal à la fraise en termes de saveur. La saison de consommation s'étend d'août à novembre, après quoi le gel l'oblige à disparaître. On dit que cet oiseau était un plat préféré de Canut le Grand ; et Camden observe que son nom dérive du sien – Knute, ou Knout, comme on l'appelait – qui, au fil du temps, a été changé en Knot.

LE PLUVIER GRIS, (*Squatarola cinerea* ,)

IL MESURE environ douze pouces de long et vingt-quatre de diamètre sur les ailes : la tête, le dos et les couvertures des ailes sont noirs, avec les extrémités d'un blanc verdâtre ; le menton blanc ; la gorge tachetée de taches brunes ou sombres ; la poitrine et les cuisses sont blanches. La saveur de la chair, lorsque l'oiseau est capturé à la bonne saison, est délicate et savoureuse ; à d'autres moments, il est dur et a un goût fort et grossier. Cet oiseau se trouve généralement en petites meutes et n'est pas aussi commun que le magnifique Pluvier doré. Le mâle devient entièrement noir sur la face inférieure au printemps, ou noir parsemé de taches et de points blancs.

Le Pluvier gris se trouve dans les régions septentrionales de l'Europe et, dit-on, se reproduit en Égypte, à Java et au Japon. Comme le Ruff, c'est un oiseau extrêmement querelleur et se bat avec acharnement au printemps. Les petits, à l'éclosion, sont recouverts d'un duvet épais et doux et commencent immédiatement à suivre leurs parents et à chercher de la nourriture.

LE PLUVIER DORÉ, (*Charadrius pluvialis* ,)

A à peu près la taille du premier. La couleur de toute la face supérieure est noire, épaisse et tachetée de taches vert jaunâtre ; la poitrine est brune, avec des taches comme sur le dos ; le corps est blanc. Le mâle de cette espèce a également le dessous noir au printemps. La chair est douce et tendre et est donc considérée comme un plat de choix dans ce pays et dans d'autres.

Le Pluvier doré se nourrit principalement la nuit, et pendant la journée, il peut être vu assis ou debout sur le sol, endormi. Les oiseaux parents font très attention à la protection de leurs petits. Lorsqu'un intrus s'approche de leur nid, ils utilisent toutes sortes de stratagèmes pour détourner son attention.

Les « œufs de Pluvier », fréquemment vus sur les tables des gens opulents et luxueux, ne sont pas ceux du Pluvier, mais ceux du Vanneau.

LE DOTTREL, (*Charadrius morinellus* ,)

IL EST proverbialement considéré comme un oiseau insensé, mais il est difficile de dire pourquoi. Sa longueur est d'environ dix pouces ; le bec ne mesure pas tout à fait un pouce de long et est noir. Le front est marbré de brun et de gris ; le dessus de la tête est noir ; et au-dessus de chaque œil, il y a une ligne blanche arquée. Le dos et les ailes sont brun clair; la poitrine est d'un orange pâle et terne; le milieu du corps est noir, et le reste et les cuisses sont d'un blanc rougeâtre. La queue est brune, noire vers l'extrémité et terminée de blanc. Cet oiseau est migrateur et fait son apparition dans le Lincolnshire, le Cambridgeshire et le Derbyshire en avril, mais quitte bientôt ces comtés et se dirige vers le nord, se reproduisant dans les montagnes du nord de l'Angleterre et de l'Écosse. En avril, et parfois en septembre, des Dottrels sont observés dans le Wiltshire et le Berkshire. Ils sont généralement capturés, comme les autres oiseaux, la nuit ; quand, éblouis par la lueur d'une torche, ils ne savent plus où voler pour se mettre en sécurité, tout l'endroit étant dans l'obscurité, et choisissent généralement l'endroit même qu'ils doivent éviter. De nombreuses histoires ridicules ont été propagées sur les gestes de cet oiseau, et sur ses efforts pour imiter les actions de l'oiseleur, tombant ainsi dans le piège qui lui était tendu ; mais ils devraient être totalement incrédules.

LE VANNEAU, OU PIEWIT.

(*Vanellus cristatus.*)

CET oiseau bien connu se trouve dans presque tous les pays et a la taille d'un pigeon commun. La femelle dépose quatre ou cinq œufs, de couleur jaune, partout variés avec de grandes taches et traits noirs. Les vanneaux construisent leurs nids à terre, au milieu d'un champ ou d'une lande, ouverts et exposés aux regards, ne déposant que quelques pailles sous les œufs : dès l'éclosion, ils abandonnent instantanément le nid et s'enfuient avec la coquille. sur le dos, et suivant la mère, seulement recouverts d'une sorte de duvet, comme les jeunes canards. Les parents ont été impressionnés par la nature avec l'amour et le soin les plus attentifs pour leur progéniture ; car si l'oiseleur, ou tout autre ennemi, s'approche du nid, la femelle, haletante de peur, diminue son appel pour faire croire à ses ennemis qu'elle est beaucoup plus loin, et trompe ainsi ceux qui cherchent sa couvée ; elle fait aussi parfois semblant d'être blessée et pousse un faible cri en s'éloignant en boitant, pour conduire l'oiseleur hors de son nid. Cet oiseau est vraiment beau, bien qu'il ne présente pas cette vivacité de couleurs dont peuvent se vanter d'autres espèces de la tribu à plumes : il pèse environ une demi-livre. La tête et la crête qui la décore élégamment sont noires ; cette crête, composée de plumes non palmées, mesure environ quatre pouces de longueur. Le dos est d'un vert foncé, lustré de nuances bleues ; la gorge est noire ; la partie postérieure du cou et la poitrine sont blanches. Le vanneau, lorsqu'il cherche de la nourriture, trépigne du pied sur le sol, et lorsque les vers de terre, alarmés par le bruit, apparaissent, il les saisit et les dévore. Sa voix, entendue la nuit dans les endroits marécageux des bords de mer, ressemble au son du *peewit* , ou *teewit* , d'où son nom dans plusieurs régions de la Grande-Bretagne ; il est également appelé le *Grand Pluvier* par plusieurs ornithologues. Cet oiseau fait partie de ceux qui attirent l'attention des oiseleurs en hiver :

« Avec un fusil de massacre, l'oiseleur infatigable erre,
Quand les gelées ont blanchi tous les bosquets nus ;

Où les colombes en troupeaux les arbres sans feuilles ombragent,
et les bécasses solitaires hantent la clairière aquatique.
Il lève son tube et le met à niveau avec son œil ;
Tout droit, un bref tonnerre brise le ciel gelé :
Souvent, comme en anneaux aériens ils effleurent la bruyère,
Les vanneaux bruyants sentent la mort de plomb :
Souvent, tandis que les alouettes montantes préparent leurs notes,
Ils tombent et laissent leur petite vie dans l'air. LE PAPE.

L'anecdote suivante, tirée de « History of Birds » de Bewick, montre la nature domestique du vanneau, ainsi que l'art avec lequel il concilie le regard des animaux matériellement différents de lui, et généralement considérés comme hostiles à toutes les espèces de la tribu à plumes. . Deux vanneaux furent donnés à un ecclésiastique, qui les mit dans son jardin ; l'un d'eux mourut bientôt, mais l'autre continua à ramasser la nourriture que l'endroit lui permettait, jusqu'à ce que l'hiver le prive de son approvisionnement habituel. La nécessité l'obligea bientôt à se rapprocher de la maison, ce qui lui permit de s'habituer peu à peu aux interruptions occasionnelles de la famille. Enfin une des servantes, lorsqu'elle avait besoin d'entrer dans l'arrière-cuisine avec de la lumière, remarqua que le vanneau poussait toujours son cri de « pipi-esprit » pour obtenir l'entrée. L'oiseau devint bientôt plus familier ; à mesure que l'hiver avançait, il s'approchait jusqu'à la cuisine, mais avec beaucoup de précautions, car cette partie de la maison était généralement occupée par un chien et un chat, dont l'amitié, cependant, le vanneau finit par se concilier si entièrement, que c'était son il avait l'habitude de se rendre au coin du feu dès la tombée de la nuit et de passer la soirée et la nuit avec ses deux associés, assis à côté d'eux et profitant du confort d'un foyer chaleureux. Dès que le printemps parut, il cessa ses visites à la maison et se rendit au jardin ; mais, à l'approche de l'hiver, il eut recours à son ancien refuge et à ses amis, qui le reçurent très cordialement. La sécurité était productrice d'insolence ; ce qui fut d'abord obtenu avec précaution, fut ensuite pris sans réserve ; il s'amusait souvent à faire la lessive dans le bol où le chien pouvait boire ; et tandis qu'il était ainsi employé, il montrait des marques de la plus grande indignation si l'un de ses compagnons osait l'interrompre. Il mourut dans l'asile qu'il avait ainsi choisi, étouffé par quelque chose qu'il avait ramassé sur le sol.

LA POULE D'EAU, (*Gallinula chloropus* ,)

EST également appelée la *Poule-d'Aure* , ou *Poule-d'Aure* , et la *Gallinule* . La poitrine est de couleur plomb, la partie inférieure du corps tend vers la couleur cendrée et le dos est brun olive foncé. Lorsqu'elle nage ou marche, elle flirte souvent avec sa queue. Les poules d'eau se nourrissent de plantes et de racines aquatiques, ainsi que des petits insectes qui y adhèrent ; ils grossissent vers la fin de septembre, et leur chair est alors considérée comme presque égale à celle de la sarcelle ; pourtant, on peut rarement le priver entièrement de son goût de poisson. Ils construisent leurs nids parmi les roseaux, les herbes hautes, les racines et les souches au bord de l'eau, se reproduisant deux ou trois fois au cours d'un été ; les œufs sont blancs, teintés de vert, parsemés de taches brunes.

Il existe très peu de pays au monde où l'on ne trouve pas ces oiseaux. Ils préfèrent généralement les régions montagneuses froides en été et les situations plus basses et plus chaudes en hiver.

« Les poissons sautent et la poule d'eau
plonge de haut en bas. Une tempête approche.
SCHILLER. — GUILLAUME TELL.

LE CORN-CRAKE, OU LAND-RAIL,

(*Ortygometra crex* ,)

EST un oiseau migrateur, apparaissant en Angleterre en avril et partant en octobre. Au moment de son arrivée, il est très maigre, mais devient excessivement gras avant de quitter l'île. Leurs lieux de prédilection sont les régions froides et humides des hautes terres, les champs de maïs situés à proximité de l'eau et les prairies marécageuses. Leur cri est un étrange roulement de notes courtes, toutes dans la même tonalité et de même longueur. Le son, crec, crec, crec, a été comparé au bruit produit en passant le doigt le long des dents d'un peigne. Les pattes du Râle des blés sont inhabituellement longues pour la taille de l'oiseau et pendent lorsqu'il est en vol. Sa chair est très appréciée pour sa saveur délicate. Cet oiseau n'est jamais vu en vol dans ce pays et est extrêmement difficile à capturer ; on ne peut pas les faire s'élever comme les perdrix et beaucoup d'autres oiseaux, et il n'est pas non plus d'une grande utilité d'envahir leur couvert. Ils glissent à travers le maïs, sans le moindre bruissement perceptible, et avec une rapidité merveilleuse, compte tenu de la taille de l'oiseau, et si le chasseur suit dans la direction du son, celui-ci cesse pendant un moment, et alors, peut-être, on l'entend au loin. à l'arrière; s'il le suit à nouveau, il ne faut pas longtemps avant que le son se fasse entendre dans sa première direction ou dans une autre direction.

Certains auteurs disent que le Râle des blés est une sorte de ventriloque naturel, et qu'il peut donner l'impression que sa note vient d'une toute autre direction que l'endroit où il se cache. Il est probable, cependant, que l'illusion vient de l'étonnante rapidité avec laquelle l'oiseau traverse les couvertures, où il se trouve habituellement. Et comme on ne peut jamais les faire s'élever, l' observateur a très rarement les moyens de décider si l'oiseau était à l'endroit d'où semblait provenir ou non son cri.

Le nid est fait dans un trou dans le sol et est tapissé de feuilles mortes, de mousse et d'autres substances molles. Il y a généralement dix, douze ou quatorze œufs. Le cri particulier par lequel l'oiseau est reconnu n'est émis que pendant la période d'incubation.

Les Corn-Crakes ont parfois un grand penchant pour l'eau. Une anecdote est racontée par Craven, dans son « Young Sportsman's Manual », à propos d'un jeune oiseau de cette espèce, en possession d'un certain M. Jervis, qui avait un penchant remarquable pour l'eau, dans laquelle il plongeait et éclaboussait, comme si inutilisé à tout autre élément. Si l'on pouvait observer de plus près les habitudes de cet oiseau, on découvrirait peut-être que ce penchant pour l'eau n'est pas rare à l'état sauvage.

LA FOULQUE. (*Fulica atra.*)

CET oiseau a tant de traits dans son caractère, et tant de traits dans son aspect général, comme les râles et les poules d'eau, que le placer après eux semble une gradation naturelle et facile ; et en conséquence cela a été fait par Cuvier, bien que Linné ait considéré qu'il appartenait à un groupe distinct de ces oiseaux et des échassiers en général, à cause de ses pattes palmées et de son attachement constant aux eaux, qui , en effet, il s'arrête rarement. La manière dont les foulques construisent leur nid est très ingénieuse. Ils le forment d'herbes aquatiques entrelacées, et le placent parmi les joncs, de telle manière qu'il puisse parfois s'élever avec le ruisseau, mais ne pas être emporté par le ruisseau : et si jamais cet accident arrive, stable sur son nid, la poule n'abandonne pas ses couvées, mais suit avec elles le destin de leur berceau flottant. Cet oiseau, par la figure et la forme de son corps, ressemble à la poule d'eau et pèse environ vingt-quatre onces. Les plumes autour de la tête et du cou sont basses, douces et épaisses. La couleur sur tout le corps est noire, mais d'une teinte plus foncée autour de la tête. La série s'élève sur le front d'une manière particulière et apparaît comme si la Providence l'avait conçue pour un moyen de défense. Il change de couleur blanchâtre en rouge pâle ou rose pendant la saison de reproduction. Les foulques sont très timides et s'aventurent rarement à l'étranger avant le crépuscule. Lorsqu'ils sont attaqués, ils se défendent avec leurs pieds, et ils le font avec une telle énergie que les chasseurs disent : « Méfiez-vous d'une foulque ailée, ou il vous griffera comme un chat.

§ VII. Palmipèdes ou oiseaux palmés.

LE PÉLICAN, (Pelicanus onocrotalus ,)

Sa taille EST À PEU PRÈS ÉGALE À CELLE DU CYGNE ; la couleur du corps est blanche, tirant vers le rose ; le bec est droit et long, avec un crochet pointu au bout ; la peau de la mandibule inférieure est si susceptible de distension qu'elle peut être dilatée pour contenir des poissons en grande quantité. Cette poche que la Providence a allouée à l'oiseau, afin qu'il puisse apporter à son aire suffisamment de nourriture pour plusieurs jours, et s'épargner la peine de voyager dans les airs, d'observer et de plonger si souvent. Les pattes sont noires et les quatre doigts palmés. C'est un oiseau très indolent, inactif et sans élégance, assis souvent des jours et des nuits entières sur des rochers ou des branches d'arbres, immobile et dans une posture mélancolique, jusqu'à ce que le stimulus irrésistible de la faim le stimule et le force à aller à la mer à la recherche. de nourriture; Lorsqu'il est ainsi excité par l'effort, le pélican s'envole de cet endroit et, s'élevant de trente à quarante pieds au-dessus de la surface de l'eau, tourne la tête avec un œil vers le bas et continue de voler dans cette position jusqu'à ce qu'il aperçoive un poisson près de l'eau. surface.

Il s'élance alors avec une rapidité étonnante, saisit sa proie avec une certitude infaillible et la range dans sa pochette. Cela fait, il s'élève dans les airs et répète la même action jusqu'à ce qu'il se soit procuré un stock suffisant. Le Pélican n'est en aucun cas dénué d'affection naturelle, ni envers ses petits, ni envers les autres de sa propre espèce. Clavigero, dans son Histoire du Mexique, dit que quelquefois les Américains, pour se procurer sans peine du poisson, brisent cruellement l'aile d'un pélican vivant, et, après avoir attaché l'oiseau à un arbre, le cachent. eux-mêmes à proximité des lieux. Les cris du misérable oiseau attirent sur les lieux d'autres Pélicans qui, assure-t-il, éjectent de leurs poches une partie des provisions pour leur compagnon emprisonné. Dès que les hommes s'en aperçoivent, ils se précipitent sur place, et après en avoir laissé une petite quantité pour l'oiseau, emportent le reste.

En Amérique, les pélicans sont souvent rendus domestiques et sont si dressés que, sur ordre, ils partent le matin et reviennent avant la nuit avec leurs poches distendues par des proies, dont on leur fait dégorger une partie, tandis que le reste leur est laissé pour leur vie. inquiéter. On dit que l'oiseau vit parfois cent ans.

Nos ancêtres attribuaient à cet oiseau une affection extraordinaire, plus que ne l'atteste aucune autre preuve héraldique. Ainsi, sur plusieurs crêtes, il est représenté en train de nourrir ses petits avec son propre sang, qu'il se procure en frappant sa poitrine avec la pointe acérée de son bec. Et les anciens croyaient pleinement qu'en période de disette, la femelle Pélican recourait à ce moyen pour subvenir aux besoins de sa couvée. Le nid du Pélican est fait de carex et d'herbe, près du bord de l'eau ; la femelle pond deux ou trois œufs blancs, et le mâle fournirait de la nourriture à sa partenaire pendant qu'elle est engagée dans le travail d'incubation.

LE CORMORANT, (*Phalacrocorax carbo* **,)**

C'EST un grand oiseau d'eau, presque allié au pélican, possédé d'un appétit très vorace, et par conséquent d'un caractère très rapace. Il vit de toutes sortes de poissons ; l'eau douce et les vagues saumâtres de la mer contribuent toutes deux largement à son estomac affamé. Le bec mesure environ cinq pouces de longueur et est d'une couleur sombre ; les teintes prédominantes du corps sont noires en dessous et brun foncé dessus ; sur chaque cuisse il y a une tache blanche. L'odeur de ces oiseaux vivants est excessivement désagréable et désagréable ; et leur chair est si dégoûtante que même les Groenlandais, parmi lesquels ils sont très communs, en mangeront à peine. Ils étaient autrefois apprivoisés en Angleterre dans le but de capturer du poisson, comme les faucons et les faucons l'étaient pour chasser les habitants de la flotte des airs. Cette coutume est encore en vigueur en Chine. Les oiseaux sont emmenés à l'eau dans un bateau, avec des lanières de cuir nouées autour du cou pour les empêcher d'avaler le poisson ; au mot d'ordre, ils descendent dans l'eau, nagent et plongent à la poursuite de leurs proies et rapportent tout ce qu'ils capturent au bateau de leur propriétaire. Parfois, deux cormorans unissent leurs efforts pour capturer un gros poisson ; et si l'un des oiseaux néglige ses affaires, l'homme frappera l'eau avec un bambou, comme le fait un maître d'école avec sa canne sur le pupitre, pour rappeler aux oisifs le sens de leur devoir. Cet oiseau, quoique du genre aquatique, est souvent vu, comme le pélican, perché sur les arbres. Milton nous dit que Satan

"——— ——— ——— Sur l'arbre de vie,
L'arbre du milieu, et là le plus haut qui poussait,
était assis comme un cormoran."

En 1793, l'un d'eux fut observé assis sur la girouette du clocher Saint-Martin, à Ludgate Hill, à Londres, et y fut abattu en présence d'un grand nombre de personnes.

LE Cormoran huppé, ou cormoran à crête, (*Phalacrocorax graculus* ,)

EST d'un vert foncé, avec une touffe singulière sur le devant de la tête au printemps. Il se reproduit dans les grottes rocheuses du littoral.

LE GANNET, OU L'OIE SOLAN. (*Sula bassana.*)

CES oiseaux sont insatiables voraces, mais sont quelque peu particuliers dans le choix de leurs proies ; dédaignant, à moins d'en avoir un grand besoin, toute nourriture pire que le hareng ou le maquereau. Pas moins de cent mille Fous de Bassan fréquenteraient les rochers de Saint-Kilda ; et parmi eux, y compris les jeunes, au moins vingt mille sont tués chaque année par les habitants pour se nourrir. Le Fou de Bassan mesure un peu plus de trois pieds de long et pèse environ sept livres. Le bec a six pouces de long, droit presque au point où il est un peu courbé ; ses bords sont déchiquetés, pour lui permettre de mieux sécuriser ses proies ; et à environ un pouce de la base de la mandibule supérieure, il y a un processus pointu pointant vers l'avant. La couleur générale du plumage est d'un blanc terne, avec une teinte grisâtre. Autour de chaque œil, il y a une peau nue d'une belle couleur bleue ; du coin de la bouche, une étroite bande de peau noire et nue s'étend jusqu'à la partie postérieure de la tête ; et sous le menton il y a une bourse capable de contenir cinq ou six harengs. Le cou est long ; le corps plat et très plein de plumes. Sur le sommet de la tête et sur la partie arrière du cou se trouve un petit espace de couleur chamois. Les plumes des plumes et quelques autres parties des ailes sont noires ; tout comme les pattes, à l'exception d'une fine bande vert pois sur le devant. La queue est en forme de coin et se compose de douze plumes pointues.

Ces oiseaux se tournent principalement vers les îles inhabitées où l'homme vient rarement les déranger. Les îles au nord, Ailsa Craig, sur la côte ouest de l'Écosse, les îles Skelig, au large des côtes du Kerry en Irlande, et celles qui se trouvent dans la mer du Nord au large de la Norvège, en regorgent. Mais c'est sur le Bass Bock, dans le Frith of Forth, qu'on les voit en plus grande abondance. « Il y a une petite île, dit le célèbre Harvey, appelée Bass, qui n'a pas plus d'un mille de circonférence ; la surface est presque entièrement recouverte pendant les mois de mai et juin des nids des oies de Solan, de leurs œufs et de leurs petits. Il n'est guère possible de marcher sans marcher dessus : les volées d'oiseaux en vol sont si nombreuses qu'elles obscurcissent l'air comme un nuage ; et leur bruit est tel, qu'on ne peut sans difficulté se faire entendre de la personne qui est à côté de soi. Quand on regarde la mer du haut du précipice, toute sa surface semble couverte d'une infinité d'oiseaux de différentes espèces, nageant et poursuivant leurs proies. Si, en faisant le tour de l'île, on examine ses falaises suspendues, dans chaque rocher ou fissure des rochers brisés, on peut voir d'innombrables oiseaux, de diverses espèces et tailles, plus que les étoiles du ciel vues dans une nuit sereine. Si on les regarde de loin, soit en s'éloignant, soit en s'approchant de l'île, elles ressemblent à un vaste essaim d'abeilles.

LE CYGNE. (*Cygnus couleur.*)

« Beau est le Cygne, dont la majesté domine
sur l'eau sans brise, sur le lac de Locarno,
Le porte, tandis que, naviguant fièrement,

Il laisse derrière lui un sillage illuminé par la lune :
Voyez ! l'esprit de réserve qui s'enveloppe
forme son cou en une belle courbe —
un arc rejeté entre des ailes luxuriantes,
de la garniture la plus blanche, comme des branches de sapin.
À quoi, par quelque matin tranquille, s'accroche
Un poids floconneux des neiges les plus pures de l'hiver !
Voir! comme avec une impulsion jaillissante soulève
cette proue enneigée et fend doucement
le miroir du flot de cristal ;
Disparaissent les collines inversées, les bois ombragés,
et les rochers pendants, là où, en état de glissement,
s'enroule la créature muette, sans partenaire visible
ni rivale, sauf la reine de la nuit,
déversant
du ciel une lumière argentée sur son favori choisi !
WORDSWORTH.

LES deux espèces les plus connues de cet oiseau majestueux et aux formes élégantes sont communément connues sous le nom de cygnes sauvages et apprivoisés, ou de cygnes chanteurs et muets. On les reconnaît facilement aux particularités du bec : le Cygne apprivoisé a le bec de couleur orange, avec sa base noire et surmontée d'un pommeau noir ; le Cygne sauvage n'a pas de bouton, et c'est la pointe du bec au lieu de la base qui est noire.

LE CYGNE SAUVAGE, LE CYGNE BLANC OU LE CYGNE SIFFLET (*Cygnus ferus*)

C'EST aussi un bel oiseau, au plumage magnifiquement blanc ; contrairement au Cygne apprivoisé, qui est presque muet, il a une voix forte et plutôt mélodieuse, qu'il émet fréquemment, lorsqu'il vole à grande hauteur dans les airs, au cours de ses migrations. On le trouve en Angleterre en hiver, mais réside toute l'année dans le nord de l'Écosse. Son lieu de reproduction privilégié se situe dans l'extrême nord. Le Cygne apprivoisé est le plus grand de nos oiseaux d'eau palmés, pesant parfois environ trente livres : le corps entier du Cygne adulte est couvert d'un beau plumage d'un blanc pur, mais les jeunes sont gris ; sous les plumes se trouve un duvet épais et doux, d'une très grande utilité et souvent employé comme ornement. L'élégance de forme que montre cet oiseau, quand, avec son cou cambré et ses ailes à demi déployées, il navigue sur la surface cristalline d'un ruisseau tranquille, qui reflète, en passant, la beauté neigeuse de sa robe, est digne d'admiration. . Thomson décrit le Cygne de la belle manière suivante :

"——— ——— ——— Le majestueux cygne à voile
déploie son plumage de neige au vent,
et cambrant fièrement son cou, avec ses pattes d'aviron,
se porte férocement en avant et garde son île d'osier,
protecteur de ses petits. "

Les cygnes sont protégés depuis des lustres sur la Tamise en tant que propriété royale ; et il continue à ce jour d'être considéré comme un crime de voler leurs œufs : par ce moyen, leur croissance est assurée, et ils constituent un délicieux ornement pour cette noble rivière. Latham dit que l'estime dans laquelle ils étaient tenus, sous le règne d'Édouard IV, était telle que seuls ceux qui possédaient une pleine propriété d'une valeur annuelle claire de cinq marks étaient autorisés à en conserver. A cette époque, il ne restait presque pas une pièce d'eau inoccupée par ces oiseaux, car ils satisfaisaient le palais aussi bien que l'œil de leurs seigneurs propriétaires de cette époque : mais la mode de cette époque est passée, et les cygnes ne sont en aucun cas aussi communs aujourd'hui qu'ils l'étaient autrefois, étant considérés par la plupart des gens comme une sorte de nourriture grossière, et par conséquent tenus en peu d'estime : mais les Cygnets (c'est ainsi qu'on appelle les jeunes cygnes) sont encore engraissés pour la table, et sont vendus très cher, communément pour une guinée chacun, et parfois plus ; on peut donc présumer qu'ils constituent une meilleure nourriture qu'on ne l'imagine généralement.

À Abbotsbury, il y avait généralement un noble Swannery, propriété du comte d'Ilchester, où étaient gardés six ou sept cents oiseaux, mais la collection a été récemment beaucoup diminuée. Les Swannery appartenaient autrefois à l'abbé, et, avant la dissolution des monastères, les Cygnes s'élevaient souvent au double du nombre ci-dessus.

De par la blancheur de cet oiseau, l'expression de « cygne noir » était utilisée dans l'Antiquité comme équivalent à une non-entité ; mais une espèce presque entièrement noire a été récemment découverte en Australie. Cet oiseau est aussi grand que le cygne blanc et son bec est d'un riche écarlate. L'ensemble du plumage (sauf les primaires et secondaires, qui sont blancs) est du noir le plus intense.

Les cygnes vivent très longtemps, atteignant parfois l'âge d'un siècle et demi.

L'OIE SAUVAGE. (*Anser ferus.*)

« L'oie du fermier, qui, dans le chaume,
s'est nourrie sans retenue ni difficulté,
s'est engraissée avec le maïs et reste assise,
peut à peine franchir le rebord de la porte de la grange ;
Et se dandine à peine pour se rafraîchir
le corps dans la piscine voisine ;
Ni ricaner bruyamment à la porte,
Car ricaner montre que l'Oie est pauvre.
RAPIDE.

L'OIE est très différente, quant à son apparence extérieure, de ce dernier oiseau. La stupidité de son regard, la grossièreté de sa démarche et la lourdeur de sa fuite sont ses principales caractéristiques. Mais pourquoi devrions-nous nous attarder sur ces défauts ? ils ne le sont pas à la grande échelle de la création. Sa chair nourrit beaucoup et n'est pas dédaignée même par les grands ; ses plumes nous tiennent chaud ; et même la plume que je tiens dans ma main a été arrachée de son aile.

Ces oiseaux sont gardés en grande quantité dans les marais du Lincolnshire ; plusieurs personnes y ayant jusqu'à mille éleveurs. Ils ne se reproduisent en général qu'une fois par an, mais s'ils sont bien entretenus, ils éclosent parfois deux fois par saison. Pendant leur repos, les oiseaux disposent d'espaces attribués à chacun, dans des rangées d'enclos en osier placés les uns au-dessus des autres ; et le troupeau d'oies, qui en a soin, conduit tout le troupeau à l'abreuvement deux fois par jour, et les ramenant à leurs habitations, place chaque oiseau (sans en manquer un) dans son propre nid. Il est à peine croyable combien d'oies sont conduites des comtés éloignés à Londres pour être vendues, souvent deux ou trois mille par troupeau ; et, en 1783, un convoi traversa Chelmsford, dans son trajet du Suffolk à Londres, qui contenait plus de neuf mille. Aussi simple en apparence ou si maladroite dans ses gestes que soit l'Oie, elle n'est pas sans de nombreuses marques de sentiment et de compréhension. Le courage avec lequel elle protège sa progéniture et se défend contre les oiseaux voraces, et certains exemples d'attachement, et même de gratitude, qu'on a observés chez elle, rendent mal fondé notre mépris général pour l'Oie.

L'Oie était tenue en grande vénération parmi les Romains, car par sa vigilance elle avait sauvé le Capitole de l'attaque des Gaulois. Virgile dit, dans le septième livre de l'Énéide :

"L'oie d'argent s'est envolée devant la porte brillante
et a sauvé l'État par son rire."
DRYDEN.

La couleur de cet oiseau utile est généralement blanche ; bien que nous les trouvions souvent d'un mélange de blanc, de gris, de noir et parfois de jaune. Les pattes palmées sont de couleur orange et le bec est dentelé. Le mâle de l'Oie s'appelle le Gander ; et les jeunes Oisons. Les oies vivent très longtemps, on sait que l'une d'entre elles a vécu plus de soixante-dix ans.

L'Oie sauvage est l'original de l'Oie domestique et en diffère beaucoup par la couleur, la teinte générale de ses plumes étant d'un noir grisâtre. Les oies sauvages volent la nuit en grands groupes vers les pays plus au sud ; et leur bruit se fait entendre depuis les régions des nuages, bien que les oiseaux soient hors de vue.

LE CANARD. (*Anas Bosch.*)

LE CANARD COMMUN est de deux espèces, le sauvage et le domestique, ce dernier n'étant que la même espèce altérée par la domestication ; la différence entre eux est très insignifiante, sauf que la couleur du canard colvert, ou canard sauvage mâle, est constamment la même chez tous les individus, tandis que les drakes, ou canards apprivoisés, sont variés dans leur plumage. Les femelles ne partagent pas avec les mâles la beauté du plumage : l'admirable écharpe de vert et de bleu brillant, qui entoure le cou des canards et des colverts, étant une prérogative exclusive du sexe mâle. Il y a aussi une particularité curieuse et invariable propre aux mâles, qui consiste en quelques plumes enroulées qui s'élèvent sur la croupe.

Les canards sauvages sont capturés par des leurres dans les pays des Marais, et en nombre si prodigieux, que sur dix leurres seulement dans les environs de Wainfleet, jusqu'à trente et un mille deux cents ont été capturés en une seule saison. Ils ne construisent pas toujours leurs nids près de l'eau, mais souvent à une distance considérable de celle-ci ; auquel cas la femelle emmènera les petits dans son bec, ou entre ses pattes, jusqu'à l'eau. On les a parfois vu pondre leurs œufs dans un arbre élevé, dans un nid de pie ou de pie abandonné ; et on a rapporté qu'on en a trouvé un à Etchingham, dans le Sussex, assis sur neuf œufs dans un chêne, à une hauteur de vingt-cinq pieds du sol : les œufs étaient soutenus par quelques petites brindilles posées en travers.

Les canards apprivoisés, élevés près des moulins et des rivières, ou partout où il y a une quantité d'eau suffisante pour qu'ils puissent s'adonner à leurs jeux et chercher de la nourriture, deviennent une branche de commerce très profitable à leurs propriétaires.

LE CANARD EIDER, (*Sornateria mollissima* ,)

ON LE trouve sur les côtes du nord de l'Angleterre et de l'Écosse, devient plus nombreux à mesure que l'on s'éloigne vers le nord, et est le plus abondant sur l'Islande et sur les côtes arctiques, tant de l'Europe que de l'Amérique. Cet oiseau est particulièrement précieux pour la grande quantité de duvet qu'il fournit, car celui-ci est si léger et si élastique que les lits et les couettes qui en sont faits sont préférables à tous les autres. Les oiseaux tapissent leurs nids avec cette belle matière arrachée à leur propre corps, et c'est principalement en pillant les nids qu'on obtient le duvet. Chaque nid fournira environ une demi-livre de duvet au cours de la saison, et cela vaut environ quatre dollars la livre.

LE WIDGEON, (*Mareca Penelope* ,)

PÈSE environ vingt-deux onces et se nourrit d'herbe et de racines poussant au fond des lacs, des rivières et des étangs. Le plumage de cet oiseau est très varié, et sa chair est considérée comme un mets très délicat, bien qu'elle ne soit pas aussi appréciée que celle de la sarcelle. Le bec du Canard d'Oie est noir ; la tête et la partie supérieure du cou d'un bai brillant ; le dos et les côtés sous l'aile étaient ondulés de noir et de blanc ; la poitrine pourpre ; la partie inférieure du corps est blanche et les pattes sont sombres. Les jeunes des deux sexes sont gris et continuent dans cet habit simple jusqu'au mois de février ; après quoi un changement a lieu, et le plumage du mâle commence à prendre ses riches colorations, dans lesquelles, dit-on, il continue jusqu'à la fin de juillet ; puis de nouveau les plumes deviennent sombres et grises, de sorte qu'il est à peine possible de le distinguer de la femelle.

Les canards siffleurs volent généralement en petits groupes pendant la nuit et peuvent être reconnus des autres oiseaux par leur sifflement lorsqu'ils sont en vol. Ils quittent les marais désertiques du nord à l'approche de l'hiver et, à mesure qu'ils avancent vers la fin de leur voyage vers le sud, ils se répandent le long des côtes, sur les marais et les lacs, dans diverses parties du continent, ainsi que comme ceux des îles britanniques ; et on dit qu'une partie des troupeaux avance vers le sud jusqu'en Égypte.

Le Canard siffleur est facilement domestiqué dans les endroits où il y a beaucoup d'eau, et est très admiré pour sa beauté, son aspect vif et ses manières occupées et espiègles ; pourtant on affirme généralement qu'ils ne se reproduiront pas en confinement, ou du moins que la femelle ne fera pas de nid et n'accomplira pas l'acte d'incubation ; mais qu'elle pondra des œufs, qu'on laisse généralement tomber dans l'eau.

LA SARCELLE, (*Querquedula crecca* ,)

EST le moindre de la tribu des canards, pesant seulement douze onces. La partie inférieure du corps est d'un blanc terne, tendant vers une teinte grise. Le dos et les côtés sous les ailes sont curieusement variés avec des lignes blanches et noires ; les ailes sont entièrement brunes et la queue de la même couleur. Cet oiseau est commun en Angleterre pendant les mois d'hiver, et on ne sait toujours pas s'il ne se reproduit pas ici comme en France. Le Dr Heysham dit qu'on sait qu'il se reproduit dans le quartier de Carlisle. La femelle fait son nid de roseaux entrelacés d'herbes ; et, comme on le rapporte, il le place parmi les joncs, afin qu'il puisse monter et descendre avec l'eau. Leurs œufs sont de la grosseur de ceux d'un pigeon, au nombre de six ou sept, et d'une couleur blanc terne, marqués de petites taches brunâtres ; mais il paraît qu'ils pondent parfois dix ou douze œufs, car Buffon remarque que ce nombre de jeunes se voient en grappes sur les étangs, se nourrissant de cressons, de cerfeuil et de quelques autres mauvaises herbes, ainsi que de graines et de petits insectes qui pullulent dans les bassins. l'eau. La chair de la Sarcelle est un mets très délicat en hiver et a moins de saveur de poisson que celle de n'importe quelle espèce de canard sauvage. On sait qu'il se reproduit et reste tout au long de l'année dans divers climats tempérés du monde, et on le rencontre en été aussi loin au nord que l'Islande.

Le Mouette commune. (*Larusque.*)

LES GOÉLANDS , dont il en existe de très nombreuses espèces différentes, sont des oiseaux très communs autour de nos côtes et à l'embouchure des rivières ; ils ont de longues ailes et volent avec une grande rapidité et une grande flottabilité. Leur plumage est épais et ils flottent très légèrement à la surface de l'eau, mais ne plongent pas. Les Mouettes sont très voraces, et non seulement dévorent de grandes quantités de poissons, coquillages et autres animaux marins, mais daignent même se nourrir des cadavres d'animaux qu'elles trouvent flottant sur l'eau ou rejetés sur le rivage. Certaines espèces plus petites viennent à l'intérieur des terres et attrapent des insectes en vol, de la même manière que les hirondelles.

Le Goéland cendré est une espèce plutôt grande, mesurant plus de dix-huit pouces de longueur à maturité. Son plumage est gris nacré dessus et blanc dessous ; les plus grandes plumes des ailes sont noires, avec des pointes blanches et des taches blanches près de la pointe ; et le bec et les pattes sont gris verdâtre. Cet oiseau se reproduit dans les marais salants ou sur les corniches des falaises. La femelle dépose deux ou trois œufs brun olive avec des taches brun foncé et noires.

C'est un bien joli spectacle que d'observer du haut d'une haute falaise les multitudes de ces oiseaux qui hantent souvent nos côtes ; glissant avec une belle aisance et rapidité dans les airs, effleurant la surface de l'eau à la poursuite de leur proie, ou se reposant sur son sein. Même leur cri, assez dur et discordant, est en harmonie avec les hauteurs sauvages et imposantes sur lesquelles ils aiment habiter. Cela ne les protège cependant pas des habitués de nos villes balnéaires, dont la chasse aux mouettes est un passe-temps favori ; un amusement d'autant plus répréhensible que la chair de l'oiseau est tout à fait inutile.

Les goélands sont fréquemment capturés vivants et, après avoir eu les ailes coupées pour empêcher leur fuite, sont gardés pour satisfaire leur appétit vorace d'escargots, de limaces et d'autres ravageurs du jardin.

LE PÉTREL TEMPÊTE, OU LE POULET DE MÈRE CARY. (
Thalassidrome pélagica.)

« O'er les profondeurs ! O'er les profondeurs!
Là où dorment la baleine, le requin et l'espadon,
Échappant au souffle et à la pluie battante,
Le pétrel raconte son histoire en vain ;
Car le marin maudit l'oiseau avertisseur,
qui lui apporte des nouvelles d'une tempête inouïe !
Oh! ainsi le prophète, du bien ou du mal,
rencontre la haine des créatures qu'il sert encore ;
Pourtant, il ne hésite jamais : — Alors, Pétrel ! printemps
Une fois de plus sur les vagues sur ton aile orageuse. PROCTER.

LE PÉTREL ORAGEUX n'est pas plus gros qu'une hirondelle ; et sa couleur est entièrement noire, sauf les couvertures de la queue, la queue elle-même et les plumes ventrales, qui sont blanches : ses pattes sont fines. S'étendant sur l'étendue de l'océan et souvent à une grande distance de la terre, cet oiseau est capable de braver la plus grande fureur des tempêtes. Même dans les temps les plus orageux, les marins l'observent fréquemment, effleurant les flots avec une vitesse presque incroyable, et parfois au-dessus de leurs sommets. Ils suivent souvent les navires en grandes bandes, pour ramasser tout ce qui est jeté par-dessus bord ; mais leur apparition est regardée par les marins comme le présage certain d'un temps orageux dans l'espace de quelques heures. Il semble chercher à se protéger de la fureur du vent dans le sillage des navires ; et il est probable que, pour la même raison, il vole souvent entre deux ondes. Le nid de cet oiseau se trouve dans les îles Orcades, sous des pierres, aux mois de juin et juillet. Il vit principalement de petits poissons ; et bien que muet le jour, il est très bruyant la nuit. Les petits de cet oiseau sont nourris avec une matière huileuse ou chyle, qui est éjectée de l'estomac des parents.

Mudie, dans son ouvrage très divertissant sur les oiseaux britanniques, dit qu'ils sont appelés pétrels, ou « petits pétrels », parce qu'ils se déplacent à la surface comme s'ils marchaient littéralement sur l'eau. Il nous apprend aussi qu'elles sont parfois très pleines d'huile, et que les Féroïens, profitant de cette circonstance, les transforment en lampes, en les fixant en position verticale et en passant à travers leur corps une mèche qu'ils allument à la verticale. bouche.

LE FULMAR, (*Procellaria glacialis* ,)

C'EST une espèce de pétrel plus grande, que l'on trouve assez souvent sur les côtes britanniques et qui est extrêmement abondante dans les mers arctiques. Ici, il accompagne régulièrement les pêcheurs de baleines lorsqu'ils sont en train de découper une baleine. Les fragments de graisse qui tombent dans l'eau sont immédiatement brisés par ces oiseaux avides, qui crient et se disputent le festin sans se soucier si peu du voisinage des marins, qu'ils peuvent être frappés à la tête avec une gaffe. . Ils sont très appréciés dans les pays qu'ils habitent, en raison de la grande quantité de pétrole qu'ils contiennent. On les voit rarement en Angleterre et ils ne fréquentent régulièrement aucune partie de la Grande-Bretagne, à l'exception de quelques-unes des îles les plus septentrionales de l'Écosse. Comme les autres Pétrels, ils nourrissent leurs petits avec une sorte d'huile qu'ils ont le pouvoir d'exsuder à volonté.

L'ALBATROS, (*Diomedea exulans* ,)

ÉGALEMENT aux pétrels diminutifs à certains égards ; mais au lieu d'être un pygmée, c'est un géant parmi les oiseaux. Ses ailes mesurent souvent jusqu'à quinze pieds d'étendue et sont d'une puissance correspondante, car elles doivent soutenir l'Albatros toute la journée au-dessus des vagues orageuses du grand océan Austral. En fait, leur force et leur endurance sont si énormes, qu'on les voit suivre des navires pendant des journées entières sans se reposer une seule fois sur l'eau. De temps en temps, l'oiseau gigantesque se jette dans la mer pour capturer les poissons dont il rassasie sa faim ; et on dit que là où les albatros sont nombreux, ils attaqueront même les marins qui tomberaient par-dessus bord. En raison de leur abondance au Cap de Bonne-Espérance, les marins les appellent souvent moutons du Cap.

Les albatros pèsent généralement entre vingt et trente livres. Le plumage est blanc, à l'exception de quelques barres étroites sur le dos et de certaines des longues plumes des ailes, qui sont noires, et de la tête, qui sont d'un gris rougeâtre. Le bec est long et puissant, et courbé à son extrémité, et serait une arme des plus terribles si son propriétaire était d'un caractère combatif. Il est cependant tout à fait inoffensif, et est même parfois attaqué par des oiseaux beaucoup plus petits, lorsqu'il prend invariablement la fuite, et l'immense puissance de ses ailes lui permet généralement d'éloigner ses poursuivants. L'Albatros, comme la plupart des oiseaux marins, a un appétit des plus insatiables et dévore d'immenses quantités, non-seulement de poissons, mais d'autres animaux marins, tels que des mollusques. Ils sont si gourmands qu'ils sont attrapés par une ligne appâtée avec un morceau de chair, que l'oiseau toujours affamé avale d'un trait, payant de sa vie ce cher repas. Les indigènes des pays qu'ils fréquentent en consomment, non pour leur chair, coriace et insipide, mais pour leurs entrailles, très grosses et élastiques, et qui servent à de nombreux usages utiles.

LE GRAND PLONGEUR DU NORD.

(*Colymbus glacialis.*)

LE GRAND PLONGEUR DU NORD se trouve en abondance dans les mers arctiques, mais un nombre considérable d'entre eux habitent sur les côtes de l'Écosse. Il a un bec plutôt long, fort et pointu ; son dos et ses ailes sont noirs, ornés de nombreuses taches blanches ; sa face inférieure est blanc grisâtre ; et sa tête et son cou sont noirs, avec quelques colliers blancs sur le devant du cou. Le Great Northern Diver est un grand oiseau mesurant près de trois pieds de longueur ; ses ailes sont petites en proportion de sa taille, mais pourtant l'oiseau est capable de voler très rapidement. C'est cependant dans l'eau qu'il est le plus actif ; il nage et plonge avec une facilité remarquable, et même sous l'eau il va aussi vite qu'un bateau à quatre rames. Sa nourriture est constituée de poissons et il se reproduit parmi les herbes du bord de mer, la femelle pondant deux ou trois œufs dans un nid soigné fait d'herbe.

LE PUFFIN, (*Fratercula arctica* ,)

C'EST un autre oiseau aquatique aux ailes courtes, mais contrairement au Plongeon du Nord, il nous rend visite en été et se reproduit sur nos rives. Il mesure environ un pied de long, et a le dos et les ailes noirs, les joues et toutes les parties inférieures du corps, à l'exception d'une bande autour du cou, blanche, et les pattes orange. Son bec est très curieux, et lui a valu par endroits les noms de Sea Parrot et Coulterneb. Cet organe est grand et fort, mais aplati sur les côtés ; il est de couleur bleuâtre, avec trois rainures et quatre crêtes de couleur orange. Le Macareux vole rapidement, nage et plonge presque aussi bien que le Grand Plongeur ; il se reproduit tantôt dans des recoins parmi les rochers, tantôt dans un trou qu'il creuse dans le gazon ou dans un terrier à lapins.

LE GRAND pingouin, (*Alca impennis* ,)

QU'ON appelle parfois manchot du Nord, est un grand oiseau, muni de très petites ailes, qui, quoique formées de plumes régulières, comme celles des autres oiseaux, sont beaucoup trop faibles pour élever leur propriétaire dans les airs. Ils sont cependant utiles d'une autre manière. Lorsque le Pingouin plonge, ce qu'il fait fréquemment, ils lui servent de palmes et, grâce à ses puissantes pattes palmées, lui permettent de nager sous l'eau avec une rapidité encore plus grande qu'à la surface. Cet oiseau était autrefois observé occasionnellement sur les côtes nord de la Grande-Bretagne, et est devenu plus abondant vers les mers arctiques ; mais aucun spécimen n'a été rencontré depuis de nombreuses années, et il y a des raisons de croire que l'oiseau est complètement éteint sur nos côtes. Dans l'eau, le Grand Pingouin, comme le Plongeur, est merveilleusement actif, nageant à la surface ou sous les vagues avec la même aisance. M. Bullock, alors qu'il se trouvait dans les Orcades, a poursuivi un oiseau mâle pendant plusieurs heures dans un bateau à six rames sans pouvoir le tuer.

Le Grand Pingouin mesure généralement environ trois pieds de long et change de plumage en été. La saison de reproduction a lieu en juin et juillet, lorsque la femelle pond un gros œuf de couleur jaunâtre, marqué de taches noires.

LE PINGOUIN, (*Speniscus demersus* ,)

DONT de nombreuses espèces abondent sur les rivages et les îles du grand océan Austral, il est remarquable par son agilité presque incroyable dans l'eau ; il nage et plonge comme un poisson, et est en fait décrit comme remontant à la surface pour prendre de l'air et redescendant si brusquement qu'il donne l'impression que c'est un poisson sautant en sport. On le trouve en grand nombre dans les cachettes, où les femelles sont vues assises debout et tenant leur unique œuf entre leurs pattes.

Livre III.

HABITANTS DE L'EAU.

§ I. *Cétacés ou mammifères marins.*

LA BALEINE COMMUNE OU DU GROENLAND.

(*Balæna mysticetus.*)

« Œuvre étrange de la nature, vastes baleines de formes différentes,
soulèvent le flot troublé et sont elles-mêmes une tempête ;
C'est un spectacle grossier, quand, dans un jeu épouvantable,
ils déchargent leurs narines et restituent une mer ;
Ou fouette avec colère l'écume avec un bruit hideux,
Et disperse toute la poussière aqueuse autour ;
Sans peur, les féroces monstres destructeurs roulent,
engloutissent le poisson et conduisent le banc volant ;
Dans les mers les plus profondes apparaissent ces îles vivantes,
Et les mers les plus profondes peuvent à peine supporter leur pression ;
Leur masse ferait plus que remplir le détroit de Shelvy,
et les profondeurs insondables céderaient sous leur poids.

LA BALEINE n'est pas à proprement parler un poisson ; car, bien qu'il vive
dans la mer et qu'il ait des nageoires et une queue au lieu de pattes et de pieds,
il ressemble à bien d'autres égards à un phoque, et diffère des poissons
proprement dits sur plusieurs points importants. En effet, il est toujours

compris dans la classe des Mammalia, par les zoologistes, car il met au monde ses petits vivants et les nourrit de son lait ; c'est pourquoi on se moquait à juste titre d'un homme prétentieux qui prétendait connaître tous les poissons, depuis la crevette jusqu'à la baleine, puisque ni la baleine ni la crevette ne sont incluses dans les poissons par les zoologistes.

La forme générale du corps de la Baleine est celle d'un poisson ; mais la queue est placée horizontalement au lieu de verticalement, et le squelette des nageoires ressemble exactement à celui d'une main attachée à un bras contracté, quoiqu'il soit recouvert d'une peau si épaisse qu'aucune trace de la formation des os ne peut être découverte extérieurement. . Il n'y a que deux nageoires, très petites et proches de la tête. La baleine, cependant, diffère des poissons surtout par le fait qu'elle a le sang chaud ; et dans ses poumons, qui sont exactement les mêmes que ceux des quadrupèdes. Ainsi, bien que la baleine puisse rester longtemps sous l'eau sans respirer, elle est obligée de remonter à la surface chaque fois qu'elle respire, et à cet effet elle est munie de deux grandes narines, ou évents, comme on les appelle. Les évents sont très joliment et curieusement conçus pour se fermer lorsque l'animal coule sous l'eau ; afin qu'aucune goutte d'eau ne puisse pénétrer dans les poumons, quelle que soit la pression. La baleine est également munie d'une peau très épaisse, contenant une immense quantité d'huile liquide, appelée graisse, qui se détache si facilement de la chair, que lorsqu'une baleine est tuée, la graisse, qui a quelquefois deux pieds d'épaisseur, est enlevé en passant une pelle commune entre lui et le corps. Cette peau grasse et épaisse n'est pas conductrice de chaleur et est donc admirablement adaptée pour empêcher le sang chaud de la baleine d'être refroidi par le froid de l'eau. Les vrais poissons, qui ne sont pas pourvus d'une telle enveloppe, ont le sang froid et ne sont donc pas susceptibles d'avoir des frissons.
La Baleine commune n'a de dents ni dans aucune des mâchoires, mais sa bouche est munie d'une sorte de frange de nombreuses longues lames cornées, qui sont ce que nous appelons os de baleine, et qui forment une sorte de passoire, n'admettant que les petits poissons sur lesquels la Baleine. se nourrit. Cet os de baleine est l'un des produits précieux de la baleine, bien que l'huile soit la plus importante.
« Comme lorsque les harponneurs enfermants attaquent,
Dans les mers hyperboréennes, la Baleine endormie ;
Dès que les javelots percent le côté écailleux,
Il gémit, il s'élance impétueux sur la marée ;
Et, tourmenté par une douleur déchirante,
il s'enfuit sous le flot en vain.
Fauconnier.
Les baleines sont capturées en grand nombre au Spitzberg, au Groenland et dans d'autres pays du nord par les Anglais, les Hollandais, etc. Des flottes considérables de navires sont envoyées chaque printemps à cet effet.

Lorsqu'ils commencent leur pêche, chaque navire est amarré ou amarré à la glace avec des crochets de nez. Deux bateaux, armés chacun de six hommes, sont chargés par le commodore de guetter l'arrivée du poisson pendant deux heures, puis ils sont remplacés par deux autres, et ainsi à tour de rôle ; les deux bateaux gisent à quelque petite distance du navire, chacun séparé de l'autre, attachés à la glace avec leurs gaffes, prêts à lâcher prise en un instant à la première vue de la Baleine. Ici, la dextérité des chasseurs de baleines est à admirer ; car dès que l'animal se montre, chacun est à sa rame, et tous se précipitent sur la Baleine avec une rapidité prodigieuse ; en ayant soin de passer derrière sa tête, pour qu'il ne voie pas le bateau, ce qui parfois l'effraie tellement, qu'il replonge avant qu'on ait le temps de le heurter. Mais il faut surtout prendre soin de la queue, avec laquelle elle cause souvent de très grands dégâts, tant aux bateaux qu'aux matelots. Le harponneur, qui est placé à la tête ou à la proue du bateau, voyant le dos de la baleine et faisant l'assaut, enfonce le harpon de toutes ses forces dans son corps à l'aide d'un bâton fixé au fer à cet effet. , et le laisse dedans, une ligne y étant attachée d'environ deux pouces de circonférence et cent trente-six brasses de long. Chaque bateau est muni de sept de ces lignes, à partir desquelles, lorsqu'on les laisse naviguer, ils observent la course de la baleine.

Dès que la baleine est touchée, le troisième homme dans le bateau brandit sa rame, avec quelque chose sur le dessus, pour faire signe au navire ; A la vue de quoi l'homme de garde donne l'alarme à ceux qui dorment, qui laissent tomber aussitôt leurs quatre autres bateaux, accrochés aux palans, deux de chaque côté, prêts à lâcher prise à une minute d'avertissement, tous équipés de six hommes chacun, harpons, lances, lignes, etc. Deux ou trois de ces bateaux rament jusqu'à l'endroit où l'on peut s'attendre à ce que la Baleine revienne ; les autres pour aider le bateau qui l'a heurté le premier avec la ligne ; comme la Baleine laisse parfois passer trois autres amarres de bateau, toutes attachées les unes aux autres, car lorsque les amarres du premier bateau sont presque épuisées, elles jettent l'extrémité au second pour qu'il soit attaché au leur, et le second bateau le fait. de même pour le troisième, et ainsi de suite. De cette manière, la ligne est approvisionnée à tel point qu'on a vu une grande baleine en emporter trois milles.

Une baleine, lorsqu'elle est frappée pour la première fois, s'élance au-dessus de cent brasses de ligne, avant que le harponneur puisse faire un tour autour de l'arrière du bateau ; et avec une telle rapidité qu'un homme se tient prêt à jeter de l'eau sur la ligne pour l'éteindre, au cas où elle prendrait feu, ce qui se produit fréquemment. Il y avait, il y a de nombreuses années, un bateau que l'on voyait dans le South Sea Dock à Deptford, dont la tête avait été sciée par la rapidité de l'épuisement de la ligne. Le harpon ne servirait à rien à la destruction de cet animal ; mais une partie des rameurs, soit au premier élan, soit lorsque, pour reprendre son souffle, il remonte à la surface et se découvre, jetant leurs rames et prenant leurs lances très aiguisées, les enfonça dans son corps, jusqu'à ce qu'ils le voient jeter le sang par les évents, dont la vue est le signe que la créature est mortellement blessée. Les pêcheurs, après avoir tué une baleine, ont chacun droit à une petite récompense. Une fois la baleine tuée, ils coupèrent toutes les lignes qui y étaient attachées, puis coupèrent la queue ; là-dessus, il se retourne instantanément sur le dos ; et de cette manière ils le remorquent jusqu'au navire, où ils attachent des cordes pour l'empêcher de couler ; et, quand il fait froid, commencez à couper la graisse.

On trouve fréquemment que la graisse d'une baleine a dix-huit ou vingt pouces d'épaisseur ; ce qui donne cinquante ou soixante punches d'huile, chaque puncheon contenant soixante-quatorze gallons ; et la mâchoire supérieure donne environ six cents morceaux de fanons de baleine, dont la plupart ont environ douze pieds de long et six ou huit pouces de large ; le produit entier d'une baleine valait mille livres, plus ou moins, selon la taille de l'animal. Pendant que les hommes travaillent sur le dos de la Baleine, ils ont des éperons à leurs bottes, avec deux pointes, qui descendent de chaque côté de leurs pieds, pour qu'ils ne glissent pas, le dos de la Baleine étant très glissant.

Lorsque la baleine se nourrit, elle nage à une vitesse considérable sous la surface de la mer, avec ses mâchoires largement étendues. Un courant d'eau entre donc dans son embouchure, entraînant avec lui d'immenses quantités de seiches, de graisse de mer, de crevettes et d'autres petits animaux marins. L'eau s'échappe par les côtés ; mais la nourriture est emmêlée et, pour ainsi dire, tamisée par la frange des os de baleine dans la bouche ; ce genre de crépine est rendu nécessaire par le très petit gosier qui, dans une baleine de soixante pieds de long, n'excède pas quatre pouces de largeur. Les marins disent qu'un petit pain étoufferait une baleine.

La baleine hurle de peur lorsqu'elle est blessée ou en détresse. Son petit s'appelle un petit.

Il existe également une vaste pêcherie à la baleine dans l'océan Austral, exercée principalement par les Américains. La baleine trouvée dans ces mers est distincte de la baleine du Groenland et est décrite par les naturalistes sous le nom de *Balæna Australis* .

LE RORQUAL, OU BALEINE À NAGEOIRES,

(*Balænoptera boops* ,)

C'EST une très grande baleine, dont les spécimens mesurent parfois jusqu'à cent pieds de longueur. Il se distingue par sa tête plus petite, et par l'existence d'une sorte de nageoire sur la partie inférieure du dos. Le Rorqual se rencontre dans les mers du nord, et des spécimens sont parfois aperçus au large de nos côtes. Elle n'a pas beaucoup de valeur, car elle fournit beaucoup moins de graisse que la baleine commune, et les fanons ou os de baleine sont si courts qu'ils sont inutiles.

LA BALEINE SPERMACETI, OU CACHALOT.

(*Physeter macrocéphale.*)

CET animal n'a des dents que dans la mâchoire inférieure ; et pas de fanon de baleine. La substance appelée spermaceti est extraite de son immense tête, qui fait presque la moitié de la taille de l'animal entier ; et la gorge est si grande qu'elle pourrait avaler un requin.

La quantité d'huile produite par la baleine spermaceti n'est pas aussi considérable que celle obtenue à partir de la baleine commune ou de la baleine du Groenland, mais en qualité elle est de loin préférable, car elle produit une flamme vive, sans exhaler aucune odeur nauséabonde. La substance connue sous le nom d'ambre gris est également obtenue à partir du corps de cet animal. On le trouve généralement dans l'estomac, mais parfois dans les intestins ; et, du point de vue commercial, c'est une production de grande valeur. Le spermaceti est à l'état liquide pendant que l'animal est vivant, et dès qu'il est mort, on fait un trou dans la tête, et on en retire le liquide avec des seaux. Il devient solide en refroidissant, et on en fait ensuite des bougies, etc.

Quand on réfléchit que la même Puissance dont la volonté a formé l'immense masse de ce monstre marin a aussi donné l'animation, les sens et les passions au plus petit des animalcules microscopiques, combien l'orgueil de l'homme doit être abaissé, qui, debout au milieu , et à peu près à égale distance des deux, est pourtant incapable de comprendre le mécanisme qui les met en mouvement, et encore moins cette intelligence et cette puissance qui leur ont donné la vie et leur ont assigné leurs stations respectives dans l'univers ! Exprimons-nous alors, avec étonnement et gratitude, avec le Psalmiste : « Ô Seigneur, que tes voies sont impénétrables, que tes œuvres sont magnifiques !

LE DAUPHIN. (*Delphinus delphis.*)

CET animal, comme la baleine, n'est pas considéré comme un poisson, bien qu'il vive dans l'eau, car il a le sang chaud et tète ses petits, qui naissent vivants. Il possède également des poumons au lieu de branchies, et est donc obligé de lever la tête au-dessus de la surface de l'eau pour respirer.

Le dauphin mesure de six à dix pieds de longueur. Le corps est arrondi, diminuant progressivement vers la queue ; le nez est long et pointu, la peau lisse, le dos noir ou bleu foncé, devenant blanc en dessous. Il possède de nombreuses petites dents dans chaque mâchoire ; une dorsale et deux nageoires pectorales, et une queue en forme de croissant. Le museau en forme de bec a probablement incité les Français à appeler le dauphin l'oie de mer.

On a raconté plusieurs histoires curieuses sur cet animal, dont la plupart sont fabuleuses. L'anecdote d'Arion, le musicien, qui, jeté par-dessus bord par des pirates, devait la vie à l'un de ces animaux, est bien connue et acquit un grand crédit parmi les poètes anciens, car on disait que c'était par sa musique qu'Arion charmé le dauphin. Il existe plusieurs autres fables mentionnées par des auteurs anciens pour prouver la philanthropie du Dauphin. Depuis que la province du *Dauphiné* en France a été unie à la couronne, l'héritier présomptif s'appelle « Dauphin » et élève un dauphin sur son écu. Falconer, dans son magnifique poème « The Shipwreck », décrit la mort du dauphin de la manière élégante suivante :

«———— Sous la poupe du haut navire
Un banc de dauphins sportifs qu'ils discernent,
Rayonnant de leurs écailles brunies des rayons lumineux,
Jusqu'à ce que tout l'océan rougeoyant semble flamboyer.
En couronnes frisées, ils se déchaînent au gré de la marée ;
Maintenant en l'air, maintenant en glissant rapidement vers le bas.
Pendant un certain temps, sous les vagues, leurs traces demeurent,
Et brûlent en ruisseaux argentés le long de la plaine liquide ;
Bientôt, l'équipage se lance dans le sport de la mort, répare,
darde la longue lance ou étend le collet.
L'un dans les labyrinthes redoublants roule,
Et glisse, malheureux, près de la triple broche.
Rodmond, infaillible, suspend au-dessus de sa tête
l'acier barbelé, et chaque tour s'ensuit :
infailliblement visé, l'arme de missile a volé,
et plongeant, a frappé la victime destinée à travers.
Les points de retournement soutiennent sa masse pondérée ;
Sur le pont, il souffre de douleurs convulsives ;
Mais pendant que son cœur frémit le javelot fatal,
Et que la vie éphémère s'échappe dans des ruisseaux sanguins,
Quels changements radieux frappent le spectacle étonné,
Quelles teintes rougeoyantes d'ombre et de lumière mêlées !
Aucune beauté égale ne dore l'ouest lucide
Avec des poutres de séparation toutes abondamment habillées ;
Aucune couleur plus belle ne peint l'aube printanière,
Quand les rosées d'Orient naissent la pelouse émaillée ;
Que de ses côtés un flux lumineux suffusion,
Qui maintenant avec de l'or empyréen semble briller ;
Maintenant, dans des saphirs translucides, rencontrez la vue,
Et imitez la douce teinte céleste ;

Maintenant, projetez un pourpre flamboyant à l'œil,
et maintenant prenez la teinte plus profonde du violet :
mais ici la description obscurcit chaque rayon brillant ;
Quels termes artistiques le pouvoir de la nature peut-il afficher ?

Malheureusement pour la poésie, les belles couleurs du dauphin mourant existent entièrement dans l'imagination du poète ; comme le dauphin à l'état mourant ne montre d'autres teintes que le noir et le blanc, et on pense que la notion si répandue parmi les anciens du changement de couleur chez cet animal était dérivée d'un vrai poisson, le Dorado, qui présente ce phénomène.

.

LA BALEINE BLANCHE. (*Béluga leucas.*)

LA BALEINE BLANCHE , ou béluga, fait partie des dauphins. Le corps est blanc, teinté de jaune ou de rose, et ses proportions sont plus agréables que celles de la plupart des cétacés. Il mesure de douze à dix-huit pieds de longueur. Les baleines blanches sont grégaires, se rassemblent en troupeaux et jouent avec des mouvements rapides et gracieux. La femelle a deux petits à la fois, sur lesquels elle veille avec la plus grande affection apparente. Ils suivent tous ses mouvements et ne la quittent que lorsqu'ils sont presque adultes. Cette baleine est généralement confinée aux latitudes septentrionales, bien qu'une d'entre elles ait été capturée dans le Firth of Forth en 1815. L'huile est d'excellente qualité et la chair se mange comme du bœuf. Selon certains auteurs, la chair, marinée avec du vinaigre et du sel, a aussi bon goût que le porc ; et ainsi le corps, qui est généralement jeté lorsque les marins ont coupé la graisse, pourrait leur servir de nourriture. Les Groenlandais utilisent les membranes internes pour les fenêtres, les tendons pour les fils, et les nageoires et la queue, lorsqu'elles sont convenablement préparées, sont considérées par certains écrivains anciens comme étant bonnes à manger.

LE MARSOUIN. (*Phocæna vulgaris.* **)**

LE MARSOUIN est un des cétacés et presque allié du dauphin, mais il n'a pas le museau bec de cet animal. La longueur du marsouin, depuis le bout du museau jusqu'au bout de la queue, est de quatre à huit pieds, et sa circonférence d'environ deux pieds et demi. La figure de tout le corps est conique ; la couleur du dos est d'un bleu profond, tendant vers le noir brillant ; les côtés sont gris, devenant blancs en dessous. La queue est en forme de croissant. Il n'y a que trois nageoires, une sur le dos et une sur chaque épaule.

Les yeux sont très petits. Lorsque la chair est découpée, elle ressemble beaucoup à du porc ; mais bien qu'il ait été autrefois considéré comme un aliment somptueux et qu'on dit qu'il ait été occasionnellement introduit sur les tables de la vieille noblesse anglaise, il a certainement une saveur désagréable. Les marsouins se nourrissent de petits poissons et apparaissent généralement en grands bancs, particulièrement pendant les saisons du maquereau et du hareng, époque à laquelle ils causent de très gros dégâts aux pêcheurs, en brisant et en détruisant les filets pour atteindre leurs proies. Leur mouvement dans l'eau est une sorte de saut circulaire ; ils plongent profondément, mais se relèvent bientôt pour respirer. Ils sont si acharnés à poursuivre leurs proies qu'ils remontent parfois de grandes rivières et ont même été aperçus au-dessus du pont de Westminster. Ils n'ont pas de branchies et soufflent l'eau avec un grand bruit qui, par temps calme, peut être entendu à une grande distance. On les voit dans presque toutes les mers, et ils sont très communs sur les côtes britanniques, où ils s'amusent avec une grande activité, principalement à l'approche d'un grain.

Le Grampus (*Phocæna Orca*) est une espèce de marsouin et un ennemi résolu et invétéré des baleines ; qu'ils attaquent en grands troupeaux, s'enroulant autour d'eux comme autant de bouledogues, les faisant rugir de douleur, et les tuant et les dévorant fréquemment. Ils mesurent généralement de vingt à vingt-cinq pieds de longueur et, en général, leur forme et leur couleur ressemblent au marsouin commun ; mais la mâchoire inférieure est considérablement plus large que la supérieure, et le corps est un peu plus large et plus profond en proportion. La nageoire arrière mesure parfois six pieds de longueur. Dans l'un des poèmes de Waller, une histoire (fondée sur des faits) est enregistrée sur l'affection parentale de ces animaux. Une Grampus et son petit étaient entrés dans un bras de mer, où, par la désertion de la marée, ils étaient enfermés de tous côtés. Les hommes à terre virent leur situation et se précipitèrent sur eux avec les armes qu'ils pouvaient à ce moment-là rassembler. Les pauvres animaux furent bientôt blessés en plusieurs endroits, de sorte que toute l'eau immédiatement environnante fut tachée de leur sang. Ils firent de nombreux efforts pour s'échapper ; et l'ancien, grâce à sa force supérieure, s'est précipité sur les bas-fonds jusqu'à l'océan. Mais bien qu'elle soit elle-même en sécurité, elle ne laisserait pas son petit entre les mains d'assassins. Elle se précipita donc de nouveau ; et semblait résolue, puisqu'elle ne pouvait s'empêcher, de partager au moins le sort de sa progéniture. L'histoire se termine par une justice poétique ; car la marée montante les fit partir tous deux en toute sécurité ; et il est probable, à cause de la grande épaisseur de leur peau, que leurs blessures n'étaient pas très profondes.

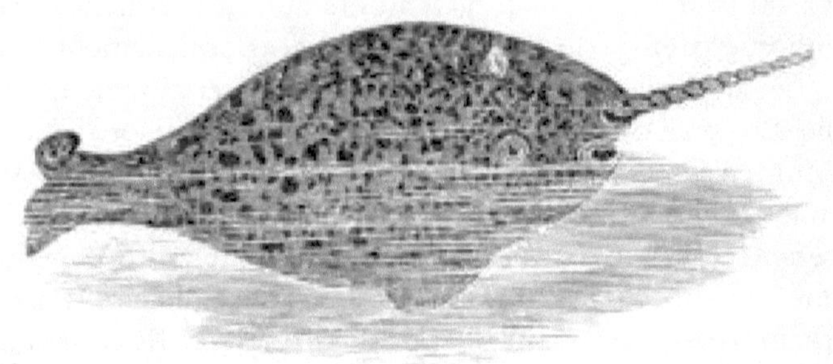

LA LICORNE DE MER, OU NARWHAL,

(*Monodon monoceros* ,)

MARIN , différent de tous les cétacés auxquels il appartient, en ce qu'il n'a pas de dents proprement dites, et qu'il est armé d'une corne de sept à huit pieds de longueur qui dépasse de la tête. Cette corne est blanche, tordue en spirale sur toute sa longueur et se rétrécissant en pointe : elle est plus dure, plus blanche et plus précieuse que l'ivoire de l'éléphant, et était autrefois très réputée pour ses prétendues propriétés médicales : les petites peuvent être on le voit parfois serti d'une tête élégante comme canne, et de grands spécimens ont été employés comme montants de lit. L'animal lui-même mesure de vingt à quarante pieds de longueur, et on le trouve parfois avec deux cornes ; en effet, il y a toujours le germe d'une seconde corne tant chez le mâle que chez la femelle, bien qu'il soit rarement développé chez le premier, et jamais chez la seconde, d'où l'on peut conjecturer que les femelles se confient entièrement aux mâles pour leur défense. comme nous le savons, c'est le cas de plusieurs mammifères. Lorsqu'il n'y a qu'une seule corne, elle est toujours du côté gauche de la tête ; et quand il y en a deux, la corne du côté gauche est toujours plus grande que l'autre. Cet animal habite principalement les mers arctiques, et sa nourriture se compose, dit-on, de petites espèces de poissons plats et d'autres animaux marins ; sa corne lui est utile pour briser la glace lorsqu'il veut remonter pour respirer. La graisse fournit une petite quantité d'huile très fine, et les Groenlandais sont très friands de chair.

LE LAMANTIN, (*Manatus Australis* ,)

ÉGALEMENT appelée vache de mer, elle est beaucoup plus petite que les autres cétacés que nous venons de décrire et en diffère par son régime alimentaire, entièrement composé de plantes marines. Il hante les côtes et les estuaires de l'Amérique du Sud, et mesure neuf à dix pieds de longueur ; sa tête est relativement petite, ses mâchoires ne sont munies que de dents grinçantes, dont il en a trente-deux, sa peau est munie d'un bon nombre de poils épars, et ses nageoires ou nageoires de quatre petits ongles. Il n'est pas rare que cet animal lève la tête et les épaules hors de l'eau, lorsqu'on dit qu'il ressemble quelque peu à un être humain, et il est probable que la vue lointaine d'une espèce presque apparentée, le *Lamantin* , qui habite les côtes de l'Afrique, , a peut-être donné aux anciens leur première idée de la Sirène. Le lamantin est capturé au harpon et sa chair est réputée très bonne à manger. Salé et séché, il se conserve un an. Il fournit également une excellente huile, et sa peau est utilisée pour fabriquer des harnais et des fouets. Le Dugong (*Halicore Dugong*) est un animal très similaire, habitant les mers orientales. Il atteint une longueur de dix-huit ou vingt pieds.

§ II. *Poissons cartilagineux.*

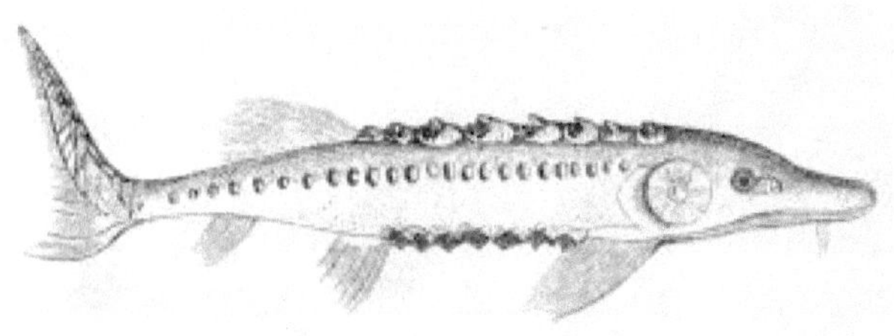

L'ESTURGEON, (*Acipenser sturio* ,)

PARFOIS une longueur de huit ou dix pieds et pèse cinq cents livres. Il a un nez long, mince et pointu, de petits yeux et une petite bouche dépourvue de dents, placées sous et non soutenues par les maxillaires ; de sorte que lorsque l'animal est mort, la bouche reste toujours ouverte. Le corps est couvert de cinq rangées de gros tubercules osseux et la face inférieure est plate ; il a une nageoire dorsale, deux pectorales, deux ventrales et une anale. La partie supérieure du corps est d'une couleur olive boueuse et la partie inférieure argentée. La queue est bifurquée, la partie supérieure étant beaucoup plus longue que la partie inférieure. Les esturgeons subsistent principalement d'insectes et de plantes marines, qu'ils trouvent au fond de l'eau, où ils se tournent principalement.

L'esturgeon remonte chaque année nos rivières en été, particulièrement celles de l'Eden et de l'Esk ; et lorsqu'on le prend, comme c'est parfois le cas, dans les filets à saumon, il ne résiste presque pas, mais il est tiré hors de l'eau, apparemment sans vie. L'un des plus gros esturgeons jamais capturés dans nos rivières a été capturé dans l'Esk il y a de nombreuses années : il pesait quatre cent soixante livres. Ce poisson se trouve dans la plupart des rivières d'Europe ; il est également commun dans ceux de l'Amérique du Nord, et notamment dans les lacs et rivières de l'Asie du Nord.

La chair de l'Esturgeon est délicieuse ; et il était si apprécié du temps de l'empereur Sévère, qu'il était servi à table par des serviteurs portant des couronnes sur la tête et précédé de musique. À Londres, chaque esturgeon capturé dans la Tamise est présenté par le lord-maire au souverain. Les œufs, conservés avec du sel et de l'huile, sont appelés *caviar* et sont un plat préféré de nombreuses personnes ; le meilleur est fabriqué en Russie. La chair est également marinée ou salée et expédiée dans toute l'Europe. Ce poisson est si prolifique que Catesby dit que les femelles contiennent souvent chacune un boisseau de frai ; et Leeuwenhoek a trouvé dans les œufs de l'un d'eux pas moins de cent cinquante milliards d'œufs !

LE REQUIN.

(*Squalus carcharias* , ou *Carcharias vulgaris* .)

"Augmentant encore les terreurs des tempêtes,
ses mâchoires horribles armées d'un triple destin,
habite ici le terrible requin."

LE REQUIN diffère de la baleine en ce qu'il ne fait pas partie des mammifères. Il a le sang froid et ne allaite pas ses petits. Il n'a pas de poumons, et son mode de respiration est semblable à celui des autres poissons, sauf que ses branchies sont fixes et que l'eau s'échappe par cinq ouvertures de chaque côté. Le corps du requin est allongé et s'amincit progressivement de la tête à la queue, ou est très légèrement dilaté au milieu. Son museau ou nez est arrondi et dépasse largement la bouche, les narines étant situées sur la face inférieure. Le requin mâle est plus petit que la femelle et en diffère par son apparence, en ce qu'il possède deux appendices allongés, dont l'un est attaché au bord postérieur de chacune des nageoires ventrales. La fonction à laquelle ces appendices sont destinés n'est pas connue. Certains requins mettent bas leurs petits vivants, et d'autres pondent des œufs contenus dans des étuis cornés de forme oblongue, avec de longues vrilles à chacun des quatre coins. Une fois les jeunes requins éclos, ces curieux cas sont souvent rejetés sur le rivage et sont appelés bourses de sirènes.

Les os du requin ressemblent à des cartilages et sont très différents de ceux de la plupart des autres poissons. C'est pourquoi tous les poissons ayant des os semblables à ceux du requin sont placés dans un ordre séparé et appelés poissons cartilagineux.

Le requin blanc pèse parfois près de deux mille livres. La gorge est souvent assez grande pour avaler un homme ; et l'on a parfois retrouvé un corps humain entier dans l'estomac de ce formidable animal. Il est muni de six rangées de dents triangulaires pointues, qui totalisent en tout cent quarante-quatre, dentelées sur leurs bords, et capables d'être dressées ou abaissées à volonté, grâce à un curieux mécanisme musculaire dans le palais et les mâchoires de le requin. Le corps entier et les nageoires sont d'une couleur cendrée claire ; la peau est rugueuse et utilisée pour lisser les travaux d'ébénisterie ou pour couvrir de petites boîtes ou caisses. Ses yeux sont grands et fixes, et il possède une grande force musculaire au niveau de sa queue et de ses nageoires. Chaque fois qu'il aperçoit, du plus profond des replis de la mer, un homme nageant ou plongeant, il s'élance hors de l'endroit, jusqu'à sa proie, et s'il ne peut l'absorber en entier ou lui arracher un membre, il le suit pendant longtemps. le bateau ou le navire dans lequel le nageur le plus agile a trouvé une retraite sûre et opportune : mais il laisse rarement quelqu'un échapper à ses mâchoires et s'en sortir en entier. Sir Brook Watson nageait à une petite distance d'un navire, lorsqu'il vit un requin se diriger vers lui. Frappé de terreur à son approche, il cria au secours. Une corde fut immédiatement lancée ; mais tandis que les hommes étaient en train de le hisser sur les flancs du navire, le monstre s'élança après lui et, d'un seul coup, lui arracha la jambe.

On raconte que, sous le règne de la reine Anne, quelques-uns des hommes d'un navire marchand anglais, arrivé à la Barbade, se baignaient un jour dans la mer, lorsqu'un gros requin apparut et se précipita sur eux. Une personne du navire les a appelés pour les avertir du danger ; sur quoi ils nagèrent tous immédiatement jusqu'au navire, et arrivèrent en parfaite sécurité, à l'exception d'un pauvre homme, qui fut coupé en deux par le requin, presque à portée des rames. Un camarade et ami intime de la malheureuse victime, lorsqu'il observa le tronc sectionné de son compagnon, fut saisi d'un degré d'horreur que les mots ne peuvent décrire. On voyait le requin insatiable parcourir la surface sanglante à la recherche du reste de sa proie, lorsque le brave jeune homme plongea dans l'eau, déterminé soit à faire dégorger le requin, soit à s'enterrer lui-même dans la même tombe. Il tenait à la main un couteau long et pointu, et l'animal rapace poussa furieusement vers lui ; il s'était tourné sur le côté et avait ouvert ses énormes mâchoires pour le saisir, lorsque le jeune homme, plongeant adroitement en dessous, le saisit de la main gauche, quelque part au niveau des nageoires supérieures, et le poignarda plusieurs fois au ventre. Le requin, enragé de douleur et ruisselant de sang, plongea dans toutes les directions pour se dégager de son ennemi. Les équipages des vaisseaux environnants virent que le combat était décidé ; mais ils ignoraient qui avait été tué, jusqu'à ce que le requin, affaibli par la perte de sang, se dirige vers le rivage et avec lui son vainqueur ; qui, rouge de victoire, poussa son ennemi avec une ardeur redoublée, et, à l'aide d'une marée descendante, l'entraîna jusqu'au rivage. Ici, il arracha les entrailles de l'animal, récupéra le reste coupé du corps de son ami et l'enterra avec la trompe dans la même tombe. Cette histoire, aussi incroyable qu'elle puisse paraître, est relatée dans l'Histoire de la Barbade, de la manière la plus satisfaisante.

Si la nature avait permis à ce poisson de capturer ses proies avec autant de facilité que beaucoup d'autres, la tribu des Requins aurait bientôt dépeuplé l'océan et régné seule sur les vastes régions de la mer, jusqu'à ce que la faim les ait forcés à attaquer et finalement à se détruire. autre; mais la mâchoire supérieure de cet animal dévorant est construite de manière à offrir, par sa proéminence, un obstacle au requin pour saisir facilement sa proie ; et par conséquent, lorsqu'il est sur le point d'attraper quelque chose, il est obligé de se tourner d'un côté, ce qui donne souvent à l'objet de sa poursuite le temps de s'échapper. La chair de ce poisson est d'un goût désagréable et ne peut être mangée avec aucune sorte de délectation, sauf la partie proche de la queue.

On connaît vingt espèces différentes de cette famille, et le nombre de familles différentes de la tribu des Requins est très grand.

LE REQUIN DU GROENLAND, (*Selachus maximus* ,)

EST une autre espèce très vorace ; et un extrêmement difficile à tuer. C'est le grand ennemi de la baleine et dévore les corps de ceux laissés par les pêcheurs. Ses dents sont très petites, pointues et nombreuses. Le museau est court. Il est parfois connu sous le nom de requin pèlerin.

LES CHIEN-POISSONS

SONT si excessivement voraces qu'ils n'ont absolument pas peur de l'humanité. Ils suivent les navires avec beaucoup d'empressement, s'emparant avec avidité de tout ce qui est comestible et jeté par-dessus bord ; et on les voit parfois se jeter sur les pêcheurs et sur les personnes se baignant dans la mer. Cependant, comme ils sont beaucoup plus petits et plus faibles que la plupart des autres requins, ils n'attaquent pas toujours leurs ennemis par la force ouverte, mais ont généralement recours à des stratagèmes. Ils se cachent donc dans la boue et se tiennent en embuscade, comme la raie ou le raie (également un des poissons cartilagineux), jusqu'à ce qu'ils aient l'occasion d'attaquer avec succès leur proie. Sur les côtes de Scarborough, où les aiglefins, les morues et les aiguillats sont en grande abondance, les pêcheurs croient universellement que les aiguillats forment une ligne ou un demi-cercle pour englober un banc d'aiglefins et de morues, les confinant dans certaines limites proches de la mer. rivage, et les mangent selon les occasions : ils sont donc considérés comme très destructeurs pour cette pêcherie. La chair de l'Aiguillat est dure et désagréable ; sa peau, une fois séchée, est transformée en *galuchat* bien connu , et du foie une quantité considérable d'huile peut être extraite. Le galuchat est également fabriqué à partir de la peau d'autres poissons cartilagineux.

LE REQUIN À TÊTE DE MARTEAU, (*Zygæna malleus* ,)

C'EST une espèce très curieuse, ayant une tête transversale comme celle d'un marteau, avec un œil à chaque extrémité ; et le Requin-renard, ou Requin-renard (*Carcharias vulpes*), est remarquable par l'énorme longueur du lobe supérieur de sa queue, avec lequel il est capable de frapper avec une force énorme. Ce poisson est l'un des grands ennemis de la baleine.

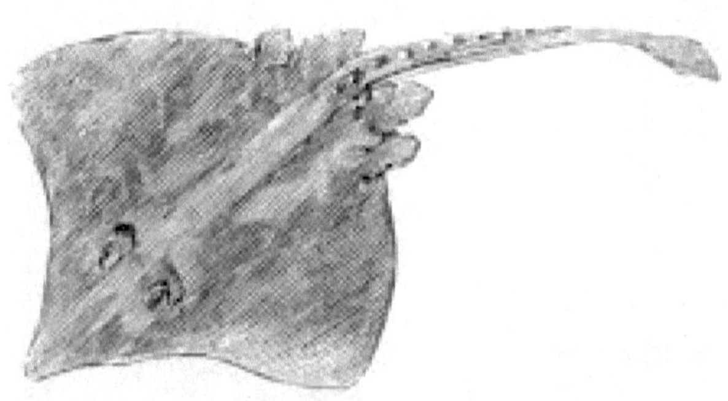

LE PATIN, (*Raia batis* ,)

C'EST une espèce de raie, longtemps méconnue dans ce pays comme un aliment grossier et de mauvais goût, mais qui figure maintenant sur nos meilleures tables. Il est cependant encore méconnu en Écosse et dans le nord de l'Angleterre, où sa chair est principalement utilisée comme appât pour d'autres poissons. Dans certaines régions du continent, où ces poissons sont pêchés en grande abondance, ils sont séchés pour être vendus. La meilleure saison pour le Skate est le printemps de l'année. Le corps est large et plat, de couleur brune sur le dos et blanc sur la face inférieure : la tête n'est pas distincte du corps, de sorte que ce poisson et tous ceux appartenant à ce genre sont apparemment acéphales ou sans tête. La forme particulière de ce poisson est due à la grande taille des nageoires pectorales, qui s'étendent de la tête à la base de la queue, et sont très larges au milieu, et ainsi, combinées à la netteté du museau, donnent le pêcher la forme dite rhomboïdale. Le Dr Monro a remarqué que dans les branchies d'une grande raie, il y a plus de cent quarante-quatre mille subdivisions ou plis ; et que toute l'étendue de cette membrane, dont la surface est à peu près égale à celle de tout le corps humain, peut être vue au microscope comme étant recouverte d'un réseau de vaisseaux non seulement extrêmement minuscules, mais d'une beauté exquise. La queue de la Raie est longue et généralement épineuse. La bouche est pour ainsi dire pavée de dents plates et de forme presque carrée. Chez le mâle adulte, les dents centrales sont pointues, du moins chez certaines espèces. Les œufs déposés par la raie femelle sont très semblables à ceux pondus par le requin, car ils ont la forme d'un sac carré, avec deux cornes à chaque extrémité comme représenté ici.

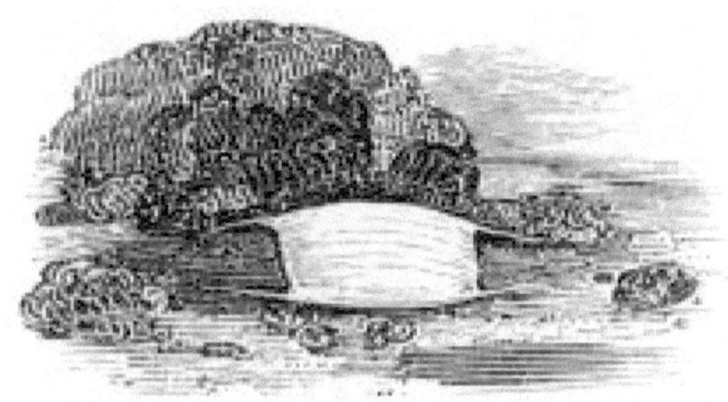

Dans ce cas corné, l'embryon est contenu et grandit jusqu'à ce qu'il ait acquis assez de force pour éclater à travers sa prison. La couleur du sac est marron et la substance ressemble à un fin parchemin brun ou à du cuir. La femelle commence à les lâcher une à une au mois de mai, et continue de le faire pendant plusieurs mois, au nombre de deux ou trois cents. Dans certaines parties de Cumberland, les gens ordinaires les appellent Skatebarrows, à cause de leur ressemblance avec les brouettes portées par deux hommes et utilisées pour le transport des marchandises, etc.

La Raie atteint parfois une très grande taille. Willoughby parle d'un si énorme qu'il aurait servi cent vingt hommes pour le dîner. Certains naturalistes sont d'avis que ces poissons sont les plus grands habitants des profondeurs, et que seuls les plus petits d'entre eux s'approchent de la surface de l'eau, les plus gros restant plats au fond de la mer, où une profondeur insondable les protège des intempéries. ruses de l'homme.

Neuf espèces de Raie ou Raie se trouvent sur les côtes britanniques.

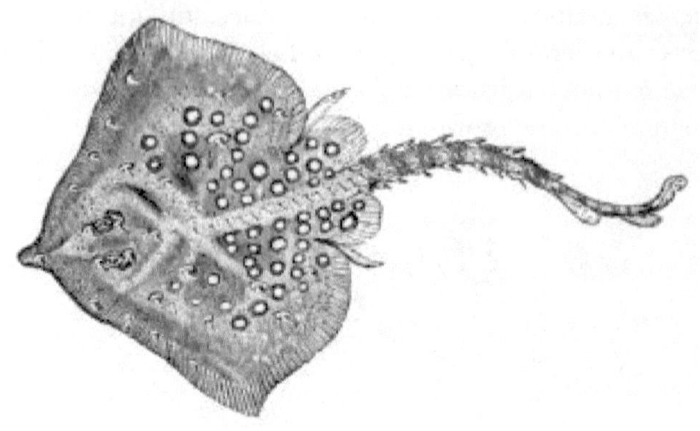

LE THORNBACK, (*Raia clavata* ,)

RESSEMBLE au Skate dans son aspect général ; la principale différence consiste en ce que ces derniers ont des dents pointues et une seule rangée d'épines sur la queue, tandis que les premiers ont des dents émoussées et plusieurs rangées d'épines sur le dos et sur la queue. Un Thornback fut capturé près de l'île de Saint-Kitts, en 1634, et mesurait douze pieds de longueur et près de dix de largeur. On en mange parfois en Angleterre, mais comme sa chair est inférieure à celle du Skate, on le vend généralement à bas prix. Les jeunes, cependant, qui portent la dénomination de *Pucelles* , sont des mangeurs délicats.

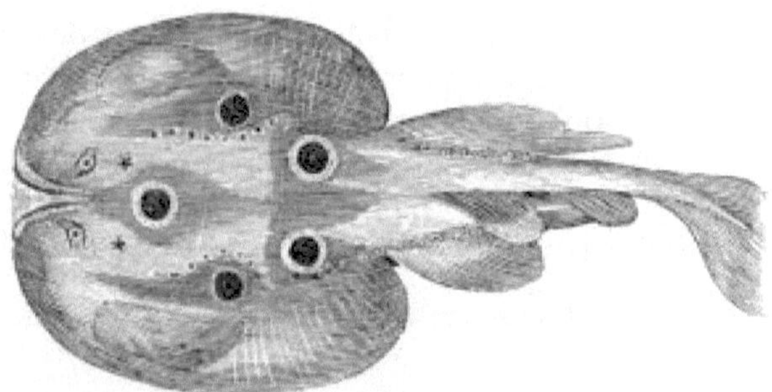

LA TORPILLE OU RAYON ÉLECTRIQUE.

(*Torpille vulgaris.*)

CE poisson curieux est capable de donner un choc violent, comme celui produit par la machine électrique, à celui qui le manipule. Le corps est presque circulaire et plus épais que celui de tout autre espèce de Ray, et est parfois si gros qu'il pèse entre soixante-dix et quatre-vingts livres. La peau est lisse, de couleur brun foncé et blanche en dessous. Les nageoires ventrales forment de chaque côté, à l'extrémité du corps, près d'un quart de cercle. La queue est courte et les deux nageoires dorsales sont proches de son origine. La bouche est petite et, comme chez les autres espèces, il y a de chaque côté en dessous cinq ouvertures respiratoires.

Le choc provoqué par le contact du poisson-crampe, comme on appelle vulgairement la torpille, s'accompagne souvent d'un mal d'estomac soudain, d'un tremblement général, d'une sorte de convulsion, et quelquefois d'une suspension totale des facultés de l'esprit. . La Providence a permis à ce poisson grossier et inactif de disposer d'un tel pouvoir d'autodéfense. Chaque fois qu'un ennemi s'approche, la torpille émet de son corps ce choc engourdissant, qui neutralise instantanément l'autre, et elle a ainsi le temps de s'échapper. Ce n'est pas non plus simplement un moyen de défense, mais un avantage à d'autres égards, car la torpille engourdit ainsi sa proie et s'en empare facilement. Les animaux ainsi tués sont également censés devenir plus faciles à digérer.

LE POISSON-MOINE OU POISSON-ANGE

(*Squatina Angelus*)

EST très vorace et se nourrit de toutes sortes de poissons plats, comme les soles, les plies, etc. On le prend souvent sur les côtes de la Grande-Bretagne, et il est d'une taille telle qu'il pèse parfois une centaine de livres. Ce poisson semble être d'une nature intermédiaire entre les raies et les requins, et est appelé par Pline la Squatine ; un nom qui semble rapprocher cette espèce de celle de la raie. Sa tête est grosse ; la bouche a cinq rangées de dents, qui peuvent être relevées ou abaissées à volonté. Le dos est d'une couleur cendrée pâle ; le ventre blanc et lisse. Les rivages de Cornouailles sont souvent fréquentés par ce poisson, mais sa chair ne mérite pas d'être louée, étant dure et d'une saveur très indifférente.

On suppose qu'il a acquis le nom de poisson-ange, à cause de ses nageoires pectorales étendues qui ressemblent quelque peu à des ailes, certainement, comme l'a fait remarquer M. Yarrell, non pas pour sa beauté ; et de la lotte, de par sa tête arrondie, apparaissant comme enveloppée dans une capuche de moine. La peau est plutôt rugueuse et est utilisée pour le polissage et d'autres travaux artistiques. M. Donovan dit que les Turcs d'aujourd'hui en font du galuchat.

Le poisson-scie. (*Tristis antiquorum.*)

CE poisson se trouve dans les mers européennes et atlantiques. Son corps est aplati vers l'avant avec quatre ou cinq ouvertures branchiales en dessous de chaque côté ; deux stigmates derrière les yeux ; pas de nageoire anale ; la tête se prolonge par un bec osseux déprimé, avec de fortes épines pointues de chaque côté ; les lèvres sont rugueuses et pointues comme une lime, remplaçant les dents. Avec son arme redoutable, qui ressemble à une scie dentée, ce poisson s'attaque aux plus grosses baleines, et leur inflige des blessures très sévères. La couleur de son corps est brun grisâtre dessus et plus pâle dessous ; sa longueur est d'environ quinze pieds, la scie représentant environ un tiers de l'ensemble.

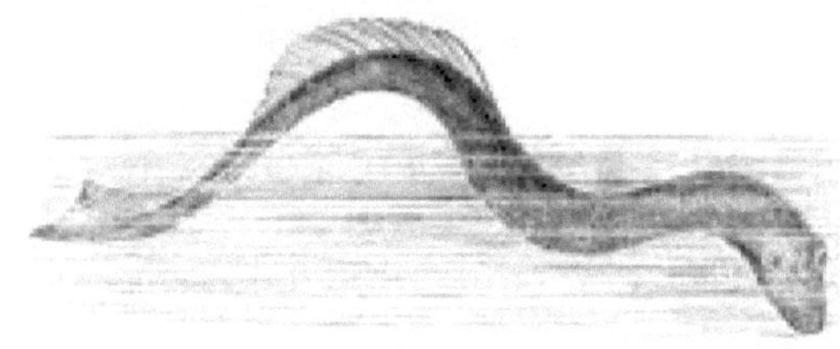

LA LAMPROIE. (*Petromyzon marinus.*)

LA LAMPROIE appartient à la dernière famille de poissons cartilagineux et est l'une des plus basses dans l'échelle des animaux vertébrés. Il atteint une longueur d'environ trois pieds, bien que l'espèce britannique, que nous connaissons le mieux, dépasse rarement douze pouces. Pour éviter les efforts musculaires constants nécessaires pour éviter qu'ils ne soient emportés par le courant, ils s'attachent par la bouche aux pierres ou aux rochers, et sont ainsi appelés *Petromyzon* , suceurs de pierres. La lamproie, bien que n'ayant plus son ancienne réputation, est toujours considérée comme un mets délicat ; ceux pris dans la Severn étant préférés à tous les autres. Henri Ier, comme on le sait, mourut d'un excès d'eux ; et sous le règne d'Henri IV, leur importation fut encouragée par les immunités. Les épicuriens romains appréciaient tellement ce poisson qu'ils lui accordaient le plus grand soin et dépensaient des sommes énormes pour son élevage. Pline nous dit que Lucullus formait un étang à poissons d'une telle étendue, que les poissons qu'il contenait furent, à sa mort, vendus quatre millions de sesterces. Ces barbares polis jetaient quelquefois un esclave dans les étangs où ils gardaient leurs *Murœnœ* ou Lamproies, et estimaient que par ce moyen ils engraissaient les poissons et leur donnaient une saveur supérieure.

LE POISSON-MÊNE, (*Myxine glutinosa* ,)

POISSON CARTILAGINEUX qui, dans son aspect général, ressemble beaucoup à la lamproie. Sa couleur est bleuâtre sombre sur le dessus et rougeâtre vers la tête et la queue ; sa longueur de quatre à six pouces. La Hag-fish est remarquable par l'absence totale d'yeux ; sa bouche est de forme oblongue, avec deux barbes ou cirres de chaque côté, et sur la partie supérieure quatre. Au sommet de la tête se trouve un petit bec verseur, muni d'un clapet, par lequel on peut la fermer à volonté. Une double rangée de pores s'étend sous le corps, d'une extrémité à l'autre, et qui, sous la pression, exsudent une quantité de fluide visqueux que, lorsqu'elle est attaquée par de gros poissons, la sorcière jette, de manière à obscurcir l'élément environnant de manière telle. manière à se rendre invisible à ses assaillants. « Les habitudes de ce poisson sont très singulières : il entrera dans le corps de tels poissons qu'il se trouve sur les hameçons des pêcheurs, et qui par conséquent ont perdu la puissance d'échapper à son attaque ; et rongeant la peau, il dévorera toutes les parties internes, ne laissant que les os et la peau. Si on le met dans un grand récipient rempli d'eau de mer, on dit que, dans un espace très court, il rend toute l'eau si gluante qu'elle peut facilement être étirée sous forme de fils.

§III. *Poissons osseux.*

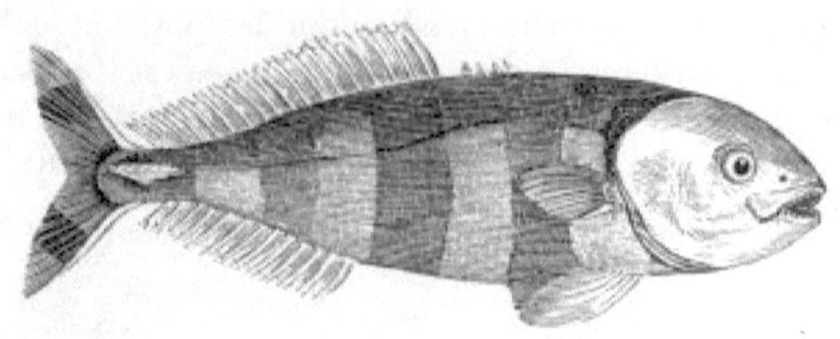

LE POISSON-PILOTE. (*Naucrates conducteur.*)

LE corps de ce poisson est long, la tête comprimée, arrondie en avant, sans écailles jusqu'à l'opercule. La bouche est petite, les mâchoires d'égale longueur et garnies de petites dents ; le palais a une rangée incurvée de dents similaires à l'avant et la langue a des dents tout le long. La couleur varie selon plusieurs espèces. Le poisson-pilote accompagnera fréquemment un navire pendant son parcours en mer pendant des semaines, voire des mois ensemble ; et on raconte de nombreuses histoires curieuses sur ses habitudes, en indiquant occasionnellement à un requin où trouver un bon repas, et aussi en l'avertissant de la manière d'éviter un appât dangereux. Il sera difficile de déterminer si cela est vrai ou non ; mais il est certain que ce petit poisson se trouve généralement en compagnie du requin, et ramasse les petits morceaux de nourriture que son maître prédateur laisse tomber, soit par accident, soit à dessein.

LE REMORA, OU POISSON SUCEUR,

(*Echeneis Remora* ,)

RESSEMBLE au hareng; sa tête est épaisse, nue, déprimée et marquée sur la face supérieure d'une curieuse ventouse composée de nombreuses plaques transversales mobiles et dentelées. Les nageoires sont au nombre de sept ; la mâchoire inférieure est plus longue que la supérieure et toutes deux sont munies de dents. Ce poisson est doté par la nature d'un fort pouvoir adhésif et, grâce à l'espace rainuré sur sa tête, peut s'attacher à n'importe quel animal ou corps. On pourrait supposer qu'un petit poisson à sept nageoires mobiles, armé comme une galère de rames, aurait une grande puissance de mouvement dans l'eau, mais, pour une raison qui nous est inconnue, la

Providence a trouvé pour lui un moyen de voyage plus facile, en lui permettant de se fixer à la coque d'un navire, et même au corps d'un animal plus gros que lui, comme la baleine, le requin et autres. Nos ancêtres croyaient que, aussi petit soit-il, ce poisson avait le pouvoir d'arrêter la progression d'un navire dans sa navigation la plus rapide en adhérant au fond.

« Le poisson-suceur en dessous, avec des chaînes secrètes,
s'accroche à la quille, que le navire le plus rapide retient.
Les marins courent confus, sans ménagement,
laissent voler les écoutes et hissent la vergue du mât supérieur.
Le maître leur ordonne de lui donner toutes les voiles,
Pour courtiser les vents et attraper les tempêtes à venir.
Mais, bien que la toile se gonfle sous le souffle,
et que les vents violents courbent le mât qui craque,
la barque reste fermement enracinée dans la mer,
et ne bouge pas, ni les vents ni les vagues n'obéissent :
pourtant, comme lorsque le calme avait aplati toute la plaine,
Et les vagues du nourrisson se plissent à peine sur le corps principal.
Aucun navire dans le port n'est amarré avec des promenades aussi insouciantes,
Quand les eaux agitées indiquent les marées qui coulent ;
Consternés, les marins regardent avec une étrange surprise,
croient rêver et se frottent les yeux éveillés.

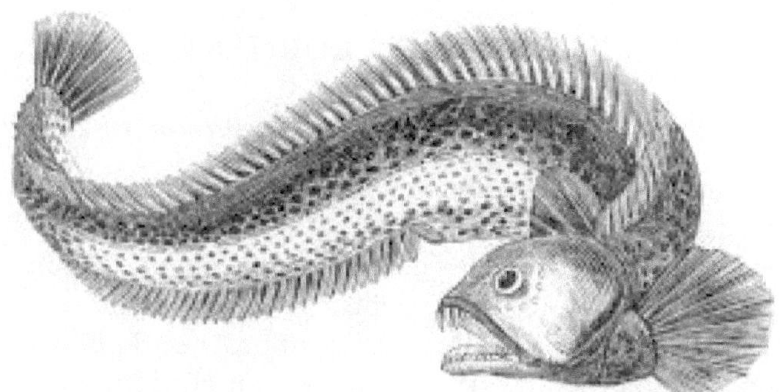

LE LOUP DE MER, OU CHAUVE-SOURIS,

(*Anarrhichas lupus* ,)

EST souvent capturé dans les mers européennes ; et mesure environ cinq ou six pieds de longueur et a une tête plus grande et plus plate que celle du requin. Le dos, les flancs et les nageoires sont de couleur bleuâtre ; le corps est presque blanc ; toute la peau est lisse et glissante, sans aucune apparence de squames. Il est de nature très vorace et possède une double rangée de dents pointues et rondes, tant dans la mâchoire supérieure que inférieure. Son appétit ne l'amène cependant pas à détruire les poissons de forme semblable à lui, car il est censé se nourrir principalement d'animaux crustacés et mollusques, dont il brise facilement la coquille avec ses dents. On le trouve parfois dans les mers du nord dépassant douze pieds de longueur et doit son nom à sa férocité et sa voracité naturelles. Les pêcheurs redoutent sa morsure et s'efforcent d'arracher au plus vite ses dents antérieures, qui sont si fortes qu'elles sont capables de laisser une empreinte sur une ancre. Les nageoires les plus rapprochées de la tête s'étalent, lorsque l'animal nage, en forme de deux grands éventails, et leur mouvement contribue considérablement à accélérer sa rapidité naturelle. La chair est bonne, et comme elle supporte bien le salage, c'est un aliment important pour les Islandais, dans les mers desquels ce poisson se trouve en grande abondance et de grande taille.

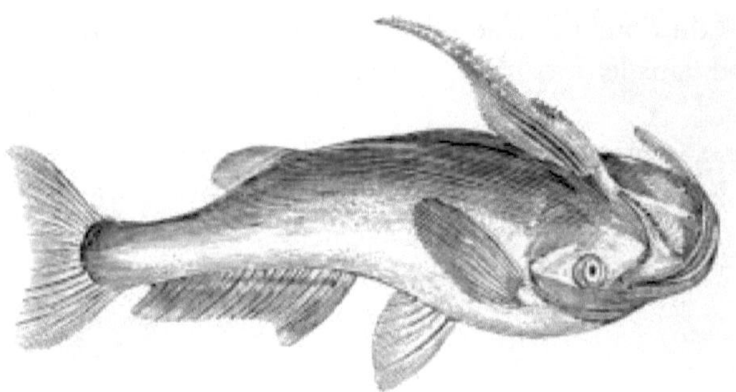

LE SILURE À CORNES,

(*Silurus* , ou *Ageneiosus militaris* ,)

IL ATTEINT une grande taille, pesant parfois trois cents livres et mesurant huit à dix pieds de longueur et deux de largeur. Il a une tête large, plate et fine ; et les cornes, qui sont de chaque côté de la lèvre supérieure, sont armées de courtes épines tordues, comme des dents. Une particularité remarquable de ce poisson est la nageoire dorsale, qui est rapprochée de la tête, et qui est longue, raide, dentée comme les cornes, et qui constitue sans doute un instrument de défense. En couleur, il ressemble à l'anguille et n'a pas d'écailles ; une seule petite nageoire sur le dos et une queue fourchue ; sa chair est estimée à côté de celle de l'anguille et a une saveur semblable. Ce poisson est un grand prédateur et fait des ravages considérables parmi les petits habitants des rivières et des lacs qu'il habite. C'est une espèce originaire des eaux douces d'Asie. Le Danube et plusieurs autres fleuves d'Allemagne, ainsi que les lacs de Suisse et de Bavière contiennent de nombreux spécimens de Silurus.

LE PÈRE LASHER. (*Cottus scorpius.*)

LA dénomination fantaisiste du Père Lasher, donnée à ce poisson, ne peut pas être facilement expliquée ; peut-être est-ce dû aux coups rapides et répétés de sa queue lorsque le poisson est attrapé et jeté sur le sable. Sa longueur est d'environ huit à neuf pouces, et on le trouve habituellement sous les pierres, sur les côtes rocheuses de notre île. Au Groenland, ces poissons sont si nombreux, que les habitants en dépendent en grande partie pour leur nourriture. Lorsqu'ils sont transformés en soupe, ils sont nutritifs et sains. La tête est grande et armée d'épines, grâce auxquelles ce poisson combat tous les ennemis qui l'attaquent, gonflant ses joues et ses branchies à une taille inhabituelle. Sa couleur est d'un brun terne, tachetée de blanc et parfois mêlée de rouge ; les nageoires et la queue sont transparentes et la partie inférieure du corps est d'un blanc brillant.

LE POISSON-ÉPÉE, (*Xiphias gladius* ,)

QUI appartient à la famille des maquereaux, doit son nom à son long museau qui ressemble à la lame d'une épée. Il pèse parfois plus de cent livres et mesure quinze ou même vingt pieds de long. Le corps est de forme conique, noir sur le dos, blanc sous le corps ; la bouche grande, sans dents ; la queue est remarquablement fourchue. L'espadon est souvent pêché au large des côtes italiennes, dans la baie de Naples et dans les environs de la Sicile. Ils sont frappés par les pêcheurs, et leur chair est considérée comme aussi bonne que celle de l'esturgeon par les Siciliens, qui semblent en être particulièrement friands. Les autres mers européennes ne sont pas dépourvues de ce curieux animal.

On dit que l'espadon et la baleine ne se rencontrent jamais sans venir se battre ; et le premier a la réputation d'être toujours l'agresseur. Quelquefois deux espadons se joignent contre une baleine ; auquel cas le combat n'est nullement égal. La baleine utilise sa queue pour se défendre ; il plonge profondément dans l'eau, la tête en avant, et donne un tel coup de queue, que s'il produit de l'effet, il tue l'espadon d'un seul coup ; mais celui-ci est en général assez adroit pour l'éviter, et se précipite aussitôt sur la baleine et lui enfouit son arme dans le côté. Lorsque la baleine découvre l'espadon qui se précipite sur elle, elle plonge jusqu'au fond, mais est poursuivie de près par son antagoniste, qui l'oblige à nouveau à remonter à la surface. La bataille recommence alors et dure jusqu'à ce que l'espadon perde de vue la baleine, qui est enfin obligée de s'éloigner à la nage, ce que son agilité supérieure lui permet de faire. En transperçant le corps de la baleine avec l'arme redoutable placée au niveau de son museau, l'Espadon inflige rarement une blessure dangereuse, ne pouvant pénétrer au-delà de la graisse. Cet animal peut enfoncer son épée avec une telle force dans la quille d'un navire, qu'elle l'enfonce entièrement dans le bois. Une partie du fond d'un récipient, dans laquelle est incrustée l'épée, est visible au British Museum.

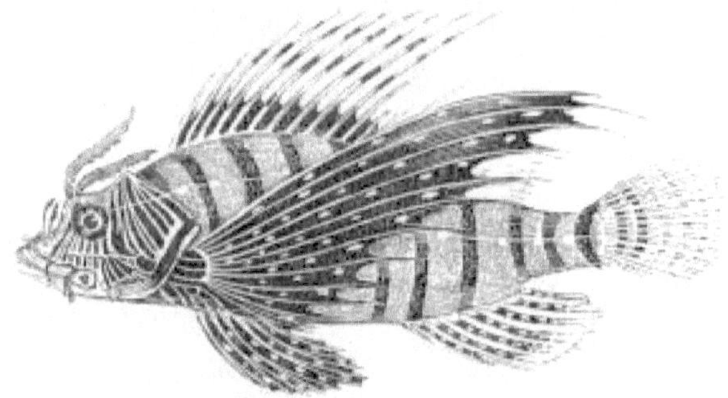

LE SCORPION VOLANT.

COMME la nature est admirable ! quelle étendue son pouvoir et combien diverses les formes dont elle a entouré les éléments unis de la matière animée ! Depuis la forme grossière de la baleine qui se vautre, de l'hippopotame encombrant ou de l'éléphant pesant, jusqu'à la forme légère et élégante du papillon peint ou du colibri voletant, elle semble avoir épuisé toutes les idées, toutes les conceptions, et ne pas avoir quitté un seul chiffre inédit. Le poisson représenté ci-dessus est un de ceux dont les contours et les décors montrent les qualités discordantes de l'effroi et de la beauté. *Cap-à-pie* armé , entouré d'épines et d'épines hérissées sur son dos, et de nageoires comme une phalange armée de porteurs de lances, et orné sur le corps de rubans jaunes, entrelacés de filets blancs, et sur les nageoires violettes de sa poitrine. avec les points laiteux du pintado, le Sea Scorpion présente un contraste très extraordinaire. Ses yeux, comme ceux que chantaient les poètes en célébrant les Néréides et les Naïades, sont constitués de pupilles noires, entourées d'un iris argenté, rayonné de divisions alternées de bleu et de noir. Les rayons de la nageoire dorsale sont épineux, tachetés de brun et de jaune, réunis en dessous par une membrane brun foncé et séparés au dessus ; les nageoires ventrales sont violettes avec des gouttes blanches, et la queue et les nageoires anales sont une sorte de pavage de bleu, de noir et de blanc, uni avec la plus grande symétrie, et qui n'est pas sans rappeler ces anciens fragments de pavés romains qu'on trouve souvent dans cette île.

Ce poisson panaché se trouve dans les rivières de l'Amboyne et du Japon ; sa chair est blanche, ferme et savoureuse, comme notre perche, mais elle ne devient pas si grosse ; il est d'un caractère très vorace, se nourrissant de petits d'autres poissons, dont quelques-uns, longs de deux pouces, ont été trouvés dans sa gorge. La peau a à la fois l'apparence et la douceur du parchemin. À la formidable armure de son dos, de ses nageoires et de sa queue, ce poisson doit le nom de Scorpion.

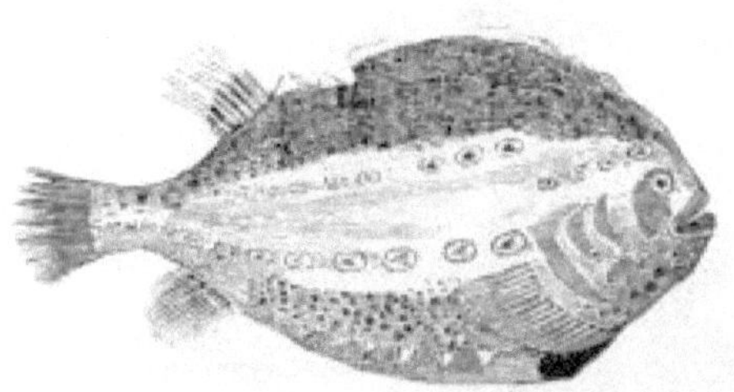

LE MUMP-SUCKER, OU LE CHOUETTE DE MER.

(*Cyclopterus lumpus.*)

CE poisson de forme étrange tire son nom principalement de la maladresse de sa forme ; on l'appelle aussi le Cock Paddle. Sa couleur, lorsqu'elle est dans la plus haute perfection, combine diverses nuances de bleu, de violet et d'orange riche ; l'abdomen est rouge ; il n'a pas d'écailles, mais de tous côtés des tubercules noirs et pointus, en forme de verrues ; de chaque côté se trouvent trois rangées de piquants acérés et sur le dos deux nageoires distinctes. Le grand lieu de villégiature de cette espèce se trouve dans les mers du Nord, près de la côte du Groenland ; il est également capturé dans de nombreuses régions des mers britanniques au printemps, lorsqu'il s'approche du rivage dans le but de déposer sa ponte ; et au mois de mars, on peut le voir sur les étals des marchés de Londres. Ce poisson inconvenant mesure généralement environ un pied de longueur et dix pouces ou plus de largeur, et pèse parfois sept livres. La chair n'est qu'indifférente.

Le Meunier est très remarquable par la manière dont sont disposées ses nageoires ventrales. Ils sont unis par une membrane de manière à former une espèce de disque ovale et concave, au moyen duquel il peut adhérer avec une grande force à toute substance à laquelle il se fixe. Pennant dit qu'en jetant un individu de cette espèce dans un seau d'eau, il adhéra si fermement au fond, qu'en prenant le poisson par la queue, le seau tout entier fut soulevé, quoiqu'il contenait quelques gallons.

Dans les mers du Nord, un grand nombre de différentes espèces de suceurs de bosses sont dévorés par les phoques, qui avalent tout sauf les peaux, dont on voit des quantités ainsi vidées flotter au printemps ; on dit que les endroits où les phoques poursuivent leurs déprédations se distinguent facilement par la douceur de l'eau.

LE MENCEUR OCELLÉ,

(*Lepadogaster cornubicus* ,)

UN AUTRE poisson Malacopterygious, parent du Meunier, et surtout remarquable par l'appendice singulier observable sur sa tête. Il possède une ténacité d'aspiration similaire. L'utilité de cette faculté pour les animaux habitant les côtes rocheuses et les mers turbulentes du Groenland est suffisamment évidente.

LE PÊCHEUR. (*Lophius piscatorius.*)

CE poisson extraordinaire se rencontre occasionnellement sur nos côtes et est communément connu sous les noms de grenouille pêcheuse, poisson crapaud et diable des mers. Sa forme est la plus grossière et la plus disgracieuse de la tribu des piscatoires, ressemblant à la grenouille à l'état de têtard. Il atteint une grande taille. Un spécimen pris dans la mer, près de Scarborough, mesurait entre quatre et cinq pieds de longueur, la tête considérablement plus grande que le corps, ronde à la circonférence, plate au-dessus ; la bouche est d'une taille prodigieuse, mesurant un mètre de largeur et armée de dents pointues. Il vit comme en embuscade au fond de la mer et, au moyen de ses nageoires, remue la boue et le sable, de manière à se cacher des autres poissons dont il se nourrit. La manière dont il se procure ses proies est très extraordinaire, la particularité de sa construction interdisant la possibilité de mouvements rapides. Deux longs filaments résistants sont placés au-dessus du nez, chacun d'eux étant muni d'un mince appendice, ressemblant beaucoup à une ligne de pêche lorsqu'il est appâté et lancé. Le dos est pourvu de trois autres, réunis par une toile, et formant la première nageoire dorsale. Pline remarque ces appendices remarquables et explique leur usage. « La grenouille pêcheuse, dit-il, met en avant ses fines cornes situées sous ses yeux, attirant ainsi les petits poissons à jouer jusqu'à ce qu'ils soient à sa portée, lorsqu'il se jette sur eux. » Mais ce ne sont pas seulement les petits habitants de l'eau que le pêcheur prend au piège ! Des morues de bonne taille se trouvent souvent dans son estomac, et il s'empare parfois de poissons au fur et à mesure qu'ils sont remontés par la ligne. M. Yarrell mentionne un cas où un pêcheur à la ligne a attaqué un congre dans ces circonstances : l'anguille s'est tortillée à travers l'ouverture branchiale de son ravisseur, et les deux ont été attirées ensemble.

Cicéron remarque également cette créature extraordinaire, dans son Traité sur la nature des dieux. Il observa sa merveilleuse construction en réfléchissant sur les côtes de Sicile.

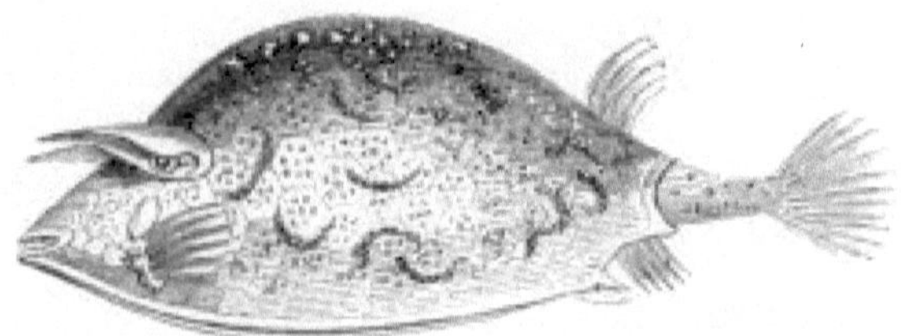

LE POISSON À QUATRE CORNES.

(*Ostracion quadricornis.*)

CES poissons singuliers se distinguent de la plupart des autres par la couverture osseuse qui les enveloppe. La tête et le corps sont recouverts de plaques d'os, formant une cuirasse inflexible et ne laissant exposées que la queue, les nageoires, la bouche et une partie de l'ouverture branchiale. Ils n'ont pas de nageoires ventrales et les dorsale et anale sont placées loin en arrière. Leur foie est gros et regorge d'huile. Le poisson-tronc est originaire des mers indiennes et américaines. Certaines espèces sont considérées comme excellentes pour la gastronomie.

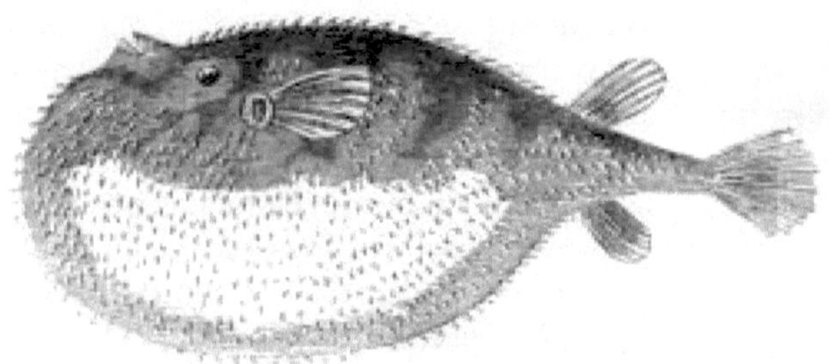

LE POISSON GLOBE, (*Tetraodon hispidus* ,)

C'EST un poisson oblong, habitant les mers de Caroline, et doté d'un pouvoir extraordinaire de gonfler sa surface inférieure pour former un grand globe. Cet élargissement soudain non seulement alarme les ennemis du Tétrodon, mais les empêche de tenir bon, en ne présentant à leur portée qu'un sac gonflé. Il est également couvert d'épines qui adhèrent simplement à la peau et sont capables de se dresser en cas d'urgence soudaine ; donnant ainsi à une créature innocente et sans défense une apparence des plus redoutables.

Une fois gonflés, ils se retournent sur le dos, flottant dans cette position, sans aucun pouvoir pour diriger leur trajectoire. Certaines espèces sont considérées comme venimeuses. L'un est électrique (*Tetraodon lineatus*) et se trouve dans le Nil ; lorsqu'il est laissé sur le rivage par les inondations, il gonfle toujours son corps, se dessèche dans cet état, puis est ramassé par les enfants et utilisé comme ballon.

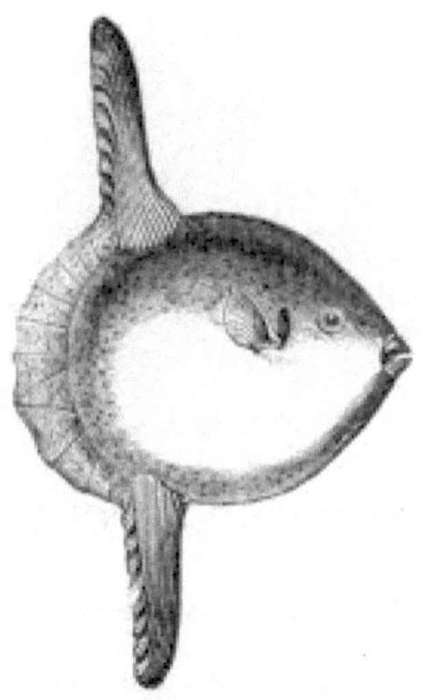

LE POISSON SOLEIL, (*Orthagoriscus mola* ,)

APPARAÎT comme la partie antérieure du corps d'un gros poisson, amputée au milieu. La bouche est petite, avec seulement deux larges dents dans chaque mâchoire. Sa forme presque circulaire et la blancheur argentée de ses flancs, ainsi que leur brillante phosphorescence pendant la nuit, lui ont valu très généralement les appellations de poisson soleil ou de poisson lune. En nageant, il tourne comme une roue, et flotte parfois la tête hors de l'eau, lorsqu'il apparaît comme un poisson mourant. Il atteint une grande taille ; mesurant parfois quatre ou cinq pieds de longueur et pesant de trois à cinq cents livres. Le dos de ce curieux animal marin est d'une riche couleur bleue. Il fréquente les côtes de l'ancien et du nouveau continent et a été trouvé sur les côtes de l'Angleterre.

LE CAVALLO-MARINO, OU CHEVAL DE MER.

(*Hippocampus brevirostris.*)

C'EST un petit poisson, d'une forme curieuse. La longueur est de six à dix, et quelquefois douze pouces ; la tête ressemble quelque peu à celle d'un cheval, d'où son nom. Une série de crêtes longitudinales et transversales s'étendent de la tête à la queue, qui est courbée en spirale et préhensile.

Le récit suivant de deux spécimens capturés vivants à Guernesey, en juin 1835, par FC Lukis, Esq., est extrait des « British Fishes » de Yarrell. Ces créatures étaient gardées environ douze jours dans un récipient en verre, et leurs actions étaient également nouvelles et amusantes. « Une apparence de recherche d'un lieu de repos m'a incité », dit M. Lukis, « à consulter leurs souhaits, en plaçant des algues et des pailles dans le navire : l'effet désiré a été obtenu et m'a donné beaucoup de matière à réfléchir dans leur des habitudes. Ils présentent aujourd'hui nombre de leurs particularités, et peu de sujets des profondeurs ont fait preuve, *en prison* , de plus de sport ou de plus d'intelligence.

« Lorsqu'ils nagent, ils maintiennent une position verticale ; mais la queue est prête à saisir tout ce qui la rencontre dans l'eau, s'enroule rapidement dans n'importe quelle direction autour des herbes et, une fois fixée, l'animal surveille attentivement les objets environnants et se précipite sur sa proie avec la plus grande dextérité.

« Lorsque les animaux se rapprochent, ils tordent souvent leur queue l'une contre l'autre et peinent à se séparer ou à s'attacher aux mauvaises herbes : cela se fait par la partie inférieure de leurs joues ou de leur menton, qui sert également à relever le corps lorsqu'un nouveau un endroit est nécessaire pour que la queue s'entrelace à nouveau. Les yeux bougent indépendamment les uns des autres, comme chez le caméléon, et cela, avec l'irisation brillante et changeante autour de la tête et ses bandes bleues, rappelle avec force à l'observateur cet animal.

LE POISSON VOLANT DE L'OCÉAN.

(*Exocætus volitans.*)

CE poisson a un corps élancé, une lèvre inférieure saillante et des yeux très grands et proéminents. Les nageoires ventrales sont petites, mais les nageoires pectorales sont si longues et si larges qu'elles remplissent le rôle d'ailes, et grâce à elles, le poisson peut s'élever hors de l'eau et se soutenir dans les airs. Il ne faut cependant pas supposer que le poisson volant puisse s'envoler comme un oiseau ; au contraire, il ne peut jaillir de l'eau qu'à une hauteur considérable (parfois jusqu'à vingt pieds), et voler environ cent cinquante ou deux cents mètres ; le plus souvent, cependant, il ne s'élève pas à plus de deux ou trois pieds de l'eau, et reste flottant à la surface sur une centaine de mètres, lorsqu'il retombe dans son élément natal. Il existe un autre poisson volant (*Exocætus exiliens*) en Méditerranée.

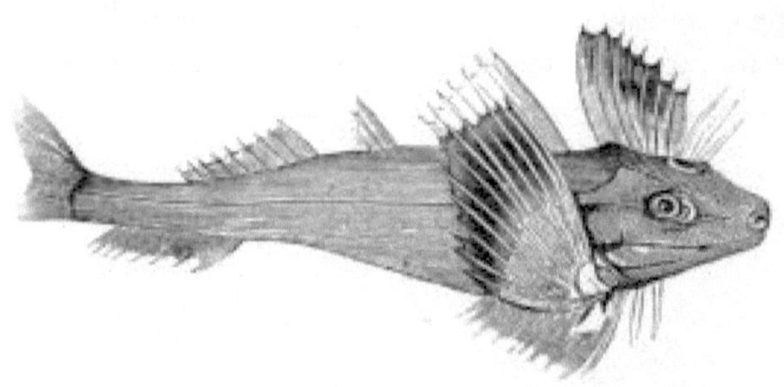

LE GOURNARD. (*Trigla cuculus.*)

CE genre est divisé en plusieurs espèces. Le grondin rouge a des nageoires et un corps de couleur rouge vif ; et la tête est grande et couverte de solides plaques osseuses. Les yeux sont grands, ronds et verticaux ; la bouche est grande ; et le palais et les mâchoires sont armés de dents pointues. La membrane branchiale comporte sept rayons. Le dos présente une rainure épineuse longitudinale de chaque côté. Il y a de minces appendices articulés à la base de chaque nageoire pectorale. Ce poisson n'est pas rare sur les côtes méridionales de l'Angleterre ; et on le voit souvent exposé dans les marchés aux poissons des villes maritimes du Dorset et du Devonshire, ainsi qu'en Cornouailles. C'est un poisson au goût agréable, lorsqu'il est bien farci et cuit, sa saveur étant similaire à celle de l'aiglefin.

Lorsqu'ils sont dans l'eau, les couleurs du grondin rouge sont d'une beauté et d'un éclat presque inconcevables, en particulier sous l'éclat du soleil, car elles varient alors, de la manière la plus agréable, à chaque mouvement du poisson.

Le grondin gris (*Trigla gurnardus*) mesure généralement entre un et deux pieds de longueur. L'extrémité de la tête, en avant, est armée de chaque côté de trois courtes épines. Le front et les couvertures des branchies sont argentés ; cette dernière étant finement rayonnée. Le corps est couvert de petites écailles ; les parties supérieures sont d'un gris foncé, tachetées de blanc et de jaune, et parfois de noir ; et les parties inférieures argentées. Vers les mois de mai et de juin, les grondins gris s'approchent des rivages en bancs considérables, dans le but de déposer leur ponte dans les bas-fonds ; à d'autres moments, ils résident dans les profondeurs de l'océan, où ils ont une abondance de nourriture sous forme de crabes, de homards et d'autres coquillages, dont on suppose qu'ils se nourrissent pour la plupart. On les trouve occasionnellement sur les côtes de la Grande-Bretagne et de l'Irlande, pendant la saison de frai.

La *Lucerna* est pêchée dans la mer Méditerranée et a une forme très curieuse ; ses nageoires autour des branchies sont si grandes et s'étendent tellement en éventail de chaque côté, qu'elles ressemblent un peu à des ailes. La queue est bifide et les écailles très petites. La chair est estimée parmi les Italiens, et la Lucerna est souvent vue dans les marchés aux poissons de Naples, de Venise et d'autres villes du bord de la mer. Ce poisson ressemble beaucoup au Père Lasher et au Grondin ; et on l'appelle Lucerna parce qu'elle brille dans l'obscurité.

Le grondin volant (*Dactyloptera Mediterranea*), qui est le poisson volant le plus commun de la mer Méditerranée, mesure environ un pied de long ; il est brun dessus, rougeâtre dessous et possède des nageoires noirâtres tachetées de bleu. Les nageoires pectorales avec lesquelles il se soutient dans les airs sont d'une immense étendue. Sur chaque opercule se trouve une épine longue et pointue, avec laquelle le poisson peut infliger de graves blessures.

LE JEAN-DORY. (*Zeus Faber.*)

CE serait une négligence inexcusable de passer inaperçu ce poisson, non pas parce qu'il dispute à l'aiglefin l'honneur d'avoir été pressé par les doigts de l'apôtre, ni parce qu'il a été foulé par le pied gigantesque de saint Christophe, quand il portait sur ses épaules un fardeau divin à travers un bras de mer, mais pour l'excellence de sa chair. Il est depuis quelques années tellement en faveur auprès de nos épicuriens, que l'un d'eux, un comédien de grande renommée (Quin), fit un voyage à Plymouth simplement pour manger ce poisson à la perfection. Son corps présente la forme d'un losange, mais les côtés sont très comprimés ; la bouche est grande et le museau long, composé de plusieurs plaques cartilagineuses qui s'enroulent et se replient les unes sur les autres, afin de permettre au poisson d'attraper sa proie. La couleur est vert foncé, marquée de taches noires, avec un reflet doré, d'où son nom. Ils habitent les côtes de l'Angleterre, et particulièrement Torbay, d'où ils sont envoyés aux marchés aux poissons de Londres.

Lorsque le Dory est sorti vivant de l'eau, il est capable de comprimer ses organes internes si rapidement que l'air, en s'engouffrant par les ouvertures des branchies, produit une sorte de bruit un peu semblable à celui qui, en pareille occasion, est émis par les grondins.

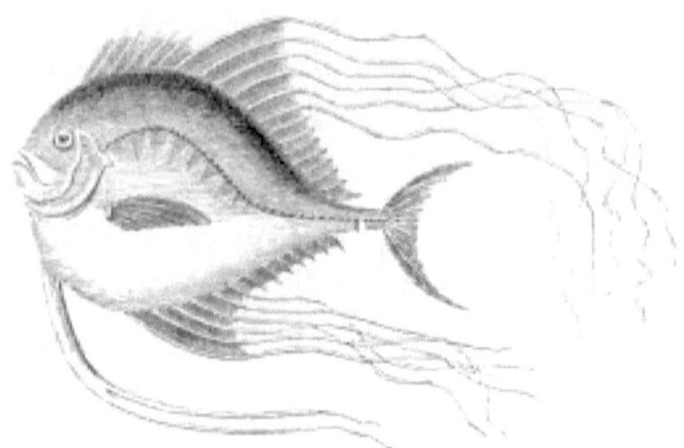

LES BLEPHARIS. (*Blépharis ciliaris.*)

CETTE espèce de Doris est d'une couleur argentée brillante, avec une dominante vert bleuâtre sur le dos. Plusieurs des derniers rayons, tant de la nageoire dorsale que de la nageoire anale, s'étendent au-delà de la membrane, allant encore plus loin que la queue elle-même. On a supposé que les poissons les plus petits pouvaient être attirés par ces longs filaments flexibles et les prendre pour des vers, tandis que Zeus, caché parmi les algues, guettait sa proie. C'est un originaire des mers indiennes.

L'OPAH, OU POISSON ROI. (*Lampris guttatus.*)

C'EST un poisson des plus splendides, d'une belle couleur verte sur le dos et vert jaunâtre sur le ventre. Le dos et les flancs présentent des teintes violacées et dorées brillantes, toute la surface est couverte de nombreuses taches blanches et les nageoires sont d'une belle couleur vermillon ; son costume est si magnifique qu'on a justement remarqué qu'il ressemble « à l'un des seigneurs de Neptune habillé pour un jour de cour ». Le King Fish se trouve apparemment dans les mers de toutes les régions du monde ; il n'est commun nulle part, mais semble être plus abondant dans les climats chauds.

LA MORUE, (*Gadus morrhua* ,)

Est un noble habitant des mers ; non seulement à cause de sa taille, mais aussi à cause de la qualité de sa chair, fraîche ou salée. Le corps mesure quelquefois plus de trois et même quatre pieds de longueur, avec une épaisseur proportionnelle. Le dos est de couleur brun olive, avec des taches blanches sur les côtés, et la partie inférieure du corps est entièrement blanche. Les yeux sont grands et fixes. La tête est large et charnue et est considérée comme un plat délicieux.

La fécondité de tous les poissons doit être un objet du plus grand étonnement pour tout observateur de la nature. En 1790, une morue était vendue au marché de Workington, Cumberland, pour un shilling : elle pesait quinze livres et mesurait deux pieds neuf pouces de longueur et sept pouces de largeur : les œufs pesaient deux livres dix onces, un dont le grain contenait trois cent vingt œufs. Le tout pourrait donc contenir, selon une juste estimation, trois millions neuf cent quatre mille quatre cent quarante œufs. D'une bagatelle comme celle-là, nous pouvons observer la valeur prodigieuse du commerce de la pêche pour une nation commerçante, et tirer ainsi une indication utile pour l'augmenter ; car, en supposant que chacun des œufs ci-dessus parvienne à la même perfection et à la même taille, son produit pèserait vingt-six mille cent vingt-trois tonnes ; et par conséquent chargerait deux cent soixante et une voiles de navires, chacune pesant cent tonneaux. Si chaque poisson était amené au marché et vendu comme l'original, pour un shilling, le produit serait alors de cent quatre-vingt-quinze mille livres ; c'est-à-dire que le premier shilling produirait vingt fois cent quatre-vingt-quinze mille, soit trois millions neuf cent mille shillings.

Dans les mers européennes, le cabillaud commence à frayer en janvier et dépose ses œufs dans un sol accidenté, parmi les rochers. Certains continuent en œufs jusqu'au début avril. La morue est considérée comme la meilleure à table d'octobre à Noël. Les vessies aériennes, sous le nom de sons, sont marinées et vendues séparément.

Les principales pêcheries de morue se trouvent dans la baie du Canada, sur le grand banc de Terre-Neuve, au large de l'île Saint-Pierre et de l'île de Sable. Les navires qui fréquentent ces pêcheries pèsent de cent à deux cents tonneaux et captureront chacun trente mille morues ou plus. La meilleure saison s'étend de début février à fin avril. Chaque pêcheur ne prend qu'une morue à la fois, et pourtant les plus expérimentés en captureront de trois à quatre cents par jour. C'est un travail fatigant, en raison notamment du froid intense qu'ils sont obligés de subir pendant l'opération.

La morue atteint souvent une très grande taille. Le plus gros qu'on connaisse avoir été capturé dans ce royaume l'a été à Scarborough, en 1775 ; il mesurait cinq pieds huit pouces de longueur et cinq pieds de circonférence, et pesait soixante-dix-huit livres. Le poids habituel de ce poisson est de quatorze à quarante livres.

L'aiglefin, (*Gadus æglefinus* ,)

EST beaucoup moins grosse que la morue et en diffère quelque peu par la forme ; il est de couleur bleuâtre sur le dos, avec de petites écailles ; une ligne noire s'étend du coin supérieur des branchies des deux côtés jusqu'à la queue ; au milieu des flancs, sous la ligne située un peu au-dessous des branchies, se trouve une tache noire sur chaque épaule, qui ressemble à la marque du doigt et du pouce d'un homme ; c'est pour cette raison qu'on l'appelle le poisson *de Saint-Pierre* , en faisant allusion au fait rapporté dans le dix-septième chapitre de saint Matthieu : « Va à la mer, jette l'hameçon, et prends le poisson qui monte le premier ; et quand tu auras ouvert la bouche, tu trouveras une pièce d'argent ; prends et donne-leur pour moi et pour toi. Et tandis que saint Pierre tenait le poisson avec son index et son pouce, la légende raconte que la peau reçut et conserva jusqu'à ce jour l'impression héréditaire.

Les églefins migrent en immenses bancs, qui arrivent généralement sur la côte du Yorkshire vers le milieu de l'hiver. On sait parfois que ces hauts-fonds s'étendent depuis le rivage sur près de trois milles de largeur et en longueur depuis Flamborough Head jusqu'au château de Tynemouth, sur une distance de cinquante milles ; et peut-être même plus loin. Une idée du nombre d'aiglefins peut être formée à partir des circonstances suivantes : trois pêcheurs, à moins d'un mille du port de Scarborough, chargeaient fréquemment leur bateau de ces poissons deux fois par jour, en prenant chaque fois une tonne !

La chair de l'aiglefin est plus dure et plus épaisse que celle du merlan, et moins bonne ; mais on l'apporte souvent sur la table, grillé, bouilli ou cuit au four, et beaucoup l'apprécient beaucoup. Les aiglefins pêchés sur la côte irlandaise, près de Dublin, sont inhabituellement gros et d'une saveur fine, et unissent à la fermeté du turbot une grande partie de sa douceur. Ils sont en saison d'octobre à janvier.

LE MERLAN,

(*Gadus Merlangus* , ou *Merlangus vulgaris* ,)

IL MESURE rarement plus de douze pouces de longueur et est de forme élancée et effilée. Les écailles sont petites et fines. Le dos est argenté et, lorsqu'il vient d'être sorti de la mer, il reflète les rayons de lumière avec un grand éclat et une grande brillance. La chair est légère, saine et nourrissante ; et est souvent recommandé aux patients malades ou convalescents, lorsque d'autres aliments ne sont pas approuvés. Le merlan se trouve sur les côtes de l'Angleterre et sa saison s'étend d'août à février.

LE LING, (*Lota molva* ,)

LE LING, (*Lota molva* ,)

IL MESURE généralement de trois à quatre pieds de longueur, bien que certains aient été capturés beaucoup plus gros. Le corps est long, la tête plate, les dents de la mâchoire supérieure petites et nombreuses, avec une petite barbe sur le menton ; ses nageoires dorsale et anale sont très longues.

Ces poissons abondent sur les côtes de la Grande-Bretagne et de l'Irlande, et de grandes quantités sont salées pour la consommation intérieure et l'exportation. Sur les côtes orientales de l'Angleterre, ils sont dans leur plus grande perfection du début février à la fin mai. Ils frayent en juin : à cette saison, les mâles se séparent des femelles, qui déposent leurs œufs dans le sol mou et limoneux de l'embouchure des grandes rivières.

D'un point de vue commercial, le Ling peut être considéré comme un poisson très important. Neuf cent mille livres de poids sont exportées chaque année de Norvège. En Angleterre, ces poissons sont pêchés et séchés à peu près de la même manière que la morue. Ceux qui sont pêchés au large des côtes de l'Amérique ne sont pas du tout aussi estimés que ceux qui fréquentent les côtes de la Grande-Bretagne et de la Norvège ; et les Ling dans les environs de l'Islande sont si mauvais, que les habitants ne peuvent trouver de vente pour eux dans aucun autre pays que le leur. Les œufs et les vessies aériennes, ou sons du Ling, sont marinés et vendus séparément.

LE MERLU, (*Gadus merluccius* ,)

C'EST un poisson commun, presque allié du Ling, et on le pêche en grande abondance sur la côte du Devonshire et des Cornouailles. On le trouve également sur les côtes d'Irlande et d'Écosse, où on l'appelle stock-fish, et qu'on confond souvent avec la morue.

LE MAQUEREAU, (*Scomber Scomber* ,)

EST pris et bien connu dans toutes les régions du monde. Il mesure généralement environ un pied ou plus de longueur ; le corps est épais, ferme et charnu, élancé vers la queue ; le museau pointu, la queue fourchue, le dos d'un joli vert, magnifiquement panaché ou, pour ainsi dire, peint de traits noirs ; la partie inférieure du corps est d'une couleur argentée, reflétant, ainsi que les côtés, les teintes les plus élégantes de l'opale et de la nacre. Rien de plus intéressant et de plus agréable à l'œil que de voir des maquereaux tout juste pêchés, ramenés à terre par les pêcheurs, et étalés, dans tout leur éclat, sur les galets de la plage, aux premiers rayons du soleil levant ; mais lorsqu'ils sont sortis de leur élément, ils meurent rapidement.

Les maquereaux visitent nos côtes en vastes bancs ; mais, comme ils sont très tendres et impropres à un long transport, ils se révèlent moins utiles que les autres poissons grégaires. L'appât habituel est un morceau de tissu rouge ou un morceau de queue de maquereau. La grande pêcherie se trouve dans certaines parties des côtes sud et ouest de l'Angleterre : elle est telle qu'elle emploie, au total, un capital de près de deux cent mille livres. Les pêcheurs s'éloignent de plusieurs lieues du rivage et tendent pendant la nuit leurs filets, qui ont parfois des kilomètres de longueur, à travers la marée. On a vu un seul bateau ramener, après une nuit de pêche, une cargaison vendue près de soixante-dix livres. Les œufs de maquereau sont utilisés en Méditerranée pour *le caviar* . En Cornouailles, ainsi que dans plusieurs parties du continent, le maquereau est conservé par marinage et salage ; et dans cet état possèdent une saveur un peu semblable à celle du saumon. Leur voracité n'a guère de limites ; et lorsqu'ils se trouvent parmi un banc de harengs, ils font des ravages si fréquents qu'ils le chassent. Le maquereau est en saison de mars à juin.

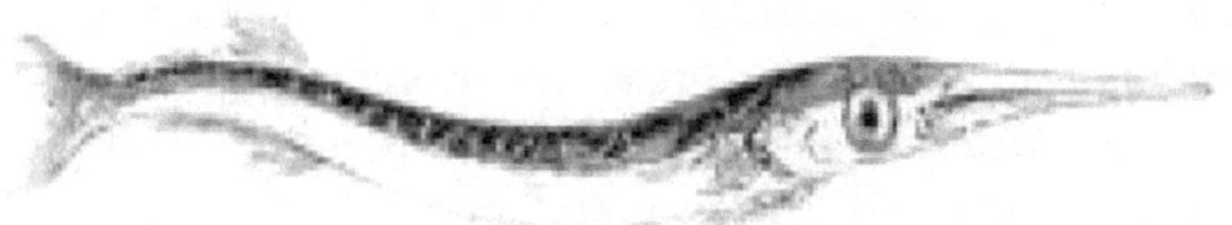

LE POISSON GAR, (*Belone vulgaris* ,)

DONT la figure ci-dessus est une représentation exacte, est d'une forme très extraordinaire. Le corps, par sa forme et sa couleur, n'est pas sans rappeler celui d'un maquereau, mais il est beaucoup plus allongé, et les mâchoires sont prolongées en une sorte de lance, presque la moitié de la longueur du reste du corps. On suppose vulgairement que ce poisson conduit les phalanges du maquereau à travers les régions des profondeurs ; et, tel un pilote fidèle et expérimenté, retrace leur voyage, leur signale les dangers et les conduit à leur destination. Une curieuse singularité de cette créature est que ses os sont d'une couleur vert vif ; la chair n'est pas aussi ferme ni aussi savoureuse que celle du maquereau, mais elle se vend assez bien chaque fois qu'elle arrive sur le marché.

LE HARENG. (*Clupea Harengus.*)

CE poisson ressemble un peu au maquereau par la forme, ainsi que par la délicatesse du goût, bien qu'il en diffère beaucoup par la saveur. Il mesure environ neuf ou dix pouces de long et environ deux et demi de large, et a les yeux injectés de sang ; les écailles sont grandes et arrondies ; la queue fourchue ; le corps d'une chair grasse, molle et délicate, mais plus noble que celle du maquereau, et par conséquent moins saine. Pourtant, certains en raffolent tellement qu'ils l'appellent *le roi des poissons* . Ils nagent en bancs et frayent une fois par an, vers l'équinoxe d'automne, période à laquelle ils sont les meilleurs. Ils viennent frayer dans les eaux peu profondes, comme le maquereau ; c'est pourquoi ils visitent périodiquement nos côtes, se retirant à nouveau dans les eaux profondes lorsque la saison de frai est terminée.

La fécondité du Hareng est étonnante. On a calculé que si l'on pouvait laisser la progéniture d'un seul couple de harengs se multiplier sans être inquiétée ni diminuée pendant vingt ans, elle présenterait une masse dix fois supérieure à celle de la terre. Mais heureusement, la Providence a établi l'équilibre de la nature en leur donnant d'innombrables ennemis. Tous les monstres des profondeurs en font une proie facile ; et, en plus de cela, d'immenses troupeaux d'oiseaux marins surveillent leur départ et sèment la dévastation de tous côtés.

En 1773, les harengs se trouvaient pendant deux mois en bancs si immenses sur les côtes écossaises, qu'il ressort de calculs assez précis que pas moins de mille six cent cinquante bateaux ont été capturés dans le Loch Torridon en une nuit. Cela représenterait au total près de vingt mille barils.

Ce poisson est préparé de différentes manières, afin d'être conservé toute l'année. Les harengs blancs ou marinés sont lavés dans de l'eau douce et laissés pendant douze ou quinze heures dans une cuve pleine de saumure forte, faite d'eau douce et de sel marin. Une fois sortis, ils sont égouttés et mis en rangées ou en couches dans des fûts, avec du sel.

Les harengs rouges sont préparés de la même manière, avec cette différence qu'ils sont laissés dans la saumure le double du temps mentionné ci-dessus ; et une fois retirés, placés dans une grande cheminée construite à cet effet et contenant environ douze mille personnes, où ils sont fumés au moyen d'un feu en dessous, fait de broussailles, pendant vingt-quatre heures.

LE SPRAT, (*Clupea Sprattus* ,)

BIEN CONNU , mesurant entre quatre et cinq pouces de longueur, la nageoire postérieure très éloignée du nez ; la mâchoire inférieure est plus longue que la supérieure, et les yeux injectés de sang, comme ceux du hareng, dont il est presque allié. Les sprats arrivent chaque année début novembre dans la Tamise ; et généralement un grand plat en est présenté sur la table de Guildhall, le jour du lord-maire, le 9 novembre. Ils continuent tout l'hiver et partent en mars. Ils sont vendus à la mesure et fournissent une grande quantité de nourriture aux pauvres pendant la saison hivernale. On rapporte qu'ils ont été capturés chaque année vers Pâques dans un lac du Cheshire, appelé Kostern Mere, et dans la rivière Mersey, dans laquelle la mer coule et reflue à sept ou huit milles au-dessous du lac.

La Sardine (*Clupea Sardina*) est pêchée sur les côtes méridionales de la France, où elle est très réputée ; et parce qu'elle abonde dans le voisinage de l'île de Sardaigne, on l'appelle la Sardine. Il est envoyé ici mariné de la même manière que le hareng et conditionné en fûts.

LE PILCHARD. (*Clupea Pilchardus.*)

LA principale différence entre ce poisson et le hareng, c'est que le corps du Pilchard est plus rond et plus épais ; le nez plus court en proportion, retroussé ; et la mâchoire inférieure plus courte. Le dos est plus élevé et le ventre moins pointu. Les écailles adhèrent très étroitement, tandis que celles du hareng tombent facilement. Il est également, en général, de taille considérablement plus petite.

Vers la mi-juillet, les sardins apparaissent en vastes bancs au large des côtes des Cornouailles. Ces hauts-fonds restent jusqu'à la fin d'octobre, date à laquelle il est probable qu'ils se retirent dans une profondeur tranquille, à une petite distance, pour l'hiver.

La pêcherie des sardins est une branche commerciale importante. D'après un relevé du nombre de porcs exportés chaque année, pendant dix ans, de 1747 à 1756 inclus, depuis les quatre ports de Fowy, Falmouth, Penzance et St. Ives, il apparaît que Fowy en exportait chaque année mille sept cent trente. - deux tonneaux ; Falmouth, quatorze mille six cent trente et un ; Penzance et Mount's Bay, douze mille cent quarante-neuf ; St. Ives, mille deux cent quatre-vingt-deux : en tout, vingt-neuf mille sept cent quatre-vingt-quatorze barriques. Chaque tonneau, depuis dix ans, avec les primes accordées pour l'exportation et l'huile qui en est tirée, s'est élevé, d'une année sur l'autre, en moyenne, au prix d'une livre, treize shillings et trois deniers ; de sorte que le cash payé pour les sardines exportées s'est, en moyenne, élevé annuellement à la somme de quarante-neuf mille cinq cent trente-deux livres. Tel était l'état de la pêche il y a plusieurs années ; à l'heure actuelle, elle est encore plus étendue, le produit annuel moyen des pêcheries de Cornouailles s'élevant à environ vingt et un mille porcs, qui ne contiennent pas moins de soixante millions de sardines.

LE BLANCHAIT. (*Clupea alba.*)

CE beau petit poisson est d'un blanc pur, sans taches de part et d'autre. Des quantités immenses sont capturées du début avril à la fin septembre, dans la Tamise ; mais ils sont si délicats qu'ils supportent à peine le transport, et sont donc considérés comme meilleurs lorsqu'ils sont consommés le plus près possible de l'endroit où ils ont été transportés ; d'où la coutume d'organiser des dîners Whitebait dans les tavernes de Greenwich et de Blackwall. On a longtemps cru que le Whitebait était l'alevin de l'alose, mais il est maintenant prouvé qu'il s'agit d'une espèce distincte.

L'ANCHOIS. (*Engraulis encrasicolus.*)

COMME le hareng et le sprat, ces poissons quittent les profondeurs du large, afin de fréquenter les endroits lisses et peu profonds de la côte, dans le but de frayer. Les pêcheurs allument généralement un feu sur le rivage, dans le but d'attirer les anchois, lorsqu'ils les pêchent pendant la nuit. Après avoir été nettoyés et décapités, ils sont séchés d'une manière particulière et emballés dans de petits tonneaux pour la vente et l'exportation. On trouve occasionnellement des anchois en mer du Nord et dans la Baltique ; mais ils sont bien plus nombreux en Méditerranée que dans toute autre partie du monde. Ils ont parfois, quoique rarement, été capturés dans la rivière Dee, sur les côtes du Flintshire et du Cheshire. La mâchoire supérieure de ce poisson est plus longue que la mâchoire inférieure ; le dos est brun ; les côtés argentés ; nageoires courtes ; la nageoire dorsale, opposée aux ventrales, transparente ; la nageoire caudale est fourchue. Sa longueur est d'environ trois pouces.

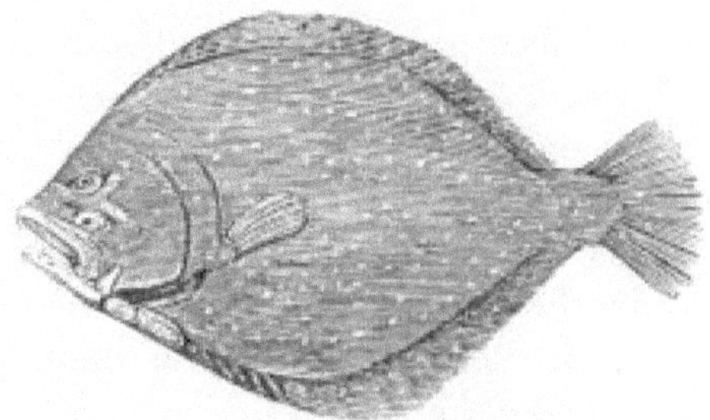

LE TURBOT. (*Losange maximus.*)

LE TURBOT est un poisson très connu et très apprécié pour le goût délicat, la fermeté et la douceur de sa chair. Juvénal, dans sa quatrième Satire, nous donne une description très ridicule de l'empereur romain Domitien réunissant le Sénat pour décider comment et avec quelle sauce il faudrait manger ce poisson. Le Turbot a quelquefois deux pieds et demi de long et environ deux pieds de large. Les écailles sur la peau sont si petites qu'elles sont à peine perceptibles. La couleur de la face supérieure du corps est brun foncé, tachetée de jaune sale ; le dessous est d'un blanc pur, teinté sur les bords d'une couleur un peu chair ou rose pâle. Il est très difficile d'appâter le Turbot, car il est très exigeant dans son alimentation. Rien ne peut l'attirer que les harengs ou les petites tranches d'églefin et les lamproies ; et comme il repose dans les eaux profondes, flirtant et pagayant sur la vase au fond de la mer, aucun filet ne peut l'atteindre, de sorte qu'il est généralement capturé à l'hameçon et à la ligne. On le trouve principalement sur les côtes nord de l'Angleterre, de l'Écosse et de la Hollande.

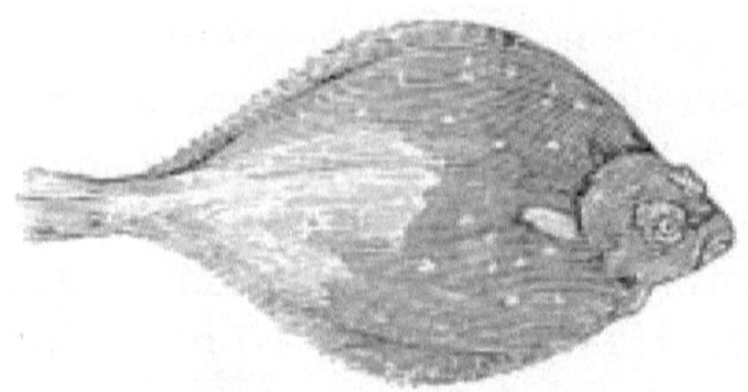

LA PLIE, (*Platessa vulgaris* ,)

UN POISSON ANGLAIS BIEN CONNU , presque allié du turbot. Il a des côtés lisses, une épine anale et les yeux et six tubercules sont placés du même côté de la tête. Le corps est très plat, la partie supérieure du poisson est de couleur brun clair, marquée de taches orange, et le ventre est blanc. La plie fraye au début de février et, une fois adulte, elle prend la forme d'un turbot ; mais la chair est très différente, molle et presque insipide.

Lorsqu'ils sont près du sol, ils nagent lentement et horizontalement, mais s'ils sont soudainement dérangés, ils changent de position horizontale en position verticale, s'élançant avec une rapidité semblable à celle d'un météore, puis reprenant rapidement leurs habitudes inactives au fond de l'eau. La plie se nourrit de petits poissons et de jeunes crustacés, et a parfois été capturée sur nos côtes pesant quinze livres, mais un poisson moitié moins lourd est considéré comme très gros. Les espèces les plus fines, appelées Diamond Plice, sont pêchées sur la côte du Sussex. Ces poissons sont très demandés comme aliment, mais ils sont loin d'être comparables au turbot et à la sole. Ceux de taille moyenne sont considérés comme les meilleurs mangeurs.

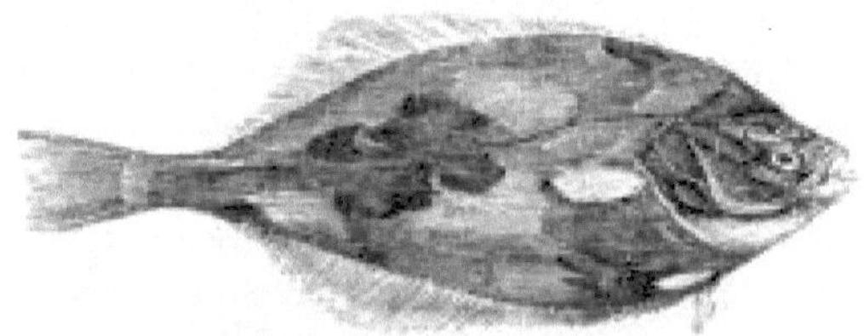

LE FLET. (*Platessa flesus.*)

LA principale distinction entre la plie et le flet consiste en ce que le premier a une rangée de six tubercules derrière l'œil gauche, dont ce poisson est entièrement dépourvu ; il est aussi un peu plus long dans le corps et, une fois adulte, un peu plus épais. Le dos est de couleur olive foncé, tacheté. Au goût, ils sont considérés comme plus délicats que la plie. Ils vivent longtemps après avoir été dérangés et sont souvent criés dans les rues de Londres, mais ils apparaissent rarement sur les tables des riches et des délicats. Ils sont communs dans les rivières britanniques et dans toutes les grandes rivières qui obéissent à l'impression de la marée, et se nourrissent de vers élevés dans la boue au fond de l'eau.

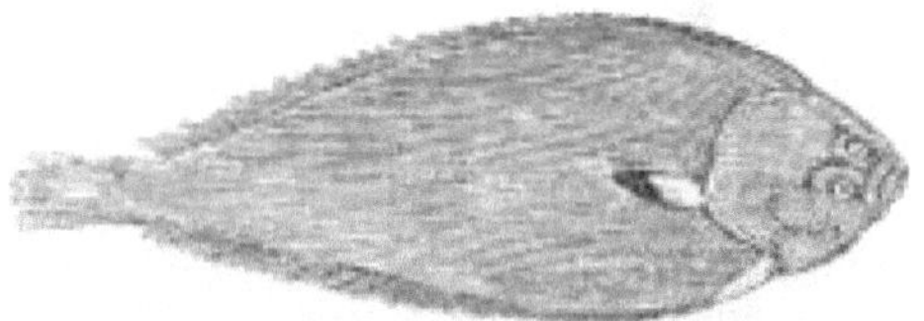

LA SEMELLE, (*Solea vulgaris* ,)

EST bien connu comme un poisson très excellent, dont la chair est ferme, délicate et d'une saveur agréable. Les semelles atteignent une longueur de dix-huit pouces, et même plus, dans certaines de nos mers. On en trouve souvent de cette taille et de cette supériorité à Torbay, d'où ils sont envoyés au marché d'Exeter et de plusieurs autres villes du Devonshire et des comtés adjacents. On les trouve également dans la Méditerranée et dans plusieurs autres mers, et, en saison, ils sont très recherchés pour les tables les plus luxueuses. La partie supérieure du corps est brune ; la partie inférieure est blanche ; l'une des nageoires pectorales est terminée de noir, les flancs sont jaunes et la queue arrondie à l'extrémité. On dit que les petites soles, pêchées dans les mers du nord, ont un goût bien supérieur aux grandes qu'offrent les côtes du sud et de l'ouest.

Ce poisson a aussi la qualité de se conserver doux et bon pendant plusieurs jours, même par temps chaud, et on pense qu'il acquiert une saveur plus délicate en étant ainsi conservé. C'est pour cette raison que les soles sont souvent plus appréciées sur les marchés de Londres que celles qui sont cuites immédiatement après leur sortie de la mer.

Dans l'économie des poissons plats, nous avons le récit d'une circonstance très remarquable : parmi diverses autres productions marines, on a vu qu'ils se nourrissaient de coquillages, bien qu'ils ne soient pourvus d'aucun appareil dans leur bouche qui semblerait être adapté pour les réduire à un état calculé pour la digestion.

LE SAUMON-ROSE, BRANDLING, PAR OU SKEGGER.

CE brillant petit poisson est le plus petit des *salmonidés*, et ne se rencontre que dans les rivières fréquentées par les saumons ; car chaque fois qu'une rivière devient déserte par eux, le hameau disparaît également. Ce poisson est considéré comme l'alevin du vrai saumon, et M. Young, dans un essai récent, a, croyons-nous, assez établi le fait ; mais M. Yarrell et d'autres naturalistes affirment qu'il s'agit d'une espèce distincte.

LE SAUMON, (*Salmo salar*,)

C'EST la fierté des grands fleuves, et l'un des plus nobles habitants de la mer, si l'on l'estime par sa masse, sa couleur et la douceur de sa chair. Les saumons pèsent beaucoup et mesurent parfois cinq pieds de longueur. La couleur est magnifique, un bleu foncé parsemé de taches noires sur le dos, se confondant avec du blanc argenté sur les côtés, et du blanc avec une petite nuance de rose en dessous. Les nageoires sont relativement petites. Ces poissons, bien qu'ils vivent principalement dans la mer, remontent les rivières à l'époque du frai, jusqu'à une distance considérable à l'intérieur des terres, où la femelle dépose ses œufs. Peu de temps après, elle et le mâle font une excursion dans les vastes régions de la mer et ne visitent plus aucun des cours d'eau terrestres avant l'année suivante, lorsqu'ils reviennent dans le même but. Ils sont si puissamment poussés par cette impulsion naturelle, que, s'ils sont arrêtés alors qu'ils remontent une rivière par une chute d'eau, ils jaillissent avec une telle force à travers le torrent descendant, qu'ils l'endiguent jusqu'à atteindre le lit supérieur du torrent. le flux; et c'est pour cette raison que les petites cascades de la Tweed et d'autres rivières sont souvent appelées Saumon-sauts. Le saumon est en grande partie confiné aux mers du nord, étant inconnu dans la Méditerranée et dans les eaux d'autres climats chauds. La chair est rouge lorsqu'elle est crue, plutôt plus pâle lorsqu'elle est salée ou bouillie ; c'est un aliment agréable, gras, tendre et sucré, et excelle en richesse tous les autres poissons d'eau douce ; cependant, il ne convient pas à tous les estomacs et est souvent nocif lorsqu'il est consommé par des personnes malades.

Dans la rivière Tweed, vers le mois de juillet, la capture de saumons est étonnante : souvent un bateau chargé, et quelquefois près de deux, peut être pris à marée ; et dans un cas, plus de sept cents poissons ont été capturés en un seul coup de filet. De cinquante à cent à la fois sont très courants. Quelques-uns d'entre eux sont envoyés à Londres par le chemin de fer ; mais une partie est légèrement salée et marinée, état dans lequel on les appelle kipper. La saison de la pêche commence dans la Tweed en février et se termine vers le vieux jour de Saint-Michel. Sur cette rivière, il y a une quarantaine de pêcheries considérables, qui s'étendent vers le haut, à environ quatorze milles de l'embouchure ; et bien d'autres de moindre importance. Ceux-ci, il y a quelques années, étaient loués avec un loyer annuel de plus de dix mille livres ; et pour défrayer cette dépense, on a calculé qu'il faudrait y pêcher plus de deux cent mille saumons, année après année. Les principales pêcheries de saumon en Europe se font dans les rivières ou sur les côtes maritimes adjacentes aux grands fleuves d'Angleterre, d'Écosse et d'Irlande. Les principales rivières anglaises dans lesquelles ils sont actuellement capturés sont la Tyne, la Trent, la Severn et la Tweed. On les trouvait autrefois dans la Tamise, mais aucun n'y a été capturé depuis de nombreuses années. Les alevins de saumon descendent la rivière jusqu'à la mer en avril. Un jeune saumon pesant moins de deux livres est appelé « peau de saumon » et un plus gros, « madeleine ». Le saumon ne peut pas être consommé trop frais et est très malsain lorsqu'il est rassis.

LA TRUITE SAUMON, (*Salmo Trutta* ,)

ÉGALEMENT appelée truite à tête plate, ou truite de mer, son corps est plus épais que la truite commune et pèse environ trois livres ; il a une grosse tête lisse qui, ainsi que le dos, est d'une teinte bleuâtre, avec un reflet vert ; les flancs sont marqués de nombreuses taches noires et la queue est la plus large à son extrémité. On dit qu'au commencement de l'été la chair de ce poisson rougit, et reste cette couleur jusqu'au mois d'août ; ce qui est très probablement dû au fait qu'ils sont sur le point de frayer. Comme le saumon, ce poisson habite la mer ; mais dans les mois de novembre et décembre, il entre dans les rivières pour y déposer ses œufs ; et par conséquent, pendant la saison du frai, on le trouve occasionnellement dans les lacs et les ruisseaux, très éloignés de la mer. C'est un vin très délicat et très apprécié sur nos tables. Certaines personnes préfèrent ce poisson au saumon ; mais ils sont tous deux susceptibles de provoquer des maladies lorsqu'ils sont consommés en trop grande quantité.

LA TRUITE. (*Salmo-fario.*)

CE poisson, en figure, ressemble au saumon ; il a une tête courte et arrondie et un museau émoussé. Les truites sont des poissons d'eau douce qui se reproduisent et vivent constamment dans les rivières et les petits ruisseaux translucides qui scintillent sur des galets propres et des lits de sable.

Ils se nourrissent de mouches de rivière et d'autres insectes aquatiques, et en sont si friands et si aveuglément voraces, que les pêcheurs les trompent avec des mouches artificielles faites de plumes, de laine et d'autres matériaux qui ressemblent de très près aux mouches naturelles. Dans le Lough Neagh, en Irlande, on a capturé des truites pesant trente livres ; et on nous dit que dans le lac de Genève et dans les lacs du nord de l'Angleterre, on en trouve d'une taille encore plus grande. Il occupe la première place parmi les poissons de rivière, et sa chair est très délicieuse, mais difficile à digérer lorsqu'elle est vieille ou conservée trop longtemps. Ils frayent au mois de décembre et déposent leurs œufs dans le gravier au fond des rivières, des digues et des étangs. Contrairement à la plupart des autres poissons, les truites sont moins appréciées lorsqu'elles sont proches du frai. Ils sont de bonne saison aux mois de juillet et d'août, étant alors gras et savoureux.

La belle truite argentée est le plus vorace des poissons d'eau douce, et dévorera tout ce que l'eau produit, même sa propre ponte à tous ses stades, et se couchera sur le lit ou la colline, guettant ses jeunes alevins. à mesure qu'ils deviennent vivifiés et s'élèvent de dessous leur lieu de naissance graveleux. Il ne se limite pas non plus à une espèce donnée de poisson, mais il nourrit son estomac rapace de toutes les variétés, changeant par instinct de temps en temps sa nourriture en larves, caddis, éphémères, vers et même les petits de l'escargot d'eau, qui tous agir comme des alternatives. Grâce à ses grandes nageoires et à sa large queue, ses mouvements sont extrêmement rapides et, grâce à sa puissance musculaire et à sa souplesse, il manque rarement sa proie. Ses habitudes sont solitaires, n'étant accompagné que d'un seul, et cela à quelque distance de lui, pendant la saison estivale ; et à mesure que l'automne approche, lorsque les larves, etc., diminuent, il reste entièrement seul jusqu'au retour de la saison des amours. La période de frai diffère selon les rivières en raison de causes naturelles, telles que la neige, les pluies froides ou le mauvais temps ; car, comme les truites, comme les saumons, fraient sur les lits de gravier dans les eaux peu profondes, le froid les affecte facilement. Lorsqu'ils ne peuvent atteindre l'endroit préparé pour le dépôt de leurs œufs, ils s'abstiennent souvent de frayer pendant des semaines. Les truites plus jeunes montent généralement, comme on les appelle, plus tôt que celles de plus grande taille. Ils commencent à vomir leur lit au début du mois de décembre, lorsque l'on peut voir la femelle et le mâle travailler ensemble, le premier généralement à l'avance. Par un travail constant, ils creusent un creux dans le gravier, le rejettent de chaque côté et forment enfin un tas qu'on appelle une colline ou un lit. A cette époque, ils sont très timides et stupides, et même l'ombre d'un nuage les effrayera du haut de leur colline, lorsqu'ils se retireront dans des eaux plus profondes ; mais après avoir trouvé tout calme, ils reviennent. Cette préparation occupe généralement deux ou trois semaines ; et fréquemment la colline est partagée à la fois par le travail et l'occupation par plusieurs couples de truites. Il mesure souvent plusieurs pieds de diamètre et est de deux ou trois pieds plus haut que le lit du ruisseau. De la mi-décembre à la fin janvier, la Truite est en pleine période de frai ; lorsque les poissons déposent leurs œufs dans le creux, ils travaillent ensuite le gravier dessus jusqu'à une profondeur d'environ trois pouces. Si la température de l'eau ne s'altère pas pendant la période d'incubation, les jeunes font leur apparition au cinquantième jour ; jamais plus tôt, souvent plus tard. La nature a doté les alevins d'un tel instinct de conservation, qu'ils restent plusieurs jours sous les graviers, et il est curieux de voir le banc se cacher sous de grosses pierres pour se protéger du danger : ils continuent ainsi jusqu'à ce que la coquille d'œuf, dans laquelle ils restent partiellement enveloppés, tombe de leur cadre délicat. Cette coquille, qui leur adhère pendant quatorze jours, contient une proportion de liquide nécessaire à leur maintien pendant cette période d'impuissance. Après cela, ils ont recours aux bas-fonds et aux affouillements pour éviter les plus gros poissons, où ils restent solitaires pendant un an, période pendant laquelle, en bonne tenue, ils atteignent le poids de trois à quatre onces ; la deuxième année, huit à dix onces ; après quoi ils commencent à se reproduire. Un poisson, comme tout animal, devient gros lorsqu'il a une nourriture abondante avec peu ou pas d'effort ; de sorte que la croissance est entièrement réglée par la proportion relative de la nourriture et du travail. J'ai observé cette différence dans la même couvée de truite, élevée artificiellement sur mon système : l'une des couvées étant placée dans une eau bien approvisionnée en nourriture, l'autre dans un ruisseau de source où existait peu de nourriture ; les premiers, à dix mois, mesuraient quatre pouces de long et trois onces et demie de poids, tandis que les seconds n'avaient qu'un pouce et demi de long et moins d'une once de poids. Bien que les truites ne soient pas migratrices, lorsqu'elles deviennent grandes, elles remontent le cours d'eau vers des eaux plus pures. Les petites truites sont entraînées vers le bas du ruisseau contre leur habitude, par les chasses d'eau ou les crues des mois d'automne, étant incapables d'endiguer le torrent épaissi, qui remplit leurs branchies de dépôts alluviaux et gêne leur respiration, d'où elles deviennent faibles et maladif. Dans cet état d'eau, tous les poissons tombent plus ou moins malades, et cela en détruit un grand nombre même dans leur très jeune état. J'en ai connu des milliers détruits par le débordement d'une rivière, aussi bien vieux que jeunes. La cause de la diminution de la quantité de poissons dans toutes nos rivières est due à l'impureté croissante de l'eau, car les poissons ont particulièrement besoin d'eau pure.

L'intéressant avis ci-dessus sur la Truite a été communiqué à l'éditeur par M. BOCCIUS *, qui se consacre professionnellement à l'augmentation des poissons dans les rivières et les étangs, et a réalisé des merveilles.*

L'OMBLE, OU TRUITE ALPINE,

(*Salmo salvelinus* ,)

CE n'est pas sans rappeler la truite ; les écailles sont très petites ; la couleur du corps marquée de nombreuses taches et points noirs, rouges et argentés mêlés de jaune et sans cercle ; le dos teinté de vert olive ; le ventre blanc, le museau bleuâtre. Toutes les nageoires, sauf celles du dos, sont rougeâtres, et la nageoire adipeuse est rouge sur son bord. Ce poisson mesure environ douze pouces de longueur et est considéré comme un aliment très délicat, surtout par les Italiens. Il est abondant dans le Lago di Garda, près de Venise ; et on le trouve également, non seulement dans nos lacs du nord du Westmoreland et de l'Écosse, mais aussi dans les grandes nappes d'eau au pied des montagnes de Laponie. L'omble chevalier en pot jouit d'une réputation élevée et méritée dans plusieurs régions du continent, ainsi qu'en Angleterre. L'omble chevalier est un poisson d'eau douce que l'on trouve généralement dans les parties les plus profondes des lacs ; il n'est jamais capturé par le pêcheur, seulement par le filet.

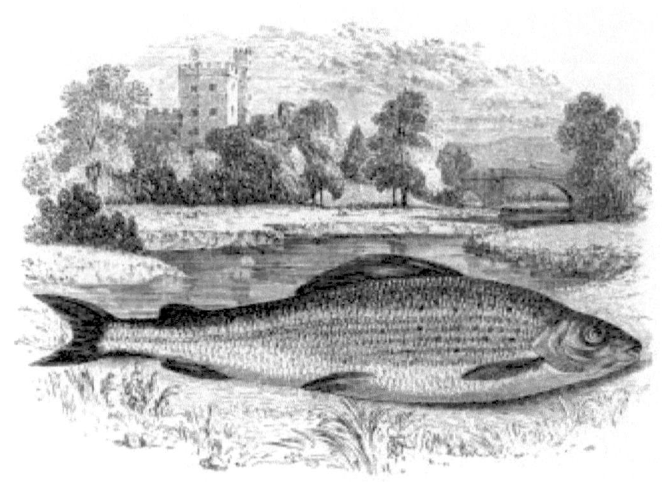

L'OMBRE. (*Salmo thymallus.*)

CE poisson ne dépasse jamais quinze pouces de longueur et pèse rarement trois livres. Le dos et les côtés sont d'un gris argenté et, lorsque le poisson est sorti de l'eau pour la première fois, légèrement variés de bleu et d'or. Les couvertures des branchies sont d'un vert brillant et les écailles sont grandes.

L'Ombre est un poisson d'eau douce et se plaît principalement dans les cours d'eau clairs et pas trop rapides, où il procure un grand amusement au pêcheur, car il est très vorace et s'élève avec avidité à la mouche. Ils sont plus audacieux que les truites, et même s'ils manquent l'hameçon plusieurs fois de suite, ils poursuivront toujours l'appât. Ils se nourrissent principalement de vers, d'insectes et d'escargots d'eau ; et les coquilles de ces derniers se trouvent souvent en grande quantité sur leur estomac. Ils frayent au cours des mois d'avril et de mai. Le plus gros poisson de cette espèce dont on ait jamais entendu parler était celui capturé dans la Severn et pesait cinq livres.

Les auteurs anciens recommandaient fortement ce poisson comme aliment pour les malades, car ils le considéraient comme particulièrement sain et facile à digérer.

L'éperlan, ou pétillant. (*Osmerus eperlanus.*)

CE poisson mesure environ huit ou neuf pouces de longueur et près d'un pouce de largeur ; le corps est d'un vert olive clair, tendant vers le blanc argenté. L'odeur, lorsque le poisson est frais et cru, n'est pas sans rappeler celle des concombres mûrs, mais elle se dissipe dans la poêle, et l'éperlan donne alors un aliment tendre et des plus délicieux. Les éperlans sont des poissons de mer et habitent les côtes et les ports ; mais ils sont souvent capturés dans la Tamise, la Medway et d'autres grandes rivières, qu'ils remontent pendant la saison du frai. La peau de ce poisson est si transparente qu'à l'aide d'un microscope, on peut voir son sang circuler.

L'éperlan est présent sur les côtes de tous les pays du nord de l'Europe, ainsi qu'en Méditerranée. Leur taille varie considérablement. M. Pennant déclare que le plus gros dont il ait jamais entendu parler mesurait treize pouces de longueur et pesait une demi-livre.

LE BROCHET. (*Ésox Lucius.*)

LE corps de ce poisson est d'un gris olive pâle, plus profond sur le dos et marqué sur les côtés par plusieurs taches ou taches jaunâtres ; l'abdomen blanc, légèrement tacheté de noir ; sa longueur est de un à huit pieds et son poids de un ou deux à quarante ou cinquante livres. La chair est blanche et ferme, et considérée comme très saine ; plus il est grand et ancien, plus il est estimé. Il n'existe pratiquement aucun poisson de cette taille au monde qui puisse égaler en voracité le brochet. [A] Il vit dans les rivières, les lacs et les étangs ; et dans un morceau d'eau confiné, il détruira bientôt tous les autres poissons, car il ne se nourrit généralement de rien d'autre et en avale souvent un presque aussi gros que lui ; car, à cause de sa gourmandise, il prend la tête en avant et l'attire ainsi petit à petit jusqu'à ce qu'il ait avalé le tout. Un goujon de bonne dimension a été trouvé dans l'estomac d'un gros brochet, dont la tête avait déjà reçu des marques claires de la puissance digestive, tandis que le reste du poisson était encore frais et intact.

[A] M. Boccius a cependant démontré que la Truite est encore plus vorace.

« J'ai été assuré (dit Walton) par mon ami M. Seagrave, qui élève des loutres apprivoisées, qu'il a connu un brochet, extrêmement affamé, se battre avec une de ses loutres pour une carpe que la loutre avait attrapée, et qu'il a ensuite été sortir de l'eau. »

Boulker, dans son Art of Angling, dit que son père attrapa un brochet qu'il présenta à lord Cholmondeley, qui mesurait une aune de long et pesait trente-six livres. Sa Seigneurie ordonna de le mettre dans un canal de son jardin, qui contenait alors une grande quantité de poissons. Douze mois après, on puisa l'eau, et l'on découvrit que le brochet avait dévoré tous les poissons, sauf une grosse carpe qui pesait entre neuf et dix livres, et même celle-ci avait été mordue en plusieurs endroits. Le brochet fut de nouveau mis dedans, et tout un stock de poissons frais pour se nourrir : il dévora tout cela en moins d'un an. Plusieurs fois, il fut observé par des ouvriers qui se tenaient à proximité pour dessiner sous l'eau des canards et autres oiseaux aquatiques. Des corbeaux ont été abattus et jetés, qu'il a pris en présence des hommes. Dès lors, les abatteurs eurent ordre de le nourrir avec les ordures de l'abattoir ; mais ayant ensuite été négligé, il mourut, comme on le suppose, faute de nourriture.

En décembre 1765, un brochet pesait plus de vingt-huit livres fut capturé dans la rivière Ouse et vendu pour une guinée. Lors de son ouverture, une montre avec un ruban noir et deux sceaux ont été trouvées dans son corps. On découvrit plus tard qu'ils appartenaient au domestique d'un gentleman, qui s'était noyé dans la rivière environ un mois auparavant.

Le brochet est un poisson qui vit très longtemps. En 1497, on en attrapa un à Heilbrun, en Souabe, sur lequel était fixé un anneau d'airain sur lequel étaient gravés en caractères grecs les mots suivants : « Je suis le poisson qui fut le premier mis dans ce lac par entre les mains du gouverneur de l'univers, Frédéric II, le 5 octobre 1230. »

LA PERCHE, (*Perca fluviatilis* ,)

RAREMENT une grande taille ; pourtant nous avons le récit d'un homme qui aurait pesé neuf livres. Le corps est profond, les écailles rugueuses, le dos cambré et les lignes latérales placées près du dos. Pour la beauté de ses couleurs, la Perche rivalise avec les habitants les plus criards des eaux ; le dos brille des reflets profonds des émeraudes les plus brillantes, divisés par cinq larges bandes noires ; le ventre imite les teintes de l'opale et de la nacre ; et la teinte rubis des nageoires complète un assemblage de couleurs des plus harmonieux et élégants. C'est un poisson grégaire, et on le prend dans plusieurs rivières de ces îles ; la chair est ferme, délicate et très appréciée.

On croit généralement qu'un brochet n'attaquera pas une perche adulte : il en est dissuadé par la nageoire épineuse ou dorsale sur le dos, que ce poisson dresse toujours à l'approche d'un ennemi. Les perches sont si voraces que, si un pêcheur expert en trouve un banc, il peut les attraper toutes. Mais si un seul poisson s'échappe après avoir touché l'hameçon, tout est fini ; comme ce poisson devient si agité, il ne tarde pas à inciter tout le banc à quitter les lieux. Les perches sont si audacieuses qu'elles sont généralement le premier poisson capturé par un jeune pêcheur à la ligne ; ils apprendront aussi bientôt à prendre du pain jeté à l'eau pour se nourrir. Une perche de grande taille pèse environ trois livres ; mais généralement les perches capturées dans les étangs ne pèsent pas plus de huit ou dix onces.

LA BASSE, OU PERCHE DE MER, (*Labrax lupus* ,)

ON LE trouve en abondance sur nos côtes méridionales, et il est encore plus commun en Méditerranée. Il possède une longue nageoire dorsale, comme la collerette. La chair de ce poisson est très appréciée.

La perche grimpante (*Anabas scandens*), originaire des eaux douces de l'Inde, possède un appareil très singulier qui lui permet de sortir de l'eau et de passer un temps considérable sur la terre sèche. Il s'agit d'une portion curieusement pliée d'os mince de chaque côté de la tête, près des branchies, dans les cavités desquelles est contenue une bonne quantité d'eau ; cela maintient les branchies dans un état humide lorsque le poisson est hors de l'eau, et lui permet ainsi de respirer l'air. On dit que ce poisson utilise son pouvoir singulier de quitter l'eau pour grimper aux arbres, bien que ce qu'il espère gagner en le faisant soit tout à fait inconnu. Son pouvoir grimpant a été nié par certains naturalistes, mais Daldorf dit qu'il en attrapa un jour un qui avait grimpé jusqu'à six pieds de hauteur sur la tige d'un palmier et était en train de monter encore plus haut.

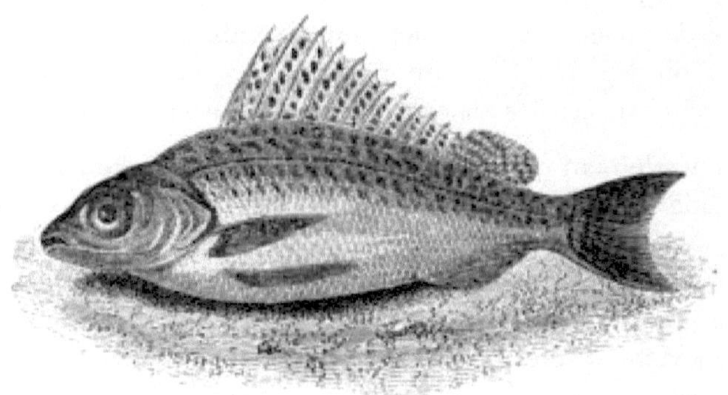

LE PAPE OU RUFFE. (*Acerina cernua.*)

LE POPE ressemble beaucoup à un petit perchoir, mais avec une seule nageoire dorsale curieusement formée : la couleur du dos est d'un vert olive sombre ; les côtés sont de couleur vert brunâtre clair et cuivre; et de petites taches brunes sont réparties sur la nageoire dorsale, le dos et la queue. Les nageoires pectorales, ventrales et anales sont brun pâle. Ce poisson dépasse rarement six pouces de longueur ; mais il vaut presque aussi bien qu'un perchoir de même taille, auquel il ressemble, tant par ses repaires que par ses habitudes ; il fraye en avril et se nourrit de petits alevins, de vers ou d'insectes aquatiques.

Cuvier attribue le mérite de la première découverte de ce poisson à un Anglais du nom de Caius, qui le trouva dans la rivière Yare, près de Norwich, et l'appela Aspredo, traduction de notre nom Ruffe, (rugueux,) qui est bien appliqué à lui, en raison du toucher dur de ses écailles denticulées.

LA CARPE, (*Cyprinus carpio* ,)

EST célèbre pour la douceur de sa chair, lorsqu'elle est de taille modérée, c'est-à-dire lorsqu'elle mesure environ douze à quinze pouces de longueur et pèse environ trois livres. Les écailles sont grandes, avec un reflet doré sur un fond vert foncé. Ces poissons atteignent parfois une longueur de trois ou quatre pieds et contiennent une grande quantité de graisse. Les œufs mous de carpe sont considérés comme un mets très délicat parmi les épicuriens. Dans les canaux de Chantilly, autrefois résidence du prince de Condé, les carpes sont gardées depuis plus de cent ans, la plupart paraissant blanches à cause de la vieillesse, et si apprivoisées qu'elles répondaient à leurs noms lorsque le gardien les appelait. nourris. Ce poisson n'a que de grandes dents molaires, situées à l'arrière de la tête ou de la gorge, et une langue large ; la queue est largement étalée ainsi que les nageoires, qui sont inclinées vers une teinte rougeâtre. Les carpes qui vivent dans les rivières et les ruisseaux sont préférées pour la table, car celles qui habitent les mares et les étangs ont généralement un goût boueux et désagréable. Bien qu'ils soient si rusés en général qu'on les appelle Renards de rivière, ils se laissent chatouiller et attraper au moment du frai sans tenter de s'échapper. On dit que les carpes ont été introduites pour la première fois en Angleterre il y a environ trois cents ans. Ils sont très tenaces et, dans les auberges de Hollande, ils sont souvent maintenus en vie pendant un mois ou six semaines, en étant nourris avec du pain et du lait et couchés sur de la mousse humide dans un filet suspendu au plafond dans un endroit aéré. . La mousse reste humide et de l'eau est jetée sur les poissons deux fois par jour.

La carpe est toujours considérée comme un mets délicat à table, surtout lorsqu'elle est cuite dans du porto ; et il semble avoir été longtemps tenu en haute estime pour cette raison, comme nous le constatons, d'après les dépenses privées de Henri VIII, que le roi du bluff aimait excessivement Carp.

LA Tanche, (*Cyprinus tinca ,*)

COMME la carpe, il est remarquablement tenace. Son corps est épais et court et dépasse rarement douze pouces de longueur ou quatre livres de poids. Les yeux sont rouges ; les nageoires dorsale, dorsale et ventrale sont sombres ; la tête, les côtés et l'abdomen d'une teinte verdâtre mêlée d'or ; et la queue très large. La tanche se plaît dans les eaux calmes, dans les parties boueuses des étangs, où elle est le plus à l'abri des divagations voraces et des attaques féroces du brochet tyran, et de l'hameçon du pêcheur à la ligne ; ici, il vit presque immobile, caché sous les drapeaux, les roseaux et les mauvaises herbes. Cette vie inactive a permis à certains individus de cette espèce d'atteindre une masse extraordinaire. Nous avons lu, comme un fait bien authentifié, que dans le nord de l'Angleterre, dans une pièce d'eau longtemps négligée, remplie de bois, de pierres et de détritus, deux cents tanches et autant de perches de de bonne taille ont été trouvées ; et qu'un poisson en particulier, qui semblait avoir été enfermé dans un coin, avait non seulement surpassé tous les autres en taille, mais avait encore pris la forme du trou dans lequel il avait été accidentellement enfermé. Le corps avait la forme d'une demi-lune, épousant par la convexité de ses contours la concavité du cachot où cet innocent malade était emmuré depuis plusieurs années ; il pesait onze livres.

LE POISSON D'OR, OU CARPE D'OR,

(*Cyprinus auratus* ,)

A l'origine importée de Chine et introduite pour la première fois en Angleterre en 1661, elle est maintenant devenue assez courante et se reproduit aussi librement dans les étangs que la carpe. La taille moyenne est d'environ cinq pouces et elle ne dépasse presque jamais sept pouces et demi. Les poissons rouges sont très prisés en Chine et sont largement introduits dans les eaux ornementales de notre propre pays. Rien n'est plus agréable que de les voir glisser et jouer dans le cristal transparent, tandis que leurs écailles larges et scintillantes reflètent les rayons du soleil. Ils sont souvent gardés dans la petite étendue d'un bol en verre, où ils deviennent apprivoisés et dociles, et après peu de temps semblent reconnaître leurs mangeoires.

Les poissons les plus petits sont préférés, non seulement parce qu'ils sont les plus beaux, mais parce qu'on peut en garder un plus grand nombre dans une petite circonférence. Ceux-ci sont d'une fine couleur rouge orangé, semblant saupoudrés de poussière d'or. Certains cependant sont blancs, comme l'argent ; et d'autres blanches, tachetées de rouge.

Lorsque les poissons rouges sont élevés dans des étangs, on leur apprend souvent à remonter à la surface de l'eau au son d'une cloche pour se nourrir.

LE GUDGEON, (*Cyprinus gobio* ,)

Poisson d'eau douce BIEN CONNU , QUE L'ON TROUVE GÉNÉRALEMENT DANS LES COURS D'EAU TRANQUILLES, SUR LES AFFLEUREMENTS GRAVELEUX. La longueur moyenne de ce poisson est de six à huit pouces et son poids est de deux à trois onces. Le dos est brun, l'abdomen blanc et les flancs teintés de rouge ; la queue est fourchue. Il est embelli de taches noires aussi bien sur le corps que sur la queue. Les goujons frayent tôt en été et se nourrissent de vers et d'insectes aquatiques. Leur chair est blanche, d'excellente saveur et facile à digérer. Aux mois de septembre et d'octobre, ces poissons sont pêchés en grande abondance dans les rivières de certaines parties du continent ; et les marchés en sont bien approvisionnés. Ils ne sont pas rares dans la Tamise, où l'on voit fréquemment des gens les pêcher à partir de barques. Comme ces poissons mordent avec beaucoup d'empressement, un grand nombre d'entre eux sont souvent capturés de cette manière. Ils sont également capturés dans des filets, ainsi qu'avec des hameçons et des lignes.

LE MÉNESSE, (*Cyprinus cephalus* **,)**

EST de nature grossière et pleine d'os ; il dépasse rarement le poids de cinq livres. Le corps est de forme oblongue, presque ronde ; la tête, qui est grande, et le dos, sont d'un vert sombre et profond ; les côtés argentés et l'abdomen blanc ; les nageoires pectorales sont jaune pâle, les ventrales et anales rouges ; et la queue brune, teintée de bleu à son extrémité et légèrement fourchue. Ce poisson fréquente les trous profonds des rivières, mais l'été, quand le soleil brille, il remonte à la surface et se repose tranquillement à l'ombre des arbres qui étendent leur feuillage sur les berges verdoyantes ; mais pourtant, bien qu'il semble se livrer au sommeil, il se réveille facilement, et à la moindre alarme plonge rapidement vers le fond. Bien qu'il s'agisse d'un poisson à la bouche en cuir, il consomme toutes les espèces de nourriture, y compris les petits poissons, comme la truite, bien qu'il ne soit pas aussi vorace. En mars et avril, ce poisson peut être capturé avec de gros vers rouges ; en juin et juillet, avec des mouches, des escargots et des cerises ; en août et septembre, avec du fromage pilé au mortier, mélangé avec du safran et du beurre. Lorsque le Chevelet s'empare d'un appât, il mord si avidement qu'on entend souvent ses mâchoires hacher comme celles d'un chien. Cependant, il brise rarement son emprise et, une fois frappé, il se fatigue bientôt.

LE BARBEAU. (*Cyprinus Barbus.*)

LE BARBEL se distingue facilement des autres carpes par les quatre barbeaux ou wattsels attachés à sa bouche. Sa mâchoire supérieure s'étend très considérablement au-delà de la mâchoire inférieure. La Lea, la Tamise et diverses autres rivières des environs de Londres abondent en ce poisson, qui offre un excellent sport au pêcheur à la ligne. « Durant l'été, dit M. Gorrell, ce poisson, en bancs, fréquente les parties herbeuses de la rivière ; mais dès que les mauvaises herbes commencent à pourrir en automne, il cherche les eaux plus profondes et s'abrite près des pilotis, des écluses et des ponts, qu'il fréquente jusqu'au printemps suivant. On le trouve parfois peser de quinze à dix-huit livres et mesurer trois pieds de longueur, mais sa longueur habituelle est de douze à dix-huit pouces. La chair est grossière et peu recommandable et n'est tenue en aucune estime.

LE DACE, (*Cyprinus leuciscus* ,)

RESSEMBLE au chevesne dans sa forme, mais il est plus petit et de couleur plus claire ; il est grégaire et remarquablement prolifique. Il mesure rarement plus de dix pouces de longueur ; le dos est d'une couleur sombre, teinté de jaune et de vert, et les côtés ont une teinte argentée.

Les naseux frayent en mars et sont en saison environ trois semaines plus tard. Ils s'améliorent et sont bons pour Michaelmas ; mais en février, ils sont meilleurs. La chair est cependant toujours laineuse et insipide. Ce sont des créatures très vivantes et, si elles sont gardées dans des étangs, elles peuvent vivre un temps considérable.

LE GARDON, (*Cyprinus rutilus* ,)

APPARTIENT également à la famille des carpes et se distingue par sa nombreuse descendance. C'est un poisson profond mais mince, dont la forme ressemble quelque peu à la brème, mais qui se rapproche de la carpe par la largeur et la forme de ses écailles, qui sont grandes et caduques. La qualité de la chair est devenue proverbiale et plaît au goût par une délicatesse particulière de saveur. Les nageoires ventrales sont, comme celles de la perche, d'un pourpre brillant, et les iris de l'œil scintillent comme des rubis et des grenats. La longueur du gardon est généralement comprise entre neuf et dix pouces, mais parfois beaucoup plus.

LE BLEAK, (*Cyprinus alburnus* ,)

EST presque allié au gardon. C'est un petit poisson scintillant, familier à la plupart des gens car il joue lors des chaudes soirées d'été à la surface des rivières à la recherche de mouches, de miettes de pain, etc. Les écailles sont utilisées dans la fabrication de perles artificielles.

LA BRÈME, (*Cyprinus Brama* ,)

C'EST un poisson plat, semblable à la carpe sur plusieurs points, mais beaucoup plus large proportionnellement à sa longueur et à son épaisseur. Sa tête est tronquée, la mâchoire supérieure un peu saillante ; le front est d'un noir bleuâtre ; joues jaunâtres; corps olive, plus pâle en dessous ; nageoires obscures, avec un processus conique oblong à la base des nageoires ventrales ; vingt-neuf rayons dans la nageoire anale ; sa plus grande longueur est d'environ deux pieds. Les écailles sont grandes et d'une couleur vive ; la queue a la forme d'un croissant. Il fréquente les parties les plus profondes des rivières, des lacs et des étangs. Ces poissons frayent en mai, s'enfermant alors si soigneusement dans la vase au fond de l'eau qu'on les trouve rarement avec des œufs mous ou durs, de sorte que dans certains pays, le nom est souvent utilisé pour désigner la stérilité. La chair n'est pas comparable à celle de la carpe.

La brème blanche ne pèse jamais plus d'une livre et est par conséquent beaucoup plus petite que la brème commune ou carpe, qui pèse fréquemment sept ou huit livres.

Dans quelques-uns des lacs d'Irlande, on capture de grandes quantités de brèmes, la plupart d'entre elles étant de très grande taille, pesant parfois jusqu'à douze ou même quatorze livres chacune. Un endroit convenablement situé pour la pêche est appâté avec des céréales ou d'autres aliments grossiers pendant dix jours ou quinze jours régulièrement, après quoi un grand sport est généralement pratiqué. Le groupe en capture fréquemment plusieurs quintaux, qui sont distribués aux pauvres du voisinage, qui les divisent et les sèchent avec grand soin, pour les manger avec leurs pommes de terre.

LE VAMIN. (*Cyprinus phoxinus.*)

LE corps du vairon est d'un vert noirâtre, avec des panachures bleues et jaunes ; l'abdomen argenté; petites écailles; dix rayons dans les nageoires ventrale, anale et dorsale ; queue fourchue et marquée près de la base d'une tache sombre. Sa longueur est d'environ trois pouces.

Ce poisson magnifique et bien connu est grégaire et est fréquent dans les ruisseaux et ruisseaux clairs et graveleux de nombreuses régions d'Europe. En Grande-Bretagne, il apparaît en mars et est rarement observé après octobre. Il fraye en juin et se trouve en effet dans les œufs pendant la plus grande partie de l'été. Il est facilement apprivoisé et, en captivité, on peut lui apprendre à cueillir des mouches ou des filaments de bœuf dans la main.

La chair du vairon est extrêmement délicate, mais le poisson est si petit qu'il en faudrait un grand nombre pour faire un plat, et par conséquent il est rarement utilisé pour l'alimentation humaine. Sa principale valeur est celle d'appât pour attraper d'autres poissons. Dans certaines régions de l'Angleterre, il est si abondant qu'il est parfois utilisé comme fumier.

LA LOCHE, (*Cobitis barbatula* ,)

QUI appartient également à la famille des carpes, est un petit poisson, avec six barbes à la bouche. Il habite de petits ruisseaux graveleux et se trouve au fond parmi les pierres ; il s'attrape facilement avec un petit ver.

Il est cependant considéré comme un poisson extrêmement savoureux, en raison de sa petite taille et de la difficulté d'en capturer une quantité suffisante, rarement vu à table. Le Loach est très sensible aux changements atmosphériques, comme en témoignent ses mouvements agités. Ils ont parfois été conservés vivants dans des récipients en verre, dans lesquels ils indiquent l'approche des tempêtes avec presque la précision d'un baromètre.

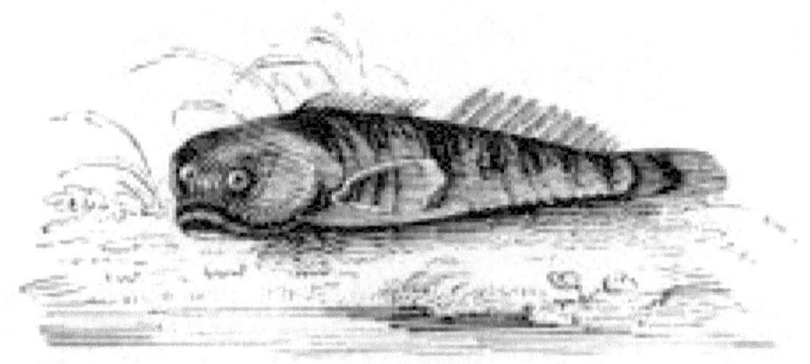

LA TÊTE DE TAUREAU, OU POUCE DE MILLER,

(*Cottus gobio* ,)

ON le trouve dans les ruisseaux et rivières aux eaux claires dans la plupart des régions d'Europe. Il mesure de quatre à cinq pouces de long ; la tête est grosse par rapport au corps, large et déprimée ; les nageoires branchiales sont rondes et joliment crantées. La bouche est grande et pleine de petites dents ; la couleur générale du corps est un noir brunâtre foncé. Ce poisson est remarquablement stupide et peut être attrapé facilement par le pêcheur le plus inexpérimenté, même avec une épingle tordue et un fil grossier. Ses cachettes sont parmi les pierres détachées, sous lesquelles la forme particulière et aplatie de sa tête lui permet de se faufiler. Son nom populaire semble avoir été suggéré par la ressemblance que la tête du poisson est censée avoir avec la forme du pouce d'un meunier, dont la conformation particulière est produite par sa manière d'analyser les échantillons de farine.

L'ÉPINETTE, (*Gastuostius aculiatus* ,)

C'EST l'un de nos plus petits poissons et semble vivre indifféremment en eau douce et en eau salée. Il est extrêmement commun dans tous les étangs, et peut être attrapé facilement, soit avec un filet à main, soit en le pêchant avec un petit ver attaché au bout d'un morceau de coton ; il mord si hardiment qu'il peut être tiré hors de l'eau sans l'aide d'un hameçon. Son nom d'Épinoche lui est donné parce qu'il a de fines épines sur le dos au lieu d'une nageoire ; les côtés de son corps sont recouverts de fines plaques osseuses et ses nageoires ventrales sont constituées d'épines simples, fortes et acérées, qui constituent de redoutables armes offensives.

L'Épinoche, quoique si commune, est un des poissons les plus intéressants, à cause de la singularité de ses habitudes dans la saison de reproduction. Au lieu de déposer ses œufs dans le sable ou la boue et de les laisser se débrouiller seuls, l'Épinoche construit un curieux nid de fragments de matière végétale, et le défend vaillamment contre tous les intrus jusqu'à l'éclosion des petits ; la sollicitude parentale ne cesse que lorsque les jeunes épinoches sont devenues trop grosses pour être plus contrôlées. Ce qui est curieux dans cette affaire, c'est que c'est le mâle qui prend toute cette peine ; il construit le nid, s'expose à tous les dangers pour le défendre et surveille avec inquiétude les aléas de sa jeune progéniture, la femelle n'ayant d'autre choix que de déposer ses œufs dans le nid déjà préparé.

L'Épinoche est un poisson extrêmement pugnace. Les mâles se battent furieusement et les couleurs de leur corps deviennent beaucoup plus brillantes lorsqu'ils sont ainsi occupés qu'à tout autre moment.

L'ANGUE ÉLECTRIQUE. (*Gymnotus Electricus.*)

CE poisson très remarquable a environ cinq ou six pieds de longueur et douze pouces de circonférence dans la partie la plus épaisse de son corps. La tête est large, plate et grosse ; la bouche large et dépourvue de dents ; le rostre obtus et arrondi ; les yeux petits et de couleur bleuâtre ; le dos est brun foncé, les côtés gris et l'abdomen d'un blanc terne. Sur tout le corps, il existe plusieurs divisions annulaires, ou plutôt des crêtes cutanées, qui donnent au poisson le pouvoir de se contracter ou de se dilater à son gré. Il n'y a pas de nageoire dorsale, et les nageoires ventrales manquent également, comme chez toutes les anguilles. Il est capable de nager aussi bien en arrière qu'en avant.

M. Bryant mentionne un cas où le choc provoqué par l'un de ces poissons a été ressenti à travers une épaisseur considérable de bois. Un matin, pendant qu'il se trouvait là, alors qu'un domestique vidait une cuve dans laquelle était contenue une anguille électrique, il l'avait soulevée entièrement de terre, et versait l'eau pour la renouveler, lorsqu'il reçut un choc si fort. violent qui l'a amené à laisser tomber la baignoire. Il appela alors une autre personne à son aide, et ils soulevèrent ensemble la baignoire, chacun ne s'appuyant que sur l'extérieur. Alors qu'ils vidaient le reste de l'eau, ils reçurent un choc si violent qu'ils furent obligés d'y renoncer.

Des personnes ont été renversées d'un coup. Un de ces poissons ayant été pris d'un filet et déposé sur l'herbe, un marin anglais, malgré toutes les persuasions qu'on employait pour l'en empêcher, insistait pour le reprendre ; mais dès qu'il l'a saisi, il est tombé dans une crise ; ses yeux étaient fixes, son visage devint livide, et ce ne fut pas sans peine qu'il retrouva ses sens. Il a dit qu'à l'instant où il l'a touché, « le froid a parcouru rapidement son bras jusqu'à son corps et l'a transpercé jusqu'au cœur ».

Humboldt nous dit que lorsque les Indiens veulent attraper ces anguilles, ils conduisent des chevaux sauvages à travers les étangs où habitent les poissons ; et que lorsque les Anguilles ont épuisé leur puissance électrique sur les chevaux, les Indiens les prennent sans difficulté. Il raconte un cas dans lequel il dit que les chevaux, assommés par les secousses qu'ils recevaient, coulèrent sous l'eau, mais que la plupart d'entre eux se relevèrent et gagnèrent le rivage, où ils gisèrent étendus sur le sol, apparemment tout à fait épuisés et sans le moindre effort. pouvoir de bouger, tant ils étaient stupéfaits et engourdis. Cependant, au bout d'un quart d'heure environ, les Anguilles parurent épuisées et, au lieu d'attaquer les chevaux frais qu'on conduisait dans l'étang, s'enfuirent devant elles. Les Indiens entraient alors dans l'eau et attrapaient autant de poissons qu'ils le voulaient. [B]

[B] Voir un récit très animé de la capture de ce poisson, dans « Views of Nature » de Humboldt, page 16 (*édition Bohn*).

Ce poisson des plus singuliers est particulier à l'Amérique du Sud, où on ne le trouve que dans les mares stagnantes, très éloignées de la mer.

L'anguille. (*Anguilla vulgaris.*)

L'ANGUILLE ressemble à un serpent dans sa forme, bien qu'il n'y ait pas deux animaux plus différents à tous autres égards. Les anguilles sont des poissons d'eau douce ; mais comme ils sont très sensibles au froid, ceux qui habitent les rivières descendent chaque automne vers la mer, qui est toujours plus chaude qu'une rivière, et reviennent au printemps. On dit qu'elles frayent également dans la mer, et un grand nombre de jeunes anguilles sont observées au printemps en remontant les rivières à marée. M. Edward Jesse, dans son édition de « Walton's Angler », dit : « Une colonne d'entre eux a été retracée dans la Tamise depuis Somerset House jusqu'à Oxford, vers la mi-mai, et j'ai observé leur progression avec beaucoup d'intérêt. Aucun obstacle ne les arrête. Ils se tiennent autant que possible près du rivage, et lorsqu'ils passent des cours d'eau, des fossés ouverts, des ruisseaux, etc., quelques-uns d'entre eux quittent la colonne et entrent dans ces endroits, le long desquels ils se dirigent finalement vers des étangs, des rivières plus petites, etc. L'instinct migratoire de ces petites anguilles est si fort, que lorsque j'en ai pris dans un seau et que je les ai ramenés à la rivière à quelque distance de la colonne, elles l'ont immédiatement rejoint sans aucune déviation à droite ni à gauche. Sur les rives de la Tamise, le passage s'appelle *Eel-fare* . Deux observateurs, surveillant leur progression à Kingston, calculèrent que de seize à dix-huit cents franchissaient une ligne donnée par minute. Rennie aperçut (le 13 mai) une colonne de jeunes anguilles de taille uniforme, à peu près aussi épaisses qu'une plume de corbeau et longues de trois pouces, retournant à la rivière Clyde, dans un ordre presque militaire, se tenant dans des lignes parallèles d'environ six mètres. pouces. Il l'a suivi pendant plusieurs heures sans s'apercevoir d'aucune diminution. Ceux qui vivent dans les étangs recherchent les eaux profondes pour leurs quartiers d'hiver et s'enfouissent parfois dans la boue au fond. Ils sont très tenaces et vivront longtemps hors de l'eau ; on les trouve même quelquefois sur l'herbe, passant d'un étang à l'autre, à la recherche, dit-on, de nourriture.

Ce sont des mangeurs voraces, mangeant des grenouilles, des escargots et d'autres mollusqueurs, des vers, des alevins de poissons et des larves de divers insectes, ainsi que de l'herbe et des mauvaises herbes aquatiques. M. Jesse déclare qu'il les a vus manger des jeunes canards et même des rats d'eau.

L'anguille est capturée de différentes manières. Comme il bouge rarement pendant la journée, la meilleure méthode consiste à installer des lignes de nuit. Les appâts les plus couramment utilisés sont les lob-worms, les loches, les vairons, les petites perches dont les nageoires sont coupées ou les petits morceaux de n'importe quel poisson ; mais la voracité de cet animal est telle qu'il mord à presque tous les appâts.

Le harponnage des anguilles est une méthode très couramment utilisée pendant l'hiver, lorsque les anguilles s'enfouissent en état de torpeur dans les berges boueuses des ruisseaux et des étangs. Les lances à anguille ont généralement six ou sept dents, avec de longs manches. Le procédé consiste simplement à les plonger dans la boue à des endroits probables et à les retirer à nouveau.

Il ne semble y avoir aucune raison de supposer, comme on le fait communément, que les anguilles sont vivipares ; les vers parasites ont parfois été confondus avec les jeunes animaux.

L'anguille commune pèse souvent plus de vingt livres. La chair est tendre, moelleuse et nourrissante, mais ne convient pas à tous les estomacs.

LE CONGER, OU ANGUILLE DE MER, (*Conger vulgaris* ,)

EST très grand et épais. Son corps est sombre dessus et argenté dessous ; les nageoires dorsale et anale sont bordées de noir ; et la ligne latérale est parsemée de blanc. Sa chair est ferme et était très appréciée des anciens. Il est encore consommé par les classes les plus pauvres, en particulier dans les villes balnéaires, mais il serait aujourd'hui considéré comme grossier et insipide par la plupart des gens.

La voracité du Congre est très grande, et c'est un des ennemis les plus puissants contre lesquels les pêcheurs des îles britanniques ont à lutter. Étant généralement attrapé par un hameçon et une ligne, il nécessite quelques précautions pour atterrir et tuer les plus gros sans danger. On nous dit qu'en de telles occasions, on les a vus s'enlacer autour des jambes d'un pêcheur et se battre avec la plus grande fureur. Ils sont presque incroyablement forts et tenaces. Lorsqu'ils sont tirés par la ligne et débarqués dans un bateau, ils émettent un son fort, rauque et grinçant, ressemblant presque au grondement colérique d'un chien, qui terrifie souvent le pêcheur amateur. À moins d'être saisis avec beaucoup de précaution, ils mordent le plus gravement. On dit même que des hommes en ont parfois été mutilés de façon permanente. Un Congre, long de six pieds, fut capturé dans le Wash, à Yarmouth, en avril 1808 : mais non sans une lutte sévère avec l' homme qui l'avait saisi. On dit que l'animal s'est levé à moitié droit et qu'il a effectivement renversé le pêcheur avant qu'il ait pu le sécuriser. Ce Congre ne pesait qu'une soixantaine de livres : mais quelques-uns des plus gros dépassent même le quintal.

Livre IV.

REPTILES.

§ 1. *Serpents ou Reptiles Ophidiens.*

SERPENTS.

SERPENTS.

LES SERPENTS se caractérisent par un corps allongé, vêtu d'écailles et dépourvu de membres, mais muni d'une queue. Ils se déplacent par ondulations latérales du corps ; et de cette manière, ils glissent avec la même aisance sur le sol nu, à travers les fourrés enchevêtrés ou l'eau, et sur les troncs d'arbres. Ils possèdent le pouvoir de jeûner pendant une longue période et, lorsqu'ils se nourrissent, ils avalent toujours leurs proies entières, ce qu'ils sont capables d'accomplir grâce à leur faculté de dilater leur corps jusqu'à une taille énorme. Ce pouvoir est porté à tel point qu'un Boa Constrictor peut avaler un bœuf entier, sans autre inconvénient que celui de rester en état de torpeur pendant la digestion. Les serpents s'enroulent généralement lorsqu'ils sont au repos, la tête au centre ; et lorsqu'ils sont dérangés, ils relèvent la tête avant de dérouler le corps. Le Serpent est souvent fait un sujet de poésie ; et comme c'était la forme adoptée par l'archi-démon pour séduire Ève, elle est généralement considérée comme l'emblème de l'insinuation et de la flatterie :

« ———— ———— ———— ———— sur son arrière,
base circulaire de plis montants qui dominaient
le pli au-dessus du pli, un labyrinthe surprenant, sa tête
levée en l'air et ses yeux en forme d'escarboucle.
Avec son cou bruni d'or verdoyant, dressé
Au milieu de ses flèches circulaires qui
flottaient redondantes sur l'herbe ; sa forme était agréable

et charmante... Souvent, il inclinait
la crête de sa tourelle et son cou élégant et émaillé,
flattant, et léchait le sol sur lequel elle marchait.
PARADIS PERDU.

Les anciens rendaient de grands honneurs aux Serpents, et les appelaient parfois de bons génies : ils fréquentaient les sépulcres et les sépultures, et étaient interpellés comme les divinités tutélaires de ces lieux. On lit, dans le cinquième livre de l'Énéide, que lorsque le héros troyen sacrifia au fantôme de son père, un Serpent de cette espèce fit son apparition :

« ——— ——— et du tombeau commença à glisser
Son énorme masse sur sept volumes élevés roulés ;
Son dos était bleu et strié d'écailles dorées.
Ainsi chevauchant ses boucles, il semblait faire passer
un feu roulant et brûler l'herbe ;
Des couleurs plus variées parcourent son corps,
Que l'Iris lorsque son arc s'imprègne du soleil.
Entre les autels montants et autour,
Le monstre sacré filait sur le sol ;
Avec un jeu inoffensif, il passa parmi les bols,
et, avec sa langue pendante, en évalua le goût.
Ainsi nourri de nourriture sainte, l'hôte merveilleux
Dans le tombeau creux se retira pour se reposer.
DRYDEN.

Cet animal était exalté à l'honneur d'être un emblème de prudence et même d'éternité ; et est souvent représenté comme ce dernier dans les hiéroglyphes égyptiens, se mordant la queue de manière à former un cercle. Les serpents sont très nombreux en Afrique ; et Lucain, dans sa Pharsale, nous donne un récit très extraordinaire des différentes espèces, qu'il semble avoir tiré en partie d'anciens auteurs grecs, en partie de traditions actuelles. Il dit:

« Pourquoi de tels fléaux infectent l'air libyen ;
Pourquoi des décès inconnus sous diverses formes apparaissent ;
Pourquoi, féconde à détruire, la terre maudite
est ainsi tempérée par la main secrète de la nature ;
Sombre et obscure, la cause cachée demeure,
et trompe toujours les douleurs du vain chercheur.
"LUCAN" DE ROWE.

Les serpents diffèrent beaucoup par leur taille. On nous parle de serpents dans l'île de Java mesurant cinquante pieds de long ; et au British Museum il y a une peau de trente-deux pieds de long.

LA VIPÈRE, OU VIPERA, (*Vipera berus* ,)

C'EST une espèce de serpent venimeux qui dépasse rarement la longueur de deux ou trois pieds, et est d'une couleur brun jaunâtre terne avec des taches noires, l'abdomen étant entièrement noir ; la tête a presque la forme d'un losange et est beaucoup plus épaisse que le corps. La Vipère est vivipare ; cependant il est assuré que les œufs sont formés, quoiqu'ils éclosent dans le corps de la mère.

Le révérend M. White, de Selborne, en compagnie d'un ami, surprit une grande femelle vipère, allongée sur l'herbe, se prélassant au soleil, qui semblait très lourde et gonflée. Comme les vipères sont si venimeuses qu'elles devraient être détruites, elles la tuèrent ; et ensuite, curieux de savoir ce qui la rendait si grande, ils l'ouvrirent et trouvèrent dans son abdomen quinze petits, à peu près de la taille de vers de terre adultes. Ces petits alevins sont venus au monde avec le véritable esprit Vipère, faisant preuve d'une grande vigilance dès qu'ils étaient dégagés du corps de leur parent. Ils se tordaient et se tortillaient, se redressaient et restaient bouche bée lorsqu'on les touchait avec un bâton ; exhibant des signes évidents de menace et de défi, bien qu'aucun croc n'ait encore pu être découvert, même à l'aide de lunettes.

Les vipères atteignent leur pleine croissance en sept ans ; ils se nourrissent de grenouilles, de crapauds, de lézards et d'autres animaux de cette espèce, et on assure même qu'ils capturent des souris et des petits oiseaux, dont ils semblent très friands. Ils jettent leur peau chaque année. Les deux dents de devant de la mâchoire supérieure de la Vipère sont munies d'une petite vessie contenant du poison. Il n'y a aucun doute que ce poison, qui semble avoir été infusé par la Providence dans les mâchoires de la vipère et d'autres serpents, pour se venger de leurs ennemis, est si inoffensif pour l'animal lui-même, que lorsqu'il est avalé par lui, il ne fait que sert à accélérer sa digestion. Ces dents ou crocs venimeux se dressent, chacune par elle-même, sur un petit os mobile ; cette disposition permet à l'animal de replier ses redoutables armes dans la gueule, et de les dresser instantanément lorsqu'elle a besoin de s'en servir. La Vipère est très patiente face à la faim et peut rester plus de six mois sans nourriture. En captivité, il refuse toute nourriture, et l'acuité de son venin diminue en proportion : en liberté, il reste engourdi tout l'hiver ; cependant, lorsqu'il est confiné, on n'a jamais observé qu'il prenait son repos annuel.

La Vipère est originaire de nombreuses régions de cette île, principalement des comtés secs et crayeux. Sa chair était autrefois utilisée pour le bouillon et très appréciée en médecine, notamment pour restaurer les constitutions affaiblies. Il était également utilisé comme cosmétique, étant censé rendre le teint clair. C'est probablement à cause de l'usage que faisaient les anciens de cet animal en médecine qu'Esculape est représenté avec un serpent. Le meilleur remède contre la morsure de vipère est de sucer la plaie, ce qui peut se faire sans danger, puis de la frotter avec de l'huile douce et de la cataplasmer avec du pain et du lait.

LA VIPÈRE À CORNES. (*Céraste Hasselquistii.*)

CETTE espèce de vipère est presque voisine de l'aspic, et a sur chaque paupière une substance cornée pointue et solide, formée de deux écailles saillantes : son corps est d'une couleur jaunâtre pâle ou grisâtre, avec des taches brunes transversales lointaines sub-ovales ; et sa longueur varie d'un à deux pieds.

Cette espèce est souvent mentionnée par les anciens. Pline nous dit que « le serpent Céraste a plusieurs fois quatre petites cornes, saillantes en double ; avec quoi elle amuse les oiseaux et les entraîne à les attraper, cachant tout le reste de son corps.

On le trouve dans les déserts sablonneux d'Égypte et des pays voisins, et on pense qu'il s'agit de l'Aspic avec lequel Cléopâtre a échappé à la honte de devenir prisonnière de son conquérant romain.

LE Serpent à sonnettes, (*Crotalus horridus* ,)

EST originaire du Nouveau Monde, et atteint cinq ou six, et parfois jusqu'à huit pieds de longueur, et est presque aussi épais qu'une jambe d'homme. Elle n'est pas sans rappeler la vipère, ayant une grosse tête et un petit cou, et infligeant une blessure très dangereuse. Au-dessus de chaque œil se trouve une grande écaille pendante dont l'usage n'a pas encore été déterminé ; le corps est écailleux et dur, panaché de plusieurs couleurs différentes. La principale caractéristique de ce serpent justement redouté est la crécelle, sorte d'instrument ressemblant à la gourmette d'une bride, à l'extrémité de la queue ; il est formé d'os minces, durs, creux, liés entre eux et cliquetant au moindre mouvement. Lorsqu'elle est dérangée, la créature secoue ce hochet avec un bruit et une rapidité considérables, frappant de terreur tous les petits animaux, qui ont peur du venin destructeur que ce serpent communique au membre blessé par sa morsure. La blessure qu'inflige le serpent à sonnettes, grâce à l'acuité rare et à la fluidité rapide du poison, met généralement fin au tourment et à la vie de la malheureuse victime au bout de six ou sept heures.

Un serpent de cette espèce exposé à Londres dans une ménagerie d'animaux étrangers, en 1810, blessa la main d'un charpentier, qui réparait sa cage et cherchait sa règle. L'homme a souffert des douleurs les plus atroces et sa vie n'a pas pu être sauvée, bien qu'une assistance médicale ait été immédiatement appliquée et que tous les efforts aient été déployés pour empêcher les effets désastreux du poison. Le propriétaire fut condamné à payer une amende pour le mal causé par le serpent.

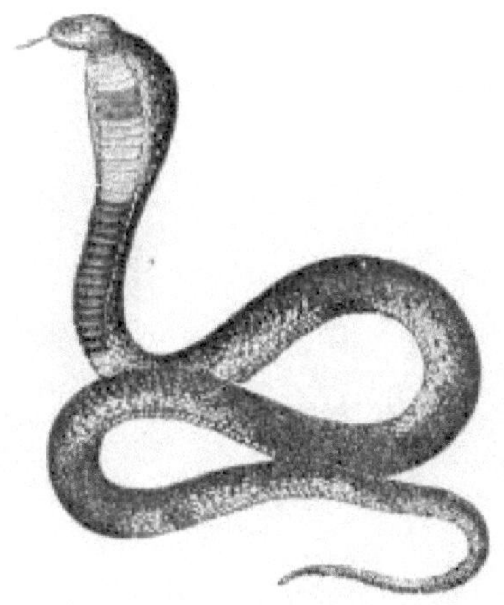

LE HAJE, OU ASP ÉGYPTIEN. (*Naja Haje.*)

LE HAJE , ou Aspic égyptien, mesure de trois à six pieds de longueur ; il a deux dents plus longues que les autres, à travers lesquelles coule le venin. Le corps est couvert de petites écailles rondes et est de couleur verdâtre bordée de brun ; son cou est capable de se gonfler. Les jongleurs d'Egypte, en appuyant avec le doigt cet Aspic sur la nuque, jettent l'animal dans une sorte de catalepsie, qui le rend raide et immobile ; quand ils disent qu'ils l'ont changé en verge. L'habitude qu'a cette espèce de se dresser lorsqu'on l'approche, faisait croire aux anciens Égyptiens qu'elle gardait les champs où elle se trouvait ; et il est sculpté sur les portes de leurs temples comme emblème de la divinité protectrice du monde.

LE SERPENT À CAPUCHE, OU COBRA DI CAPELLO, (*Naja tripudians* ,)

APPELÉ par les Indiens *Nagao* , il mesure de trois à huit pieds de long et possède deux longs crocs dans la mâchoire supérieure. Il a un cou large et une marque brun foncé sur le front ; qui, vu de face, ressemble à une paire de lunettes ; mais derrière, comme une tête de chat. Les yeux sont féroces et pleins de feu ; la tête est petite et le nez plat, quoique couvert d'écailles très-larges, d'une couleur cendrée jaunâtre : la peau est blanche, et la grosse tumeur du cou est plate et couverte d'écailles oblongues et lisses. Ce serpent est extrêmement redouté par les résidents britanniques en Inde, car sa morsure s'est avérée jusqu'à présent incurable, et le malade meurt généralement en une demi-heure.

De cette espèce sont les serpents dansants, qu'on transporte dans des paniers dans tout l'Hindoustan, et qui assurent l'entretien d'un groupe de gens qui jouent quelques notes simples sur la flûte, dont les serpents semblent très ravis, et qui mesurent la mesure à une vitesse métrique. mouvement gracieux de la tête; s'élevant à environ la moitié de leur longueur à partir du sol et suivant la musique avec des courbes douces, comme les lignes ondulantes d'un cou de cygne. C'est un fait bien attesté que, lorsqu'une maison est infestée de ces serpents et de quelques autres du genre coluber, qui détruisent les volailles et les petits animaux domestiques, ainsi que par les plus gros serpents de la tribu des boas, les musiciens sont envoyés pour; qui, en jouant du flageolet, découvrent leurs cachettes et les charment jusqu'à la destruction : car à peine les serpents entendent-ils la musique, qu'ils sortent doucement de leur retraite et sont facilement pris. J'imagine que ces serpents musicaux étaient connus en Palestine, par le Psalmiste comparant l'impie à la vipère sourde, qui se bouche les oreilles et refuse d'entendre la voix du charmeur, qui ne le charme jamais aussi sagement.

LE SERPENT, (*Coluber natrix* ,)

C'EST le plus grand de tous les serpents anglais, dépassant parfois quatre pieds de longueur. La couleur du corps est panachée de jaune, de vert, de blanc et de taches régulières de brun et de noir. Ils semblent s'amuser en se prélassant au soleil, au pied d'un vieux mur. Cet animal est parfaitement inoffensif, bien que de nombreux rapports aient circulé et aient cru le contraire ; il se nourrit de grenouilles, de vers, de souris et de diverses espèces d'insectes, et passe la plus grande partie de l'hiver dans un état de torpeur. Au printemps, ils réapparaissent et, à cette époque, leur peau est uniformément moulée. C'est un processus qu'ils semblent également subir en automne. M. White dit : « Vers la mi-septembre, nous avons trouvé dans un champ, près d'une haie, la mue d'un gros serpent, qui semblait avoir été nouvellement lancé. Il semblait tourné vers l'envers vers l'extérieur, et comme s'il avait été retiré vers l'envers, comme un bas ou un gant de femme. Non seulement la peau entière, mais même les écailles des yeux étaient arrachées et apparaissaient dans la mue comme une paire de lunettes. Le reptile, au moment de changer de pelage, s'était emmêlé de manière complexe dans l'herbe et les mauvaises herbes, afin que le frottement des tiges et des brins puisse favoriser ce curieux déplacement de ses exuvies.

LE BOA CONSTRICTEUR.

CET immense animal a souvent vingt pieds de longueur, et quelquefois même trente-cinq ; la couleur de fond de sa peau est gris jaunâtre, sur laquelle se répartit, le long du dos, une série de grandes panachures en forme de chaîne, brun rougeâtre, et parfois parfaitement rouges, avec d'autres marques et taches plus petites et plus irrégulières. Il est originaire d'Amérique du Sud, où il réside principalement dans les endroits les plus retirés des bois et des marais.

La morsure de ce serpent n'est pas venimeuse et l'animal ne mord pas du tout, sauf pour saisir sa proie. Il tue sa proie en s'enroulant autour d'elle et en lui brisant les os.

Le *Python* et l' *Anaconda* , qui sont au moins aussi grands que le Boa Constrictor, se trouvent principalement dans les îles Indiennes : ils sont très semblables tant par la forme que par la coloration au Boa, et ont exactement les mêmes mœurs.

Ces monstres attaqueront et dévoreront les plus gros animaux, dont voici un exemple : Un Boa attendait depuis quelque temps près du bord d'un étang dans l'attente de sa proie, lorsqu'un buffle apparut. S'étant précipité sur la bête effrayée, elle commença aussitôt à l'encercler de ses volumineuses torsions, et à chaque torsion on entendait les os du buffle craquer aussi fort que le bruit d'un fusil. C'était en vain que l'animal se débattait et beuglait ; son énorme ennemi l'enlaça si étroitement qu'à la fin tous ses os furent brisés en morceaux, comme ceux d'un malfaiteur sur la roue, et le corps tout entier fut réduit à une masse uniforme : le serpent dénoua alors ses plis pour avaler sa proie. à loisir. Pour s'y préparer, et aussi pour le faire glisser plus doucement dans la gorge, il léchait tout le corps, le recouvrant d'une substance mucilagineuse. Il commença alors à l'avaler, à l'extrémité qui offrait le moins de résistance, et dans l'acte d'avaler, la gorge souffrit une dilatation si grande qu'elle absorba une substance qui était trois fois son épaisseur ordinaire.

L'AMPHISBÆNA. (*Amphisbæna fuliginosa.*)

CE nom n'est maintenant appliqué qu'à un genre de reptiles sud-américains, qui sont d'une nature inoffensive, étant dépourvus de ces crocs qui préparent le venin des serpents venimeux. Il est en effet douteux que les Amphisbænas soient réellement des serpents, et, selon de nombreux naturalistes, ils sont classés parmi les lézards, bien qu'ils n'aient pas de membres. La tête est si petite et la queue si épaisse et si courte, qu'à première vue il est difficile de distinguer l'une de l'autre ; et cette circonstance, jointe à l'habitude qu'a l'animal de procéder soit en arrière, soit en avant, selon que les circonstances l'exigent, fit supposer dans toutes les régions indigènes de l'Amphisbæna, qu'il avait deux têtes, une à chaque extrémité, et qu'il était impossible de détruisez-en une par simple coupe, car les deux têtes se chercheraient mutuellement et se réuniraient ! La couleur de l'espèce la plus commune est un brun foncé varié avec des taches blanches. Le corps est orné de plus de deux cents anneaux, et la queue d'environ vingt-cinq. Les yeux sont presque cachés par une épaisse membrane, ce qui, joint à leur petite taille, a fait naître l'idée que l'Amphisbæna est aveugle. Il atteint une longueur de dix-huit pouces ou deux pieds. Sa nourriture est constituée de vers et d'insectes, et surtout de fourmis, dans les monticules desquels il se cache généralement. Les anciens donnaient le nom d'Amphisbæna à ce qu'ils considéraient comme un serpent à deux têtes ; mais on ne sait pas avec certitude de quelle tribu de serpents ils parlaient, car leur Amphisbæna est décrite par Lucain comme venimeuse, bien que dans ses vers l'élégance du langage, la beauté de la versification et la vivacité de l'imagination aient peut-être plus de prétentions que la vérité à le faire. l'admiration du lecteur:—

« Avec des sifflements féroces, les terribles Amphisbænas dressent
leurs doubles têtes et éveillent la peur du soldat.
Il vole avec impatience : plus ils poursuivent avec impatience ;
De tous côtés, l'apparition se renouvelle rapidement !
Avec la même rapidité, affrontez ou évitez la proie,
et suivez-la rapidement lorsqu'elle pense s'enfuir.

Ainsi, sur les métiers à tisser, les navettes occupées glissent,
volent alternativement et tirent de chaque côté.

§ II. *Reptiles batraciens.*

LA GRENOUILLE. (*Rana temporaire.*)

LORSQUE ce reptile sort de l'œuf, il ne s'agit que d'une masse noire et ovale,
avec une queue fine. Ce têtard, comme on l'appelle alors, est l'embryon de la
Grenouille, et lorsqu'il a atteint une certaine taille, son corps acquiert
progressivement la forme de celui de la Grenouille, ses pattes poussent sur
ses côtés, et enfin sa queue est rejetée. . Cette métamorphose est une des plus
curieuses de la nature et mérite notre observation. Comme les autres reptiles,
il n'a pas besoin de respirer pour mettre son sang en circulation, car il dispose
d'une communication entre les deux ventricules du cœur. Il vit au printemps
dans les étangs, les ruisseaux, les fossés boueux, les terrains marécageux et
autres lieux aquatiques, en été dans les champs de maïs et les pâturages. Sa
voix provient de deux vessies, une de chaque côté de la bouche, qu'elle peut
remplir de vent. Lorsqu'il coasse, il sort la tête de l'eau. Les pattes
postérieures de la grenouille sont beaucoup plus longues que les pattes
antérieures, pour l'aider dans ses sauts répétés et étendus. L'ensemble du
corps présente un peu de ressemblance avec certains animaux à sang chaud,
principalement au niveau des cuisses et des orteils. La grenouille est
extrêmement tenace et survit souvent à l'abscission de sa tête pendant

plusieurs heures. On suppose que les grenouilles passent tout l'hiver au fond d'une eau stagnante, en état de torpeur.

Il existe plusieurs espèces de grenouilles ; ils sont tous ovipares et les œufs sont gélatineux. La *grenouille comestible* est l'espèce utilisée en France et en Allemagne pour l'alimentation ; il est considérablement plus grand que l'espèce commune, et bien que rare en Angleterre, il est très abondant en France, en Allemagne et en Italie. Sa couleur est vert olive, marquée de taches noires sur le dos et sur ses membres de barres transversales de même. Depuis le bout du nez, trois bandes distinctes de jaune pâle s'étendent jusqu'à l'extrémité du corps, celle du milieu légèrement déprimée et les latérales considérablement surélevées. Les parties supérieures sont d'une couleur blanchâtre pâle, teintées de vert et marquées de taches brunes irrégulières. Ces créatures sont amenées du pays, trente ou quarante mille à la fois, à Vienne, et vendues aux grands marchands, qui ont pour elles des grenouilles, qui sont des fosses de quatre ou cinq pieds de profondeur, creusées dans la terre, la bouche couverte de une planche, et par gros temps avec de la paille. En 1793, il n'y avait à Vienne que trois grands marchands qui approvisionnaient les personnes qui les apportaient au marché, prêtes à être cuisinées. Seules les pattes et les cuisses sont mangées, et celles-ci sont toujours écorchées. Ils sont plutôt chers, car ils sont considérés comme un mets très délicat. Les grenouilles comestibles sont capturées de diverses manières, tantôt la nuit, au moyen de filets dans lesquels elles sont attirées par la lumière de torches réalisées à cet effet, et tantôt au moyen d'hameçons, appâtés avec des vers, des insectes, de la chair, ou même un peu de tissu rouge. Ils sont extrêmement voraces et s'emparent de tout ce qui bouge devant eux.

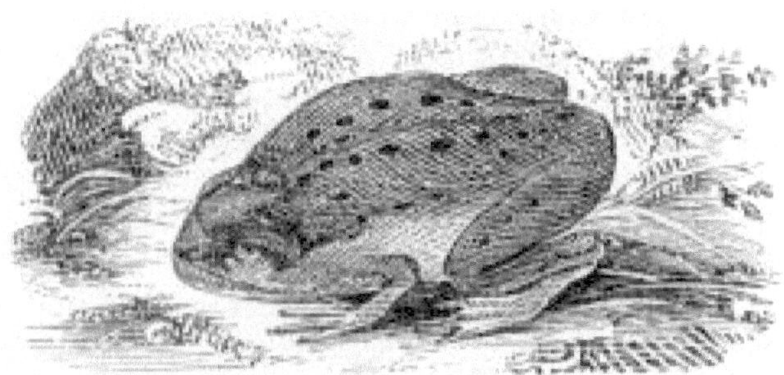

LE CRAPAUD, (*Bufo vulgaris* ,)

DONT LE nom même semble avoir une signification quelque peu opprobre, n'est pas indigne de l'attention de l'observateur de la nature ; car, bien que des préjugés et de fausses associations aient apposé un stigmate sur certaines espèces d'animaux, aucune des œuvres de notre Créateur n'est méprisable, mais toutes, plus elles sont examinées minutieusement, plus elles méritent davantage notre admiration. Un peu comme la grenouille par le corps, elle ressemble aussi à cet animal par ses habitudes ; mais la grenouille saute, tandis que le crapaud rampe. C'est une erreur de supposer que le crapaud est un animal nuisible et venimeux ; il est aussi inoffensif que la grenouille et, comme certains humains, ne travaille que sous le stigmate d'une calomnie imméritée. Plusieurs histoires ont été racontées sur son poison crachant, ou sur sa capacité à expulser le venin qu'il aurait pu recevoir de l'araignée ou de tout autre animal ; mais ces fables ont été depuis longtemps détruites. Un phénomène curieux et pourtant inexplicable est que des crapauds auraient été trouvés vivants au centre de gros blocs de pierre, où ils ont dû subsister sans nourriture ni respiration pendant plusieurs années. Voici quelques exemples enregistrés : En 1719, M. Hubert, professeur de philosophie à Caen, fut témoin d'un crapaud vivant retiré du tronc solide d'un orme. Elle était logée exactement au centre et remplissait tout l'espace qui la contenait. L'arbre était à tous autres égards ferme et sain. Le Dr Bradley a vu un crapaud extrait du tronc d'un grand chêne. En 1733, un crapaud vivant fut découvert par M. Grayburg dans un bloc de pierre dur et solide qui avait été creusé dans une carrière de Gothland. Lorsqu'on l'a touché avec un bâton sur la tête, nous informe-t-il, il a contracté ses yeux comme s'il dormait, et lorsque le bâton a été déplacé, il les a progressivement ouverts. Sa bouche n'avait pas d'ouverture, mais était fermée par une peau jaunâtre. En étant pressé avec le bâton sur le dos, une petite quantité d'eau claire en sortit par derrière, et il mourut aussitôt. Un crapaud vivant a été trouvé dans un bloc de marbre au château de Chillingham, appartenant à Lord Tankerville, près d'Alnwick, dans le Northumberland.

Certains de ces cas sont relatés d'une manière qui rend difficile de douter que les observateurs aient décrit *ce qu'ils croyaient voir* ; mais l'apparition des phénomènes tels que décrits semble si absolument impossible que nous sommes obligés de supposer que ces écrivains ont été induits en erreur d'une manière ou d'une autre. Il ne fait aucun doute qu'il existe un certain fondement à bon nombre des histoires en question, mais nous devons attendre avec impatience de nouvelles observations pour leur explication ; comme le dit M. Bell : « Croire qu'un crapaud, enfermé dans une masse d'argile ou autre substance similaire, existera entièrement sans air ni nourriture pendant des centaines d'années, et qu'il sera enfin libéré vivant et capable de ramper, sur la fragmentation de la matrice, maintenant devenue un roc solide, est certainement une exigence de notre crédulité à laquelle peu de gens seraient prêts à répondre.

En ce qui concerne la durée de vie de ces animaux, il est impossible d'affirmer quoi que ce soit de décisif, mais plusieurs faits prouvent que certains d'entre eux sont dotés d'une longévité étonnante.

Un correspondant de M. Pennant lui a fourni quelques curieux détails concernant un crapaud domestique, qui est resté au même endroit pendant *trente-six* ans. Il fréquentait les marches devant la porte d'entrée d'une maison de gentleman du Devonshire. En étant constamment nourri, il était devenu si apprivoisé qu'il sortait toujours de son trou le soir lorsqu'on lui apportait une bougie, et levait les yeux comme s'il s'attendait à être transporté dans la maison, où il était fréquemment nourri d'insectes. Un animal de cette description étant si remarqué et si apprécié, excitait la curiosité de tous ceux qui venaient à la maison, et même les femelles surmontaient si bien les horreurs que leur inculquaient leurs nourrices qu'elles demandaient généralement à le voir nourri. Il semblait avoir un faible pour les vers de chair, qui étaient conservés dans le son. Il les suivait sur la table, et, lorsqu'il était à bonne distance, fixait ses yeux et restait immobile un moment, apparemment pour se préparer au coup qui allait suivre, et qui était instantané. Il lançait sa langue à une grande distance, et l'insecte, collé par la matière gluante jusqu'à son extrémité, était avalé d'un mouvement plus rapide que l'œil ne pouvait le suivre. Après avoir été gardé plus de trente-six ans, il fut enfin détruit par un corbeau apprivoisé, qui, un jour, le voyant à l'entrée de son trou, l'en arracha et le blessa si bien qu'il mourut.

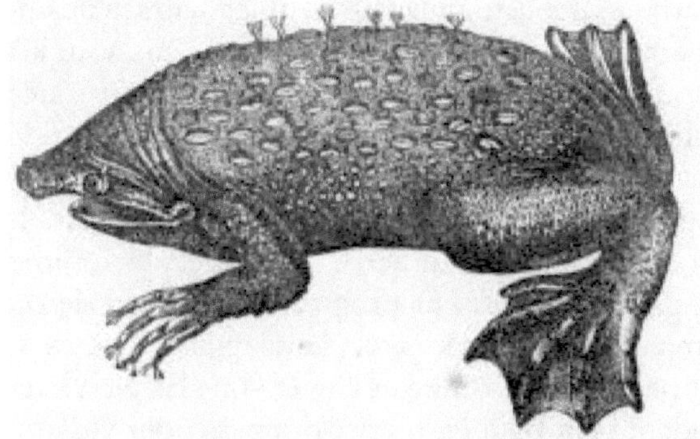

LE CRAPAUD DU SURINAM, (*Pipa Americana* ,)

CELUI-CI est l'un des crapauds les plus laids de tous, et il est remarquable par la façon dont ses jeunes se développent. La femelle, comme celle du Crapaud commun, dépose ses œufs au bord de l'eau, mais au lieu de les y laisser, le mâle prend la masse d'œufs et les dépose sur le dos de sa partenaire en les pressant en un certain nombre. de curieuses fosses qui se forment dans cette partie à la saison de reproduction. Lorsque chacune des fosses a reçu son œuf, l'orifice se ferme par une sorte de couvercle, et le jeune animal subit toutes ses transformations depuis le têtard jusqu'au crapaud parfait dans cet espace assez confiné. Ce curieux crapaud se trouve en Guyane ; il fréquente les coins sombres des maisons et, malgré sa laideur intense, est mangé par les indigènes.

LE TRITON COMMUN. (*Triton aquatique.*)

OUTRE les grenouilles et les crapauds, qui n'ont pas de queue une fois arrivés à leur forme parfaite, il existe plusieurs reptiles batraciens chez lesquels cet appendice est permanent. Les plus connus d'entre eux sont les Tritons, dont deux espèces sont très communes dans les étangs au printemps. Le triton commun mesure trois ou quatre pouces de longueur et est de couleur brun pâle sur le dessus et orange avec des taches noires en dessous. Il a quatre petites pattes palmées et une queue aplatie. En nageant, les pattes sont tournées vers l'arrière pour diminuer la résistance, et l'animal est propulsé principalement par la queue. Leur progression au fond de l'eau et sur terre s'effectue de manière rampante avec leurs pattes petites et faibles. Ces animaux vivent pendant l'automne et l'hiver sous les pierres et les mottes de terre, et descendent vers l'eau en février ou mars pour y déposer leurs œufs. Les œufs sont soigneusement enfermés par les parents dans les feuilles des plantes aquatiques. Les jeunes, à l'éclosion, se présentent sous la forme de têtards ; les pattes poussent ensuite sur les côtés du corps, mais la queue n'est pas rejetée, comme chez les grenouilles. Les vieux tritons restent dans l'eau jusqu'en juillet ou août.

LE GRAND TRITON. (*Triton palustris.*)

CETTE espèce britannique de triton, la plus grande, n'est en aucun cas rare dans nos étangs et nos fossés. Il mesure environ six pouces de longueur ; son dos est foncé et son dessous est de couleur orange, parsemé de petites taches noires ; dans l'ensemble, elle est plus foncée et de couleur plus riche que celle des espèces communes. Pendant la saison de reproduction, les mâles des deux espèces, mais surtout ceux de la plus grande, se parent de crêtes membraneuses et leurs couleurs deviennent beaucoup plus vives. Leur ténacité de vie est très grande ; une fois mutilés, ils reproduiront les parties perdues et pourront être gelés en un solide morceau de glace sans perdre leur vitalité. En ce qui concerne ses habitudes, cet animal est une créature très vorace, et dévore sans ménagement les insectes aquatiques et, en fait, tout petit animal qui se présente sur son chemin. Pour les têtards, il semble avoir une prédilection particulière, et sa gourmandise est telle qu'il n'a pas échappé à l'accusation de cannibalisme. Ces tritons ont été plus d'une fois capturés en train de dévorer des individus des espèces plus petites, mais d'une taille telle qu'il semble y avoir eu une difficulté considérable à les avaler.

§III. *Reptiles sauriens.*

LE LÉZARD. (*Lacerta vivipara.*)

IL s'agit d'une espèce britannique et l'un des très rares reptiles trouvés en Irlande. Ses mouvements sont des plus gracieux. Il sort de sa cachette pendant le jour pour se prélasser au soleil, et lorsqu'il aperçoit un insecte, il se précipite comme un éclair sur lui, le saisit avec ses petites dents pointues et l'avale bientôt. Les petits sont produits dans des œufs, qui éclosent généralement au moment où ils sont pondus, la peau de l'œuf étant si fine que le jeune lézard peut être vu à travers elle.

Le *Lézard vert* (*Lacerta viridis*) est une belle créature. Ses couleurs sont plus brillantes et plus belles que celles de toute autre espèce européenne et présentent un mélange riche et varié de vert plus foncé et plus clair, entrecoupé de taches et de marques de jaune, de brun, de noir et parfois même de rouge. La tête est couverte de grandes écailles angulaires et le reste des parties supérieures de très petites écailles. La queue est généralement beaucoup plus longue que le corps. Sous la gorge se trouve une sorte de collier, formé d'écailles de couleur beaucoup plus foncée que le reste de l'animal.

Le lézard semble parfois abandonner sa douceur naturelle, mais pas plus loin que dans le but d'obtenir de la nourriture. M. Edwards a un jour surpris un lézard en train de se battre avec un petit oiseau, alors qu'elle était assise sur son nid dans une vigne contre un mur, avec des petits nouvellement éclos. Il supposait que le Lézard aurait fait de ce dernier une proie, s'il aurait pu chasser le vieil oiseau de son nid. Il regarda le concours pendant un certain temps ; mais, à son approche, le lézard tomba à terre et l'oiseau s'envola.

L'IGUANE, (*Iguana tuberculata ,*)

ON le trouve couramment dans les régions tropicales de l'Amérique. C'est une grande espèce de lézard, mesurant souvent quatre ou cinq pieds de longueur. Il a une crête de longues dents, ressemblant à un peigne, le long de son dos ; sa queue est longue, effilée et fine ; et sous la gorge, il a une sorte de poche qu'il peut dilater considérablement. La couleur de ce lézard est verdâtre, avec des bandes brunes sur la queue. L'iguane se trouve dans les arbres et se nourrit principalement de fruits et d'autres substances végétales. On l'attrape habituellement en se reposant sur une branche, et par un procédé très simple : le chasseur s'en approche en sifflant, et l'animal est assez stupide pour rester assis, profitant sans doute de la musique, jusqu'à ce qu'un nœud coulant soit attaché au bout d'un bâton. , est passé au-dessus de sa tête. Il est capturé pour le bien de sa chair, considérée comme très délicate.

Un iguane, gardé quelque temps dans une serre à Bristol, était nourri de feuilles de haricots rouges, qu'il dévorait avec avidité, après avoir refusé toute autre sorte de nourriture qui lui avait été offerte. Il semble certain que les iguanes dans leur état naturel ne sont pas entièrement herbivores, mais se nourrissent d'insectes, d'œufs d'oiseaux et d'autres matières animales, ainsi que de plantes. Ils se mettent occasionnellement à l'eau et semblent nager avec aisance. Malgré son apparence repoussante, voire effrayante, l'Iguane est parfaitement inoffensif et inoffensif.

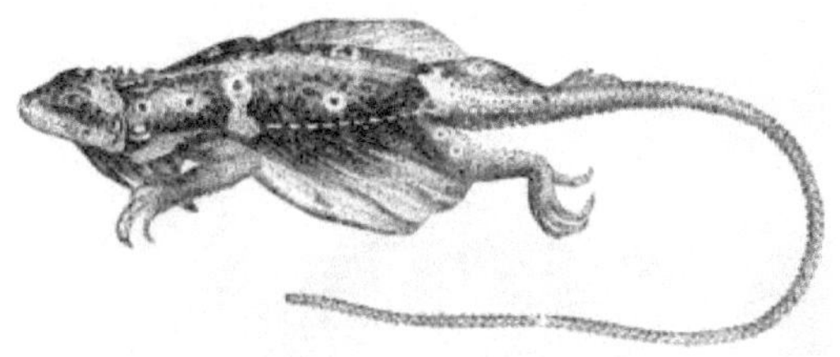

LE LÉZARD VOLANT OU DRAGON.

(*Draco Volans.*)

LES dragons volants, ces terribles créatures décrites par les naturalistes plus anciens, sont sans aucun doute des créatures fabuleuses et même impossibles, et soit entièrement le produit de l'imagination du vulgaire, soit fondés sur des spécimens fabriqués dans le but exprès d'accueillir le naturaliste, qui , autrefois, était un peu trop disposé à croire à des merveilles de ce genre. Les ailes d'une chauve-souris attachées à un corps et des pattes constituées d'une demi-douzaine d'animaux fourniraient autrefois un capital Dragon. Les naturalistes modernes donnent le nom de Dragon à quelques petits lézards habitant les Indes orientales, et qui n'ont aucune de ces terribles qualités attribuées aux monstres fabuleux de l'antiquité. Ils sont apparentés aux iguanes, mais ont de chaque côté du corps une expansion membraneuse, raidie par le prolongement des six premières fausses côtes ; celui-ci agit comme une sorte de parachute et permet aux petites créatures, non pas de voler, mais de sauter ou de glisser dans les airs sur des distances considérables entre un arbre et un autre. Ils vivent entièrement dans les arbres et se nourrissent d'insectes.

LE CAMÉLÉON. (*Chamæleo vulgaris.*)

« Un corps de lézard, mince et long,
Une tête de poisson, une langue de serpent ;
Son pied à triple griffe disjoint ;
Et quelle longueur de queue derrière !
Comme son rythme est lent ! et puis sa teinte !
MERRICK.

LE CAMÉLÉON est un petit animal d'environ dix pouces de long et sa queue
a presque la même longueur. Son corps est recouvert de petits granules
squameux comprimés ; son dos est bordé et sa queue ronde, longue et effilée.
Ses pattes ont chacune cinq doigts, qui sont situés trois d'un côté et deux de
l'autre, afin de lui permettre de saisir fermement les branches : mais partout
où il arrive que celles-ci sont trop grosses pour que l'animal puisse les saisir
avec ses pattes, il s'enroule. autour d'eux, sa longue queue préhensile et fixe
fortement ses griffes dans l'écorce. Lorsqu'il marche sur le sol, il avance d'une
manière extrêmement prudente, semblant ne jamais lever un pied tant qu'il
n'est pas bien assuré de la fermeté du reste. De par ces précautions, ses
mouvements ont une apparence ridicule de gravité, lorsqu'on les compare à
la petitesse de sa taille et à l'activité qu'on pourrait attendre d'un animal si
proche de certains des plus vifs de la création. Bien que le caméléon soit
d'apparence répugnante, il est parfaitement inoffensif. Il se nourrit
uniquement d'insectes, pour lesquels la structure de sa langue est bien
adaptée, étant longue et saillante, et munie d'une pointe dilatée, gluante et
quelque peu tubulaire. Il s'empare ainsi des insectes avec la plus grande

facilité, les lance et les rétracte immédiatement, avec la proie ainsi sécurisée, qu'il avale entière. L'idée étrange selon laquelle les caméléons étaient capables de se nourrir d'air semble être née simplement du fait que ces animaux, comme tous les autres de la famille des lézards, étaient capables de subsister pendant une longue période sans nourriture. Les yeux du Caméléon ont la singulière propriété de regarder au même instant dans des directions différentes ; l'un d'eux peut être vu se déplacer lorsque l'autre est au repos, ou l'un sera dirigé vers l'avant, tandis que l'autre s'occupera de quelque objet derrière, ou de la même manière vers le haut et le bas. Il a le pouvoir de gonfler son corps pour doubler sa taille ordinaire, et à ces moments-là il est transparent. Il peut sans aucun doute changer de couleur, mais il n'est pas vrai qu'il prenne celle de n'importe quel objet dont il se trouve à proximité. Au contraire, son changement de couleur dépend de son exposition à une lumière très forte ; et il ne fait que passer de son gris terne naturel à un beau vert, inégalement tacheté de rouge. L'Afrique est le pays d'origine des caméléons, dont il existe quatorze espèces ; mais deux d'entre eux se trouvent également dans différentes parties de l'Asie et de la Nouvelle-Hollande, et un (*C. vulgaris*) dans le sud de l'Europe ; mais cet animal n'a jamais été trouvé dans aucune partie de l'Amérique.

LE CROCODILE DU NIL.

(*Crocodilus vulgaris.*)

CET animal mesure souvent trente pieds de long. La femelle pond ses œufs dans le sable, où ils éclosent sous la chaleur du soleil ; et on dit que la mère ne prend pas soin des jeunes. La tête de cette espèce, comme celle de tous les vrais crocodiles, est deux fois plus longue que large ; le museau est pointu et inégal, et les yeux, qui sont petits, sont très écartés. La couleur est d'un bronze verdâtre, tacheté de brun et d'un vert jaunâtre en dessous : six rangées de plaques à peu près égales courent le long du dos. Ce crocodile est moins féroce que certaines autres espèces et, lorsqu'il est pris jeune, il peut être apprivoisé. Il est courant au Sénégal et dans d'autres régions d'Afrique, ainsi que sur le Nil.

La méthode qu'adopte l'Africain pour tuer cette redoutable créature fait preuve d'une ingéniosité et d'un courage considérables. Après avoir enroulé un épais tissu autour de son bras et s'être muni d'un long couteau, il se dirige vers le repaire connu, généralement un marais ou une rivière de roseaux. Dès l'instant où le Crocodile l'aperçoit, il se précipite sur lui la bouche ouverte, mais est froidement reçu par son antagoniste, qui glisse son bras couvert entre ses mâchoires. Les dents ne peuvent pas percer les plis épais du tissu, de sorte que son bras ne subit qu'une forte pression, et avant que la créature puisse se dégager, il lui tranche adroitement la gorge.

Les *Gavials* ont un museau très long et mince et leurs pattes postérieures sont palmées jusqu'aux extrémités des orteils. Ces animaux atteignent une longueur de vingt-cinq pieds et, lorsqu'ils sont grands, ils sont aussi dangereux et destructeurs que le crocodile nilotique. On les trouve en abondance dans le Gange et dans les eaux douces de la plupart des régions de l'Inde et de ses îles.

Peu de temps avant que M. Navarette ne fût aux Manilles, on lui apprit que, comme une jeune femme se lavait les pieds au bord d'une des rivières, un alligator la saisit et l'emporta. Son mari, avec qui elle venait de se marier, entendant ses cris, se jeta tête baissée dans l'eau, et, un poignard à la main, poursuivit le voleur. Il rattrapa et combattit l'animal avec un tel succès qu'il retrouva sa femme ; mais, malheureusement pour son courageux sauveteur, elle est morte avant de pouvoir être ramenée au rivage.

L'ALLIGATOR, OU CAYMAN.

(*Alligator Lucius.*)

LES habitudes de l'alligator sont sensiblement les mêmes que celles du crocodile. La principale marque de distinction est que le premier a la tête et une partie du cou plus lisses que le second, et que le museau est considérablement plus large et plus plat, ainsi que plus arrondi à l'extrémité. Les plus gros de ces animaux ne dépassent généralement pas dix-huit pieds. Les alligators sont originaires des régions les plus chaudes de l'Amérique et sont la crainte de tous les animaux vivants. Leur voracité est si grande qu'ils n'épargnent même pas l'humanité.

La voix de l'alligator est forte et dure. Ils ont une odeur musquée désagréable et puissante. M. Pagés dit que près d'un des fleuves d'Amérique, où ils étaient nombreux, leurs effluves étaient si fortes qu'elles imprégnaient ses provisions, et même leur donnaient le goût nauséabond de musc pourri. Cet effluve provient principalement de quatre glandes, dont deux sont situées à l'aine, près de chaque cuisse, et les deux autres à la poitrine, sous chaque jambe antérieure. Dampier nous apprend que, lorsque ses hommes tuaient un alligator, ils retiraient généralement ces glandes, et, après les avoir séchées, les portaient dans leurs chapeaux en guise de parfum.

L'anecdote suivante de la voracité de cet animal est racontée par Waterton, dans ses « Wanderings in South America » : « Un dimanche soir, il y a quelques années, alors que je me promenais avec Don Felipe de Ynciarte, gouverneur d'Angustura, sur la rive de l'Oroonoque : « Arrêtez-vous ici une minute ou deux, Don Carlos, me dit-il, pendant que je raconte un triste accident. Un beau soir de l'année dernière, alors que les habitants d'Angustura se promenaient ici et là, dans l'Alameda, j'étais à vingt mètres de cet endroit, lorsque j'ai vu un gros Caïman sortir de la rivière, saisir un homme et l'emporter. vers le bas, avant que quiconque ait le pouvoir de l'aider. Les cris du pauvre garçon étaient terribles, alors que le Caïman s'enfuyait avec lui. Il a plongé dans la rivière avec sa proie : nous l'avons perdu de vue instantanément, et ne l'avons plus jamais vu ni entendu. »

§IV. *Reptiles chéloniens.*

LA TORTUE COMMUNE OU GRECQUE.

(*Testudo Græca.*)

CET animal a une petite tête, quatre pattes et une queue, qu'il peut rassembler dans la coquille de telle manière que la partie supérieure et la partie inférieure se rejoignent, et si étroitement, que la plus grande force ne peut les séparer. L'œil est dépourvu de paupière supérieure, la paupière inférieure servant à défendre cet organe. La coque supérieure, composée de trente-sept compartiments, est convexe et si solide qu'un chariot chargé peut passer dessus sans blesser la créature à l'intérieur. En hiver, on dit que les tortues s'enfouissent dans le sol ou se retirent dans une caverne ou un trou qu'elles recouvrent de mousse, d'herbe et de feuilles, et où elles passent dans une retraite sûre et solitaire pendant toute la saison. La Tortue est très tenace, et n'est pas moins remarquable par sa longévité, puisqu'on constate qu'on a vécu plus de cent vingt ans dans le jardin du Palais de Lambeth.

Cet animal est présent dans la plupart des pays proches de la mer Méditerranée, en Corse, en Sardaigne et dans certaines îles de l'archipel, ainsi que dans de nombreuses régions du nord de l'Afrique.

LA TORTUE VERTE. (*Chelonia Midas.*)

LA PLUPART des tortues sont considérées comme une nourriture très délicate, en particulier les espèces vertes. Certains d'entre eux sont si gros qu'ils pèsent de quatre à huit cents livres. Dampier en mentionne un extrêmement gros qui a été capturé à Port Royal, dans la baie de Campeachy. Il mesurait près de six pieds de long et quatre pieds de large. Un fils du capitaine Roch, âgé d'une dizaine d'années, monta dans la coquille, du rivage jusqu'au navire de son père, qui était éloigné d'environ un quart de mille.

Les tortues montent généralement de la mer et rampent sur la plage, dans le but de pondre leurs œufs (qui sont parfois aussi gros que ceux d'une poule commune), parfois au nombre de cinquante ou soixante à la fois. Les petits, dès leur éclosion, rampent jusqu'à l'eau. Les tortues sont capturées, lorsqu'elles dorment sur terre, en les retournant sur le dos ; car comme ils ne peuvent se retourner, tout moyen de s'échapper leur est refusé. Le maigre de la Tortue Verte a le goût et l'apparence du veau, sans aucune saveur de poisson. La graisse est verte comme l'herbe et très sucrée. L'introduction de la tortue comme aliment en Angleterre semble avoir eu lieu au cours des quatre-vingts ou quatre-vingt-dix dernières années. Ils sont communs en Jamaïque et dans la plupart des îles des Indes orientales et occidentales. Les tortues vertes sont parfois capturées sur les côtes européennes, poussées là-bas par le stress climatique. En 1752, un de six pieds de long et quatre pieds de large, pesant entre huit et neuf cents livres, fut pris dans le port de Dieppe, après une tempête. En 1754, un encore plus grand, mesurant plus de huit pieds de long, fut capturé près d'Antioche, et transporté à l'abbaye de Longveau, près de Vannes, en Bretagne ; et en 1810, un petit poisson fut capturé parmi les rochers sous-marins près de Christchurch, dans le Hampshire.

Le lecteur se souviendra à quel point Robinson Crusoé était ravi de trouver une grosse tortue qui, dit-il, contenait trois vingtaines d'œufs. Le voilà qui le ramène chez lui.

LA TORTUE HAWK'S-BILL, (*Chelonia imbricata* ,)

IL doit son nom à la formation particulière de la mâchoire supérieure, qui se termine par une pointe incurvée, comme le bec d'un oiseau de proie. Elle est plus petite que la tortue verte, les plus gros spécimens mesurant environ trois pieds de long. Sa chair est un aliment très indifférent, voire malsain ; mais les plaques cornées dont son dos est couvert, et qui se superposent comme les ardoises sur le toit d'une maison, sont joliment marbrées et constituent l'écaille bien connue du commerce, si utilisée pour fabriquer des peignes et divers articles d'ornementation. Cependant, ce n'est que la meilleure espèce d'écaille de tortue qui est extraite de la tortue à bec faucon. La coquille que l'on voit habituellement provient d'espèces plus communes. Une très grande quantité d'écailles de tortue est importée chaque année en Europe, et le trafic de ces écailles constitue une partie très importante du commerce des pays où les tortues abondent.

LA TORTUE CUIR, (*Sphargis coriacea* ,)

EST recouvert d'une sorte de peau coriace, à la place des plaques cornées des autres tortues. C'est une très grande espèce, mesurant huit pieds ou plus de longueur et pesant jusqu'à mille livres. On le trouve principalement en Méditerranée ; On le trouve cependant occasionnellement sur les autres côtes de l'Europe, et quelques spécimens, dont quelques-uns pesant sept ou huit cents livres, ont été capturés en Angleterre. La chair n'est pas considérée comme bonne et, dans certains cas, sa consommation entraîne de grandes souffrances. En 1748, une tortue coriace, capturée près de Scarborough, fut achetée par un monsieur qui invita plusieurs amis à la goûter. Bien qu'averti que la chair était malsaine, l'un des invités en mangea, mais fut bientôt après atteint d'une terrible maladie. Cela devrait être un avertissement aux curieux pour qu'ils fassent attention à la façon dont ils « mangent de la chair étrange ».

Livre V.

ANIMAUX MOLLUSQUES.

§ I. *Les bivalves, ou ceux à deux coquilles.*

L'HUÎTRE PERLÉE. (*Avicula Margaritifera.*)

QUI, voyant la beauté et la délicatesse des perles, imaginerait qu'elles sont le produit d'une maladie ? Tel est cependant le cas, car soit ils sont formés dans le corps de l'huître qui habite la coquille ; ou bien ils naissent de fissures dans la coquille elle-même, dont la doublure délicate, argentée et semi-transparente forme la substance généralement appelée Nacre ou Nacre. Leur formation est généralement provoquée par l'introduction d'un corps étranger entre le manteau ou la peau de l'animal et sa coquille ; l'irritation ainsi produite provoque le dépôt de couches successives de matière nacrée sur l'objet intrusif, et ainsi la perle se forme. Les meilleures perles sont celles qui sont assez enfoncées dans la substance du manteau. Ces coquilles se trouvent dans le golfe Persique et à Ceylan, où elles constituent un article de commerce important.

Les Chinois forment des perles en jetant dans la coquille une certaine sorte de perles musculaires artificielles, qui, au bout d'un an, se couvrent d'une croûte nacrée, de telle manière qu'elles ne peuvent être distinguées de la perle naturelle. [C]

[C] Pour un article très intéressant sur ce sujet, voir « History of Inventions » de Beckmann, vol. IP 259. (*Bibliothèque standard de Bohn.*)

L'HUÎTRE COMMUNE, (*Ostrea edulis*),

A longtemps été apprécié par l'homme pour sa délicatesse en tant qu'aliment ; le lac Lucrine était autrefois aussi réputé parmi les Romains pour ses huîtres les plus raffinées, que la baie de Cancalle chez les Français et les bancs de Colchester chez nous. Les deux coquilles de l'Huître sont généralement de taille inégale ; la charnière est sans dents, mais munie d'une cavité un peu ovale et généralement de rainures transversales latérales. Les huîtres atteignent parfois une très grande taille ; aux Indes orientales, on dit qu'ils mesurent parfois près de deux pieds de diamètre.

La principale saison de reproduction des huîtres a lieu aux mois d'avril et de mai, lorsqu'elles jettent leurs petits, qui sont enveloppés de bave, et dans cet état appelés *naissains* par les pêcheurs, sur des rochers, des pierres, des coquilles ou toute autre substance dure qui il se trouve qu'il se trouve près de l'endroit où ils reposent ; et à ceux-ci les guêtres adhèrent immédiatement. Jusqu'à ce qu'ils obtiennent leur pellicule ou croûte, ils ressemblent un peu au bout d'une bougie, mais d'une teinte verdâtre. Les substances auxquelles ils adhèrent, de quelque nature que ce soit, sont appelées *cultech* . Depuis la période de frai jusqu'à la fin juillet environ, les huîtres seraient malades ; mais à la fin du mois d'août, ils sont parfaitement rétablis ; de mai à août, ils sont hors saison et malsains. La pêche aux huîtres de nos principales côtes est réglementée par une cour d'amirauté. Au mois de mai, les pêcheurs sont autorisés à prélever les huîtres, afin de séparer le blanc du collecteur, lequel est rejeté à nouveau, afin de conserver le gisement pour l'avenir. Après ce mois, c'est un crime d'emporter le cultch, et autrement punissable de prendre n'importe quelle huître, entre les coquilles de laquelle, une fois fermées, un shilling cliquetera. La raison de la lourde pénalité imposée en cas de destruction du culte est que lorsque celui-ci est enlevé, les muscles et les coques se reproduisent sur le lit ; et, en occupant peu à peu toutes les places sur lesquelles le frai devrait être jeté, il détruira les huîtres.

L'huître a été représentée par plusieurs auteurs comme un animal dépourvu non-seulement de mouvement, mais de toute espèce de sensation. Il est cependant capable d'exécuter des mouvements parfaitement adaptés à ses besoins, aux dangers qu'il appréhende et aux ennemis qui l'attaquent. Les branchies par lesquelles respire l'huître sont ce qu'on appelle communément la barbe, et sont très indigestes. La coquille Saint-Jacques est presque l'alliée de l'huître.

LA COQUE COMMUNE. (*Cardium edule.*)

PEU de nos coquillages sont plus communs que ceux-ci dans les criques et les baies proches de l'embouchure des rivières. Dans de telles situations, on les trouve généralement immergés à une profondeur de deux ou trois pouces dans le sable, la place de chacun étant marquée par une petite tache circulaire en dépression. Lorsqu'ils ouvrent leur coquille, l'entrée en est protégée par une membrane molle, qui ferme entièrement le devant, sauf en deux endroits, à chacun desquels se trouve un petit tube jaune et frangé ; au moyen duquel ils reçoivent et rejettent l'eau qui apporte à leur corps la nourriture nécessaire à leur entretien.

Les coques sont très demandées comme nourriture parmi les classes laborieuses et sont capturées principalement pendant les mois d'hiver. Leur taille varie de cinq ou six pouces à un demi-pouce de diamètre. La coquille est généralement blanche ; il a vingt-six crêtes longitudinales, est ridé transversalement et présente des stries quelque peu imbriquées. Le pied de ces animaux est largement développé et constitue pour eux un organe très important, car ils l'utilisent non seulement pour progresser, mais pour creuser des creux dans le sable ou la boue dans lesquels ils habitent.

Le *Chama* , qui ressemble à la coque, était utilisé par les anciens pour graver diverses figures, c'est pourquoi ces petits bas-reliefs, si appréciés aujourd'hui, ont obtenu parmi les Italiens et les collectionneurs le nom de *Cameos* . Les coquilles de certains d'entre eux sont décorées de rayures rouges ou jaunes, s'écartant de la charnière et s'étendant jusqu'aux bords. Il a été constaté que le *géant Chama* pesait plus de cinq cents livres et que l'animal ressemblant à une huître était suffisamment grand pour fournir un repas à vingt hommes. Les animaux qui habitent ces coquilles sont parfois appelés palourdes. Les coquilles sont souvent utilisées dans les pays catholiques pour contenir de l'eau bénite.

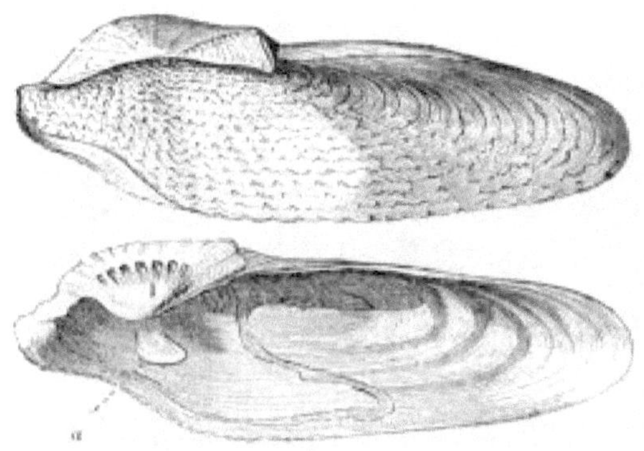

LE PHOLAS. (*Pholas dactylus.*)

C'EST une coquille de forme assez allongée, béante aux deux extrémités, et terminée en avant par une pointe ; son aspect est blanc et crayeux et son extrémité antérieure est rugueuse par de nombreuses épines et tubercules acérés. L'animal qui habite cette coquille s'enfonce profondément dans les rochers du bord de la mer, formant des trous cylindriques dans lesquels il vit ; et l'eau dont il a besoin pour sa nourriture et sa respiration est transportée vers et depuis l'intérieur de la coquille par une paire de tubes qui atteignent l'orifice extérieur de son habitat. On suppose que le Pholas est capable de percer la roche dure au moyen de son pied large et fort, mais cela reste un sujet de controverse.

Il existe de nombreux autres coquillages ennuyeux, dont la plupart sont liés aux Pholas. Certains d'entre eux s'enfouissent dans les rochers, d'autres dans le bois, et d'autres encore indifféremment dans l'un ou l'autre matériau. Parmi les foreurs du bois, le plus remarquable est le *ver de navire* (*Teredo navalis*), qui pénètre profondément dans le bois flottant ou submergé et tapisse la cavité de son terrier d'une couche de coquille. De cette manière, le Teredo a souvent fait beaucoup de dégâts aux pilotis et autres boiseries exposés à la mer, et en 1731 et 1732 il a suscité une telle inquiétude en Hollande en attaquant les pilotis des grandes digues, que même les hommes d'État ont daigné étudier son histoire naturelle. . Nous devons cependant nous rappeler que dans la grande économie de la nature, même cette créature destructrice a son utilité ; en pénétrant dans toutes les directions à travers toute masse de bois flottante, elle favorise la fragmentation de celle-ci et empêche la surface de la mer d'être encombrée de quantités d'épaves.

1. LA MOULE. (*Mytilus edulis.*)

COMME l'huître, la moule habite une coquille bivalve à laquelle elle adhère par un lien cartilagineux solide. Les coquilles de plusieurs espèces sont magnifiques. La moule possède la propriété de locomotion, qu'elle exerce avec le membre appelé langue, par lequel elle s'empare du rocher et peut se tirer ; il a aussi la propriété d'émettre une sorte de fil, appelé byssus, qui, fixant les côtés de la coquille sur le sol, remplit le rôle d'un câble pour maintenir le corps du poisson stable.

§ II. *Univalves.*

2. L'AMIRAL.

L'UN des cônes dont l'habitant est une sorte d'escargot, avec une tête très distincte. Si la nature a pris plaisir à peindre les ailes des oiseaux, les peaux des quadrupèdes et les écailles des poissons, elle ne semble pas avoir moins aimé peindre au crayon les carapaces de ces habitants des profondeurs. La variété, l'éclat et la polyvalence de la coloration ont longtemps été à juste titre l'objet de l'admiration de l'homme ; et l'on ne peut s'empêcher d'être étonné de la richesse qu'un cabinet de coquillages bien choisis présente à l'œil.

LE CAUI TIGRE. (*Cypræa Tigris.*)

LES cauris ou coquillages en porcelaine comptent parmi les plus beaux des univalves. Les coquilles sont généralement de forme ovale élégante, sans flèche visible ; la bouche est une longue fente au milieu de la face inférieure, avec deux lèvres presque égales dentées le long de leurs bords ; la surface est très joliment polie et généralement ornée de couleurs riches, disposées en motifs variés et élégants. Le cauri tigré, qui est un des plus communs, est assez large et très convexe ; elle est de couleur blanche, couverte de nombreuses taches brun foncé. Il mesure généralement quatre ou cinq pouces de longueur et habite les mers de l'Inde. Le *cauri à argent* (*Cypræa moneta*) est une petite espèce indienne, qui est utilisée à la place de la monnaie dans certains pays, notamment à l'intérieur de l'Afrique. Il est importé en

Angleterre pour être exporté en Afrique en grandes quantités ; jusqu'à 300 tonnes ont été débarquées à Liverpool en un an.

LE BUC, (*Buccinum undatum* ,)

EST un coquillage britannique commun de taille considérable, obtenu en grande quantité par dragage et utilisé comme aliment. A Londres, il est vendu couramment sur des stands dans les rues, nous croyons qu'il est mariné. La bouche de cet animal est munie d'une puissante trompe râpeuse, au moyen de laquelle il est capable de percer les coquilles d'autres mollusques.

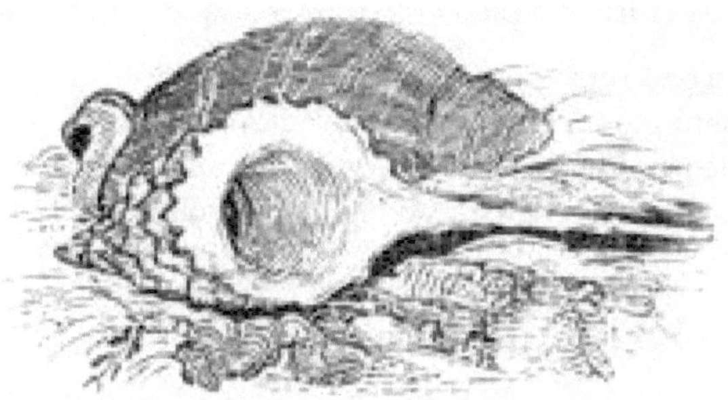

LA COQUILLE DE SNIPE, (*Murex haustellus* , ou *cornutus* ,)

AINSI appelé en raison de la longueur d'une proéminence sortant de la coquille. Il est entouré de piquants émoussés et la couleur de l'ensemble est élégamment panachée.

LA PERVENCHE, (*Littornia littorea* ,)

EST trop connu pour nécessiter une description. On le trouve en quantités incalculables tout autour des côtes européennes et on le capture en quantités immenses comme aliment.

LA PELLETE. (*Rotule.*)

LA forme de cette coquille est pyramidale ; il adhère au rocher avec une telle force qu'on ne peut l'enlever qu'au moyen d'un couteau ou d'un coup violent. Le sommet de la coquille est parfois pointu, parfois obtus et souvent entouré de pointes et d'aiguillons acérés. Lorsqu'elle est soigneusement nettoyée, la coquille est généralement d'une belle teinte pourpre d'un grand éclat, quoique l'animal qui vit sous ce magnifique toit soit une espèce d'escargot désagréable à l'œil et insipide au palais. On les trouve sur les rochers sans cesse battus par les vagues et les brisants, sur les bords de mer de presque tous les pays du monde. Ce n'est pas par aucun liquide gluant, comme on l'a prétendu, que ce poisson adhère si fortement au rocher ; mais par le simple procédé de produire un vide entre son pied et le rocher auquel il s'attache.

La variété qu'on retrouve dans la somme des êtres animés est si merveilleusement grande, que les naturalistes ont compté plus de cent vingt-neuf espèces de patelles, et des genres presque alliés ; la différence provenant principalement de la diversité des coquilles dans la forme et la couleur.

L'ESCARGOT DE JARDIN, (*Helix aspersa* ,)

EST muni de quatre tentacules, dont deux plus petites que les autres ; au bout de ces tentacules, que l'animal repousse ou recule, comme des télescopes, se trouvent des boutons noirâtres, qui sont les yeux. L'escargot pond des œufs, de la taille d'un petit pois, semi-transparents et constitués d'une substance molle. En examinant attentivement à la loupe les œufs qu'un escargot d'eau, conservé dans une bouteille d'eau, avait déposés contre le verre, on aperçut le jeune escargot dans l'œuf, avec sa coquille embryonnaire sur le dos ; deux ont également été observés dans un œuf, chacun d'eux avec les rudiments de la coquille.

L'Escargot de jardin est extrêmement tenace, et reste en état de torpeur durant l'hiver. On dit, en effet, qu'il peut rester dans cet état pendant de nombreuses années, et le cas suivant est probablement sans parallèle chez aucun autre animal : - M. S. Simon, marchand de Dublin, dont le père, membre de la Royal Society et amateur d'histoire naturelle, lui laissa une petite collection de fossiles et autres curiosités, avait, parmi eux, des coquilles de quelques escargots. Une *quinzaine d'années* après la mort de son père, il donna à son fils, un enfant de dix ans, quelques-unes de ces coquilles d'escargots pour jouer avec. Le garçon les plaça dans un pot de fleurs qu'il remplit d'eau et, le lendemain, les mit dans une bassine. Ayant eu l'occasion de s'en servir, M. Simon constata que les animaux étaient sortis de leur coquille. Il examina l'enfant en les respectant, et fut assuré que c'étaient les mêmes qui avaient été dans le cabinet. Le garçon dit qu'il en avait quelques autres et il les apporta. M. S. en mit un dans l'eau et, une heure et demie après, il remarqua qu'il avait sorti ses cornes et son corps, qu'il ne bougeait que lentement, probablement par faiblesse. Le major Vallancy, le docteur Span et d'autres messieurs furent ensuite présents et virent un de ces escargots sortir en rampant ; les autres étant morts, probablement parce qu'ils sont restés quelques jours dans l'eau. Des observations similaires ont depuis été si fréquemment répétées, qu'il n'y a plus aucun doute que les escargots de diverses espèces peuvent conserver leur vitalité pendant des années lorsqu'ils sont conservés à l'état sec.

LA PETITE LIMACE GRISE, (*Limax cinereus* ,)

RESSEMBLE en tous points à un Escargot sauf qu'il n'a pas de coquille, par conséquent la peau brune du dos est plus rugueuse et plus résistante que celle de l'Escargot. Sa progression sur le terrain peut être facilement retracée grâce à la bave qu'il laisse sur son passage. Peu d'animaux sont plus destructeurs pour la végétation que ceux-là.

LA Limace noire, (*Arion ater* ,)

EST un habitant bien connu de nos champs et prairies, pendant la saison estivale. Les gens des campagnes considèrent son apparition comme un indice de l'approche de la pluie ; mais cela s'explique plutôt par l'humidité du sol et des plantes. En effet, il apparaît très rarement à l'étranger par temps sec. La Limace noire se nourrit des feuilles de différentes sortes de plantes.

LE SEPIA, OU SEiche. (*Sépia officinalis.*)

LA structure de ces animaux est très remarquable. Leur corps est presque cylindrique et, chez certaines espèces, entièrement recouvert d'une gaine charnue ; chez d'autres, la gaine n'atteint que le milieu du corps. Ils ont huit bras, ou plutôt jambes, et en général deux antennes, beaucoup plus longues que les bras. Les palpeurs et les bras sont dotés de solides coupelles ou ventouses circulaires. La bouche est dure, forte et cornée, ressemblant par sa texture au bec du perroquet. Le corps est constitué d'une substance gélatineuse et généralement recouvert d'une peau grossière ayant l'apparence du cuir. Cette peau contient des cellules de différentes couleurs, capables de changer de position relative, de sorte que la Seiche peut changer la couleur de sa peau. Au moyen des nombreuses coupes circulaires ou ventouses dont sont munis les bras, ils saisissent leurs proies et s'attachent fermement aux rochers. Leur pouvoir adhésif est si grand, qu'il est généralement plus facile d'arracher les bras que de les séparer de la substance à laquelle ils sont fixés : s'il arrive que les bras soient brisés, ils se reproduisent bientôt. La taille à laquelle cette créature grandit a été diversement indiquée ; et, bien qu'évidemment exagéré par certains auteurs, il atteint sans aucun doute une ampleur très considérable. Lorsqu'il est attaqué dans son élément, il est connu pour vaincre un gros chien. Ses mâchoires sont extrêmement fortes et puissantes, et avec son bec il peut écraser en morceaux les carapaces des poissons dont il se nourrit. Dans le corps se trouve une vessie remplie d'un fluide d'encre sombre, qu'il émet lorsqu'il est alarmé, et qui non seulement teinte l'eau de manière à cacher sa retraite, mais est si amer qu'il chasse immédiatement ses ennemis. Ce fluide d'encre, une fois séché, forme une couleur très précieuse, utilisée par les artistes et connue sous le nom de Sépia.

L'os ou plaque calcaire du *Sepia Officinalis* , espèce commune sur nos côtes, est une substance bien connue et très employée dans la fabrication de la poudre dentifrice ; et par les orfèvres pour les moules, pour fondre leurs petits ouvrages, tels que les bagues, etc. Il est également transformé en cet article de papeterie utile appelé bond.

LA POULPE, (*Octopus vulgaris* ,)

POSSÈDE que huit bras, les deux longs tentacules du Sépia étant absents. On le trouve sur nos côtes, et il est particulièrement abondant en Méditerranée, où il est régulièrement commercialisé comme produit alimentaire.

L'ARGONAUTE, OE PAPIER NAUTILUS,
L'ARGONAUTE, OE PAPIER NAUTILUS,

C'EST une sorte de Poulpe, dans laquelle six des bras seulement présentent la forme ordinaire, l'autre paire étant élargie en organes larges et plats. Les anciens supposaient, et même jusqu'à une époque récente, que ces bras déployés servaient à l'animal comme voiles ; il était décrit comme flottant à la surface de la mer, avec le dos de la coquille vers le bas, les six bras enfoncés dans l'eau comme autant de rames, et les deux larges membres élevés pour capter la brise ; mais on sait maintenant que ce qu'on appelle les voiles servent à embrasser la coquille lorsque l'animal nage à reculons, de la même manière que ses alliés, et il paraît aussi que c'est par ces bras que la coquille s'agrandit. L'Argonaute se trouve en Méditerranée.

LE NAUTILUS, OU NAUTILUS NACRÉ,

(*Nautilus Pompilius* ,)

C'EST une créature très différente, et au lieu des huit bras de l'Argonaut, sa tête est entourée de nombreux tentacules annelés et gainés. Il est remarquable par la structure de sa coquille dont la cavité est divisée en de nombreuses chambres par des cloisons transversales ; ces chambres, dont la seule la plus extérieure est occupée par l'animal, sont remplies d'air, mais un tube étroit les traverse toutes et communique avec la cavité du corps. Grâce à cet arrangement, le Nautilus peut modifier sa gravité spécifique afin de remonter à la surface ou de couler au fond de l'eau. Les quelques espèces existantes de Nautilus se trouvent toutes dans les océans Indien et Pacifique Sud.

Livre VI.

ANIMAUX ARTICULÉS.

§ I. *Annelida, ou animaux annelés.*

VERS. (*Vermes.*)

CES créatures constituent une classe à part, sous le nom d' *Annélida* , dans les ouvrages des naturalistes modernes. Ils se distinguent de la chenille et de l'asticot par le fait qu'ils ne subissent aucun changement et qu'ils rampent grâce à la structure annulaire de leur corps.

Le *ver de terre* n'a ni os, ni yeux, ni oreilles ; il a un corps rond et annulaire, avec généralement une ceinture charnue surélevée près de la tête. Bien que considérés comme une grande nuisance par les jardiniers, les vers de terre perforent, ameublissent le sol et le rendent perméable aux pluies et aux fibres des plantes, en y attirant des pailles et des tiges de feuilles : et principalement en y jetant un nombre infini de mottes appelées vers de terre. -les castrats, qui forment un engrais fin pour l'herbe et le maïs. Ils sont cependant très nuisibles aux plantes en pot.

LA SANGSE, (*Sanguisuga officinalis* ,)

IL MESURE environ trois pouces de longueur et, dans sa forme extérieure, ressemble un peu au ver lorsqu'il est étendu, mais se contracte souvent considérablement en longueur, tout en s'élargissant en épaisseur. Il a une petite tête, une peau noire, avec six lignes jaunes au dessus et tachetée de jaune en dessous. L'embouchure de la Sangsue est d'une curieuse construction ; il a trois mâchoires, dont chacune est armée de deux rangées de dents très fines, avec lesquelles il perce la peau ; puis il aspire, comme à travers un siphon, le sang dont il se nourrit. Le mouvement progressif de la Sangsue s'effectue en collant, par aspiration, sa bouche à un certain endroit, puis en ramenant sa queue, qui a aussi la propriété de coller, de la même manière que la tête, et en avançant ensuite sa tête plus loin, rapidement suivi de la queue, et ainsi de suite. La sangsue commune se rencontre très souvent dans les ruisseaux et les ruisseaux. Ses utilisations en médecine sont bien connues, car grâce à lui, le sang peut être extrait des parties malades, sur lesquelles la lancette ne peut pas être appliquée.

Le sang que la sangsue suce de la blessure qu'elle fait lui fournit de la nourriture pendant une si longue période de temps, qu'on a vu une sangsue, après s'être rassasiée de sang, vivre trois ans sans aucune nourriture. Il est d'usage cependant de leur faire dégorger la plus grande partie du sang qu'ils ont avalé en les aspergeant de sel ; sinon ils ne mordraient plus jusqu'à ce que le sang qu'ils avaient pris soit complètement digéré.

Les sangsues pondent des œufs recouverts d'une sorte de membrane qui sert à les protéger lorsqu'ils sont déposés dans l'argile et les trous pratiqués sur les parois des étangs. Ils semblent vivre d'œufs de poisson ou de grenouilles, mais s'attachent avec empressement aux pattes des êtres humains, des chevaux ou des vaches, chaque fois qu'ils en ont l'occasion. Comme il existe un préjugé parmi les gens de la campagne selon lequel les sangsues ne se reproduisent jamais bien avant d'avoir goûté le sang, on dit qu'ils conduisent leurs chevaux et leurs vaches dans l'eau habitée par les sangsues, et par conséquent que les districts des sangsues sont remarquables par leur misérable. à la recherche de chevaux et de bétail. Les sangsues doivent être âgées de cinq ans avant d'être aptes à des fins médicales ; et ils sont capturés dans les eaux peu profondes au printemps par des gens qui y entrent pieds et chevilles nus, auxquels les sangsues adhèrent, lorsqu'elles sont cueillies et mises dans des paniers prévus à cet effet. En été, un radeau est fait de brindilles, et les eaux étant agitées avec un bâton, les sangsues remontent à la surface et s'emmêlent dans le radeau. Une fois capturés, ils sont lavés dans de l'eau contenant très peu de sel et emballés dans des linges de lin humides, qui sont mis dans un tonneau recouvert d'une toile et envoyés à la vente. Londres était autrefois principalement approvisionnée par les districts fenny du Lincolnshire, mais la consommation de ces vers utiles a été si grande que la plupart de nos sangsues sont maintenant importées via Hambro' de l'est de l'Europe. Il y a quelques années, le Dr Pereira déclarait que le nombre de sangsues importées par les quatre principaux marchands de Londres s'élevait à 7,200,000 par an. Ils sont aussi, lorsqu'ils sont conservés dans une bouteille en verre remplie d'eau, un bon baromètre, car ils montent toujours jusqu'au goulot de la bouteille lorsque le temps pluvieux approche, restent au fond par temps sec et se déplacent anxieusement de haut en bas lorsque le temps est pluvieux. le temps est orageux. Les sangsues de cheval sont plus grandes que les espèces communes, plus voraces et plus étroites à chaque extrémité.

§ II. Crustacés.

LE HOMARD, (*Astacus marinus* ,)

A un corps cylindrique, de longues antennes et une large queue. Ses grandes griffes lui permettent de s'emparer de ses proies, de se fixer sur les petites proéminences des rochers dans la mer, de résister au mouvement des vagues et de se défendre contre ses ennemis. Lorsque le homard veut jaillir des rochers, il fait office de point d'appui avec sa queue, qui a l'action d'un ressort puissant. Sa démarche est maladroite, comme chez tous les crustacés. Outre ses griffes, il possède quatre petites pattes de chaque côté, pour l'assister dans ses mouvements. Sous la queue, la poule Homard conserve ses œufs jusqu'à leur éclosion. Ils sont extrêmement prolifiques. Le Dr Baxter dit avoir compté douze mille quatre cent quarante-quatre œufs sous la queue d'une femelle homard, sans compter ceux qui restaient dans le corps non développés. Comme le reste de leur tribu, ils jettent leur coquille chaque année, avant quoi ils paraissent languissants et agités : ils acquièrent une toute nouvelle enveloppe en quelques jours.

L'ÉCREVISSE, (*Astacus fluviatilis* ,)

PEUT être appelé le homard d'eau douce, et sa présence est généralement considérée comme une preuve de la qualité de l'eau. Les écrevisses sont considérées comme un aliment très fortifiant. Ils sont capturés dans des ruisseaux peu profonds, cachés sous de grosses pierres, hors desquels ils rampent à reculons pour chercher leur proie, qui consiste en de petits insectes ; les hameçons employés pour les attraper sont appâtés avec du foie ou de la chair, qu'ils grignotent avec avidité.

LE CRABE. (*Cancer pagoure.*)

LES CRABES sont de différentes tailles, certains pesant plusieurs livres et d'autres seulement quelques grains, tous d'espèces différentes. Ils n'avancent pas, mais de côté. Ils ont une petite queue fermée sur le corps ; ce qui constitue une différence considérable et essentielle entre eux et les homards, les crevettes et les écrevisses.

La circonstance la plus remarquable dans l'histoire de ces animaux est le changement de leur carapace et le renouvellement de leurs griffes cassées. Les premières, comme il est indiqué, ont lieu une fois par an, généralement entre Noël et Pâques. Pendant l'opération, ils se retirent dans les cavités des rochers et sous de grosses pierres. Les crabes sont naturellement querelleurs entre eux, et ont souvent de sérieuses luttes, au moyen de ces armes redoutables qu'est leurs grandes pinces. Avec cela, ils saisissent les jambes de leur adversaire ; et partout où ils s'emparent, il n'est pas facile de leur faire renoncer à leur emprise. L'animal saisi n'a donc d'autre alternative que de laisser derrière lui une partie de la patte en signe de victoire.

Une expérience fut tentée pour prouver le caractère extrêmement tenace du Crabe. En l'irritant, un pêcheur a obligé un crabe à saisir une de ses propres petites griffes avec une grande. L'animal ne se rendit pas compte qu'il était lui-même l'agresseur, mais il exerça sa force et craqua bientôt la coquille de sa petite griffe. Se sentant blessé, il laissa tomber la pièce à l'endroit habituel, mais continua longtemps à la tenir avec la grande griffe.

Les *crabes violets* des îles Caribbee sont des plus singuliers dans leurs habitudes ; ils descendent en caravanes annuelles et régulières des montagnes, leur demeure naturelle, jusqu'aux bords de la mer, afin d'y déposer leur ponte, après quoi ils retournent de nouveau dans les montagnes. Ces crabes forment dans leur cortège un corps de cinquante pas de large et de trois milles de long. Ce bataillon se déplace lentement, mais avec régularité et uniformité, soit lorsqu'il descend, soit lorsqu'il monte les collines. Ils abondent à la Jamaïque, où ils sont considérés comme un mets très délicat par les indigènes, et sont communs dans les îles voisines.

LE CRABE SOLDAT, OE HERMIT CRAB,

(*Pagurus bempardus* ,)

C'EST un animal curieux, et doit être remarqué ici pour ses habitudes singulières. C'est un peu comme un homard dépouillé de sa carapace ; il mesure environ quatre pouces de longueur et n'a pas de coquille sur la partie postérieure, mais est recouvert jusqu'à la queue d'une peau rugueuse ; il est également armé de puissantes pinces dures. Ce crabe n'est pas pourvu par la nature d'une coquille, et est obligé d'en chercher une qui a été abandonnée par son locataire légitime ; mais comme cette couverture ne peut naturellement croître proportionnellement à lui, il est forcé d'en sortir par sa taille croissante, et se trouve dans la nécessité d'en chercher une nouvelle : il est curieux de le voir lorsqu'il a besoin d'une nouvelle maison. , rampant d'une coquille vide à l'autre, examinant et essayant sa nouvelle habitation. Parfois, lorsque deux concurrents se trouvent dans les mêmes locaux, une grande compétition s'engage et, bien sûr, le plus fort remporte le manoir.

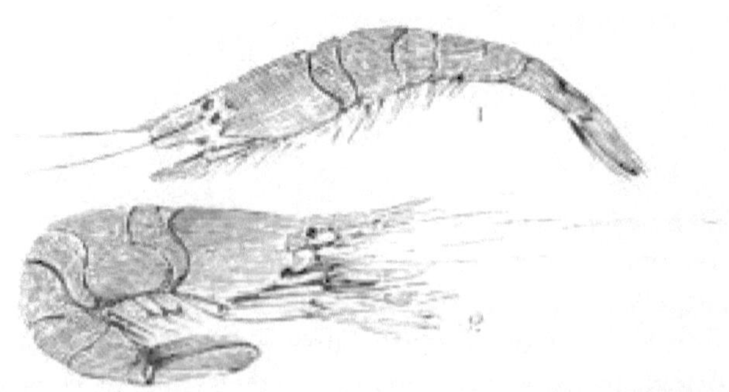

1. LA CREVETTE. (*Crangon vulgaris.*)

LA CREVETTE est un petit animal crustacé bien connu, presque apparenté au homard, auquel elle ressemble par sa forme. Sa longueur est d'un peu plus de deux pouces ; en couleur, il est gris verdâtre, parsemé de brun. Il a de longues antennes minces, entre lesquelles se trouvent deux lames saillantes ; dix pieds et cinq nageoires, mais pas de griffes. Cet animal se reproduit sur toutes les côtes sablonneuses de la Grande-Bretagne : on le trouve fréquemment dans les ports, et même dans les fossés et les étangs des marais salants ; il est également très courant sur les côtes françaises. Au cours de la vie, le corps est semi-transparent et ressemble tellement à l'eau de mer que l'animal s'en distingue difficilement. Son mouvement ordinaire consiste en des sauts. Sa saveur est très délicate.

2. LA CREVETTE. (*Palaemon serratus.*)

LA CREVETTE n'est pas sans rappeler la crevette, mais elle la dépasse considérablement en taille, sa longueur étant comprise entre trois et quatre pouces. Il présente une crête saillante dans le dos, garnie de dents pointues. Sa couleur naturelle est grisâtre, avec de petites taches rouges et brunes, mais lorsqu'elle est bouillie, elle prend une plus belle teinte rose. La chair est très délicate, bien que sa saveur soit peut-être inférieure à celle des crevettes.

Les crevettes sont très communes sur les côtes de France et d'Angleterre ; on les trouve principalement parmi les algues et au voisinage des rochers, à peu de distance du rivage. Ils pénètrent rarement dans l'embouchure des rivières. Ils se nourrissent de toutes les petites espèces d'animaux marins, qu'ils saisissent et dévorent avec une grande voracité. À leur tour, ils sont la proie de nombreuses espèces de poissons, bien que la corne acérée et dentée située devant leur tête constitue une puissante arme de défense contre les attaques de toutes les espèces plus petites. Sur le côté de la tête, on observe fréquemment une grosse bosse apparemment anormale. Celui-ci, si on l'examine, trouvera qu'il contient, sous la plaque thoracique, une espèce d'animal parasite, qui occupe toute la cavité, et s'y nourrit et perfectionne sa croissance. La même tumeur ou grosseur peut également être observée sur la crevette.

Étant très demandées pour la table, les crevettes et les langoustines sont très recherchées par les pêcheurs, qui les capturent soit dans des paniers en osier, semblables à ceux qu'on emploie pour attraper les homards, soit dans une sorte de filet appelé *Putting-net* . Celles-ci, bien connues de tous les habitués du littoral, ont cinq ou six pieds de largeur et sont plates au fond ; et sont poussés dans les eaux peu profondes, sur les rivages sablonneux, par un homme qui marche derrière. Il existe un grand nombre d'autres espèces appartenant à la même famille que les crevettes, mais elles sont pour la plupart des habitants de mers étrangères, et les autres espèces britanniques qui existent sont rares en comparaison des deux que nous avons décrites.

Des crustacés fossiles, apparemment membres de la même famille, ont également été découverts en France et en Allemagne.

§III. *Arachnide.*

CET ORDRE , selon Lamarck et d'autres zoologistes modernes, contient les Araignées, les Scorpions et les Acariens, qui ne subissent aucune métamorphose. Ces créatures diffèrent des vrais insectes par le nombre de leurs pattes, qui est généralement de huit, tandis que celui des vrais insectes ne dépasse jamais six.

L'araignée de jardin. (*Epeïra diadème.*)

TOUTES les araignées se distinguent par l'absence d'antennes, par huit pattes et généralement par huit yeux ; mandibules terminées par une griffe mobile, qui émet parfois du poison ; et un abdomen sans anneaux, muni à sa pointe de quatre ou six filières, d'où l'Araignée émet les fils qui lui servent à tisser sa toile. Cette toile est merveilleuse dans sa formation. Il se compose d'un certain nombre de fils robustes rayonnant du centre vers divers objets du voisinage, et traversés par une grande quantité de fils plus fins disposés en spirale serrée, de manière à produire l'impression d'un certain nombre de cercles concentriques. Ces fils fins sont tressés et gluants, de sorte que toute malheureuse mouche qui entre en contact avec eux y adhère facilement :

« Le toucher de l'Araignée, comme c'est exquis !
On ressent chaque fil et on vit tout au long de la ligne.
LE PAPE.

L'Araignée est assise au milieu, et au moindre mouvement provoqué par une mouche ou un autre insecte qui se presse contre elle, se précipite sur sa proie et en suce le suc ; si toutefois elle paraît redoutable, l'Araignée l'enferme soigneusement dans un linceul de toile qui, bien entendu, la neutralise complètement ; puis s'en régale à sa convenance. La partie la plus difficile du travail consiste à éjecter les restes, ce qui se fait souvent au détriment du réseau. La femelle pond généralement de neuf cents à mille œufs, qui sont contenus dans une sorte de sac, et c'est ainsi qu'un nombre immense d'araignées éclosent chaque année, ce qui deviendrait bientôt gênant par leur nombre, si elles n'étaient pas tenues en contrôle. les nombreux oiseaux qui s'en nourrissent. La soie produite par l'araignée n'est pas assez résistante pour être utilisée à des fins utiles, bien que, par curiosité, des gants et des bas en aient été tissés. Une grande difficulté, cependant, surgit dans les habitudes pugnaces des araignées, car, lorsqu'un certain nombre d'entre elles sont maintenues ensemble, elles se battent si terriblement, qu'en peu de temps il n'en reste qu'un très petit nombre en vie ; et il en faudrait un grand nombre, car douze araignées ne produisent pas autant de soie qu'un seul ver à soie. Les araignées ressemblent aux crustacés en ce sens qu'elles ont le pouvoir de reproduire les pattes qu'elles perdent.

L'ARAIGNÉE DE LA MAISON, (*Tegenaria domestica* ,)

C'EST une espèce très différente de l'araignée des jardins. Elle habite dans les coins sombres des maisons et des dépendances, formant une toile crasseuse de fils irréguliers, qui communiquent tous avec une chambre cachée ou une tanière dans laquelle se cache l'araignée.

L'ARAIGNÉE PLONGÉE, (*Argyroneta Aquatica* ,)

C'EST une autre espèce qui forme une sorte de tente en étirant ses fils entre les tiges des plantes aquatiques bien au-dessous de la surface. C'est dans cette tanière qu'il habite, et c'est ici qu'il dévore les proies qu'il capture au cours de ses excursions ; et afin de fournir un stock d'air pour sa respiration, il transporte des petites portions successives emmêlées parmi les poils de son abdomen. Ce procédé est exactement semblable à celui par lequel les cloches de plongée étaient alimentées en air, et en effet, l'habitation en forme de dôme de cette araignée est construite précisément sur le même principe que la cloche de plongée.

Il existe également plusieurs espèces d' *acariens d'eau* , dont la plus abondante est d'une riche couleur rouge et atteint presque la taille d'un pois. On le voit couramment nager parmi les plantes dans les mares et les fossés.

LA TARENTULE. (*Tarentule Lycosa.*)

CETTE araignée est originaire du sud de l'Europe. Il vit dans les champs, et sa demeure est à environ quatre pouces de profondeur, sur un demi-pouce de largeur, et fermée à l'embouchure par un filet. Ils pondent environ sept cent trente œufs qui éclosent au printemps. Ces araignées ne vivent pas une année entière ; les parents ne survivent jamais à l'hiver.

L'inflammation, les difficultés respiratoires et les maladies seraient les conséquences inévitables de la morsure de cet animal. Le Dr Mead et d'autres médecins ont soutenu l'histoire populaire selon laquelle ces effets seraient neutralisés par le pouvoir de la musique. On sait cependant aujourd'hui que ce singulier mode de guérison n'était qu'une ruse fréquemment pratiquée par les voyageurs crédules, désireux d'en être témoins. M. Swinburne, lorsqu'il était en Italie, a étudié minutieusement chaque détail relatif à la Tarentule. La saison n'était pas assez avancée, et on prétendait que personne n'avait encore été mordu cette année-là : il persuada cependant une femme, qui avait été mordue autrefois, de danser le rôle devant lui. Plusieurs musiciens ont été convoqués et elle a exécuté la danse, comme toutes les personnes présentes l'ont assuré, à la perfection. Au début, elle se prélassait bêtement sur une chaise, tandis que les instruments jouaient un son sourd. Ils touchèrent longuement la corde censée vibrer dans son cœur ; et elle se releva avec un cri hideux, chancela dans la chambre comme une personne ivre, tenant un mouchoir à deux mains, les levant alternativement et se déplaçant en un temps très précis. À mesure que la musique devenait plus vive, ses mouvements s'accéléraient et elle sautillait avec une grande vigueur et à des pas variés, de temps en temps en criant très fort. La scène était désagréable et, à sa demande, on y mit fin avant que la femme ne soit fatiguée.

Il nous apprend que, chaque fois qu'ils doivent danser, une place leur est préparée, entourée de grappes de raisin et de rubans. Les malades sont vêtus de blanc, avec des rubans rouges, verts ou jaunes ; sur leurs épaules, ils ont une écharpe blanche ; ils laissent tomber leurs cheveux autour de leurs oreilles et rejettent la tête en arrière. Il dit que ce sont des copies exactes des anciennes prêtresses de Bacchus. L'introduction du christianisme a aboli toutes les expositions publiques de rites païens ; mais les femmes, ne voulant pas renoncer à leur amusement chéri, en jouant le personnage frénétique des Bacchantes, inventèrent d'autres prétextes ; et il suppose que c'est un accident qui les a conduits à la découverte de la Tarentule, dont ils ont profité dans ce but.

L'ACARIEN DU FROMAGE. (*Acarus siro.*)

CES petites créatures destructrices diffèrent des araignées par le fait qu'elles ont le thorax et l'abdomen unis et recouverts de la même peau, bien qu'ils soient contractés en une seule partie. Ils n'ont aussi, lorsqu'ils sont jeunes, que six pattes, quoique les deux autres apparaissent plus tard ; et leurs pieds sont armés de crochets solides, qui leur permettent de retenir le fromage ou autre nourriture dans laquelle ils s'installent. Leurs corps sont couverts de poils et leur bouche est munie de fortes mandibules, avec lesquelles ils abattent bientôt d'énormes rochers et des montagnes de fromage. Les œufs de ces Acariens sont si petits, qu'on a calculé qu'un œuf de pigeon en contiendrait trente millions. Il faut remarquer que cet acarien ne se retrouve que dans le fromage sec, dans lequel il apparaît comme une poussière rougeâtre. La trémie de fromage, trouvée dans le fromage pourri humide, est la larve d'une sorte de mouche. (*Piophile Casei.*)

§IV. *Insectes.*

LES INSECTES ont six pattes et deux antennes ou antennes ; et quoique les transformations qu'ils subissent diffèrent légèrement selon les différentes espèces, voici l'ordre dans lequel elles se produisent : L'insecte parfait pond des œufs qui, une fois éclos, produisent des larves ; et qui sont appelés larves lorsqu'elles appartiennent aux coléoptères, les asticots aux mouches et les chenilles aux papillons et aux mites. Ces larves mangent avec voracité ; et comme ils augmentent rapidement de taille, ils muent généralement, c'est-à-dire changent de peau, deux ou trois fois. Lorsque les larves ont atteint leur pleine croissance, elles entrent dans l'état de pupe, dans lequel elles restent torpides et sans nourriture pendant un temps considérable, tissant parfois d'abord une enveloppe lâche pour la pupe appelée cocon. La chrysalide est généralement appelée chrysalide ; mais on l'appelle aussi parfois nymphe, et parfois aurélie. La dernière transformation a lieu lorsque l'insecte se détache de son enveloppe sous une forme parfaite, lorsqu'il est appelé imago. Il existe cependant quelques insectes qui sont actifs tout au long de leur vie, et chez eux les larves et les pupes ressemblent beaucoup à l'insecte parfait. L'insecte parfait est divisé en trois segments, ou parties, appelés tête, thorax et abdomen.

ORDONNE I. *Coléoptères ou coléoptères.*

LA larve du coléoptère est un ver qui reste souvent dans cet état pendant trois ou quatre ans, se nourrissant avec voracité pendant toute cette période. Une fois adulte, il descend dans la plupart des cas dans le sol, où il subit ses transformations, d'abord en nymphe ou chrysalide, puis en coléoptère ; ou bien il se fait un cocon grossier de morceaux de branches et de feuilles mortes, dans lequel il se change en chrysalide, puis en scarabée. Les coléoptères xylophages subissent leurs transformations dans l'arbre dont ils se nourrissent. La chrysalide du coléoptère est dite incomplète, parce que toutes les parties de l'insecte y sont visibles, au lieu d'être enfermées dans une seule enveloppe épaisse, comme chez les papillons de nuit et les papillons. La tête du coléoptère est munie de deux yeux composés ; deux antennes (de forme différente selon les espèces, mais ayant généralement onze articulations) ; et une bouche, composée d'un labrum, ou lèvre supérieure, d'un labium, ou sous la lèvre, de deux mandibules, ou mâchoires supérieures, et de deux maxillaires, ou sous les mâchoires. Il y a aussi le menton, ou menton, et une partie appelée clypeus, à laquelle est attachée la lèvre supérieure.

Le thorax est la partie qui supporte les pattes et les ailes. Les pattes sont divisées en cinq portions, dont la partie terminée par la griffe s'appelle le tarse. Il y a deux ailes membraneuses, recouvertes de deux ailes ou élytres durcis, appelées élytres, qui s'ouvrent généralement par une ligne droite vers le bas du dos ; d'où le nom de Coléoptères, qui signifie aile dans un cas : l'abdomen est simplement le corps.

Le nombre des coléoptères est très grand, et en effet M. Westwood nous informe que plus de trente mille espèces ont été décrites, dont environ trois mille cinq cents sont indigènes de Grande-Bretagne.

LE HANNONNET. (*Melolontha vulgaris.*)

LE HANNETON fait partie des coléoptères lamellicornes. La femelle pond ses œufs dans le sol et les larves, une fois éclos, sont molles, épaisses et blanchâtres. C'est à cause de son aspect blanc que la larve du Hanneton est appelée *le ver blanc* par les Français. Ces larves, parfois en nombre immense, travaillent entre le gazon et le sol dans les prairies les plus riches, dévorant les racines de l'herbe à un tel point que le gazon se soulève et s'enroule presque aussi facilement que s'il avait été coupé. avec un couteau à gazon ; le sol en dessous apparaît, sur plus d'un pouce de profondeur, comme le lit d'un jardin. Dans ce cas, les larves reposent sur le dos, dans une position courbée, la tête et la queue vers le haut, et le reste du corps enfoui dans le moule. On dit aussi qu'un champ entier de fines herbes florissantes est devenu, en quelques semaines, desséché, sec et cassant comme du foin, à cause de ces larves dévorant les racines.

En 1688, un grand nombre de hannetons sont apparus sur les haies et les arbres de la côte sud-ouest du comté de Galway, en groupes de milliers, s'accrochant le dos, à la manière des abeilles lorsqu'elles essaiment. Pendant la journée, ils restaient tranquilles, mais vers le coucher du soleil, tout était en mouvement ; et le bourdonnement de leurs ailes ressemblait à celui de tambours lointains. Leur nombre était si grand que, sur un espace de deux ou trois milles carrés, ils obscurcissaient entièrement l'air. Les personnes qui voyageaient sur les routes ou qui se trouvaient dans les champs avaient du mal à rentrer chez elles, car les insectes leur frappaient continuellement le visage et leur causaient de grandes douleurs. En très peu de temps, les feuilles de tous les arbres, sur plusieurs kilomètres à la ronde, furent détruites, laissant le pays tout entier, bien que l'on approchait du milieu de l'été, aussi nu et désolé qu'il l'aurait été au milieu de l'hiver. Le bruit que faisaient ces énormes essaims, en saisissant et en dévorant les feuilles, était si fort qu'on le comparait au sciage lointain du bois. Les porcs et les volailles les détruisirent en grand nombre ; attendant sous les arbres que les grappes d'insectes tombent, puis dévorant de tels essaims qu'ils s'engraissent seuls. Même les Irlandais indigènes, les insectes ayant dévoré tous les produits de la terre, adoptèrent un mode de cuisson et les utilisèrent ainsi comme nourriture. Vers la fin de l'été, ils disparurent si soudainement qu'au bout de quelques jours il n'en restait plus un seul.

Les freux aiment beaucoup manger ces larves, et souvent, lorsqu'on les voit dans un champ nouvellement semé, dévorant apparemment le grain, ils rendent en fait le plus grand service au fermier, en détruisant son grand ennemi, le blanc. ver.

LE DOR, OU COLÉOPTÈRE AVEUGLE.

(*Géotrupes stercorarius.*)

CET insecte bien connu, parfois aussi appelé « coléoptère porteur d'éclats », a souvent été remarqué par les poètes. Entre autres, Shakespeare fait dire à Macbeth :

"Avant l'appel d'Hécate noire,
le scarabée porté par les éclats, avec son bourdonnement somnolent,
aura sonné le carillon béant de la nuit, il y aura
un acte d'une effroyable note."

Ce coléoptère, qui est un insecte britannique, pond ses œufs dans une masse de bouse de vache, qu'il enfouit ensuite dans la terre. Il fait un bruit sourd et somnolent lorsqu'il vole et se heurte souvent à toute personne ou objet qu'il rencontre, comme s'il était aveugle. Il a aussi l'habitude d'étendre ses membres et de faire semblant d'être mort lorsqu'il est attrapé.

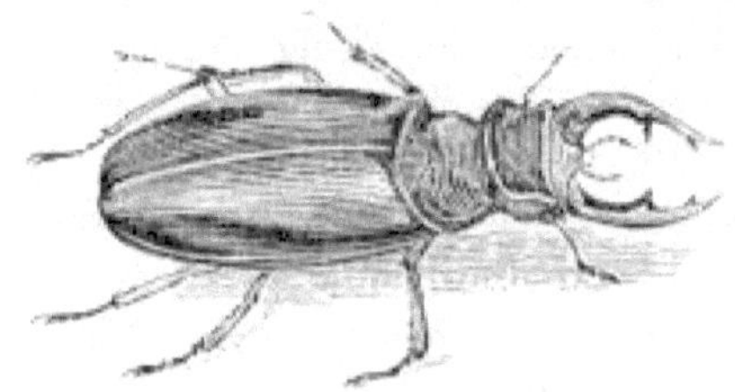

LE SCERFACE. (*Lucanus cervus.*)

« Voyez le fier géant de la race des scarabées ;
Quels bras brillants ses membres polis enveloppent !
Comme un guerrier sévère, formidablement brillant,
ses flancs d'acier reflètent une lumière brillante ;
Sur son front large, il porte des cornes étalées,
et haut dans les airs portent des bois ramifiés ;
Son vaste domaine s'étend sur plusieurs centimètres,
et son riche trésor se gonfle de céréales thésaurisées.
BARBAUD.

CET insecte est le plus grand et le plus singulier de tous ceux de ce pays. Il est connu par deux mandibules en forme de corne, sortant de sa tête et ressemblant à celles d'un cerf, avec lesquelles il est capable de pincer très sévèrement. Ces mandibules sont fortement dentées de la racine jusqu'à la pointe. Les élytres ne présentent ni stries ni taches. L'insecte entier est d'un brun foncé. On le trouve parfois dans les chênes creux et les hêtres, près de Londres.

Les larves ou larves se logent sous l'écorce ou dans le creux des vieux arbres ; qu'ils mordent et réduisent en fine poudre. Les larves sont censées exister trois ou quatre ans avant de former leur cocon. Ces insectes se trouvent principalement dans le Kent et le Sussex. En Allemagne, il existe une idée populaire, mais vaine, selon laquelle ils transportent parfois, au moyen de leurs mâchoires, des charbons ardents dans les maisons ; et que, par suite de cette propension malfaisante, de terribles incendies ont été provoqués. Le Stag Beetle fait partie des coléoptères lamellicornes.

L'ÉLÉPHANT SCARABÉE,

(*Scarabæus* , ou *Dynastes Elephas* ,)

ON LE trouve en Amérique du Sud, notamment en Guyane et au Surinam, ainsi qu'à proximité du fleuve Orénoque. C'est l'un des plus gros coléoptères de son espèce ; il est noir, et tout le corps est recouvert d'une carapace très dure, aussi épaisse et aussi solide que celle d'un petit crabe. Sa longueur, depuis la partie postérieure jusqu'aux yeux, est de près de quatre pouces ; et de la même partie jusqu'à l'extrémité de la grande corne sur la tête (dont la ressemblance avec la trompe d'un éléphant et sa grande taille, le scarabée a obtenu son nom), quatre pouces et trois quarts. Le diamètre transversal du corps est de deux pouces et quart ; et la largeur de chaque caisse, pour les ailes, supérieure à un pouce. Les cornes mesurent environ un pouce de long et se terminent en pointe. La corne de la tête mesure un pouce et quart de long et se tourne vers le haut, formant une ligne tordue se terminant par deux cornes dont chacune mesure près d'un quart de pouce de long. Au-dessus de la tête se trouve une proéminence, ou petite corne, qui, si le reste du tronc était absent, ferait ressembler cette partie à la corne d'un rhinocéros. Il existe en effet un coléoptère nommé d'après cet animal, dont la corne inférieure ressemble à ceci : son nom scientifique est *Oryctes Rhinoceros* .

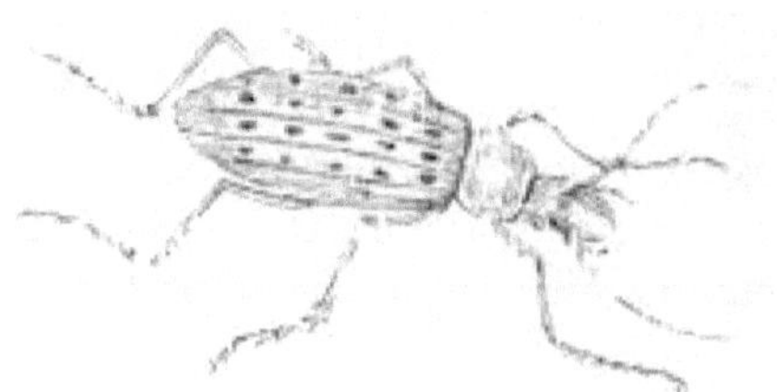

LE COLÉOPTÈRE DU MUSC, OU CHAFFER DE CHÈVRE.

(*Cerambyx moschatus* ou *Aromia moschata* .)

C'EST l'un des longicornes. C'est un très bel insecte, d'une couleur vert bleuâtre brillant, avec une teinte dorée brillante ; le dessous du corps est bleuâtre. Il mesure environ un pouce et demi de longueur et est de forme allongée, sa largeur étant petite en proportion de sa longueur ; les ailes sous le boîtier sont noires ; les pattes sont de la même couleur vert bleuâtre, mais un peu plus pâles ; et le sein est pointu à chaque extrémité. Entre ces points se trouvent trois petits tubercules près des ailes et trois plus petits vers la tête. Les corps des ailes sont oblongs et un peu en forme de lance, avec trois nervures un peu relevées et s'étendant dans le sens de la longueur. Les palpeurs sont aussi longs que le corps, composés de nombreuses articulations, qui deviennent plus petites près des extrémités. Ce coléoptère est très commun dans le sud de l'Angleterre et se rencontre principalement sur les vieux saules têtards. Il dégage une odeur forte et agréable, qui n'est pas sans rappeler l'essence de roses. Il n'a certainement pas la moindre ressemblance avec le musc, même si ceux qui l'ont nommé semblent avoir pensé que c'était le cas.

LE SCARABÉE. (*Carabus clathratus.*)

LE CARABE est non seulement l'un des plus grands, mais aussi le plus beau et le plus brillant que ce pays produit. La tête, la poitrine et les élytres sont d'un vert cuivré ; ce dernier présentant trois rangées longitudinales de taches oblongues en relief. Toute la partie inférieure de l'insecte est noire. N'ayant que des ailes très courtes sous les caisses, la nature lui a fourni providentiellement des pattes qui lui permettent de courir avec une rapidité étonnante. Cet insecte se rencontre fréquemment dans les endroits humides, sous les pierres et les tas de plantes pourries dans les jardins. Il en existe plusieurs espèces, dont l'une (*Carabus violaceus*) est d'un beau violet.

Les larves vivent sous terre ou dans le bois pourri, où elles restent jusqu'à ce qu'elles soient métamorphosées à leur état parfait, puis elles dévorent les larves d'autres insectes et tous les animaux plus faibles qu'elles peuvent vaincre.

Les Carabes se rencontrent dès le début du mois de mars, dans les allées et près des vieux murs, là où le soleil réchauffe la terre de ses rayons vivifiants.

De nombreuses espèces de grande taille ont été trouvées entre l'écorce
pourrie et le bois des saules.

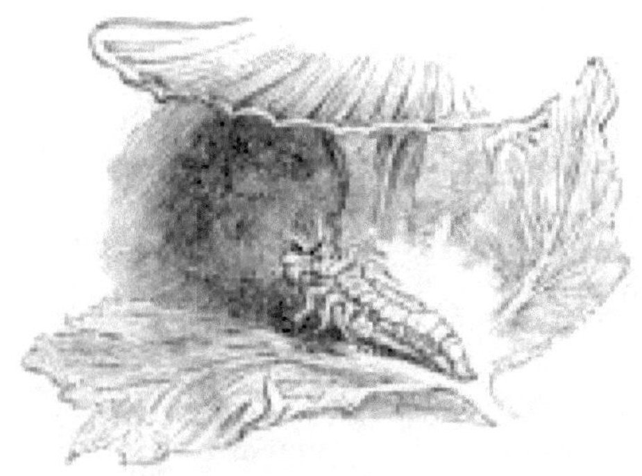

LE VER LUMINEUX. (*Lampyris noctiluca.*)

SEULE la femelle Glowworm produit la belle lumière pour laquelle l'insecte
est si connu, et elle communique fréquemment cette lumière à ses œufs. Elle
est dépourvue d'ailes et d'enveloppes alaires et ne possède aucune beauté vue
à la lumière du jour. Le mâle a des ailes et des élytres coriaces. La larve est un
ver très laid et très vorace, qui se nourrit goulûment d'escargots et de limaces.

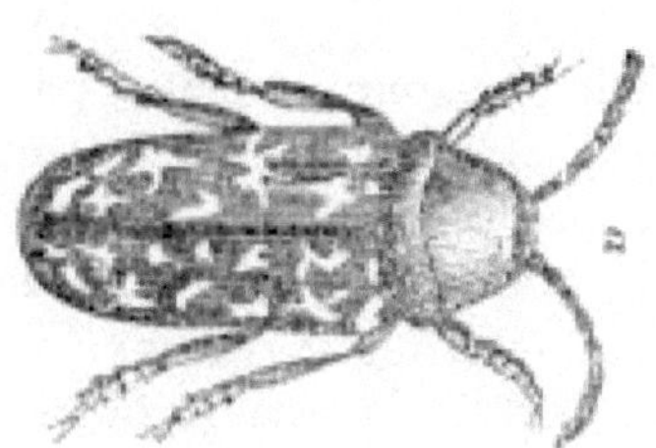

LA VEILLE DE LA MORT. (*Anobium tesselatum.*)

CETTE créature est appelée Death-Watch, d'après une notion superstitieuse
selon laquelle, lorsqu'on entend ses coups, c'est le signe que quelqu'un dans
la maison va mourir. L'insecte vit dans le bois et le bruit est produit lorsqu'il
frappe sa tête contre tout ce qui se trouve à proximité. Ces insectes, à l'état
larvaire, font beaucoup de mal aux vieux meubles, dans lesquels ils perforent
de nombreux trous ronds. Pour cela, ils sont munis de deux maxillaires
formés comme deux pinces coupantes, à l'aide desquels ils percent des trous
si proprement que les Français les appellent *vrillettes* , de *vrille* , vrille. Ils
perforent également les livres de la même manière, et font ainsi beaucoup de
dégâts dans les vieilles bibliothèques :

« Brute insatiable, dont les dents abusent
des plus doux serviteurs de la muse !
Ses roses pincent à chaque page,
Mon pauvre Anacréon pleure ta rage ;
Par toi repose mon Ovide blessé ;
Par toi le moineau de ma Lesbia meurt ;
Tes dents enragées ont à moitié détruit
l'œuvre d'amour de Biddy Floyd ;
Ils ont loué les serrures de Belinda,
Et gâté le Blouzelind de Gay ;
Pour tout, pour chaque acte,
la justice implacable t'ordonne de saigner.
Alors deviens victime des Neuf,
moi-même le prêtre, mon bureau le sanctuaire.
PARNEL.

Parfois, on entend deux de ces insectes tic-tac, se répondant ; et parfois on peut faire tic-tac le Death-Watch en tapant avec l'ongle sur une table. Ces créatures imitent la mort avec une grande exactitude lorsqu'elles se font prendre ou lorsqu'elles se croient en danger.

LA MOUCHE ESPAGNOLE, OU CANTHARIS.

(*Cantharis vesicatoria.*)

CES insectes ne se trouvent que rarement dans ce pays ; ils sont plus fréquents en France, mais l'Espagne, l'Italie et la Russie semblent être leurs localités préférées. Ils font leur apparition en juillet et se trouvent généralement sur les frênes dont les feuilles constituent leur nourriture. Ils sont d'une grande importance commerciale, car ils sont très utiles en médecine en raison de leur remarquable pouvoir vésicant. Ils ont une odeur très désagréable et dégagent un fluide d'une nature si corrosive que beaucoup de personnes ont beaucoup souffert en les ramassant ; et on dit qu'il est extrêmement dangereux de dormir sous un arbre qui en est infesté, car leur odeur produit un sommeil léthargique, qui se termine souvent par la mort. On les capture généralement en posant des toiles de lin sous les arbres qu'ils infestent et en battant les branches ; ils sont ensuite mis dans des tamis à cheveux et maintenus sur des récipients remplis de vinaigre bouillant, jusqu'à ce que la vapeur les tue. Ensuite, ils sont séchés dans des fours ou sur des claies, exposés au soleil, puis emballés pour la vente. Une fois séchés, cinquante d'entre eux pèsent à peine une drachme, mais ils ne perdent pas leurs propriétés médicinales avec l'âge, sauf s'ils sont mouillés. Bien que portant le nom de mouches espagnoles, la plus grande quantité provient de Saint-Pétersbourg, les insectes russes étant considérés comme les meilleurs.

Ils sont extrêmement toxiques et il existe de nombreux cas, certains même récents, où ils provoquent de violentes hémorragies et la mort.

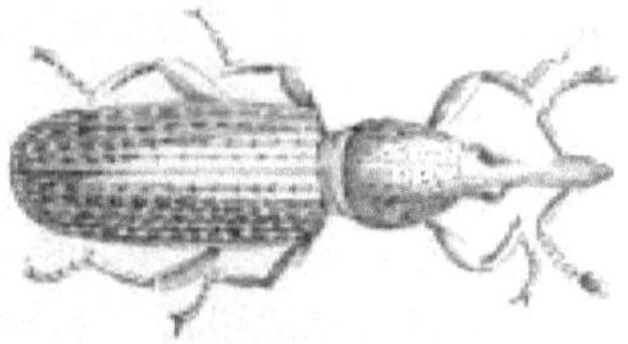

LE CHARANÇON DU MAÏS. (*Calandra granaria.*)

C'EST un petit coléoptère d'environ un huitième de pouce de longueur, de couleur brun rougeâtre, avec une trompe mince dépassant du devant de la tête, à l'extrémité de laquelle se trouve la bouche. Comme cette trompe n'est pas plus épaisse qu'une fine aiguille, nos lecteurs peuvent se faire une idée de la petite taille des mâchoires dont la bouche est munie ; néanmoins, ils sont suffisamment puissants pour permettre à la petite créature de manger du maïs et des biscuits. A l'état larvaire, ils sont extrêmement destructeurs du maïs dans les greniers, et abondent parfois à tel point dans un tas de grains qu'il n'en reste que les enveloppes.

Il existe un nombre immense de charançons, qui ont tous le devant de la tête allongé en trompe ou en bec. Un charançon très commun est le *charançon de la noix* (*Balaninus micum*), qui a un bec très long et mince ; avec cela, la femelle mange les coquilles molles des jeunes noix et dépose ses œufs dans le trou ; les larves dévorent le noyau de la noix et ne laissent que de la poussière à l'intérieur de la coque.

LA DAME OISEAU OU DAME VACHE.

(*Coccinella septem-punctata.*)

LA larve de ce beau et célèbre petit coléoptère est désagréable et presque dégoûtante dans son apparence ; mais pour compenser cela, il est extrêmement utile pour détruire le puceron ou mouche verte. Chez l'insecte parfait, les élytres sont écarlates, joliment tachetés de noir ; certaines espèces en ont sept, d'autres cinq taches, et l'une des plus belles en a dix-huit. La tête est très petite, les antennes et les pattes très courtes, et le corps presque rond.

Ce coléoptère est généralement considéré avec beaucoup de faveur dans presque tous les pays et, à l'époque catholique, il était en quelque sorte dédié à la Vierge Marie. D'où son nom de Lady Bird.

ORDONNANCE II. *Orthoptères.*

DANS cet ordre, les élytres, ou élytres, sont beaucoup plus mous et plus flexibles que chez les coléoptères ; ils sont souvent membraneux ou palmés et, lorsqu'ils sont fermés, ils ne forment pas une ligne droite dans le dos. La bouche est également différente ; les maxillaires étant terminés par une pièce cornée et dentée appelée galea. Il existe aussi une sorte de langue, et la métamorphose est incomplète.

LE PERCE-OREILLE. (*Forficula auriculaire.*)

Contrairement à la plupart des autres insectes, la femelle perce-oreille surveille ses œufs jusqu'à leur éclosion, puis s'occupe de sa jeune progéniture pendant un certain temps. Au début du mois de juin, M. de Geer trouva sous une pierre une femelle perce-oreille, accompagnée de nombreux petits, évidemment ses petits. Ils restaient près d'elle et se plaçaient souvent sous son corps, comme les poules sous une poule.

Ce petit animal est très agile et parfaitement inoffensif, sauf pour les fleurs, malgré l'accusation fabuleuse qu'on a si longtemps cru contre lui, de pénétrer dans l'oreille humaine et d'y déposer ses œufs, qui, disait-on, causaient une douleur intolérable à l'éclosion. et les petits commencèrent à ronger l'intérieur de l'oreille. Le perce-oreille possède des ailes qui, une fois déployées, couvrent presque tout l'insecte. Les élytres, ou élytres, sont courts et ne s'étendent pas sur tout le corps, mais seulement sur la poitrine. Les ailes sont dissimulées sous celles-ci et ont une forme quelque peu ovale. Il y a une grande élégance dans la manière dont l'insecte replie ses ailes sous ses élytres.

LE COLÉOPTÈRE NOIR, OU CAFARD,

(*Blatta Orientalis ,*)

SI commun dans les cuisines londoniennes, il est presque allié au Earwig.

LA MANTE FEUILLE. (*Empusa gongylodes.*)

CET insecte a une forme remarquable. La tête est reliée au corps par un cou, plus long que le reste du corps. Il a deux yeux polis et deux antennes courtes. Ce cou est constitué du premier segment de la taille ou du thorax. Les élytres, qui couvrent les deux tiers du corps, sont veinés et réticulés, ou réticulés. Les ailes sont veinées et transparentes. Les pattes postérieures sont très longues, les suivantes plus courtes ; et la première paire de cuisses est terminée par des épines : les autres ont des lobes membraneux qui leur servent d'ailes dans leur vol. Le sommet de la tête est membraneux, en forme de poinçon et divisé à son extrémité. Cet animal est un des innombrables exemples que la nature offre de la sagesse infinie du Créateur ; car, chaque fois qu'un animal s'écarte dans sa forme du système général, il est toujours formé pour répondre au dessein de son existence. Ainsi cet insecte, ayant de si longues pattes, n'aurait jamais pu se maintenir dans les airs, si la Providence n'avait donné aux pattes elles-mêmes une espèce d'ailes pour équilibrer leur poids. Ce sont là des exemples dont la nature regorge ; et ce qui ferait trembler l'athée s'il contemplait seulement la conception et le système admirables avec lesquels ils sont caractérisés comme

« Parties d'un tout formidable ;
Dont le corps est la nature, et Dieu l'âme.

Ces insectes sont en partie d'un vert jaunâtre pâle et en partie bruns ; de sorte qu'ils ressemblent à des feuilles mortes, d'où leur nom anglais. On les trouve aux Indes orientales et en Chine.

LES Mantes ordinaires, ou *Insectes religieux* , comme on les appelle parfois, à cause de leurs attitudes apparemment dévotionnelles, ressemblent aux espèces que nous venons de décrire dans leur structure générale, mais sont rarement dotées d'un cou aussi long et d'un corps aussi semblable à une feuille. Ils portent la tête droite, et les longs pieds antérieurs, serrés ensemble comme un couteau à fermoir, servent à attraper leurs proies ; c'est pendant qu'ils sont ainsi engagés que leurs postures ont été considérées comme ressemblant à une attitude de dévotion.

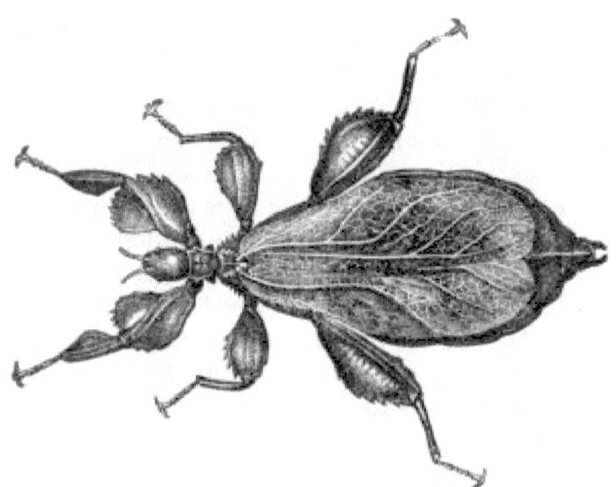

LA FEUILLE MARCHANTE, (*Phyllium siccifolium* ,)

A un cou plus court que celui de la Mante, et ses pattes antérieures ne sont pas construites comme des fermoirs, mais le corps est très plat et ressemble à une feuille, et les élytres sont veinés de manière à ressembler exactement à une feuille ; en effet, si on le voyait adhérant immobile à la branche d'un arbre, on le prendrait certainement pour une feuille. On les trouve aux Indes orientales. Il est curieux que, bien que ces créatures présentent une ressemblance si trompeuse avec les feuilles, il existe parmi leurs proches parents qui sont également semblables aux bâtons et aux brindilles, de sorte que l'apparence d'une branche feuillue pourrait facilement être obtenue en fixant la première sur la seconde. . Certains de ces *bâtons de marche* mesurent huit ou neuf pouces de longueur, et tout le corps et les pattes ont précisément la couleur et la texture de l'écorce.

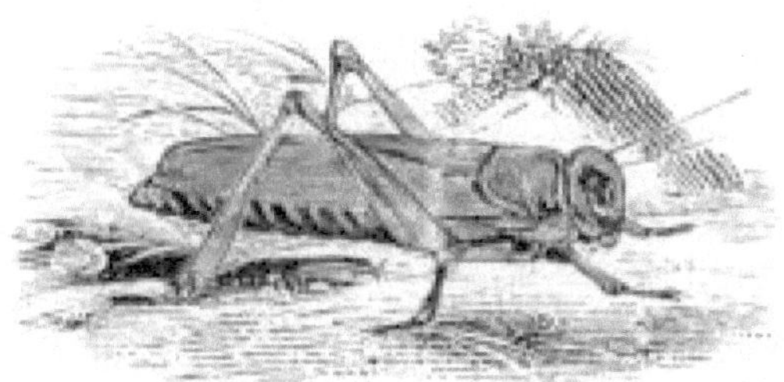

LA SAUTERELLE, (*Locusta flavipes* ,)

EST de couleur verte, avec les élytres bruns et la tête ressemblant un peu à celle d'un cheval ; le corselet est armé d'un solide bouclier. Sur ses six pattes, les deux dernières sont beaucoup plus longues que les autres, pour aider l'insecte à sauter. Le mâle émet un gazouillis dû au frottement des cuisses contre les côtés des élytres : si on le manipule brutalement, la sauterelle mord très fort.

Vers la fin de l'automne, la femelle dépose ses œufs dans un trou qu'elle creuse à cet effet dans la terre. Ces œufs s'élèvent quelquefois à cent cinquante ; ils ont à peu près la grosseur d'une graine de carvi, blancs, ovales et d'une substance cornée. La femelle, ayant ainsi accompli son devoir, languit bientôt et meurt. Début mai suivant, une petite larve blanche sort de chaque œuf. La créature passe une vingtaine de jours sous cette humble forme ; après quoi, ayant pris la forme de pupe, tandis que tous les rudiments de la future sauterelle sont cachés sous une fine peau extérieure, elle se retire sous un chardon ou un buisson épineux, probablement pour être plus en sécurité ; et là, après une variété d'efforts laborieux, de contorsions et de palpitations, l'enveloppe temporaire se divise, et l'insecte saute hors de ses *exuvies* .

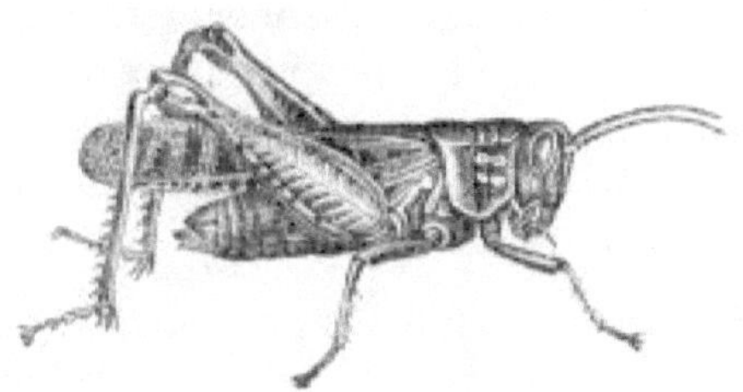

LE CRIQUET. (*Locusta migratoria.*)

LA Bible, écrite dans un pays où le criquet faisait une figure distinguée parmi les productions naturelles, nous a donné plusieurs images très frappantes du nombre et de la rapacité de ces animaux. Il compare une armée à un essaim de sauterelles : il les décrit comme sortant de la terre, où elles sont produites ; comme poursuivant une marche établie pour détruire les fruits de la terre ; et comme instruments fréquents de l'indignation divine.

Les pays d'origine des criquets sont l'Asie centrale et l'Afrique du Nord, mais ils migrent chaque année vers l'Europe, où ils détruisent tout ce qu'ils rencontrent. On rencontre d'autres espèces de criquets dans diverses parties du monde qui, comme le véritable criquet migrateur, se déplacent d'un endroit à l'autre en vastes bandes, causant d'immenses dégâts partout où elles s'installent temporairement.

Lorsque les sauterelles entrent en campagne, elles ont à leur tête un chef dont elles observent le vol et dont elles prêtent une stricte attention aux mouvements. Ils apparaissent de loin comme un nuage noir qui, en s'approchant, se rassemble à l'horizon et cache presque la lumière du jour. Il arrive souvent que le laboureur voit passer cette calamité imminente sans lui faire aucun mal ; et l'essaim tout entier continue son chemin, pour s'installer dans les travaux d'un pays moins chanceux. Mais misérable est le district sur lequel ils se fixent ; ils ravagent les prairies et les champs de blé ; dépouillez les arbres de leurs feuilles et les jardins de leur beauté ; la visite de quelques minutes détruit les espérances d'un an ; et une famine s'ensuit trop fréquemment. Dans leurs climats naturels, ils ne sont pas aussi nuisibles que dans le sud de l'Europe, car en Syrie et en Palestine, bien que la plaine et la forêt soient dépouillées de leur verdure, la puissance de la végétation est si grande qu'un intervalle de trois ou quatre jours répare la calamité; mais notre verdure est le produit d'une saison ; et il faudra attendre que le printemps suivant répare les dégâts. D'ailleurs, dans leurs longs vols vers cette partie du monde, les Criquets sont affamés par l'ennui de leur voyage, et sont par conséquent plus voraces partout où ils s'établissent. Mais ce n'est pas par ce qu'ils dévorent qu'ils font autant de dégâts que par ce qu'ils détruisent. Leur seule piqûre contamine la plante et blesse sa future végétation. Pour reprendre l'expression du laboureur, ils brûlent tout ce qu'ils touchent et laissent les traces de leur dévastation pendant deux ou trois ans. Et s'ils sont si nocifs lorsqu'ils sont vivants, ils le sont encore davantage lorsqu'ils sont morts ; car partout où ils tombent, ils infectent l'air de telle manière que l'odeur en est insupportable.

En 1690, on a vu des nuées de sauterelles entrer en Russie en trois endroits différents ; et de là se répandirent sur la Pologne et la Lituanie en multitudes si étonnantes, que l'air fut obscurci et la terre couverte de leur nombre. En certains endroits, on les vit étendus morts, entassés les uns sur les autres jusqu'à une profondeur de quatre pieds ; dans d'autres, ils couvraient la surface comme un drap noir : les arbres pliaient sous leur poids, et les dégâts subis par le pays dépassaient toute estimation. En Barbarie, leur nombre est formidable et leurs visites fréquentes. En 1724, le Dr Shaw fut témoin de leurs ravages dans ce pays. Leur première apparition eut lieu vers la fin du mois de mars, alors que le vent soufflait du sud depuis un certain temps. Au commencement d'avril, leur nombre augmenta tellement, que, dans la chaleur du jour, ils se formèrent en grands essaims qui ressemblaient à des nuages et obscurcissaient le soleil. À la mi-mai, ils commencèrent à disparaître, se retirant dans les plaines pour déposer leurs œufs. Le mois suivant, soit juin, les jeunes couvées commencèrent à faire leur apparition, formant de nombreux corps compacts de plusieurs centaines de mètres carrés ; qui, s'avançant, grimpaient aux arbres, aux murs et aux maisons, mangeant tout ce qui était vert sur leur passage :

« —— À la voix de leur général, ils obéirent bientôt
à Innombrable. Comme lorsque le puissant bâton
du fils d'Amram, au mauvais jour de l'Égypte,
s'agitait autour de la côte, soulevait une nuée
de sauterelles, se déformant sous le vent d'est,
qui planait sur les plaines de l'impie Pharaon
comme la nuit et obscurcissait tout le pays. du Nil;
Ces mauvais anges étaient si innombrables,
planant sur leurs ailes, sous la chape de l'enfer,
entre les feux supérieurs, inférieurs et environnants.
MILTON.

LE GRILLON-TAUPE. (*Gryllotalpa vulgaris.*)

LES deux pattes antérieures de cet insecte, placées très près de la tête, sont courtes et larges, et, comme celles de la taupe, sont conçues pour aider l'insecte à creuser sous terre. La courtilière est très destructrice dans les jardins, car elle attaque les racines des jeunes plantes et les fait rapidement pourrir et mourir. La femelle forme un nid de terre moite, dans lequel elle pond de deux à quatre cents œufs. Le nid est soigneusement fermé de tous les côtés, pour protéger le couvain des incursions de larves et autres prédateurs souterrains. Le chant du Grillon-taupe est une note grave, sourde et discordante, qui se poursuit longtemps avec une grande obstination.

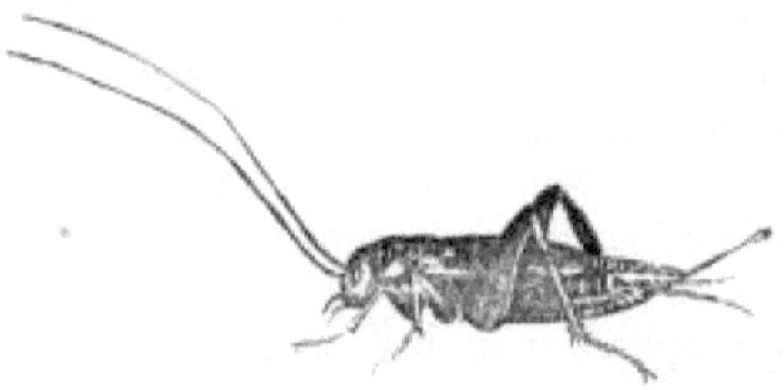

LE CRICKET. (*Acheta domesticata.*)

LES Grillons domestiques habitent généralement les maisons, choisissant pour lieu de retraite les cheminées ou les fonds de fours ; et se nourrissant de tout ce qui se présente sur leur chemin, de la farine, du pain, de la viande et surtout du sucre, dont ils semblent particulièrement friands. Le gazouillis, qu'ils émettent presque sans interruption, provient uniquement des mâles, qui le produisent en frottant la base de leurs élytres l'une sur l'autre.

Les grillons sont généralement de couleur brun rouille, et l'organe de la vision paraît chez eux très faible et imparfait, car ils se dirigent beaucoup mieux dans l'obscurité que lorsqu'ils sont éblouis par la lumière soudaine d'une bougie. Le grillon des champs (*A. campestris*) a la même forme, mais est d'une espèce différente du grillon domestique et est noir, avec une fine brillance. Son bruit s'entend à grande distance, et est si semblable à celui de la sauterelle, qu'il est difficile de les distinguer l'un de l'autre.

ORDONNANCE III. *Hémiptères.*

CES insectes n'ont ni mandibules ni maxillaires, mais à leur place ils ont un rostre tubulaire articulé, adapté à la succion. Les insectes ainsi formés sont appelés hausstellés. Les quatre ailes sont toutes membraneuses, mais les ailes extérieures sont coriaces à la base. Certaines espèces sont dépourvues d'ailes. Les antennes sont souvent petites et quelquefois à peine perceptibles. Les métamorphoses de ces insectes sont incomplètes.

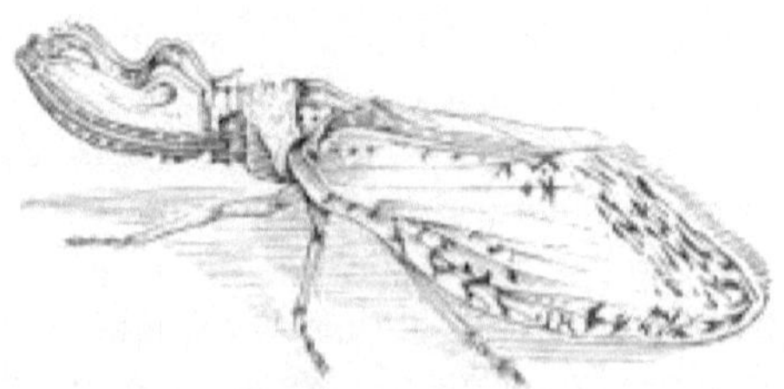

LA MOUCHE DE LA LANTERNE. (*Fulgora latérale.*)

CETTE Mouche Lanterne est un insecte nocturne, avec une capuche ou vessie sur la tête, semi-transparente, et très curieusement ornée de rayures rouges et vertes. Certains auteurs ont affirmé que cette partie de l'insecte brille brillamment la nuit, de sorte qu'il est même possible de lire par elle. Aucun entomologiste moderne n'a cependant été témoin de ce phénomène, et on pense généralement que la luminosité supposée de la mouche lanterne n'existe que dans les récits des indigènes d'Amérique du Sud. Les ailes et tout le corps sont élégamment ornés d'un mélange de rouge, vert, jaune et d'autres couleurs splendides.

L'INSECTE COCHINEE. (*Coccus cactus.*)

LA cochenille est du même genre que la cochenille de la vigne, qui ressemble à un petit morceau de laine attaché à la branche, mais qui, lorsqu'on la presse, tache les doigts d'un liquide rouge. La cochenille s'attache de la même manière aux tiges feuillues du nopal, espèce d'opuntia ou figue de Barbarie, commune au Mexique et en Amérique du Sud, d'où la cochenille utilisée en Europe est principalement importée.

Quand les Mexicains ont cueilli les cochenilles, ils les mettent dans des trous dans la terre, où ils les tuent avec de l'eau bouillante, et ensuite les font sécher au soleil ; ou bien ils les tuent en les mettant dans un four, ou en les posant sur des plaques chauffantes. Des différentes méthodes utilisées pour les tuer naissent les différentes couleurs dans lesquelles ils apparaissent lorsqu'ils nous sont apportés. Pendant qu'ils vivent, ils semblent être saupoudrés d'une poudre blanche, qu'ils perdent lorsqu'on verse sur eux de l'eau bouillante, mais qu'ils conservent lorsqu'ils sont tués dans un four. Ceux séchés sur des plaques chauffantes sont les meilleurs.

On dit que la quantité de cochenille exportée annuellement du Mexique et de l'Amérique du Sud vaut plus de cinq cent mille livres sterling, somme énorme provenant d'un si petit insecte ; et la consommation annuelle actuelle de cochenille en Angleterre a été estimée à environ cent cinquante mille livres de poids. Les Mexicains ont une telle estime de leur commerce de cet insecte, que la république a adopté le nopal pour faire partie de ses armes.

C'est pour teindre l'écarlate que la cochenille est principalement demandée ; mais, bien qu'on en obtienne maintenant un colorant particulièrement brillant, cette substance ne donnait qu'une couleur pourpre terne jusqu'à ce qu'un chimiste du nom de Kuster, qui vivait à Bow, près de Londres, vers le milieu du XVIIe siècle, découvre l'art de en le préparant avec une solution d'étain. La cochenille, si elle est conservée dans un endroit sec, peut être conservée sans dommage pendant une longue période de temps. On a mentionné un exemple où une certaine de cette teinture, vieille de cent trente ans, s'est avérée produire le même effet que si elle avait été parfaitement fraîche.

Le pou des plantes, ou mouche verte. (*Aphis.*)

LES PUCERONS sont tantôt vivipares, tantôt ovipares, selon la saison de l'année. Celles du rosier ont été particulièrement remarquées, et sur dix générations produites au cours d'un printemps, d'un été et d'un automne, les neuf premières étaient vivipares et la dernière ovipare. Les neuf premières générations étaient composées uniquement de femmes ; mais dans la dixième il y avait des mâles. Dans cette singulière aberration aux lois communes de la nature, cet insecte constitue une anomalie remarquable. Ils se multiplient à une vitesse si extraordinaire — les dix générations entières en trois mois — qu'à partir d'un seul Aphis, dix milliards de millions peuvent être produits dans cette courte période, et on a calculé que la progéniture d'un seul Aphis au cours d'un seul été, en supposant que sa multiplication ne soit soumise à aucun contrôle, elle pourrait dépasser en poids la population humaine entière de la Chine.

L'églantier, le houblon, la vigne, le pommier, le haricot, le saule et le troène sont tous particulièrement susceptibles d'être infestés par cet insecte ; dont les différentes espèces prennent leurs noms selon les plantes sur lesquelles elles se trouvent habituellement. Les tumeurs rouges, communément appelées galles, qu'on voit à la surface des feuilles, notamment celles du saule, variant depuis la grosseur d'une coccinelle jusqu'à celle d'un œuf de pigeon, sont produites par les pucerons et contiennent des milliers de petits poux. D'une paire de petits tubes placés près de l'extrémité du corps de ces insectes, il s'échappe un liquide sucré, dont les fourmis sont très friandes ; et c'est ce liquide répandu sur les feuilles adjacentes, ou la sève extravasée qui s'écoule des plaies causées par les piqûres des insectes, qui est connue sous le nom de miellat.

Après un printemps doux, la plupart des espèces de Pucerons deviennent si nombreuses qu'elles détruisent toutes les jeunes pousses des plantes sur lesquelles elles se trouvent. Aucun moyen efficace de les détruire n'a encore été découvert, mais le meilleur remède contre eux est de laver les pousses infestées avec de l'eau de tabac ou de la lie de savon ; et répéter l'opération lorsque des pucerons sont visibles.

ORDONNANCE IV. *Neuroptères.*

CES insectes ont quatre ailes transparentes, fortement et joliment variées, de manière à ressembler à un réseau. La bouche a des mandibules et des maxillaires. L'abdomen de la femelle n'a ni ovipositeur ni dard.

LA FOURMI-LION. (*Myrméléon formicarium.*)

CET insecte est issu d'un œuf pondu dans un sol meuble ou du sable ; la larve grandit bientôt et prend la forme d'une petite araignée, avec cette différence que les pattes sont construites de telle manière qu'elle ne peut avancer qu'en arrière ou de côté. L'abdomen est très gros et charnu ; et la tête, qui est petite, est armée de deux longues mâchoires semblables à des cornes, ressemblant un peu à celles du cerf-volant. Ce qui doit susciter notre plus grande admiration, c'est que cet insecte, qui ne peut se déplacer que dans un sens rétrograde, est voué par nature à se nourrir de mouches et de fourmis, dont la rapidité et l'agilité le priveraient à tout moment de ses proies s'il ne le faisait. doué d'un instinct peu commun, qui le porte au stratagème suivant : il fait une sorte de trou en forme d'entonnoir dans la terre meuble ou le sable, et, se plaçant au fond, il y attend avec la plus grande patience, jusqu'à ce qu'un une fourmi imprudente ou une mouche étourdie tombe dans la fosse mortelle. Alors toute son habileté est mise en réquisition ; il jette, par le mouvement de ses larges mâchoires, une grande quantité de sable sur l'insecte, pour l'empêcher de grimper sur les parois abruptes du trou ; et quand la proie paraît forte et agile, elle donne une telle agitation générale, que toute la construction s'écroule, et que le malheureux insecte, accablé de ruines, tombe dans la gueule de la Fourmi-lion, qui s'ouvre comme une pince. . Lorsque la Fourmi-lion a sucé le sang et l'intérieur de sa proie, elle le prend sur sa tête, et, d'un coup brusque, jette la carcasse à distance de sa demeure. Lorsque la larve a atteint sa taille maximale, elle tisse un cocon de soie blanche et brillante, recouvert d'une couche externe de sable. Au bout d'environ trois semaines, de cette pupe surgit un insecte ailé à taille fine qui, après avoir voleté pendant quelques semaines et déposé ses œufs dans le sable, abandonne sa vie. L'insecte ailé ressemble à une belle libellule ; il a une tête de couleur marron ; le corps est d'un gris nacré, les pattes courtes et les ailes, qui ressemblent à la plus belle dentelle, sont magnifiquement marquées de lignes et de taches sombres. On voit souvent cette mouche voleter sur les bords des routes et des berges sèches exposées à l'est, aux mois de juin et juillet ; cela dure un peu de temps, puis disparaît complètement. La Fourmi-lion ne se trouve pas dans ce pays ; mais dans le midi de la France et de l'Italie, il n'est pas un talus au bord d'une voie publique, ni une crête sablonneuse au pied d'un vieux mur qui n'abrite un grand nombre de ces insectes.

LA GRANDE MOUCHE DRAGON. (*Libellula grandis.*)

CE genre d'insectes est bien connu de tous. La larve vit dans l'eau et porte une sorte de masque qu'elle déplace à volonté et qui lui sert à retenir sa proie pendant qu'elle la dévore. La chrysalide ressemble beaucoup à la larve dans sa forme, sauf que sur les côtés du corps, les ailes sont enfermées dans de minces étuis. La période de transformation étant venue, la chrysalide va au bord de l'eau, et se fixe sur une plante, ou se colle fermement à un morceau de bois sec, dans laquelle elle reste pendant un peu de temps, lorsque la peau de la nymphe se fend à A la partie supérieure du thorax, l'insecte ailé sort peu à peu, se débarrasse de sa mue, déploie ses ailes, palpite, puis s'envole avec grâce et aisance. L'élégance de sa forme élancée, la richesse de ses couleurs, la délicatesse et la texture resplendissante de ses ailes, en font un bel objet. Il mesure environ quatre pouces de longueur.

La femelle dépose ses œufs dans l'eau, d'où naissent les larves, qui subissent ensuite les mêmes transformations.

La Mouche diurne (*Ephemera*), ainsi appelée en raison de la brièveté de sa vie, est un petit insecte provenant d'une larve résidant dans les rivières. Après être resté plusieurs mois à l'état rampant, il se forme une nymphe, à partir de laquelle l'insecte parfait se transforme, trois ou quatre heures après midi, en mouche, et meurt peu après. Cette mouche a la particularité singulière de se débarrasser de toute sa peau très peu de temps après avoir atteint son état parfait ; et l'habit vide peut souvent être vu traîner après que son occupant l'a abandonné.

COMMANDE V. *Hyménoptères.*

DANS cet ordre, les ailes ne sont ni aussi grandes ni aussi fortement veinées que dans le précédent. La bouche est meublée de mandibules, de maxillaires et d'une lèvre supérieure et inférieure ; et l'abdomen de la femelle se termine soit par un ovipositeur, soit par un dard. La métamorphose de ces insectes est terminée.

Cet ordre contient les abeilles, dont il existe des centaines d'espèces différentes. La plus intéressante d'entre elles est l'abeille commune, de l'industrie de laquelle nous obtenons de la cire, et grâce à laquelle nous sommes approvisionnés en miel. Les habitants d'une ruche sont de trois sortes : une reine, quelques centaines de faux-bourdons ou mâles et plusieurs milliers d'ouvrières. La Reine, ou Parent Bee, est l'âme de la communauté ; tous les autres lui sont si attachés qu'ils la suivront partout où elle ira. Elle a le pouvoir d'apaiser toute perturbation pouvant survenir parmi ses sujets en émettant un bourdonnement particulier. Elle est si prolifique qu'elle pond quinze ou dix-huit mille œufs, qui produisent environ huit cents mâles ou faux-bourdons, quatre ou cinq reines des abeilles et le reste des abeilles ouvrières ou neutres. Les rayons d'une ruche sont constitués d'un certain nombre de cellules formées de cire, substance sécrétée par les abeilles ouvrières après s'être gavées de miel. Ces cellules sont destinées à l'habitation et à la reproduction des jeunes abeilles, et servent également de réserves pour le miel, le pain d'abeille ou le pollen des fleurs. Les cellules royales, dans lesquelles sont pondus les œufs des futures reines, sont les plus grandes et ont la forme d'une coupe de gland. Toutes les autres cellules sont d'une belle forme hexagonale, et de deux sortes, l'une plus grande que l'autre : la plus grande pour les jeunes faux-bourdons, la plus petite pour les ouvrières. Au bout de deux ou trois jours, les œufs éclosent, lorsque les Neutres allaitent les jeunes larves, qu'ils nourrissent très tendrement avec du pain d'abeille et du miel. Au bout de vingt et un jours, les jeunes abeilles sont capables de former des cellules avec une activité si infatigable qu'elles en feront alors plus en une semaine que pendant tout le reste de l'année. Pas plus d'une reine n'est autorisée à habiter une ruche. Lorsqu'une jeune reine est sur le point d'éclore, l'ancienne éloigne un essaim de l'ancienne colonie pour en former une nouvelle. Si la reine meurt ou est perdue dans la ruche par accident et qu'il n'y a pas de jeunes reines dans les cellules royales, les abeilles peuvent réparer leur perte. Ils choisissent un larve de l'espèce Neutre, agrandissent sa cellule en y ajoutant trois ou quatre cellules adjacentes, nourrissent le jeune larve avec de la nourriture royale, et il se développe ensuite en reine. Parfois il y a des Abeilles qui, moins laborieuses que les autres, subviennent à leurs besoins en pillant les ruches des autres ; sur quoi s'engage une bataille entre les insectes industrieux et les insectes pilleurs. Leurs ennemis sont la guêpe, le frelon et diverses espèces d'oiseaux.

L'abeille recueille le miel au moyen de sa trompe, ou trompe, qui est une pièce de mécanisme des plus étonnantes, composée de plus de vingt pièces. En entrant dans la ruche, l'insecte dégorge le miel dans les alvéoles, pour sa subsistance hivernale ; ou bien le présente aux abeilles en travail.

Les rayons de cellules formés par ces insectes industrieux sont construits avec une ingéniosité instinctive qui doit toujours être considérée comme une des choses les plus merveilleuses de la nature. Chaque rayon est constitué de deux ensembles de cellules hexagonales placées dos à dos, et non seulement les insectes adoptent cette forme qui leur permet de construire le plus grand nombre de cellules de la taille requise dans le plus petit espace possible et avec le moins d'espace possible. matériau, mais chaque alvéole d'un côté du peigne est placée à l'opposé de la jonction de trois alvéoles du côté opposé, de sorte que son centre puisse être approfondi sans gêner cette dernière, les trois pièces en forme de losange formant le fond de chaque alvéole appartenant à trois cellules distinctes du côté opposé du peigne. Grâce à tous ces artifices, les abeilles parviennent à obtenir le plus grand nombre d'espaces possibles dans le plus petit espace possible ; et on a constaté, par calcul mathématique, que si l'on voulait construire une série de cavités d'une dimension donnée dans le plus petit espace possible et avec le moins de matériaux possible, il faudrait adopter exactement le même plan, même aux formes des côtés des cellules et aux angles selon lesquels elles sont attachées les unes aux autres, cela a été instinctivement adopté par la petite abeille. A l'entrée de chaque cellule, l'architecte des abeilles place une bride de cire qui fortifie l'ouverture et prévient les blessures qu'elle pourrait recevoir du fait des fréquentes entrées et sorties des abeilles.

Les abeilles produisent du miel qu'elles conservent pour la consommation hivernale ; la cire, à partir de laquelle ils forment leurs cellules ; et une substance appelée pain d'abeille, qu'ils extraient principalement du pollen des fleurs, et dont ils se servent pour nourrir leurs petits.

Ci-dessus sont données des représentations, d'abord, de la *reine des abeilles* , placée sur le côté gauche ; deuxièmement, le *Drone* ; et, troisièmement, l' *abeille qui travaille* .

LA GUÊPE, (*Vespa vulgaris* ,)

C'EST un insecte très féroce, dangereux et rapace ; elle est beaucoup plus grosse que l'abeille et munie d'un aiguillon puissant. L'abdomen est rayé de jaune et de noir. Toutes sortes de guêpes font de curieux nids ; certains les attachent aux poutres d'une grange ou d'un autre bâtiment, ou les placent au creux d'un grand arbre, mais la Guêpe commune creuse un trou dans le sol. Les guêpes ne construisent pas leurs rayons avec le même soin et la même précision que l'abeille ; néanmoins leurs nids sont souvent très ingénieusement faits, et le matériau employé par la plupart d'entre eux est curieux, c'est une sorte de papier ou de carton fait avec des fibres de bois mâchées entre les mâchoires des insectes. Comme ils ne stockent pas de miel pour subvenir à leurs besoins pendant l'hiver, la plupart d'entre eux meurent à cette époque-là ; et le peu qui vit reste dans un état de torpeur jusqu'au printemps. Leur aiguillon est très gros ; et sa liqueur empoisonnée, lorsqu'elle est introduite dans le corps humain, excite une inflammation et crée une douleur très considérable.

LA MOUCHE ICHNEUMON. (*Pimpla persuasion.*)

LA bouche de cet insecte a des mâchoires, mais pas de langue suceuse. Les antennes contiennent plus de trente articulations ; et l'abdomen est relié au corps par un mince pédicule. L'ovipositeur est enfermé dans une gaine cylindrique, composée de deux valves.

Un caractère distinctif et frappant de toutes les espèces de cette espèce de mouche, c'est l'agitation presque continuelle de leurs antennes. Le nom d'Ichneumon leur a été appliqué à cause du service qu'ils nous rendent en détruisant les chenilles, les poux des plantes et autres insectes ; comme l'Ichneumon ou le Mangouste détruit le crocodile en Orient. Le bout de l'abdomen des femelles est armé d'un ovipositeur, visible chez certaines espèces, mais pas chez d'autres ; et cet instrument, quoique si fin, est capable de pénétrer à travers le mortier et le plâtre. La mouche femelle l'utilise pour déposer ses œufs dans le corps d'autres insectes lorsqu'elle est à l'état d'œuf, de chenille ou de pupe ; de sorte que les petits, dès qu'ils sont éclos, peuvent se nourrir de la chenille, pénétrant jusqu'à ses entrailles. Ces larves parviennent cependant à aspirer les sucs nutritifs de leurs proies sans attaquer ses organes vitaux ; car la chenille continue à vivre longtemps, de manière à leur fournir de la nourriture jusqu'à ce qu'ils aient atteint leur pleine taille. Il n'est pas rare de voir des chenilles fixées sur les arbres, comme si elles étaient assises sur leurs œufs ; lorsqu'on découvre ensuite que les larves, qui étaient dans leur corps, ont filé leurs fils avec lesquels, comme des cordes, les chenilles sont attachées, et périssent ainsi misérablement.

« Un de mes amis, dit le Dr Derham, a mis une quarantaine de grosses chenilles, récoltées sur des choux, sur du son et quelques feuilles dans une boîte, et l'a recouverte de gaze pour empêcher leur fuite. Au bout de quelques jours, nous vîmes, sur le dos de plus des trois quarts d'entre eux, environ huit ou dix petites chenilles d'une des mouches Ichneumon sortir et filer chacune un petit cocon de soie ; et en quelques jours les grosses chenilles moururent.

Les Ichneumons rendirent de grands services dans les années 1731 et 1732, en se multipliant dans la même proportion que les chenilles, et leurs larves détruisirent plus de ces créatures destructrices que n'importe quel effort de l'industrie humaine.

On les trouve de toutes tailles, adaptées aux divers insectes dont ils sont parasites, et dans leurs fouilles incessantes dans tous les trous et dans tous les coins, ils découvrent et détruisent des millions de larves destructrices, qui autrement auraient atteint la maturité et laissé un progéniture pour renouveler ses ravages au cours de l'été suivant. Même les larves qui se nourrissent cachées sont facilement découvertes par les Ichneumons destinés à vivre sur elles, et le fermier est souvent averti de la présence de ses ennemis en observant l'activité de ses amis.

LA FOURMI OUVRIÈRE ET SOLDAT.

(*Formica rufa.*)

LA couleur de la fourmi est en général rouge foncé ou brune, avec une fine brillance sur l'abdomen. Elles sont comme les abeilles, divisées en trois espèces : les mâles, les femelles et les neutres. Les femelles et les neutres sont munies de dards pour leur défense ; les mâles en sont totalement dépourvus. Les mâles et les femelles sont, en temps opportun, dotés d'ailes, mais les neutres n'en ont pas, et ils sont toujours condamnés au travail et aux corvées sur la colline. Cette colline est construite avec beaucoup d'art et de travail ; il est composé de feuilles, de morceaux de bois, de sable, de terre et de gomme des arbres, le tout réunis en une masse percée de galeries pour donner accès aux nombreuses cellules qu'il contient. De cette colline, il y a plusieurs sentiers, tracés par le passage et le repas constants de ces créatures ; et il est digne d'admiration du naturaliste de considérer combien la légion entière paraît occupée à apporter des morceaux de paille, des cadavres d'autres insectes, ou à emporter leurs œufs, si un danger menace leur république. Leur odorat est très développé et ils découvrent à grande distance toute nourriture qu'ils recherchent.

ORDONNANCE VI. *Lépidoptères. Les papillons et les papillons.*

LES insectes inclus dans cet ordre sont tous remarquables par leur beauté. Leurs ailes sont membraneuses et veinées, comme celles des libellules et de leurs alliées, mais au lieu d'être nues, elles sont couvertes d'écailles rapprochées, de la texture la plus délicate et des couleurs les plus brillantes. La bouche est munie d'un tronc ou d'une langue en spirale, par laquelle le nectar est aspiré des fleurs ; mais à d'autres égards, elle ne diffère des bouches des ordres mandibulés masticateurs que par la petitesse de ses parties. Les antennes varient selon les différentes espèces : mais celles de tous les lépidoptères diurnes, ou papillons, se terminent par un petit renflement ou bouton ; tandis que ceux des espèces nocturnes, ou papillons de nuit, se rétrécissent en pointe et sont souvent plumeux ou en forme de peigne. Les transformations des espèces appartenant à cet ordre sont toutes complètes.

Sur les larves de cet ordre, les ichneumons règnent avec une domination incontestée ; attaquant tous sans discernement, depuis le minuscule insecte qui forme son labyrinthe dans l'épaisseur d'une feuille, jusqu'à la chenille géante du sphinx. Mais le plus utile de tous, le ver à soie, paraît, du moins chez nous, exempté de ce fléau. De Geer, sur quinze larves qui fouillaient entre les deux cuticules d'une feuille de rosier, en trouva quatorze qui étaient détruites par un de ces insectes.

L'EMPEREUR MOTH AVEC SA CHRYSALIDE ET SA CATERPILLAR.

LA larve de tous les lépidoptères est une chenille composée de douze segments annulaires, à l'exclusion de la tête, qui est plus dure que les autres parties, et toujours d'une couleur plus foncée que le corps. Chaque chenille a neuf trous de respiration de chaque côté ; et chacun des trois segments les plus rapprochés de la tête est muni d'une paire de pattes courtes, terminées par une espèce de griffe, qui sont les véritables pattes de l'insecte. La chenille possède cependant huit ou dix autres pattes sur les segments postérieurs de son corps. La tête a douze yeux et deux antennes coniques très courtes ; et la bouche est munie de deux fortes mandibules, de deux maxillaires, d'un labrum et de quatre palpes.

Les habitudes des chenilles diffèrent : certaines, appelées géomètres ou arpenteuses, avancent par une succession de pas, étendant d'abord le corps sur toute sa longueur et adhérant par les pattes antérieures, puis ramenant la partie postérieure du corps près de la avancez de manière à former une boucle, puis répétez ce processus ; ces chenilles, au repos, adhèrent souvent par leurs pattes postérieures et étendent le corps avec raideur, comme une petite brindille sèche ; d'autres, qui sont munis de plus de fausses pattes, adhèrent par celles-ci à la branche ou à la feuille, et soulèvent un peu la partie antérieure du corps, attitude qui engagea Linné à donner le nom de *Sphinx* aux papillons de nuit chez les chenilles desquels cette habitude prévaut ; quelques petites espèces vivent entre les faces supérieure et inférieure des feuilles, dans lesquelles elles creusent des mines ; d'autres habitent dans de petites caisses qu'ils fabriquent en divers matériaux ; tandis que d'autres, habitant en grandes sociétés, confectionnent pour eux une sorte de tente de soie, dans laquelle ils se reposent, et d'où ils sortent chaque jour en quête de nourriture, en une procession régulièrement organisée. Beaucoup se font des cocons ; mais d'autres n'ont d'autre revêtement à l'état de chrysalide qu'une peau lisse et brillante ou un ciment sombre semblable à une momie. La chrysalide d'un papillon est généralement anguleuse et celle d'un papillon de nuit cylindrique.

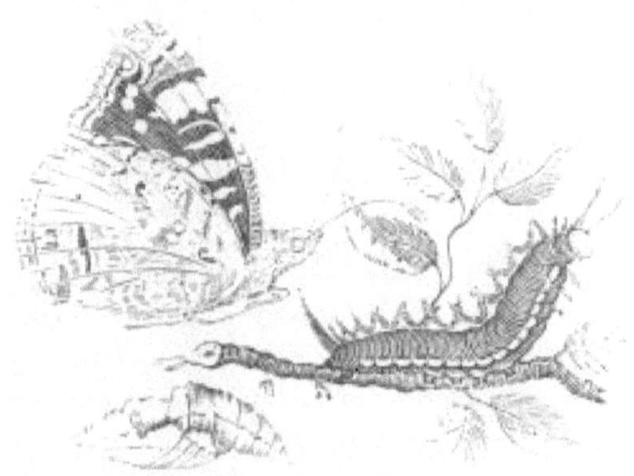

PAPILLON EN ÉCaille DE TORTUE.

(*Vanessa urticæ.*)

LA chenille, qui se nourrit d'ortie, mesure environ un pouce de longueur, est couverte de poils et est de couleur brun rougeâtre. Après avoir changé trois fois de peau lorsqu'il a la forme d'une chenille, il rampe jusqu'à une partie ramifiée de la tige ; et, se pendant par la partie postérieure ou par la queue, se gonfle et éclate d'une manière si curieuse, que la peau de la chenille tombe à terre, et que la chrysalide, ou aurélia, reste suspendue ; jusqu'à ce qu'après quinze jours de torpeur, il éclate de nouveau sa peau et s'échappe dans les airs sous la belle forme d'un papillon panaché. La ligne dorée qui brille à travers le boîtier de la chrysalide de ce papillon est censée avoir suggéré les mots chrysalide et aurelia, qui signifient tous deux doré. Les ailes de l'insecte parfait mesurent environ deux pouces de longueur, sont d'une couleur orange foncé au-dessus, et leur base et leur marge postérieure sont noires, avec une série de croissants bleus. Ces papillons, très communs en Angleterre, apparaissent au printemps, fin juin et début septembre.

LE PAPILLON DU CHOU.

(*Pontia* , ou *Pieris Brassicæ* .)

LORSQUE le chou-fleur et le chou-fleur sont presque mûrs, l'insecte parfait de cette chenille se trouve en train de déposer ses œufs sur les feuilles. La chaleur du soleil les vivifie bientôt et fait naître les chenilles, qui se mettent immédiatement à consommer les légumes sur lesquels elles ont reçu leur vie. Ils supportent sans inconvénient la chaleur du soleil, mais ne supportent pas les longues pluies et, par temps pluvieux, ils disparaissent bientôt. Il existe plusieurs espèces de ce papillon, mais le papillon blanc commun, avec une tache noire sur chacune des ailes inférieures, est le plus ancien observé dans nos jardins. Il pond ses œufs en mai ; et ses chenilles, qui éclosent bientôt, se nourrissent ensemble jusqu'à la fin de juin, lorsqu'elles entrent dans l'état de chrysalide, d'où apparaît le papillon parfait en juillet. Les œufs pondus par la deuxième couvée de papillons produisent des chenilles qui se nourrissent pendant le reste de l'été et restent à l'état de pupe tout l'hiver pour éclore au printemps suivant.

De l'étonnante fécondité de ces insectes, on peut s'étonner qu'ils n'aient pas, avec le temps, complètement envahi la surface de la terre et dévoré totalement toutes les plantes vertes. Ce serait certainement le cas si la Providence n'avait pas freiné leurs progrès. Une espèce de mouche ichneumon dépose ses œufs dans la chenille de ce papillon, et ils y éclosent. À l'état de larve, elles continuent de s'attaquer aux organes vitaux de l'animal ; ils passent ensuite à l'état de pupe et finissent par émerger comme de parfaits insectes. Nous sommes tellement redevables à ce petit parasite apparemment méprisable d'avoir freiné la prolifération d'un insecte qui autrement deviendrait un mal grave et alarmant.

La pie, ou papillon de groseille.

(*Geometra* , ou *Abraxas grossulariata* .)

LA chenille de ce papillon appartient à l'espèce appelée arpenteuse et est très destructrice. La chrysalide est nue et brillante ; et sa couleur est jaune vif avec des bandes noires. Le Papillon est blanc, tacheté de noir, d'où son nom de Pie.

La chenille noire et blanche de ce papillon est très destructrice pour les groseilliers et les groseilliers, et particulièrement à certaines saisons. M. Kirby cite spécialement les dévastations de Hull au printemps 1814. Il confirme également l'affirmation de Boerhaave, que la rigueur de l'hiver n'a aucun effet sur la destruction des larves de ces insectes, car celles-ci abondaient encore plus après un hiver où le thermomètre de Fahrenheit était à zéro, qu'après un hiver remarquablement doux.

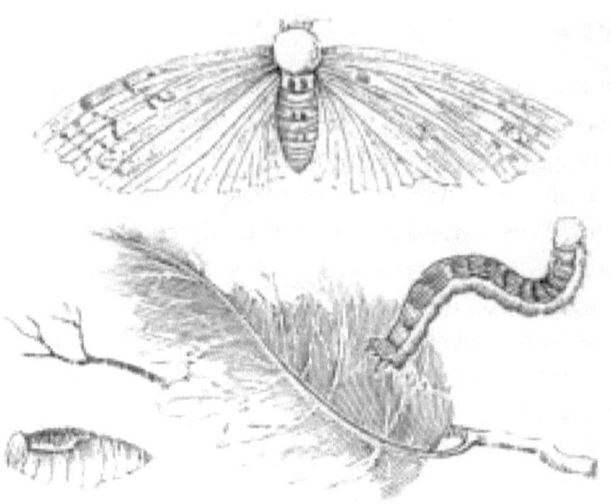

LE MITE D'HIVER.

(*Geometra* , ou *Cheimatobia brumata* .)

LA chenille se délecte des feuilles nouvellement ouvertes ; il n'est pas aussi vorace que beaucoup d'autres, faisant de longs intervalles entre ses repas, mais il quitte rarement une feuille avant de l'avoir entièrement consommée. La couleur est très élégante. La partie supérieure du corps est d'un beau vert jaunâtre ; mais il n'est en aucun cas aussi beau après qu'avant de se nourrir, sa peau étant si fine qu'elle transmet la teinte de la nourriture qu'elle mange. On les appelle également chenilles arpenteuses, car lorsqu'elles rampent, elles rapprochent leurs pattes postérieures et antérieures, de manière à former une boucle avec leur corps. Ils entrent à l'état de chrysalide vers la fin du mois de juin, s'enfouissant à cet effet dans la terre ; et en novembre ou décembre, l'insecte parfait naît.

Il est évident qu'ils possèdent une grande puissance musculaire, et c'est pourquoi leurs positions au repos sont très frappantes. Se fixant uniquement par leurs pattes postérieures, ils étendent leur corps en ligne droite, le maintenant longtemps dans cette position. Ceci, ajouté à leurs couleurs obscures et aux verrues sur leur corps, rend souvent difficile leur distinction des brindilles des arbres dont ils se nourrissent. Lorsqu'elles sont alarmées, ces chenilles ont l'instinct de tomber des feuilles et de se suspendre par un fil, ce qui leur permet de remonter lorsque le danger est passé.

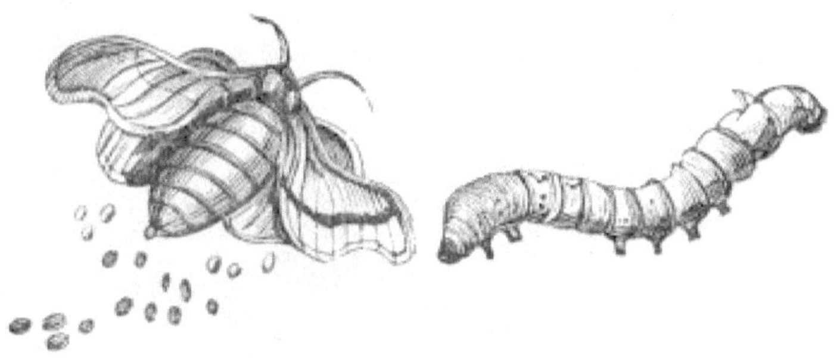

LE VER À SOIE. (*Bombyx mori.*)

SANS entrer dans une description très minutieuse de cette chenille, nous nous bornerons à ce que nous pensons être à la fois plus intéressant et plus utile. Comme le ver à soie est un insecte de service universel et non d'une beauté singulière, nous sommes amenés à préférer rendre compte de son utilité plutôt qu'une description détaillée de sa figure ou de sa couleur.

Cette larve se nourrit des feuilles du mûrier et, lorsqu'elle apparaît pour la première fois, elle est extrêmement petite et entièrement noire. Au bout de quelques jours, il apparaît sous une nouvelle habitude, blanche, teintée de la couleur de sa nourriture ; et avant de passer à l'état de chrysalide, il change plusieurs fois de peau. Une fois adulte, il tisse son cône de soie, qui est son cocon, de la même manière que les autres insectes. Le Papillon ne possède aucune beauté. Le ver à soie est originaire de Chine, d'où la plus grande partie de notre soie est encore importée ; mais l'insecte a été introduit dans le sud de l'Europe sous le règne de l'empereur Justinien, et est maintenant élevé en grande quantité tant en France qu'en Italie.

L'art de fabriquer la soie était connu des anciens. On apprend qu'au IIIe siècle, l'épouse de l'empereur romain Aurélien le supplia de lui donner une robe de soie pourpre, ce qu'il refusa en raison de son prix énorme.

On ne sait pas avec certitude à quelle époque précise la fabrication de la soie a été introduite pour la première fois en Angleterre ; mais en 1242, on nous dit qu'une partie des rues de Londres fut couverte ou ombragée de soie, pour la réception de Richard, frère d'Henri III, à son retour de Terre Sainte. En 1454, on dit que les manufactures de soie d'Angleterre se limitaient simplement aux rubans, dentelles et autres articles insignifiants. La reine Elizabeth, au cours de la troisième année de son règne, reçut de sa femme de soie une paire de bas de soie tricotés noirs, qu'elle aurait admirés comme « un vêtement merveilleux et délicat » ; et après l'utilisation de quoi elle n'en avait plus en tissu comme avant. Jacques Ier, alors qu'il était roi d'Écosse, demanda au comte de Mar le prêt d'une paire de bas de soie pour comparaître devant l'ambassadeur d'Angleterre, confirmant sa demande par cet appel convaincant : « Car vous ne voudriez certainement pas que votre roi devrait apparaître comme un gommage devant les étrangers.

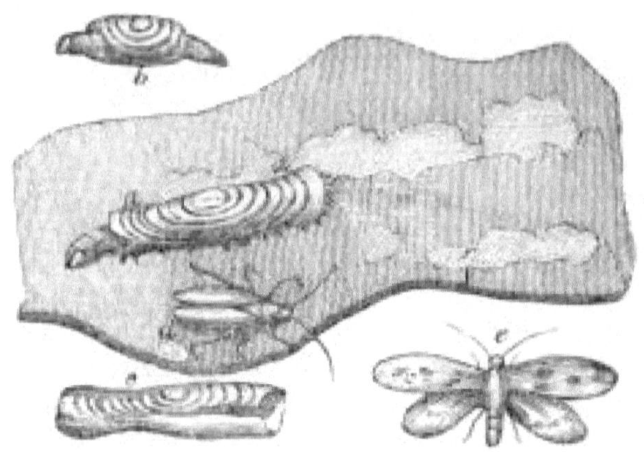

LA MITE DES VÊTEMENTS. (*Tinea pellionella.*)

LA larve de ce petit papillon est bien connue pour les dégâts qu'elle commet dans les draps de laine et les fourrures. Ces substances constituent le principal support de la chenille, et c'est pourquoi le parent est, par son instinct naturel, amené à y déposer ses œufs. Dès qu'elle quitte l'œuf, la chenille commence à se former un nid : à cet effet, après avoir filé immédiatement autour de son corps une fine couche de soie, elle mange les filaments du tissu ou de la fourrure, proches du fil de l'œuf. le tissu ou sur la peau. Cette opération est réalisée par ses mâchoires, qui agissent à la manière de ciseaux. Les pièces sont coupées en longueurs convenables et appliquées, avec une grande dextérité, une à une, à l'extérieur de son étui ; et à cela il les attache au moyen de sa soie. Son enveloppe étant ainsi formée, la petite chenille ne la quitte que par nécessité la plus pressante. Lorsqu'il veut se nourrir, il sort la tête à chaque extrémité de son étui, selon sa convenance. Lorsqu'il veut changer de place, il sort sa tête et ses six pattes antérieures, au moyen desquelles il avance, en ayant soin d'abord de fixer ses pattes postérieures à l'intérieur de l'étui, de manière à l'entraîner. Après s'être transformé dans son étui en chrysalide, il donne naissance, au bout de trois semaines environ, à un petit papillon ailé, d'apparence farineuse, de couleur terne et argentée, trop connu de presque toutes les maîtresses de famille. Le meilleur moyen de détruire cet insecte, lorsqu'il est dans le tissu, est de placer une soucoupe d'huile de térébenthine avec les objets affectés dans un endroit rapproché, lorsque la vapeur soulevée par l'air chaud le détruira immédiatement. Si la chenille est vieille et forte, il peut être nécessaire de brosser les vêtements avec une brosse dont les pointes ont été trempées dans de l'essence de térébenthine. Le camphre enveloppé de fourrures les protégera du papillon de nuit.

ORDONNANCE VII. *Diptères ou mouches.*

CET ordre se caractérise par le fait qu'il n'a que deux ailes transparentes et qui portent deux petits corps mobiles, appelés licols ou équilibreurs, placés tout près derrière elles. La tête est presque recouverte d'une paire d'yeux énormes ; et la bouche est munie d'une trompe ou d'une ventouse. Les pattes sont longues en proportion du corps, et sont, chez de nombreuses espèces, terminées par deux ou trois petites expansions en forme de coussins, qui, suppose-t-on, leur permettent de marcher sur du verre. Chaque pied possède également deux crochets ou griffes.

LA MOUCHE MAISON. (*Musca domestique.*)

CET insecte pond ses œufs dans des éviers, des fumiers ou tout autre endroit où se trouvent des matières végétales en décomposition assez humides. Les larves, ou vers, sont grosses et charnues, sans pattes, mais ayant la bouche munie de crochets, au moyen desquels elles se traînent lorsqu'elles veulent se mouvoir. Ils entrent dans l'état de chrysalide sans se débarrasser de la peau de l'asticot ; et lorsque l'insecte parfait apparaît, il arrache une sorte de capuchon d'une extrémité de l'étui de la chrysalide, afin de s'échapper. Les *mouches bleues* (*Musca erythrocephala* et *Vomitoria*) ne sont que trop connues pour leur habitude de déposer leurs œufs sur notre viande en été. Chez la *mouche à chair* (*Musca* ou *Sarcophaga carnaria*) et chez certaines espèces apparentées, les œufs éclosent dans le corps du parent, qui dépose ainsi des larves vivantes sur la matière animale en décomposition qui constitue leur nourriture. Ces mouches sont si prolifiques et leurs larves si voraces que Linné dit que leur progéniture dévorerait un cheval aussi vite qu'un lion pourrait le faire.

LE moucheron. (*Culex pipiens.*)

C'EST un insecte qui mérite l'observation du naturaliste, non seulement pour la conformation très curieuse de sa trompe (qui pénètre si vite et si puissamment dans notre peau, et par laquelle elle aspire notre sang dans son corps), mais aussi pour les nombreuses métamorphoses qu'il subit avant d'arriver à son état ailé. Le moucheron dépose ses œufs à la surface de l'eau stagnante, et les dresse les uns contre les autres, en forme de petit bateau : après avoir flotté sur l'eau pendant plusieurs jours, dès que le moment de l'éclosion arrive, les larves, que le que contiennent les œufs, s'échappent dans l'eau dans laquelle ils nagent avec de vigoureux mouvements saccadés. Ils sont obligés de visiter la surface pour prendre de l'air, et à cet effet la queue est munie d'un tube court, entouré à son extrémité d'une étoile de poils qui, une fois étalés, empêchent l'eau de s'écouler dans le tube à air. Le changement vers l'état de pupe est curieux. Dans cet état, l'insecte présente un corps plutôt svelte, avec une extrémité antérieure volumineuse, dans laquelle sont enfermés la tête, les ailes et les membres ; la queue est munie d'une paire de feuilles ou plaques membraneuses, le tube matifiant a disparu de cette partie et à la place de lui on trouve deux tubes situés sur les côtés du thorax : ayant passé une dizaine de jours dans cet état, son accroissement étant à la fin, il reste plus longtemps près de la surface, et enfin la peau extérieure éclate, et l'insecte ailé, debout sur les *exuvies* qu'il va laisser derrière lui, lisse ses ailes nouveau-nées, s'élance dans les airs et commence son mouvement. déprédations. La fécondité des moucherons est si remarquable que, au cours d'un été, ils pourraient atteindre le nombre étonnant de cinq ou six cents mille, si la Providence n'avait pas ordonné qu'ils deviennent la proie des oiseaux, qui empêchent ainsi leur reproduction. se multipliant plus qu'ils ne le font généralement. Ces insectes sont très ennuyeux à cause de leur propension à sucer le sang ; et comme la ventouse est cornée à l'extrémité, elle inflige une blessure grave, dans laquelle l'insecte émet une petite quantité de poison, qui provoque la douleur et l'inflammation toujours ressenties par une morsure de moucheron.

ORDONNANCE VIII. *Suctoria.*

CES insectes sont dépourvus d'ailes. La bouche est munie d'une trompe ou bec, formée pour blesser aussi bien que pour sucer.

LA PUCE, (*Pulex irritans* ,)

EST une de ces petites créatures avec lesquelles le manque de propreté des hommes est puni. C'est l'un des insectes les plus ennuyeux qui infestent la race humaine, car, grâce à ses bonds, il échappe souvent à la capture. Il est ovipare, et l'œuf, à peine discernable à l'œil nu, contient à maturité un petit ver blanc, assailli de poils. Ce ver se file bientôt un petit cocon de soie, d'où sort l'insecte parfait. La Puce est un insecte actif, gênant et assoiffé de sang ; il a une petite tête, de grands yeux et un corps arrondi mais comprimé, qui est recouvert d'une sorte d'armure ressemblant à la carapace de tortue en couleur et en transparence. Les plaques qui composent cette peau sont également armées d'épines ou de poils. Il a six pattes, dont deux sont beaucoup plus longues que les autres, afin de permettre à l'insecte de faire des bonds si merveilleux, qu'ils élèvent le corps au-dessus de deux cents fois son diamètre. La grande force et l'agilité de la Puce sont bien connues grâce à l'exposition des Puces industrieuses.

Livre VII.

RADIÉE.

L'ÉTOILE DE POISSON. (*Astérias* ou *Uraster rubens* .)

CET animal adhérant aux rochers des bords de mer. L'espèce commune est munie de cinq rayons et est de couleur jaune ou rouge. Il a un mouvement progressif lent et se retrouve souvent sur la plage parmi les algues après une tempête.

M. Bingley décrit un animal de cette espèce, qu'il a gardé vivant pendant quelque temps ; il y avait plus de quatre mille tentacules sous les rayons. Il les rétractait fréquemment, puis les repoussait, comme un limaçon fait ses cornes ; et grâce à eux, il pouvait adhérer fermement au plat contenant l'eau salée dans lequel il était conservé. Chaque fois qu'il touchait les tentacules avec son doigt, toutes celles de ce rayon ou membre se retiraient graduellement, mais celles des autres rayons n'en étaient pas du tout affectées.

Il existe de nombreuses autres espèces d'étoiles de mer, notamment dans les climats chauds. Parmi nos espèces indigènes, nous pouvons remarquer la *Grande Étoile du Soleil* (*Solaster papposa*) avec un grand disque et treize rayons courts ; la *Luidia fragilissima* à cinq longs rayons, qu'elle abandonne habituellement immédiatement lorsqu'elle se trouve en danger, de manière à rendre très difficile l'obtention de spécimens parfaits de cette espèce. L' *Étoile à plumes* (*Comatula rosacea*) mérite également d'être mentionnée. — C'est une petite espèce, aux bras distincts du corps comme chez la dernière espèce et articulés, mais munis de nombreux tentacules minces et articulés qui leur donnent l'apparence de panaches. Il y a dix de ces bras, et le nombre de petites articulations calcaires qu'ils contiennent est des plus étonnants. Le petit corps en forme de coupe de l'étoile à plumes porte d'autres appendices articulés et minces, au moyen desquels la créature s'accroche aux rochers avec sa bouche et ses bras dirigés vers le haut ; et dans l'état jeune, il s'appuie même sur une tige articulée, de laquelle il finit par se libérer.

L'OURSIN. (*Echinus miliaris.*)

CET animal, qui se loge dans les cavités des rochers juste au-dessous de la laisse de basse mer, sur la plupart des côtes britanniques, a une forme presque globulaire, pas très différente de celle d'une orange, ayant sa coquille marquée en dix cloisons, avec des rangées de des projections comme des perles, qui le divisent. À l'extérieur de la coquille se trouvent un grand nombre d'épines pointues et mobiles, d'une couleur violet terne et verdâtre, curieusement articulées, comme des boules et des orbites, avec des tubercules à la surface, et reliées par de forts ligaments à la peau ou à l'épiderme avec dont la coque est recouverte. La bouche est située dans la partie inférieure et est armée de cinq dents fortes et aiguisées. L'animal peut se déplacer d'un endroit à l'autre grâce à ses pattes tubulaires contractiles et ses épines ; mais ses mouvements sont lents et laborieux. Les oursins sont si tenaces en vie que les anciens, selon Appian, croyaient que le corps conservait la vie même lorsqu'il était coupé en morceaux.

« Si dans la mer vous jetez les morceaux mutilés,
les morceaux conscients se précipitent vers leurs semblables ;
De nouveau, ils se joignent avec justesse, leur composition entière,
bouge comme avant, sans que la vie ni la vigueur ne perdent.

A Marseille et dans quelques autres villes du continent, l'oursin est exposé à la vente sur les marchés, comme chez nous les huîtres, et se mange bouilli comme un œuf. Les Romains l'ont adopté comme aliment et l'ont agrémenté de vinaigre, d'hydromel, de persil et de menthe.

ZOOPHYTES.

LES ZOOPHYTES ont longtemps été censés occuper une position intermédiaire entre les animaux et les végétaux. La plupart d'entre eux, privés de toute faculté de locomotion, sont fixés par des tiges qui s'enracinent dans les crevasses des rochers, dans le sable, ou dans telles autres situations que la nature leur a destinées ; ceux-ci, peu à peu, envoient des branches, jusqu'à ce qu'enfin quelques-unes d'entre elles atteignent la taille et l'étendue de grands arbustes. Les Zoophytes ont été classés par Linné en deux divisions. Les branches pierreuses de la première division, qui portent l'appellation générale de corail, sont pleines de cellules creuses qui sont les habitations des animaux. La division suivante comprend les zoophytes qui ont des tiges plus molles, charnues ou cornées, et dans lesquelles les polypes individuels sont, pour ainsi dire, amalgamés avec leur habitation commune semblable à une plante.

Branche agrandie, exposant les Animaux. Gorgonia Nobilis.

LE CORAIL ROUGE.

LE CORAIL , ou Gorgonia, est une substance dure, pierreuse, ramifiée et cylindrique, qui est formée au fond de la mer par des animaux appelés polypes, ou, pour employer le terme latin et maintenant établi, *polypes* . Le tout forme une masse vivante, ou polypidome, dont tous les polypes sont réunis sous une même peau et ont un estomac commun. Chacun de ces polypes réside dans une cellule distincte ; ils sont généralement dormants pendant l'hiver et, comme les fleurs des plantes, poussent des bourgeons et se développent pendant la saison estivale. Les tiges et les branches des Gorgones, qui sont d'une nature quelque peu cornée et flexible, peuvent être considérées comme les véritables squelettes des nids des polypes marins, étant recouvertes d'une substance charnue ou pulpeuse dont la surface est poreuse. Ces pores sont les bouches ou ouvertures des cellules dans lesquelles sont logés les polypes ; et c'est le nombre, la disposition et la structure variée de ceux-ci, en plus de l'aspect général du nid d'habitations semblable à une plante, qui constituent la différence distinctive de l'espèce.

L'os du Corail Rouge constitue cette belle et très appréciée production, le corail véritable ou rouge des bijoutiers. On le trouve dans la Méditerranée, l'Adriatique et la mer Rouge, et ne semble être nulle part plus abondant que dans les mers autour de Marseille, de la Corse, de la Sicile, des côtes de l'Afrique et dans le voisinage de la Barbarie ; où la pêche au corail est pratiquée avec beaucoup d'esprit et s'avère très lucrative. Il est égal en dureté et en durabilité au marbre le plus compact ; et ces qualités, en plus de sa belle texture et de sa belle couleur, l'ont rendu précieux à toutes les époques. Ainsi dans le livre de Job : « Aucune mention ne sera faite des coraux ou des perles ; car le prix de la sagesse est supérieur aux rubis.

Les voyageurs des terres tropicales parlent souvent de la beauté exquise des lits de corail qui se trouvent au fond de l'océan. L'eau est si claire dans ces régions, que ces formations merveilleuses sont clairement visibles à une grande profondeur, poussant comme des forêts de pierre, mêlées d'algues ondulantes de nombreuses teintes brillantes.

Le mode d'obtention du corail se fait au moyen d'une machine très simple, composée de deux solides barres de bois ou de fer, liées l'une à l'autre, avec un poids suspendu à leur centre d'union. Chacune des barres est vaguement entourée, sur toute sa longueur, de chanvre torsadé ; et, à l'extrémité, il y a un petit filet ouvert. La machine est suspendue par une corde et traînée le long des rochers où le corail est le plus abondant : et celui qui est cassé ou s'emmêle dans le chanvre, ou tombe dans les filets.

Le corail s'achète au poids et sa valeur augmente en fonction de sa taille. Les perles de grande taille valent environ quarante shillings l'once, tandis que les petites ne se vendent pas plus de quatre shillings. De gros morceaux de corail sont parfois coupés en boules et exportés en Chine pour être portés comme insignes sur les casquettes des officiers d'État. Ceux-ci, s'ils sont parfaitement sains et de bonne couleur, et mesurent plus d'un pouce de diamètre, sont connus pour produire sur ce marché jusqu'à trois à quatre cents livres sterling chacun. Il existe de nombreuses belles pièces de sculpture en corail, car cette substance a été considérée de tous temps comme un matériau admirable sur lequel exposer le goût et l'habileté de l'artiste. Le plus beau spécimen de corail sculpté connu à ce jour est probablement un échiquier et des hommes du palais des Tuileries.

Les Chinois ont réussi, au cours des dernières années, à tailler des perles de corail de dimensions beaucoup plus petites que celles réalisées jusqu'à présent par aucun artiste européen. Ceux-ci, qui ne sont pas plus gros que de petites têtes d'épingles, sont appelés graines de corail, et sont maintenant importés de Chine dans ce pays, en quantité très considérable pour les colliers. Il existe des modes par lesquels le corail peut être si exactement imité, que sans une inspection minutieuse, il est parfois impossible de détecter la contrefaçon.

CORAUX PIERRES.

LE CORAIL ROUGE que nous venons de décrire appartient à la section des zoophytes appelée Asteroida par Cuvier, dans laquelle la surface du polypidome est charnue, et chaque polype n'a que huit bras. Les polypes qui forment les coraux durs massifs des récifs tropicaux, sont munis de nombreux tentacules et ressemblent dans leur conformation générale aux anémones de mer, si connues de nos jours comme habitants des aquariums. Le corail est constitué d'un dépôt de carbonate de chaux, et chaque polype habite dans une cellule qui présente un certain nombre de minces rayons pierreux se rejoignant presque au milieu. Les masses de coraux diffèrent extrêmement en taille, certaines consistant en habitations de seulement deux ou trois polypes, tandis que d'autres sont la production graduelle d'une vaste population qui se succède constamment ; les uns forment des arbres et des arbustes ramifiés des formes les plus diverses et les plus élégantes, d'autres poussent en masses solides, mais tous, lorsqu'ils sont vivants, présentent un plus bel aspect par la diversité charmante et souvent brillante des couleurs dont ils sont ornés.

Dans l'océan Pacifique, plusieurs récifs coralliens sont extrêmement beaux, et le voyageur est étonné des formes curieuses et fantastiques des diverses productions marines qui les composent. Les gerbes de blé, les champignons, les feuilles de chou, avec d'innombrables plantes et fleurs, sont vivement représentés par différentes espèces de coraux et brillent sous l'eau dans des teintes brillantes de brun et de pourpre, de blanc ou de vert ; chacune avec une forme et une nuance de coloration particulières, égales en richesse et en variété aux plus belles productions du monde végétal. Les coraux et les champignons naissent entre les fissures des rochers ; tandis que de grandes portions des premiers, à l'état mort, reliées en une masse solide, d'une couleur blanc terne, composent la pierre du récif. Des masses solides, appelées têtes de nègres, de différentes teintes sombres, et généralement sèches et noircies par l'exposition aux intempéries, sont aussi parfois visibles. Même ceux-ci ne sont pas sans ornements, car la nature se plaît dans la variété de ses décorations. Ils sont parsemés de petites coquilles et joliment marqués de contours exprimant leur origine. Les bords des récifs, particulièrement ceux exposés aux vagues, participent d'un degré considérable de légèreté et forment de petites criques et cavernes, lieu de villégiature de coraux vivants, d'éponges, d'œufs de mer et de trefangs, ou traces marines (évaluées en Chine, pour leur qualité vivifiante,) et d'énormes coques, qui se distinguent à peine du rocher, sauf lorsqu'elles referment brusquement leurs coquilles et jettent des fontaines vivantes qui s'élèvent jusqu'à quatre ou cinq pieds de hauteur.

En ce qui concerne la formation des récifs coralliens, on a supposé, à partir de l'apparition des îles basses dans certaines parties de la mer du Sud et de l'océan Indien (où elles se présentent en rangées ou en groupes, alors qu'elles sont totalement absentes dans d'autres parties de l'océan Indien). mêmes mers), que les animaux coralliens élèvent leurs habitations sur les hauts-fonds marins ou, pour parler plus correctement, au sommet ou à proximité des montagnes sous-marines. Mais comme on sait que les polypes ne peuvent construire leurs coraux qu'à une faible distance de la surface de la mer, et que l'eau est souvent d'une profondeur immense à proximité des récifs coralliens, on a supposé que dans l'océan Pacifique, là où se trouvent la plus grande partie des récifs coralliens et des îles, le fond de la mer a progressivement subi des changements, s'approfondissant dans certains endroits et devenant moins profond dans d'autres, et par cette supposition, la plupart des particularités des récifs coralliens et des îles peuvent être facilement pris en compte. Là où se forment les récifs, le fond est généralement en train de couler ; les îles indiquent que le fond est stationnaire ou en hausse. Dans ce dernier cas, lorsque les coraux s'approchent de la surface, les substances flottantes de toutes sortes sont capturées par leurs tissus pierreux semblables à des arbres, jusqu'à ce qu'enfin une masse solide de roche se forme, qui avance graduellement jusqu'à la surface de l'eau. Les dépôts de l'Océan n'adhèrent plus avec ténacité, mais restent à l'état lâche, et forment ce que les marins appellent une clé sur le sommet du récif ; tandis que la mer, en jetant du sable et de la boue au sommet de ces rochers animaux, les élève progressivement au-dessus de son niveau. La nouvelle île, comme on peut maintenant l'appeler ainsi, est bientôt visitée par les oiseaux marins ; des plantes apparaissent successivement et tapissent le sol stérile d'une couverture luxuriante. Au fur et à mesure de leur décomposition, de la moisissure végétale se dépose progressivement ; des noix de coco ou quelques graines flottantes, rejetées sur le rivage par l'impétuosité des vagues, prennent racine et commencent bientôt à pousser ; les oiseaux terrestres, attirés par l'aspect verdoyant de la berge, y volent en quête de provisions et y déposent les graines d'arbustes et d'arbres ; chaque marée haute et chaque coup de vent ajoute quelque nouveau trésor : l'apparence d'une île prend peu à peu, et enfin l'homme vient en prendre possession.

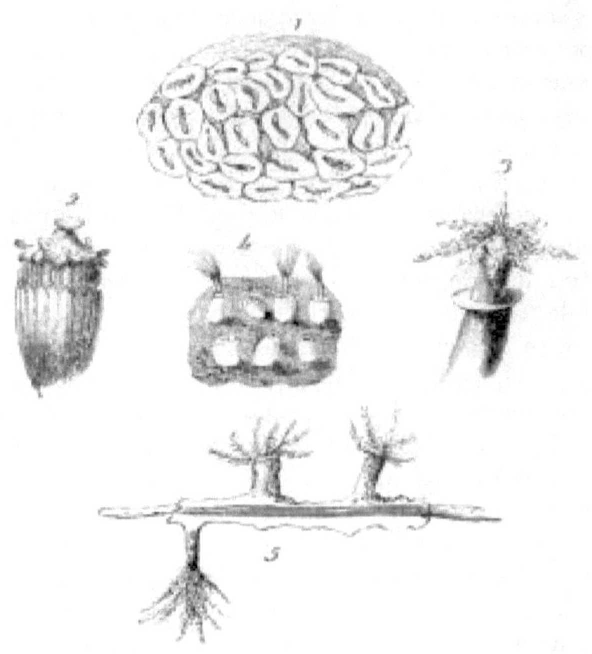

POLYPES DE CORAIL, MAGNIFIQUES.

1. Corail de l'Astrea *annanas* .
2. Animal de la Caryophyllia *solitaria* .

3. Animal du Tubipora *musica* .
4. Animal et habitation de Cellepora *hyalina* .
5. Animal et axe central de la Gorgonia *patula* .

ÉPONGE.

L'ÉPONGE est une substance de nature molle, légère, poreuse et élastique, qu'on trouve adhérant aux roches du fond de la mer, dans plusieurs parties de la Méditerranée, et particulièrement près des îles de l'archipel grec ; et qui, à l'état naturel, est rempli de gelée animale. Les utilisations générales de l'éponge, résultant de sa facilité d'absorption des fluides et de sa distension par l'humidité, sont bien connues et d'une grande importance. On le récolte sur les rochers, dans l'eau à cinq ou six brasses de profondeur, principalement par les plongeurs. Lorsqu'il est sorti de la mer pour la première fois, il dégage une odeur forte et de poisson, due aux matières animales qu'il contient, dont il est débarrassé en le lavant à l'eau claire. Aucune autre préparation n'est requise avant son emballage pour l'exportation et la vente. La croissance de l'éponge est si rapide, qu'on la trouve fréquemment en parfait état sur des rochers dont, deux ans seulement auparavant, elle avait été entièrement débarrassée.

Comme elles ne sont jamais conçues pour quitter leur lieu de résidence, la surface des éponges est recouverte d'innombrables petites ouvertures ou pores, communiquant avec un réseau de canaux fins, qui imprègnent chaque partie de la substance et transmettent aux créatures minuscules et simples. qui forment la partie vivante de ce curieux animal composé, la nourriture et l'eau nécessaires à leur entretien et à leur respiration. Ces canaux fins se réunissent en passages plus larges, conduisant à des orifices de dimensions considérables habituellement placés sur des proéminences de la surface ; De là, l'eau s'écoule avec une telle force, selon certains observateurs, qu'elle est perceptible à l'œil nu.

Les propriétés chimiques inhérentes à ce curieux zoophyte sont très remarquables. Lorsqu'une éponge a été immergée pendant quatorze ou seize jours dans de l'acide nitrique (dilué avec trois parties d'eau distillée), elle devient presque transparente et, au contact de l'ammoniaque, elle prend une couleur orange foncé, tirant vers le rouge brunâtre. Mais s'il est beaucoup ramolli par l'acide, le tissu tout entier disparaît immédiatement, en étant immergé dans l'ammoniaque, et forme une solution de couleur orange foncé. Une éponge, lorsqu'elle est bouillie, donne une quantité considérable de gelée animale. L'infusion d'une petite quantité d'écorce de chêne la fait tomber au fond du vase, comme sédiment, et change si entièrement la nature de l'éponge, que lorsqu'elle est sèche, elle s'effrite entre les doigts ; et, lorsqu'il est humide, il peut se déchirer comme du papier mouillé. Dans cet état, on devrait naturellement conclure qu'elle est entièrement inutile : mais non ; les opérations de la chimie ressemblent à une baguette magique. Faites-le bouillir dans de l'eau, avec de la potasse caustique, ses qualités latentes seront réveillées ; et voici, un dépôt de savon animal !

LES POLYPES D'EAU DOUCE ET LEURS ALLIÉS MARINS. (*Hydroide.*)

CE sont deux espèces qui illustreront pleinement la nature de toute la tribu. On les trouve dans les eaux claires et on peut généralement les voir dans les petits fossés et tranchées des champs, surtout aux mois d'avril et de mai. Ils s'attachent aux parties inférieures des feuilles et aux tiges des légumes qui poussent dans la même eau ; et se nourrissent des différentes espèces de petits vers et autres animaux aquatiques à leur portée. Quand l'un d'eux passe près d'un polype, celui-ci l'attrape tout à coup avec ses bras, et le traînant jusqu'à sa bouche, l'avale peu à peu, à peu près de la même manière qu'un serpent gorge sa proie. On peut parfois voir deux polypes en train de saisir le même ver par des extrémités différentes et de le traîner dans des directions opposées avec une grande force. Il arrive quelquefois que pendant que l'un avale le bout qu'il a saisi, l'autre s'emploie de la même manière ; et ainsi ils continuent à avaler, chacun sa part, jusqu'à ce que leurs bouches se rencontrent. Ils se reposent ensuite quelque temps dans cette situation, jusqu'à ce que le ver se brise entre eux, et chacun s'en va avec sa part. Mais quelquefois, lorsque les bouches des deux sont ainsi jointes, un combat s'ensuit, et le plus gros polype avale habituellement son antagoniste ; l'animal ainsi avalé semble cependant tirer profit de son malheur, car après être resté dans le corps du conquérant pendant environ une heure, il en sort indemne et souvent en possession de la proie qui avait été la cause originelle de la discorde. Les restes de l'animal, dont se nourrit le Polype, sont évacués au niveau de la bouche, seule ouverture du corps. Les espèces se multiplient par une sorte de végétation, une ou deux, voire plusieurs jeunes, émergeant progressivement des flancs de l'animal parent ; et ces jeunes sont souvent à nouveau prolifiques avant de disparaître ; de sorte qu'il n'est pas rare de voir deux ou trois générations à la fois sur le même polype. Mais le fait le plus étonnant concernant cet animal, c'est que si un polype est coupé en morceaux, il n'est pas détruit, mais multiplié par dissection. Il peut être coupé dans toutes les directions que l'imagination peut suggérer, et même en divisions très infimes, et non seulement la souche parentale restera indemne, mais chaque section deviendra un animal. Même retourné, il ne subit aucun dommage matériel ; car, dans cet état, il commencera bientôt à prendre de la nourriture et à remplir toutes ses autres fonctions naturelles.

M. Trembley, de Genève, a constaté que différentes portions d'un polype pouvaient être greffées sur un autre. Deux sections transversales mises en contact vont rapidement s'unir et former un seul animal, même si chaque section doit appartenir à une espèce différente. La tête d'une espèce peut être greffée sur le corps d'une autre. Lorsqu'un polype est introduit par la queue dans le corps d'un autre, les deux têtes s'unissent et forment un seul individu. Poursuivant ces étranges opérations, M. Trembley donnait libre cours à son imagination en fendant à plusieurs reprises la tête et une partie du corps ; il formait ainsi des hydres plus compliquées que jamais n'avait frappé l'imagination du fabuliste le plus romantique.

Quoique si difficiles à détruire par division, tous les polypes, même ceux qui forment les coraux, peuvent être facilement tués en les privant d'humidité, lorsqu'ils se ratatinent bientôt et que le tissu de leur peau est complètement détruit.

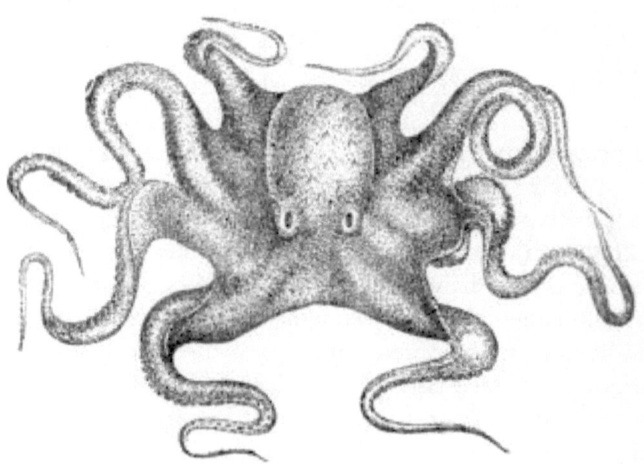

DE ces polypes d'eau douce, on ne connaît que quelques espèces, mais la mer nourrit une multitude d'espèces qui ressemblent beaucoup aux hydres dans leur structure, d'où le nom de polypes hydroïdes par Cuvier et plusieurs autres naturalistes. La plupart d'entre eux sont des créatures composées, du genre de celles représentées dans la gravure ci-dessus, dont on peut trouver de nombreuses espèces sur toutes nos côtes. Un tube corné se ramifie à la surface d'une algue ou de quelque autre objet, et de là, à intervalles, s'élèvent de fines tiges, souvent ramifiées de la manière la plus élégante. Sur les branches délicates, nous trouvons de petites coupes cornées, dont chacune est l'habitation d'un petit polype, muni d'une bouche et d'un estomac, et d'un cercle de bras minces pour lui permettre de capturer sa proie. D'autres espèces sont enfermées uniquement dans une membrane molle, mais toutes naissent de racines rampantes.

LES ANÉMONES DE MER.

Outre les polypes que nous venons de mentionner comme étant presque apparentés à l' *hydre d'eau douce* et à ceux qui forment les différentes espèces de coraux, la mer produit un grand nombre d'autres zoophytes, dont les espèces les plus communes sont bien connues sous le nom d'anémones de mer. On trouve ces animaux adhérant aux rochers sur tous les rivages ; ils sont constitués d'une colonne assez épaisse dont la base forme un disque adhésif, tandis que son sommet, qui est également un disque, présente au centre une bouche plissée entourée de plusieurs rangées de tentacules. Les tentacules sont tantôt courts et gros, tantôt longs et minces ; ils sont généralement ornés de couleurs vives ou délicates, souvent disposées en anneaux et contrastant joliment avec les couleurs de la tige et du disque. Dans leur état déployé, ils présentent une grande ressemblance avec une fleur et rivalisent même de beauté avec de nombreuses fleurs ; c'est pourquoi le nom de *fleurs animales* leur fut donné autrefois, et a maintenant cédé la place à celui d'anémones de mer, bien qu'elles soient plutôt à comparer à ces fleurs composites dans lesquelles de nombreuses fleurettes en forme de pétales rayonnent à partir d'un disque central. Lorsqu'elles sont contractées, les anémones de mer ressemblent à des boutons souples, avec une dépression au sommet.

En décrivant les coraux durs, il a été mentionné que les polypes, qui peuvent être considérés comme les architectes de ces structures extraordinaires, ressemblent beaucoup aux anémones de mer. Dans ce dernier, la cavité entourant l'estomac central est partiellement divisée en chambres, par des cloisons, qui s'étendent vers l'intérieur depuis la circonférence vers le centre ; dans les polypes coralliens, chacune de ces cloisons produit dans sa substance une plaque pierreuse, et ces plaques forment les rayons qui occupent l'intérieur de la cellule du polype.

Les anémones de mer se déplacent lentement par l'action de leur disque adhérent, un peu à la manière d'un escargot ou d'une limace qui rampe sur le sol. Leur nourriture est obtenue au moyen des tentacules qui leur donnent leur beau caractère floral, et pour leur donner des organes efficaces à cet effet, ils sont dotés d'une disposition singulière. La peau des tentacules et, en fait, de la plupart des parties de l'anémone de mer est remplie de petites cellules ou vésicules, chacune contenant un fil en spirale qui, lorsqu'on le touche, s'élance instantanément et pénètre dans le corps en entrant en contact avec lui. De cette façon, si un ver, un petit poisson ou tout autre animal mou touche les tentacules d'une anémone, il est instantanément transpercé par d'innombrables flèches délicates, qui non seulement aident les tentacules à retenir la proie destinée, mais semblent également exercer une sorte d'influence engourdissante sur la victime, amortissant ses luttes et lui rendant une conquête facile. Il est ensuite rapidement transmis par les tentacules jusqu'à l'orifice de la bouche et avalé sans pitié.

L'un des types les plus courants de ces polypes est le *Mesembryanthemum* (*Actinia Mesembryanthemum*), une grande espèce, généralement de couleur foie, avec une rangée de verrues bleues autour de la marge juste à l'extérieur des tentacules. On le trouve en abondance sur les rochers de notre côte Sud notamment. L' *Anémone à cornes épaisses* (*Actinia* ou *Brusodes crassicornis*) est une autre espèce grande et fine, généralement de couleur rouge, avec des tentacules très épais, généralement blancs avec des bandes rosâtres. — Le *Cereus de mer* (*Anthea Cereus*) a de longs tentacules minces, qui ne sont pas rétractées de la même manière que celles des Anémones de Mer en général. Les tentacules sont généralement terminées par une teinte rose ou violette ; ils s'agitent constamment dans l'eau à la recherche de proies ; et s'emparer instantanément de toute créature qui passe au-dessus d'eux. — L' *anémone parasite* (*Actinia parasitica*) et l' *anémone à manteau* (*Adamsia palliata*) s'attachent toujours aux coquilles univalves occupées par les bernard-l'ermite.

POISSONS GELÉES.

LES animaux communément appelés méduses sont des Radiata nageant librement ; elles ont été décrites par Cuvier et la plupart des naturalistes qui lui ont succédé sous le nom d' *Acalephæ* , d'un mot grec signifiant « *orties* », parce que beaucoup d'entre elles produisent une sensation de picotement lorsqu'elles entrent en contact avec la peau. Leur nom dans plusieurs langues signifie « Orties de mer ». Les Acalephes de Cuvier sont maintenant considérées comme appartenant à la même classe que les Polypes hydroïdes.

La Méduse commune (*Medusa amita*), qui peut servir d'exemple à ce groupe, se trouve en grande abondance autour de nos côtes ; il est de forme circulaire, convexe en haut, concave en dessous, comme un parapluie dont le bâton est représenté par une tige épaisse, contenant la bouche et l'estomac, et terminé par quatre longs bras pour saisir la nourriture de l'animal. La peau de celles-ci, ainsi que celle du corps et de ses appendices en général, est pleine de cellules filiformes décrites comme se trouvant dans les anémones de mer, et c'est à celles-ci que l'on doit le pouvoir piquant des Méduses. Le mouvement des Méduses dans l'eau est effectué par l'expansion et la contraction alternées de son parapluie, qui est légèrement incliné dans la direction vers laquelle la créature se déplace, et c'est un spectacle des plus beaux que de contempler une flotte de ces animaux. , tous avançant dans la même direction à deux ou trois pieds de profondeur dans l'eau, comme on le voit souvent par beau temps à l'embouchure de nos rivières.

A première vue, on peut penser que les Méduses n'ont que peu de points communs avec l'Hydroïde ou avec tout autre Polype, mais il a été pleinement prouvé par des recherches récentes que le jeune animal produit à partir de l'œuf de la Méduse est un Polype régulier, qui adhère par sa base, et obtient sa nourriture par l'intermédiaire d'une couronne de tentacules entourant sa bouche ; bien plus, elle se propage même sous cette forme en poussant des bourgeons exactement de la manière décrite dans le cas de l'hydre d'eau douce. Au fil du temps, cependant, le corps de ce polype s'allonge et sa surface est marquée en anneaux, les rainures se séparant qui deviennent progressivement plus profondes jusqu'à ce que le corps entier se brise en un certain nombre de segments en forme de soucoupe, dont chacun devient un Méduse. Combien ce mode extraordinaire de reproduction montre-t-il que les merveilles du Créateur ne sont pas moins frappantes dans la plus basse que dans la plus haute de ses créatures, et que pour toutes, de la plus haute à la plus basse, le même soin prémonitoire a été exercé, la même bonté manifestée. En vérité, nous pouvons suivre le pieux exemple du grand Linné et nous écrier avec le Psalmiste : « Ô Seigneur, que tes œuvres sont nombreuses ! tu les as tous créés avec sagesse.

ANNEXE

DES

ANIMAUX FABULEUX.

NOTRE OBJECTIF dans les pages précédentes a été de combiner l'intérêt avec l'amusement et de présenter la vérité sans mélange de fable. Cependant, étant donné que certains animaux fictifs sont conventionnellement reconnus dans la poésie et la peinture, nous avons jugé souhaitable d'en joindre un récit. Le Sphinx, le Dragon, la Licorne, Pégase et le Centaure nous sont si familiers, tant en sculpture qu'en fable, qu'une attention particulière à ces créations mythologiques semble indispensable.

LE SPHINX.

LA PROVIDENCE a ordonné que, comme les plaines d'Egypte ne sont pas visitées par des averses, elles seraient fertilisées par le débordement du Nil, qui a lieu chaque année, peu après le solstice d'été. Ce phénomène, source d'une fertilité sans faille dans les vallées du Delta jusqu'à Memphis et autour des bases des majestueuses et vénérables pyramides, était de la plus haute importance pour les peuples de Misraïm, depuis le lointain Pharos jusqu'aux frontières de Ethiopie. C'était donc leur intérêt de calculer correctement la saison, le mois et presque l'heure où la crue devait commencer ; d'autant plus que l'invasion soudaine des eaux était dangereuse pour les habitants des basses terres, des prairies et des marais, et détruisait souvent les chaumières et noyait les troupeaux et les villageois imprévoyants. On a remarqué que l'étoile Sirius émergeait du halo flamboyant du soleil au moment de la montée du Nil ; c'était un avertissement, et c'est pourquoi on l'appelait l'étoile du chien, comme si elle aboyant du ciel pour avertir les habitants des vallées de la montée imminente des eaux. Les astronomes égyptiens, pour marquer la période, combinèrent les signes du zodiaque répondant aux deux mois durant lesquels le débordement eut lieu. Ces signes étant le Lion et la Vierge, la fantaisie mystique des anciens Égyptiens les unissait en un seul, et formait ainsi la figure du Sphinx, qui a la tête et la poitrine d'une femme, et le corps d'un lion. C'était une grande énigme pour les Grecs et les Phéniciens qui voyageaient en Égypte ; ils virent le monstre, mais ne purent en comprendre la signification. De retour dans leurs pays respectifs, ils inventèrent la fable du Sphinx offrant des énigmes aux portes de Thèbes, et détruisant ceux qui ne pouvaient les résoudre ; ayant probablement été informé par les sages hautains de cette nation, que ceux qui ne pourraient pas deviner la signification du Sphinx devaient perdre la vie en expiation de leur ignorance. Longtemps après, le véritable sens du symbole fut oublié, et l'Égypte, dans sa superstition, commença à adorer l'emblème, dont d'innombrables figures existent encore dans ce pays autrefois florissant.

Le Sphinx a été introduit dans l'héraldique pour orner les gorgerins des officiers généraux qui se distinguaient contre les Français sur les bords du Nil ; il a également été adopté comme ornement dans diverses décorations ; et deux spécimens, d'une facture exquise, sont visibles sur le mur avant de Syon House, à Brentford, siège de Sa Grâce le duc de Northumberland.

Cette figure chimérique est généralement représentée assise et au repos ; une attitude gracieuse adoptée par les sculpteurs égyptiens et imitée par les Grecs et les Romains.

LE DRAGON.

CET animal fabuleux, qui figure en grande partie dans les romans anciens, était censé être le génie tutélaire des sources d'eau douce au sein de forêts sombres et de rochers enchantés. Des dragons étaient attelés au char de Cérès ; ils étaient les gardiens des pommes d'or des Hespérides et de la toison d'or de Colchide ; et dans plusieurs parties du monde, placé comme protecteur des anthrax et autres pierres précieuses cachées au fond des puits et des fontaines. Ils sont représentés comme des serpents écailleux, avec des pattes palmées et des ailes semblables à celles d'une chauve-souris ; ayant été, semble-t-il, à l'origine un emblème hiéroglyphique de l'influence dangereuse d'une combinaison excessive d'air et d'eau. Ainsi le serpent Python était l'allégorie d'une peste, issue de l'union de l'air méphitique et de l'humidité.

Ils ont longtemps soutenu les armes de la ville de Londres, comme s'ils étaient les gardiens des richesses que le commerce apporte de toutes les parties du monde. Quatre d'entre eux sont placés dans des attitudes fantaisistes et joliment sculptés sur le piédestal du monument de Londres.

LE WIVERN, WOLVERINE.

CET animal fabuleux ressemble un peu au dragon, sauf qu'au lieu de quatre, il a deux pattes palmées et armées de griffes. Il ne fait aucun doute que cet être imaginaire a été conçu à l'origine dans le cerveau des poètes et des romanciers, à l'époque de la chevalerie, lorsque les croisés envahissaient les plaines de Palestine et d'Assyrie. La chaleur du climat dans quelques vallées au pied des montagnes qui coupent les déserts de ces pays, était favorable à la reproduction de toutes sortes de serpents, quelques-uns d'une taille immense. Les soldats européens de Godfrey et de Richard, peu habitués à de pareils spectacles, étaient facilement effrayés lorsqu'ils rencontraient ces monstres sur les bords sordides de petits lacs, à l'ombre des cèdres et des palmiers, où ils paraissaient comme postés pour garder le sanctuaire. les eaux, si précieuses dans un pays si chaud ; et magnifiaient dans leurs récits oiseux, lorsqu'ils étaient inactifs dans les camps, la majeure partie du serpent qu'ils avaient vu. Le château de Lusignan, dans la province du Poitou, était censé abriter un de ces serpents ailés. Il s'agit d'une armoirie très ancienne, qui sert aujourd'hui de support aux armes de plusieurs maisons illustres.

LA COCKATRICE, OE BASILIC.

L' imagination féconde de l'homme ne connaît pratiquement pas de limites. L'animal qui porte le nom de basilic était originellement supposé être un serpent, avec une sorte de peigne ou de couronne sur la tête : mais cela n'était pas assez merveilleux. On croyait également qu'il était issu d'un œuf de coq, sur lequel un serpent avait rempli la fonction d'incubation ; et l'animal avait la tête d'un coq, et les ailes et la queue d'un dragon. Éclos près d'une source d'eau, lieu de villégiature commun des serpents, on affirmait que, effrayé par sa propre forme extraordinaire, il se précipita bientôt au fond, d'où, par le regard mortel de ses yeux enflammés, il avait le pouvoir de tuer. quiconque oserait le regarder. Il n'existe pas moins de quatre espèces de basilic mentionnées par différents auteurs. L'un d'eux a tout incendié près de lui et a réduit l'endroit où il vivait en désert complet ; une autre espèce avait le pouvoir de produire chez quiconque les regardait une rigidité pierreuse, qui était suivie de la mort ; ou la chair des spectateurs tombait de leurs os. On disait que le basilic était tué en portant un miroir dans son antre ; et la créature rencontrant le reflet de son propre regard funeste fut tuée avec ses propres armes.

LE GRYPHON, OU GRIFFON,

ÉTAIT à l'origine un emblème de la vie. Il servait à orner les monuments funéraires et les sépulcres. La partie supérieure de cet animal allégorique ressemble à l'aigle, le roi des oiseaux, et le reste au lion, le roi des bêtes ; ce qui impliquerait que l'homme, qui vit sur la terre, ne peut subsister sans air. Plus tard, on supposait que le Griffon était posté comme geôlier à l'entrée des châteaux enchantés et des cavernes où étaient cachés des trésors souterrains. Milton compare Satan dans sa fuite au Griffon, dans le beau passage suivant :

« Comme lorsqu'un Griffon à travers le désert,
Avec une course ailée sur une colline ou un vallon,
Poursuit l'Arimaspien, qui, furtivement,
avait volé à sa garde éveillée
L'or gardé ; avec tant d'empressement le démon,
au-dessus des tourbières ou des pentes abruptes, à travers les détroits,
rugueux, denses ou rares,
avec la tête, les mains, les ailes ou les pieds, poursuit son chemin,
et nage, ou coule, ou patauge, ou rampe, ou vole. .»

Les *Arimaspiens* étaient des sorciers asiatiques qui, par magie, obtenaient une connaissance des lieux où se cachaient des trésors. Leurs disputes incessantes avec les Griffons au sujet des mines d'or sont mentionnées par Hérodote et Pline. Lucan dit qu'ils habitaient la Scythie et qu'ils ornaient leurs cheveux d'or ; qu'ils n'avaient qu'un œil au milieu du front et vivaient sur les rives de la rivière Arimaspes aux sables dorés.

Virgile, dans sa huitième Pastorale, mentionne cet animal comme s'il existait réellement, mais ne nous en donne aucune description ; et Claudian, dans son épître à Serena, fait allusion au fait supposé qu'ils surveillaient des masses d'or au sein des montagnes du nord.

LE PHÉNIX.

HÉRODOTE , Pline et près de soixante autres auteurs classiques ont raconté de merveilleuses histoires sur cet oiseau, toutes fabuleuses bien sûr. Le Phœnix, dit-on, habite les plaines d'Arabie et a à peu près la taille d'un aigle, avec un magnifique plumage de pourpre et d'or. Il est le seul de son espèce au monde. A l'approche de la mort, il se construit un nid d'herbes aromatiques et y abandonne sa vie. De sa moelle sort un ver, qui devient bientôt un jeune Phénix, dont le premier devoir est de s'acquitter des obsèques de son père. A cet effet, il recueille une quantité de myrrhe, qu'il façonne en forme d'œuf, aussi gros qu'il peut facilement le transporter, puis l'écopant, il dépose le corps de son père à l'intérieur. Après l'avoir bouché de nouveau avec de la myrrhe, il le porte au Temple du Soleil en Egypte, où il le dépose dévotement sur l'autel. C'est la seule fois où on le voit au cours de sa vie, qui dure cinq cents ans. Selon d'autres, après avoir préparé un tas funéraire de riches herbes et épices, il se brûle, mais de ses cendres renaît dans toute la fraîcheur de la jeunesse.

D'après des recherches mythologiques tardives, on suppose que le Phénix est un symbole de cinq cents ans, dont la conclusion était célébrée par un sacrifice solennel au cours duquel la figure d'un oiseau était brûlée. Sa restauration dans la jeunesse signifie que le nouveau naît de l'ancien.

LA SIRÈNE OU LA SIRÈNE.

L' existence de cet animal, moitié femme et moitié poisson, a longtemps été évoquée, crue, incrédule et mise en doute. Homère est le premier qui parle de tels êtres, qu'il appelle *Sirènes* ; mais nous ne trouvons pas qu'il donne une description de leur forme ; cependant, on affirma bientôt que les sirènes étaient, comme Horace, dans son « Art de la poésie », les décrit :

« En haut, une charmante servante ; un poisson en dessous.

Les Sirènes étaient trois sœurs dont la voix était si délicieusement harmonieuse et si séduisante qu'aucune résistance ne pouvait être opposée à ses charmes puissants ; mais « c'était une mort à entendre », car ils conduisirent les navigateurs et leurs navires à une destruction certaine parmi les rochers qui bordaient les côtes dangereuses qu'ils habitaient, près des rivages de l'Italie.

La croyance en l'existence des sirènes a été courante à différentes époques ; en effet, il y a quelques années, plusieurs personnes déposèrent devant un magistrat, qu'elles avaient vu des sirènes sortir de la mer et jouer sur les rochers, mais qu'elles sautaient dans leur élément avant de pouvoir les attraper.

Une créature, que l'on dit être une sirène séchée, a été exposée à Londres vers 1828 ; mais on découvrit plus tard que c'était le corps d'un singe astucieusement attaché à la queue séchée d'un saumon.

LE KRAKEN.

CETTE créature est un autre fabuleux habitant de la mer. On dit qu'il a trois ou quatre milles de largeur et qu'il vit généralement au fond de la mer, sur la côte de Norvège. Lorsqu'elle se déplace, la commotion de la mer est si violente qu'elle bouleverse les bateaux et même les petits navires ; et lorsqu'il s'agit de la surface, on le prend généralement pour une île.

LE DAUPHIN.

C'EST le dauphin de l'héraldique, et un animal aussi fabuleux que tous ceux mentionnés ici, comme on peut le voir en le comparant avec la figure du vrai dauphin, donnée avec la description dans une partie précédente de cet ouvrage. On disait que ce poisson retroussait son dos pour transporter ses favoris à travers les mers sans les mouiller ; et prendre les couleurs les plus brillantes en mourant, passant d'un bleu vif à un jaune aussi brillant, puis au rouge et au vert, etc. etc.

LA LICORNE.

C'EST LÀ une autre progéniture de l'imagination vive et féconde de l'homme. Il est représenté comme un composé du cheval et du cerf, la tête et le corps appartiennent au premier, et les sabots au second, tandis que la corne, les touffes et la queue sont des anomalies. Cet animal occupe un rang élevé en héraldique et est l'un des supports des armes royales d'Angleterre.

La Licorne est souvent mentionnée dans les Écritures et, selon de nombreux commentateurs, elle est censée être le rhinocéros. Le livre de Job nous apprend qu'il s'agissait non seulement d'un animal d'une force considérable, mais aussi d'un caractère très féroce et intraitable : « La Licorne voudra-t-elle te servir, ou rester près de ton berceau ? Peux-tu attacher la Licorne avec son lien dans le sillon ? ou va-t-il défoncer les vallées pour toi ? Veux-tu lui faire confiance, parce que sa force est grande ? ou lui laisseras-tu ton travail ? Veux-tu le croire, qu'il ramènera ta semence à la maison et la rassemblera dans ta grange ? Ch. xxxix. ver. 9-11. Dans le livre des Psaumes, xcii. ver. 10. «Tu exalteras ma corne comme la corne d'une licorne.»

LE PÉGASE.

UNE AUTRE liberté a été prise avec le cheval. La mythologie a ajouté des ailes à sa silhouette élégante et l'a appelée *Pégase*. Cet animal, dit-on, est né du sang de Méduse, lorsque Persée lui eut coupé la tête ; et aussitôt après il s'envola vers le ciel, mais s'arrêta net et atterrit sur le mont Hélicon, où il frappa le sol avec son pied, et aussitôt la fontaine Hippocrène jaillit du sol. Pendant sa résidence sur le mont Hélicon, Pégase devint un grand favori des Muses, qui résidaient occasionnellement sur cette haute montagne ; et pourtant, quand quelqu'un entreprend des envolées extravagantes de poésie, on dit qu'il monte sur son Pégase, car il était difficile d'approcher les Muses élevées si haut. Au contraire, la fontaine castale du Parnasse était plus accessible et inspirait une poésie plus douce. Mais revenons à Pégase ; il fut enfin apprivoisé par Neptune ou Minerve, et prêté par cette dernière à Bellérophon, pour lui permettre de vaincre l'horrible monstre appelé Chimère, qui changeait toujours de place et vomissait des flammes et de la fumée. Après la victoire, Bellérophon tenta de s'envoler vers le ciel ; mais Pégase laissa tomber son cavalier, et s'envolant sans lui vers le ciel, il se transforma en la constellation d'étoiles qui porte encore son nom. Pégase est parfois confondu avec l'Hippogriphe, ou *Ippogrifo* de l'Arioste, que l'on voit souvent dans les armoiries.

LE CENTAURE.

COMME le Sphinx, cette créature est un composé de forme brute et humaine, présentant le corps d'un homme uni à celui d'un cheval, la première s'élevant de la poitrine du second. Si absurde qu'une telle combinaison doive paraître à l'anatomiste, et si peu adaptée qu'elle paraisse à l'agilité, elle n'est pas tout à fait dénuée de grâce, et se rencontre très fréquemment dans la sculpture antique. Selon la mythologie grecque, ces êtres habitaient la Thessalie ; et la poésie a célébré leurs combats avec Hercule, Thésée et Pirithous, dont ce dernier était le chef des Lapithes, peuple qui vainquit les Centaures. Leur existence fabuleuse avait son origine dans cet amour du merveilleux, qu'on retrouve toujours dans les premiers âges de la société. C'est pourquoi les indigènes de Thessalie se distinguaient par leur habileté dans l'équitation, à une époque où leurs voisins ne connaissaient pas l'art de l'équitation, ils seraient décrits comme combinant les puissances de la race humaine et de la race équine ; de la même manière que certaines tribus américaines, lorsqu'elles aperçurent pour la première fois les Espagnols montés sur des chevaux, les prirent pour une race d'êtres différente de la leur, supposant qu'ils étaient moitié hommes et moitié quadrupèdes. C'est par de telles erreurs que la fiction, que la poésie ou la peinture en soit le véhicule, crée ces êtres et ces formes fantaisistes qui ravissent l'imagination.

LE SATYRE.

BIEN QUE le satyre des poètes antiques puisse difficilement être qualifié d'animal, puisque la forme humaine prédomine, il peut être présenté ici comme notre dernier exemple de créatures fabuleuses. Les satyres et les faunes sont représentés comme des hommes avec des pattes et des cornes de chèvre, et étaient censés être les serviteurs de Bacchus, au culte duquel ils sont généralement liés. L'idée de tels êtres dérive probablement de certaines des plus grandes espèces de singes. Ils sont décrits comme habitant les bois et les forêts, dont ils étaient considérés comme les divinités protectrices. Il s'agissait probablement en partie de personnifications destinées à exprimer l'influence avilissante des penchants animaux et de l'indulgence sensuelle : et comme rien ne tend plus que l'ivresse à réduire l'homme au niveau des brutes, puisqu'elle prive la raison de tout contrôle sur les passions, la forme de le Satyre a peut-être été ingénieusement conçu comme une représentation visible de l'état dégradé de ceux qui abandonnent la plus noble prérogative de l'homme. Que telle ait été ou non l'idée de ceux qui ont été les premiers à simuler l'existence de telles créatures, nous pouvons très rationnellement adopter cette explication et déduire ainsi une importante leçon morale de ce qui est en soi une fiction extravagante.